Mathematica
与大学物理计算
（第2版）

董 键 著

清华大学出版社
北京

内容简介

本书以 Mathematica 为计算工具,研究了一系列物理问题,内容涉及物理学的基础学科,包括力学、电磁学、光学、量子物理、统计物理以及物理实验,对每个物理问题都进行了深入的计算和讨论,所得出的结论有助于加深读者对物理学的理解。书中有大量的程序,涉及各种算法和众多 Mathematica 函数,可供读者编程模仿。所有程序请到清华大学出版社网站本书页面下载。

本书可作为大学计算物理课的教材,适合于本科生、研究生、物理教师(包括中学物理教师)、研究人员以及物理爱好者阅读和参考。

图书在版编目(CIP)数据

Mathematica 与大学物理计算/董键著. —2 版. —北京:清华大学出版社,2013(2024.8重印)
ISBN 978-7-302-31871-2

Ⅰ. ①M… Ⅱ. ①董… Ⅲ. ①物理学－数值计算－Mathematica 软件 Ⅳ. ①O4-39

中国版本图书馆 CIP 数据核字(2013)第 071016 号

责任编辑:朱红莲 洪 英
封面设计:傅瑞学
责任校对:赵丽敏
责任印制:曹婉颖

出版发行:清华大学出版社
　　　　网　　　址:https://www.tup.com.cn,https://www.wqxuetang.com
　　　　地　　　址:北京清华大学学研大厦 A 座　　　　　　　邮　　编:100084
　　　　社 总 机:010-83470000　　　　　　　　　　　　　邮　　购:010-62786544
　　　　投稿与读者服务:010-62776969,c-service@tup.tsinghua.edu.cn
　　　　质量反馈:010-62772015,zhiliang@tup.tsinghua.edu.cn
　　　　课件下载:https://www.tup.com.cn,010-62770175-4113
印 装 者:北京鑫海金澳胶印有限公司
经　　销:全国新华书店
开　　本:185mm×260mm　　　　印　　张:26　　　　　　字　　数:665 千字
版　　次:2010 年 9 月第 1 版　　2013 年 8 月第 2 版　　印　　次:2024 年 8 月第10次印刷
定　　价:75.00 元

产品编号:052333-04

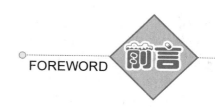

目前,物理学的研究大致形成了三种方式:理论物理、实验物理和计算物理。通常情况下,大学物理课程传授的是前两种方式,第三种方式的教学还没有普遍开展。这种情况正在逐渐改变,原因来自两个方面:一是三种研究方式趋于综合才能更好地解决物理问题,深入的计算已经不可或缺;二是计算机已经普及,诸多计算软件已经很成熟,适时将计算物理从选修课升级为物理学专业的必修课已经具备了条件。

本书以 Mathematica 为计算工具,借助于研究一系列物理问题,试图向读者展示物理计算的方法,如何通过计算更好地理解物理学,计算如何能成为学习物理学的新方式,以及为大学物理教学更好地引入计算手段提供一些方法和素材。通过学习本书,读者可以树立物理计算的概念,确信计算可以解决很多问题,计算的机会无处不在。本书各章内容分述如下。

第1、2章着重介绍了 Mathematica 的语法、函数和一些典型数学问题的求解方法,为读者认识该软件的特点和用法打好基础。在随后的各章中按照物理学的领域分别研究了摆动、振动、电学、磁学、光学、量子、随机运动以及物理实验方面的一些问题,表明这些方面是如何借助于计算软件的帮助而展开和深入下去的,为读者打开更广泛的视野。

第3章详细研究了单摆问题,这个模型作为一个内涵丰富的"道具",可以为读者从问题的提出、模型建立到 Mathematica 函数使用和计算结果的分析与表达,树立范本。结合单摆的研究,还就计算误差的发现方法和减小措施进行了探讨,这是做好数值计算必须要了解的。在考虑了地球自转效应之后,单摆就成了傅科摆,该章对傅科摆进行了详细的分析和仿真,让读者体会物理模型从过于理想化到接近真实的演变过程。

第4章研究了受迫振动问题和一维振动链问题,通过解析分析和数值计算相结合的方式充分展示了受迫振动的特点,以及多体振动会出现"合作运动"的现象,说明对耦合问题的分析应该着眼于"合作运动"模式的探寻而不是单个个体的运动,后者已经退居次要地位,而探寻"合作模式"的有效工具是 FFT。

第5章重点研究了一些情形下的静电场计算和描绘问题,以电聚焦问题为例,介绍静电场计算的数值方法,包括各种经典迭代方法,以及如何利用 Mathematica 的插值功能将数值计算的结果延拓成连续的函数,从而可以计算电子的运动,揭示电极聚焦的可能性。该章还简单研究了两个"动电"即电路问题,其方法和结果都有借鉴价值。

第6章研究了若干情形下磁场的数值计算和磁场的描绘,详细讨论了能捕获原子的磁阱、长直螺线管、椭球螺线管以及三相输电线路截面上的磁场分布,这些结果既有学术价值也对实际使用磁场有参考作用。该章的另一个部分是研究了带电粒子在磁场里的运动,包括动量谱仪的设计和粒子的运动、同步加速器中对粒子轨道的约束以及磁镜对粒子的约束,这为读者了解更多的磁场类型和使用会有启发。

第7章借助于光线方程,研究了光线在光纤里的传播,介绍了折射率跃变界面上光线追迹的理论,由此讨论了光线经过透镜的传播问题,形象地解释了像差的形成,并由此探讨了组合透镜消色差的问题,这些结果具有重要的教学和应用价值。本章还详细研究了棱镜实验的模拟分析,以及如何从光路计算的角度求解传统几何光学中一些题目的问题,也很有启发性。本章最后模拟了光的衍射,包括随机分布孔的衍射。

第8章讨论了量子态的叠加导致新能级的形成和微扰计算的有效性问题,重点发展了一维散射问题"倒算法"和一维本征值问题"初值解法"的理论,导出了诸如共振隧道穿透问题以及复杂势函数模型下本征值问题计算的一般方法,并以此证明了周期性势场中粒子能级会分裂成能带。该章很有特色,可以为读者学习量子力学提供借鉴。

第9章介绍了概率和统计分析的概念与计算方法,为读者进行随机运动的计算奠定基础,接着模拟了气体分子的碰撞过程和趋向热平衡的问题,所设计的算法成功地将器壁对气体分子动量分布的影响考虑进来,推进了对碰撞问题的认识。该章还模拟了布朗运动和树叶的摆动,所得到的结论也很有启发性。

第10章通过深入计算,重点研究了实验误差分析如何指导选取合适的实验方法和实验条件,从而提高实验精度的问题,大大超越了传统误差教学仅在实验之后去计算误差的做法。

本书在众多物理问题的研究中,大量使用了 Mathematica 的函数,以及各种算法和技巧,并编写了大量的程序,可以供读者学习和模仿。书中相关程序请到清华大学出版社网站下载(网址:www.tup.com.cn,搜索本书书名网页)。选用本书作为计算物理教材和参考书的大学生、研究生、物理教师(包括中学物理教师)、科研人员,以及物理爱好者们,若能从书中汲取一些有益的营养,作者就非常欣慰了。

我要感谢本书所引用文献的作者们,他们在不同的方面给予了本人帮助和启发。特别要感谢的是 Mathematica 的研制者们,本书如果有某些成就,也有他们的一份贡献。写作过程中得到夫人崔秀芝的悉心照料,她同时也修正了原稿中那些不当的用词和疏漏之处。

本书的编写得到清华大学出版社编审人员的指导,在此一并致以衷心感谢!

读者在使用本书时若遇到问题,可以通过邮箱 qfdongjian@163.com 与作者联系,欢迎交流。在第1版发行期间,我收到了大量读者的来信,有学生,也有老师,所提出的问题各种各样,这是促使作者尽快重写此书的动力之一。在此,再次希望你们批评指正,以共同推动计算物理教学和研究的发展。

董 键

2013 年 4 月

CONTENTS 目录

第 1 章

初识Mathematica

　　本书的计算工作都是在数学软件 Mathematica 环境支持下进行的,所以先对该软件进行一些必要的介绍。Mathematica 是从事**数值运算**和**符号运算**的优秀软件,其简单的语法和强大的功能,使很多科学工作者都对它特别青睐。对于学习数学和物理的读者来讲,首先要学会使用 Mathematica,若要从事工程计算,再学习 MATLAB 等软件。Mathematica 作为大学物理的学习工具和科普工具软件是首屈一指的。

　　要使用 Mathematica 进行计算,首先要将它安装到计算机里。作为一个大众软件,Mathematica 已经很流行,初学者可以到 Mathematica 研制公司的网站上下载(试用版),网址是 http://www.wolfram.com/。现在,Mathematica 已经发展到 8.x 版,国内使用较多的还是 7.x 版,本书的计算就是在此版本下进行的,新版本的 Mathematica 对于物理计算的功能并没有增加。

　　对于英语水平不太高的读者,都希望有 Mathematica 中文介绍书,这方面已经有不少资料[①],包括网络扫描版本的。还有很多"数学实验"的书也在介绍 Mathematica(往往是低版本的),它们提供了更多的例子让读者体会其函数的功能。为了进一步方便读者查阅,本章将对 Mathematica 的基本知识做一些梳理和介绍,以帮助读者快速入门。其实,Mathematica 的联机帮助中就有比较详细的介绍,其所提供的例子简单明了,对于各种学习阶段的用户都有帮助,只要按 F1 键就能启动浏览界面,按类别进行查询。记住一点:要获得 Mathematica 的准确知识,就要查阅联机帮助;要提高 Mathematica 的使用水平,就要经常浏览联机帮助。

1.1　Mathematica 的窗口功能

　　现在,假定读者已经在计算机里安装了 Mathematica,可以像启动其他视窗软件一样地启动它。图 1-1 就是 Mathematica 7.0 工作时的窗口画面,可以看到,在该视窗画面上,有**菜单栏**、**标题栏**、**工具栏**、**工作区**和**模板**窗口。其中,菜单栏和模板随版本而异。

　　用户可以在工作区里输入编制的程序,本例中有两个小程序,第一个程序进行一个球体的质量计算,第二个程序画出了一个函数的曲线。在工作区的顶部可以显示工具栏,方法是从

---

　　① 丁大正. Mathematica 5 在大学数学课程中的应用[M]. 北京:电子工业出版社,2006.
　　Wolfram S. Mathematica 全书[M]. 赫孝良,周义仓,译. 西安:西安交通大学出版社,2002.
　　张韵华,王新茂. Mathematica 7 实用教程[M]. 合肥:中国科学技术大学出版社,2011.

菜单栏   标题栏   工具栏   工作区   模板

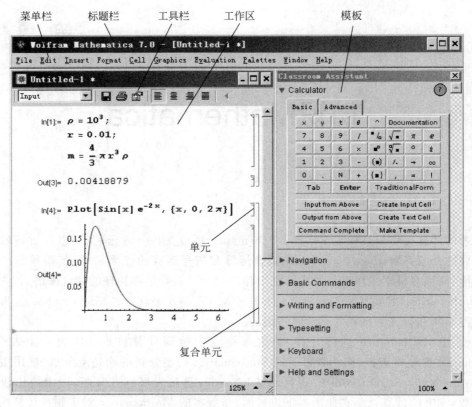

图 1-1   Mathematica 7.0 工作时的窗口画面

Window 菜单启动 Show Toolbar 选项。工具栏可以用来选择单元类型、保存和打印文件、设置程序对齐方式等。通过 Window 菜单还可以启动标尺 Ruler,用来进行文本和图形的对齐、缩放等操作。

模板是进行符号与函数简便输入的地方,在用户还不熟悉 Mathematica 的符号和函数的情况下,可以使用模板输入。模板窗口有几个,读者可以从 Palettes 菜单进入,选择需要的模板窗口,对多数用户来讲,使用 Basic Math Assistant 和 Classroom Assistant 两个模板就可以了。

在工作区的右边,读者可能注意到一些拉长的右括号“]”,这是**单元括号**,它所括起来的区域是一个**单元**(Cell),Mathematica 就是**按单元进行计算和显示**的。单元又分为输入单元、输出单元和图形单元等。程序运行后,一般会有输出,这时,原来的一个输入单元就会跟随输出单元,系统自动将输入-输出单元用一个更大的“]”将它们括起来,组成一个**复合单元**,表示输入-输出单元的逻辑联系;同时,会在左边出现类似 In[1] := 这样的符号,它表示输入程序的行号,但不会在每行前面都有行号。有的程序行要输出结果,就会在程序后面出现 Out[3]=这样的符号,表示它是哪个输入行产生的结果。那么,**什么样的输入行会有结果输出呢?这就是末尾不加分号(;)的输入行,在多数情况下,末尾加了分号,就不输出这一行运算的结果,但运算结果仍保存在内存里。**

上面提到,Mathematica 的程序是按单元来组织的,每个单元的程序单独编写和运行。那么,写好了程序,如何运行呢?这就要按**运行命令键**,即数字键盘区的 Enter 键,或者字母键盘区的 Shift＋Enter 组合键,字母键盘区里的 Enter 键不是运行键,而是编辑键,例如输入程序要换行了,就是按这个区域的 Enter 键。要记住的一点是:在按运行命令键以前,请将光标定位到相应程序的单元区,若不然,就不会按要求运行。

如果要写多个程序,可以在已写程序单元下面的空白处单击,然后开始写新的程序,系统自动产生新的单元括号;也可以在已写过内容的两个单元之间插入新的单元,办法是:将光标移动到两个单元之间的空白处,光标变成了平躺的“工”字形,单击,出现一条水平横线,这时就可以写新的程序或者添加文字了。

为了更好地显示程序的层次结构,建议读者使用工具栏左端的下拉菜单,通过选择 Title、Section、Input 等,改变单元的属性,将单元组织成有序的结构,也为不同的工作自然分段,但程序一定要写在 Input 单元内。

这里要特别提醒读者的是:**除了偶尔使用汉字需要切换到中文输入状态,其他情况下一律处于英文输入状态下!** 有两个地方可使用汉字,一个是作为字符串数据,另一个是作为注释内容出现在**注释行**里。注释行可以出现在程序的任何地方,它的格式是(＊…＊),其中…表示注释内容,其使用格式如下:

（＊这是注释行,加上注释更容易阅读,但不是必需的。 ＊）

1.2　Mathematica 的变量与函数

对于初学者,要切记的一条是:虽然表面上看各个单元是独立的,但是,各个单元使用的变量(以及输出结果)却是公共的,**不同单元的程序能够借助于变量互相联系,尤其是能互相干扰!**

什么是变量呢? 变量是一个符号,用来储存一些数据,这个数据就称为**变量的值**。变量就像一个仓库,数据可以进进出出,随着程序的运行,变量的值可以改变。表示变量的符号叫做**变量名**,Mathematica 给变量起名的规则是:

以英文字母或者希腊字母开头,后面可以添加英文字母、数字和希腊字母。

变量名的长度没有限制,但不能含有空格、标点或下划线等符号。变量名中的字母区分大写和小写,例如 a_1 与 A_1 就是不同的变量名。

要注意,有几个字母是 Mathematica 系统使用的,有特别含义,用户不要随意使用。它们是:E、I、D、C、O、N(其中 E 表示自然对数的底,I 表示虚数因子,D 是微分算符,N 是近似计算函数,O 表示级数展开的高阶项,C 代表符号运算产生的常数)。

在图 1-1 的窗口程序里,共使用了三个变量,它们分别是 ρ、r 和 m。Mathematica 的变量类型不用声明,是根据赋值的类型自动确定的,并可以随时改变类型。

知道了什么是变量,如何提防不同单元间变量的干扰呢? 办法是:**如果你确认不再需要使用过的变量,那就清除它的值!** 通常是使用**函数 Clear[]**,其格式是

Clear[变量1,变量2,…]

这是本书介绍的第一个函数,它对 Mathematica 的运行安全至关重要! 建议读者形成一个习惯,在一个完整程序的末尾使用如下形式来清除所有已赋值变量的值:

Clear["Global`＊"]

Mathematica 的函数分为**系统定义的函数**和**用户自己定义的函数**,它们的共同特点是要**在函数名之后用中括号“[]”将作用的对象括起来**。

系统定义的函数可以在联机帮助里找到它们的名称和使用格式,其**首字母必须大写**,而且**多数函数名使用英文单词全拼**,如果函数名由几个英文单词组成,每个单词的首字母必须大写。使用单词全拼作为函数名,这对于熟悉英文的用户来讲,可以望文生义,非常有利于记忆和辨识函数的功能。

用户自己定义的函数,命名规则与变量名相同,其基本格式是

$$\mathrm{fun}[x\_,y\_,\cdots] := \mathrm{expr}$$

其中,fun 表示函数名;$x\_$、$y\_$等表示函数的**形式变量**,一定要加下划线,各个变量之间要用逗号分隔;符号"$:=$"称为**冒等号**,表示右边延迟运算,中间没有空格;expr 是函数的具体表达式,其中的变量 x 等不加下划线。

无论是用户定义的函数还是系统函数都要严格按格式使用,只有严格遵守规定,才不会出错。计算机是遵守严格科学规范的模范,我们要尊重它的这个习惯,要注意克服平时书写中那些随意性的习惯。

更多的 Mathematica 函数,将随着物理问题的研究,在出现的地方进行介绍。读者如果嫌这个办法慢,可以先按某一本介绍 Mathematica 的书突击式地学习一下,然后再来看本书后面的介绍,可能印象会更深刻。我们要把 Mathematica 当作物理研究的工具,甚至当作物理不可分割的一部分。这样来重视 Mathematica,一点都不过分,若没有这个工具,就像没有电压表一样,想测量出电压那是很困难的。可以说,对 Mathematica 掌握得越熟练,读者的物理研究水平就越高。这个观念,在随后的研究中读者将体会得越发深刻。

1.3　Mathematica 的程序输入、保存与运行

所有需要 Mathematica 做的工作都必须通过程序进行。**编程**是解决问题的基本手段。程序一般先在纸上写好,或者写一个大概,然后输入计算机,经过**运行调试**,以检验它是否正确。关于程序调试的方法,请参阅附录 A。这里先说说如何输入。程序输入是逐行进行的,不过,**行**的长度是不确定的,因为只有**语句**是基本的,不同的语句可以用**分号**连接放在一个输入行里。比如图 1-1 的第一个程序有三行,其实可以放在一行里。Mathematica 行的长度没有限制,用户可以根据需要把多个语句放在一行里,当一行遇到窗口边缘的时候,它会自动调整屏幕一行的字符数,另起一行,显示其余的部分。

下面介绍几个**常用符号**的输入方法,学会它们可以提高输入速度,要点是使用**快捷键**。

分数线:Ctrl+/

二次根号:Ctrl+2

上标:Ctrl+6

要输入希腊字母,懒惰一点是使用模板上的 Typesetting,找到希腊字母区,单击相应的字母。不过,读者可以事先学会使用快捷键来输入一些常用的希腊字母,这些快捷键的学习方法是:先激活模板,用鼠标指向某个字母,例如 ρ,在光标下面的提示框里出现 $\boxed{\text{ESC}}$ r $\boxed{\text{ESC}}$,表示字母 ρ 的快捷输入方式,如图 1-2 所示。

用户辛辛苦苦编写的 Mathematica 程序,若有保留价

图 1-2　显示字符的快捷输入法

值,就应及时保存起来。保存文件的操作是常规的,即从菜单 **File** 进入,里面有文件"建立"、"打开"和"保存"等命令。也可以通过 Window 菜单激活 Toolbar 工具栏,单击"保存"按钮更方便保存文件。建议在常用的磁盘里建立一个文件夹,以后就将 Mathematica 文件存放在那里面。文件保存时要输入一个文件名,可以是英文字母、汉字、拼音字母、数字、减号、冒号的组合等。Mathematica **程序文件名的后缀是 nb**,表示**笔记本**文件(note book),因为 Mathematica 程序按单元依次排列下来,就像一个笔记本。

一个"笔记本"里可以保存很多个程序。若要阅读、编辑或运行一个"笔记本"里的程序,可通过资源管理器找到这个文件,双击文件名,就启动了 Mathematica,同时打开了文件。用户可以同时打开多个"笔记本"文件,管理这些文件窗口的方法是常规的,一般通过菜单栏上的 Window 菜单在不同文件间切换,或者使用快捷键 Ctrl+F6 依次切换(打开 Window 菜单也有快捷键,即 Alt+W)。在第一次按了程序运行命令后,Mathematica 会启动**核心程序** Kernel.exe,然后才能从事计算,这需要等上一会儿。在程序运行期间,除了工作区右边的单元括号变了颜色,用户还会在顶部标题栏看到 Running…Untitled-1(或文件名)等,表明**程序正在运行**,此时一般不要再进行其他操作,否则,会影响程序的运行,甚至出现不可预料的后果。如果想终止程序运行,则按命令键"Alt+,"弹出一个对话框,选择 Abort 就行了。有时候,程序在一个地方终止后,会继续运行下面的部分,那就继续按终止命令键,直到结束,此时顶部的 Running…消失,工作区窗口右边的单元括号的颜色恢复到正常编辑状态的颜色。

一些程序在运行期间会产生需要保存的数据,程序将建立相应的文件。关于**数据文件**的保存和使用,将在以后介绍。

1.4 Mathematica 的表型数据

下面介绍 Mathematica 里的**数**或**数据**的基本类型,它们是进行计算的基础。

Mathematica 里使用的数分为**近似数**和**准确数**,凡带有小数点的数都是近似数,又称为实数(Real);其余的数都叫做准确数,包括整数(Integer)、分数(Rational)等。在此基础上还定义了复数(Complex),即形如 $a+b \cdot i$ 的数,其中 a,b 是近似或准确的数,i 是虚数因子($i^2=-1$),它在 Mathematica 中有两种表示法,一种是用大写的字母 I 表示,另一种方法是输入 ESC ii ESC,产生符号 **i**。此外,字符串(String)也是一种基本数据。

所有基本数据类型之间可以进行四则运算,运算符也是常规的,即符号+、-、*、/表示加、减、乘、除(其中 * 可以用空格代替,也可以使用 ESC * ESC 产生通常的乘法符号×)。乘方的表示有两种方法,一是按 Shift+6,产生如 2^3 的计算机表示;另一种是按 Ctrl+6,产生数学的表示,如 2^3。如果表达式比较复杂,要多使用圆括号"()"将不同部分分清楚,不能使用其他括号。

对于本书的计算来说,Mathematica 定义的**表型数据**是非常有用的。**所谓表型数据**(简称**列表**或者**表**,文献上称为 List),**就是用花括号"{}"括起来的数据**,数据之间用逗号分隔,例如

$\{1,2,-6,2.3\}$

$\{\{2,1\},\{-3,2\},\{10,-1\}\}$

$\{2.5,\{x \rightarrow 1.25\}\}$

其中,第一种表示称为**一维的表**;第二种用嵌套的花括号表示,称为**二维的表**;第三种表示就比较复杂了,它不是通常理解的数据,它经常出现在 Mathematica 函数的输出结果中,不同的

部分表示不同的含义,其中第二项可以称为**替换型数据**。

为了能正确使用表型数据,需要了解其操作规则,包括对表中**元素**的操作和对"表"的整体操作。**表的操作函数**将在 1.5 节介绍,现在介绍经常用到的**简单操作表示法**。设一维表型数据赋给变量 data,"="就是**赋值号**,操作如下。

In[1]:= **data = {a, b, c, d}**

Out[1]= {a, b, c, d}

若读者想对其中的元素进行操作,访问的方法是

data[[j]]

其中 j 只能取 1~4 的整数,表示**元素的序号或位置索引,要用双中括号"[[ ]]"括起来**。读者可以将第二个位置上的元素改换成 2,操作方法及运行结果如下。

In[2]:= **data = {a, b, c, d};**
data[[2]] = 2;
data

Out[4]= {a, 2, c, d}

注意:此操作不是将 b 改成了 2,而是表的第二个位置上的元素改成了 2。若读者想在第二个元素的基础上加上 2,则按以下操作:将第二个元素先取出,与 2 相加,再将结果赋给第二个元素,b 的值并未改变,程序如下。

In[5]:= **data = {a, b, c, d};**
data[[2]] = data[[2]] + 2;
data

Out[7]= {a, 2 + b, c, d}

同样,如果要使用**替换型数据**,则只要遵循替换运算的规则即可,演示如下。

In[8]:= **s = Solve$\left[x^2 - 3x + 2 == 0, x\right]$**
2 x - 1 /. s[[1]]
x^2 - 3 x + 2 /. s[[2]]
Clear["Global`*"]

Out[8]= {{x → 1}, {x → 2}}

Out[9]= 1

Out[10]= 0

以上这段程序用函数 **Solve[]** 求解了一个一元二次方程的根,并将结果保存在变量 s 中,Out[8]显示了这个结果,它有两个根,分别是 1 和 2,但表达的形式却是

{{x → 1}, {x → 2}}

这与通常的数学表示是不一样的,从整体来看是一个表,其中有两个元素,都是替换型数据。在接下来的语句中,s 中的两个元素分别用来替换两个表达式中的 x,得到结果 Out[9]和 Out[10],其中"/."是**替换运算符**,其右边可以使用的表达式有 $x{\rightarrow}1$ 或者 $\{x{\rightarrow}1\}$ 等,表示**替换规则**。其中→的输入方法是"-"+">",或者 ESC ->ESC 。

要注意的是:

（1）在以上程序中，在写方程

$$x^2 - 3x + 2 == 0$$

之前，x 不能赋值，在求解了方程之后，x 也一直没有被赋值。

（2）程序中出现了**方程的写法**，其中特别要注意的是不能用赋值号"＝"，而是要用双等号"＝＝"，中间没有空格。

对于二维的表型数据，访问的方法有两种，一种是访问它的某一"行"，另一种是访问它的某个元素。元素好理解，什么是表的"行"呢？Mathematica 把二维的表看成了矩阵，例如，表 $\{\{a,b\},\{c,d\}\}$，它可以表示成矩阵

$$\begin{pmatrix} a & b \\ c & d \end{pmatrix}$$

据此，把表的第一"层" $\{a,b\}$ 称为第一行，以此类推。当然也可以谈矩阵的列，但 Mathematica 不常使用这个名字，常用行或层，另外就是"元素"了，例如 a、b、c、d 都叫元素。要访问行和元素，可以用如下的方式：

```
In[12]:= data = {{a, b}, {c, d}};
         data[[1]] = data[[1]] × 2;
         data
         data[[1, 2]] = data[[1, 2]] + 2;
         data
Out[14]= {{2 a, 2 b}, {c, d}}
Out[16]= {{2 a, 2 + 2 b}, {c, d}}
```

程序的第二行将表 data 的第一层取出，使用 data[[1]]，然后与 2 相乘，这就**将该层里的所有元素都乘了 2**，再赋给 data 第一层，由程序第三行输出，Out[14]显示了这个操作的结果，data 已经改变。程序第四行访问的是新的 data 的第一层第二个元素，使用符号 data[[1,2]]，然后对它加 2 并重新赋给这个位置，Out[16]证明了仅对这个位置进行了加 2 的操作，其他未变。

要记住：**访问某行，只要该行的序号；访问某个元素，要用两个序号，第一个序号是行号，第二个序号是列号，中间用逗号分隔。序号必须是自然数。**

这里顺便介绍表的两种输出方式，一种是普通的"**行形式**"，如 Out[4]和 Out[16]等；另一种是"**二维形式**"，需要使用函数 **TableForm[]** 或 **MatrixForm[]**，产生"表型方式"或"矩阵方式"的输出，效果如下。

```
In[17]:= data = {{a, b}, {c, d}};
         TableForm[data]
         MatrixForm[data]
Out[18]//TableForm=
         a   b
         c   d
Out[19]//MatrixForm=
         ( a   b )
         ( c   d )
```

显示数据用"表型方式"更好。作为一个小技术，读者可以在每列的数据上面加上数据的名称，这样就更容易看懂数据，方法是使用列表的一个操作函数 **Prepend[]**，它能在表的第一行前面再加一行。

```
In[20]:= data = {{a, b}, {c, d}};
        data = Prepend[data, {"frequency", "energy"}];
        data
        TableForm[data]

Out[22]= {{frequency, energy}, {a, b}, {c, d}}

Out[23]//TableForm=
        frequency  energy
        a          b
        c          d
```

Out[22]显示，新的数据{"frequency","energy"}的确已经加到 data 里，它出现在 Out[23]的第一行里，其他数据读起来就清楚多了。其中用双引号(" ")括起来的部分叫做**字符串**，可以是任何字符和符号的组合。

1.5 表型数据的操作函数

利用 Mathematica 进行计算，经常需要对表型数据进行操作，为此，Mathematica 内建了许多函数以方便用户进行相关的操作，下面选择其中一部分做简单的介绍。

1.5.1 造表函数

这类函数有 **Range**、**Table**、**Array**、**ConstantArray**、**IdentityMatrix**、**DiagonalMatrix** 和 **SparseArray**，分别介绍如下。

函数 **Range**[ ]用来制造一些简单的数值列表，其格式是

Range$[x_1, x_2, \delta x]$

它制造了一个以 x_1 为首元素、步长为 δx、最大元素不超过 x_2 的列表。

函数 **Table**[ ]通过循环计算一个表达式 fun 可以制造一维的、二维的甚至多维的列表，同时，循环的方式也有多种，例如一层循环的格式是

Table$[\text{fun}(x), \{x, x_1, x_2, \delta x\}]$

双层循环的格式是

Table$[\text{fun}(x, y), \{x, x_1, x_2, \delta x\}, \{y, y_1, y_2, \delta y\}]$

其中，内层是行循环，外层是列循环，先执行行循环，再执行列循环。

在以上两个函数中，自变量的循环部分可以简化，例如，$\delta x = 1$ 时可以省略 δx；若 $x_1 = 1$，则 x_1 也可以省略。另外，函数 **Table**[ ]循环变量的取值也可以是另一个列表 list 的元素，此时的格式为

Table$[\text{fun}(x), \{x, \text{list}\}]$

以下程序演示了这两个函数的作用。

```
In[24]:= list = Range[5]
        Table[Sin[π / 2 × i], {i, list}]

Out[24]= {1, 2, 3, 4, 5}

Out[25]= {1, 0, -1, 0, 1}
```

程序第一行产生了以 1～5 自然数为元素的一维的表 list，见 Out[24]。list 在程序第二行作为循环变量 i 的取值空间，顺序取值，然后计算了表达式 $\sin(\pi i/2)$，以其为元素制造了一个

新的列表,见 Out[25]。

函数 **Array**[fun, *n*]通常用来制造序号连续的变量名或者函数名的列表。

函数 **ConstantArray**[*c*, {*i*₁, *i*₂}]用来制造一个 $i_1 \times i_2$ 的常数矩阵,矩阵元都是 *c*。

函数 **DiagonalMatrix**[list]是以列表 list 的元素为对角线元素制造一个其余元素为 0 的对角矩阵。

函数 **IdentityMatrix**[*n*]用来制造 *n* 阶的单位方阵。

这 4 个函数的用法见下列程序,其中用到了函数的**后缀方式**“//”。

```
In[26]:= list = Array[fun, 3]
         ConstantArray[0, {3, 3}] // MatrixForm
         DiagonalMatrix[list] // MatrixForm
         IdentityMatrix[3] // MatrixForm

Out[26]= {fun[1], fun[2], fun[3]}
```

Out[27]//MatrixForm=

$$\begin{pmatrix} 0 & 0 & 0 \\ 0 & 0 & 0 \\ 0 & 0 & 0 \end{pmatrix}$$

Out[28]//MatrixForm=

$$\begin{pmatrix} fun[1] & 0 & 0 \\ 0 & fun[2] & 0 \\ 0 & 0 & fun[3] \end{pmatrix}$$

Out[29]//MatrixForm=

$$\begin{pmatrix} 1 & 0 & 0 \\ 0 & 1 & 0 \\ 0 & 0 & 1 \end{pmatrix}$$

程序第一行产生了由三个元素组成的列表,见 Out[26];第二行制造了一个 3×3 的零矩阵,见 Out[27];第三行使用了这个表的元素作为对角线元素制造了一个对角矩阵,见 Out[28];第四行制造了一个 3×3 的单位矩阵,见 Out[29]。

函数 **SparseArray**[ ]用来制造**稀疏矩阵**,这在大型矩阵的运算中经常见到,因为那些矩阵只有少数非零的元素,绝大多数元素为零,如果储存了很多非零的元素,就显得浪费内存和硬盘空间,对提高运算速度不利。经过 **SparseArray**[ ]制造的稀疏矩阵则只保留非零元素,储存起来就节约很多,不影响矩阵的使用。**SparseArray**[ ]保存的是非零规则或者非零元素的位置。以下程序给出稀疏矩阵产生和操作的示例。

```
In[30]:= n = 5;
         m = SparseArray[{{i_, i_} -> -2,
            {i_, j_} /; Abs[i - j] == 1 -> 1}, {n, n}]
         MatrixForm[m]
         Normal[m]
         Length[m]
         Dimensions[m]

Out[31]= SparseArray[<13>, {5, 5}]
```

Out[32]//MatrixForm=

$$\begin{pmatrix} -2 & 1 & 0 & 0 & 0 \\ 1 & -2 & 1 & 0 & 0 \\ 0 & 1 & -2 & 1 & 0 \\ 0 & 0 & 1 & -2 & 1 \\ 0 & 0 & 0 & 1 & -2 \end{pmatrix}$$

Out[33]= {{-2, 1, 0, 0, 0}, {1, -2, 1, 0, 0}, {0, 1, -2, 1, 0},

{0, 0, 1, -2, 1}, {0, 0, 0, 1, -2}}

Out[34]= 5

Out[35]= {5, 5}

程序第二行产生了一个 5×5 的稀疏矩阵 m，其非零元素满足两个条件，要么是在对角线上，其值都是－2；要么是在行与列的差值为 1 的地方，其值都为 1。程序辨认非零元素的依据是 **SparseArray**[] 内所设计的**模式**，例如 $\{i\_,i\_\}\rightarrow-2$ 表示对角线上元素的替换模式，$\{i\_,j\_\}\rightarrow x$ 是一般的替换模式，但是程序中 $\{i\_,j\_\}/;\mathbf{Abs}[i-j]==1\rightarrow1$ 则稍微复杂一些，因为它对一般元素施加了**限制条件**：$i-j$ 的绝对值是 1 的时候(取绝对值函数是 **Abs**[])，才将位置 $\{i,j\}$ 上的元素赋予 1。限制条件的表达符号是"/;"。

Out[31]给出了稀疏矩阵的基本信息：有 13 个非零元素，为 5×5 矩阵。

Out[32]给出了稀疏矩阵的二维表示，它的主副对角线上有非零元素，其余地方为零。

Out[33]是稀疏矩阵的列表形式，要获得其列表，需要用函数 **Normal**[]。

程序还使用了**测试列表长度的**函数 **Length**[] 和测试列表维度的函数 **Dimensions**[]，结果见 Out[34] 和 Out[35]。函数 **Length**[] 经常使用。

除了使用函数 **SparseArray**[] 制造稀疏矩阵，还可以将已经存在的矩阵 list 转化为稀疏矩阵，格式是 **SparseArray**[list]，这对于保存运算中产生的大型稀疏矩阵非常有利。

1.5.2　列表元素的操作函数

这类函数很多，现择要介绍如下。

给列表添加新元素的函数，例如 **Append**[]、**AppendTo**[]、**Prepend**[] 和 **PrependTo**[]，前两者是将新元素添加到列表的末尾，后两者是将新元素添加到列表的开头。这些函数的格式都是一样的，例如

AppendTo[list, x]

要注意这些函数的区别：**Append**[] 和 **Prepend**[] 在添加元素后不改变原来的列表，只产生一个新的列表，该列表可以被使用；而 **AppendTo**[] 和 **PrependTo**[] 则是改变了原来的列表，使列表的长度增加。示例详见如下程序，请读者自己分析这些结果。

```
In[36]:= x = {{a, c}, {d, f}, {g, k}, {l, q}};
        Append[x, {p, o}]
        x
        AppendTo[x, {p, o}]
        x
        Prepend[x, {b, e}]
        x
        PrependTo[x, {b, e}]
        x
```

Out[37]= {{a, c}, {d, f}, {g, k}, {l, q}, {p, o}}

Out[38]= {{a, c}, {d, f}, {g, k}, {l, q}}

Out[39]= {{a, c}, {d, f}, {g, k}, {l, q}, {p, o}}

Out[40]= {{a, c}, {d, f}, {g, k}, {l, q}, {p, o}}

Out[41]= {{b, e}, {a, c}, {d, f}, {g, k}, {l, q}, {p, o}}

Out[42]= {{a, c}, {d, f}, {g, k}, {l, q}, {p, o}}

Out[43]= {{b, e}, {a, c}, {d, f}, {g, k}, {l, q}, {p, o}}

Out[44]= {{b, e}, {a, c}, {d, f}, {g, k}, {l, q}, {p, o}}

插入、删除和提取列表元素的函数,例如 **Insert[]、Delete[]、Take[]** 和 **Drop[]** 等,其中后三者的格式是相同的,例如

Delete[list, n**]**

它表示要将列表 list 的第 n 个元素删除,得到一个新列表,但并不改变 list 本身。

Take[list, n**]** 和 **Drop[**list, n**]** 分别表示提取或者丢弃 list 的前 n 个元素而得到一个新列表,不改变 list 本身;若 n 是负整数,则表示从 list 的末尾向前数 n 个元素。

Insert[list, x, n**]** 表示要在列表 list 的第 n 个位置上插入元素 x 而得到一个新列表,list 本身不改变。

这 4 个函数的作用演示如下,其中用到了**转置运算符** "T",输入方式为 ESC tr ESC 。

```
In[45]:= x = {{a, b, c}, {d, e, f}, {g, h, k}, {l, p, q}};
        x // TableForm
        Delete[x, 2]
        x
        Delete[x^T, 2]^T // TableForm
```

Out[46]//TableForm=
```
a  b  c
d  e  f
g  h  k
l  p  q
```

Out[47]= {{a, b, c}, {g, h, k}, {l, p, q}}

Out[48]= {{a, b, c}, {d, e, f}, {g, h, k}, {l, p, q}}

Out[49]//TableForm=
```
a  c
d  f
g  k
l  q
```

```
In[50]:= x1 = {{a, c}, {d, f}, {g, k}, {l, p}};
        x1 // TableForm
        x2 = {b, e, h, q};
        Insert[x1, x2, -2]
        x1
        Insert[x1^T, x2, 2]^T // TableForm
```

Out[51]//TableForm=
```
a  c
d  f
g  k
l  p
```

Out[53]= {{a, c}, {d, f}, {g, k}, {b, e, h, q}, {l, p}}

Out[54]= {{a, c}, {d, f}, {g, k}, {l, p}}

```
Out[55]//TableForm=
    a  b  c
    d  e  f
    g  h  k
    l  q  p

In[56]:=  x = {{a, c}, {d, f}, {g, k}, {l, p}};
          Take[x, 3]
          x
          Take[x, -1]
          Drop[x, 3]
          Drop[x, -1]

Out[57]= {{a, c}, {d, f}, {g, k}}

Out[58]= {{a, c}, {d, f}, {g, k}, {l, p}}

Out[59]= {{l, p}}

Out[60]= {{l, p}}

Out[61]= {{a, c}, {d, f}, {g, k}}
```

第一段程序的最后语句演示了如何删除矩阵的一列。第二段程序的最后语句演示了如何往矩阵插入一列。第三段程序演示了如何从列表截取一段组成新的列表。这些函数的其他更复杂的使用格式，请参照帮助系统。

按条件提取列表元素的函数，主要是函数 **Select[]** 和 **Cases[]**，前者按条件提取一些元素组成新的列表，后者是按模式寻找元素，要么提取出来组成新的列表，要么按模式对这些元素进行某种运算，运算的结果再组成新的列表。这两个函数的格式分别如下。

Select[list, crit]

Cases[list, pattern]

其中，crit 是一个判断函数，它依次作用在 list 的元素上，其结果是**逻辑值** True 或 False，若是 True 则将该元素挑选出来。判断函数有多种方式，系统内建的末尾为 Q 的所有函数，都可以作为判断函数，只取函数名；或者用户构造**纯函数**作为判断函数。**纯函数是没有函数名也不明显包含自变量的函数**，它往往是为临时使用而设计的，其格式为

fun[#]&

其中，#是函数自变量的位置；末尾的 & 是纯函数的标志，不能忽略。

pattern 表示模式。Mathematica 构造模式一般要用到下划线"_"。模式系统比较复杂，第 2 章中会有所介绍，这里略举几例。例如，整数模式为_Integer，非整数模式为 **Except[_Integer]**，实数模式为_Real，{_,_}表示只有两个元素的列表模式，h[x_]表示 head 为 h 的任何表达式，其中 head(头)可以理解为函数名。**模式是用来匹配表达式的**，只有那些在结构上与模式匹配的元素才能被选中。

以下程序分别演示了这两个函数的用法。

```
In[62]:=  x = {1, 2, 4, 7, 6, 2};
          Select[x, EvenQ]
          Select[x, # > 2 &]
          Select[x, # > 2 &, 1]

Out[63]= {2, 4, 6, 2}

Out[64]= {4, 7, 6}

Out[65]= {4}
```

```
In[66]:= list = {1, 1, f[a], 2, 3, y, f[8], 9, f[10]};
         Cases[list, _Integer]
         Cases[list, Except[_Integer]]
         Cases[list, f[y_] → y]
         list = {{1, 2}, {2}, {3, 4, 1}, {5, a}, {3, 3}};
         Cases[list, {a_, b_} → Total[{a, b}]]

Out[67]= {1, 1, 2, 3, 9}

Out[68]= {f[a], y, f[8], f[10]}

Out[69]= {a, 8, 10}

Out[71]= {3, 5 + a, 6}
```

在第一段程序里，判断函数有两种，一种是偶数判断函数 **EvenQ[]**，只取了它的名字 **EvenQ**；另一种是纯函数 ♯>2&，它表示列表的元素大于 2 时判断结果为 True，将所有满足条件的元素都挑选出来，如果只挑选一部分，要在判断函数后部添加数字。

在第二段程序里，前两个 **Cases[]** 要从 list 中挑选整数和非整数的元素组成新表；第三个 **Cases[]** 要挑选 head 为 f 的那些元素，并把这些元素替换为 f 作用的对象，再组成新表；最后一个 **Cases[]** 挑选包含两个元素的列表元素，并对两个元素求和（用函数 **Total[]**），用求和结果作为新列表的元素。

合并列表的函数，例如函数 **Join[]** 和 **Union[]**，前者简单地将几个表的元素按顺序合并为一个表，后者则要将几个表中相同的元素删除只保留一个，再合并为新表。使用函数 **Join[]** 可以为矩阵添加一行或者一列，也可以将一个矩阵附加到另一个矩阵的右边或者底部，以扩展矩阵的行和列的长度。见以下演示程序。

```
In[72]:= Join[IdentityMatrix[3], {{1, 2, 3}}] // MatrixForm
         Join[IdentityMatrix[3],
             Transpose[{{1, 2, 3}}], 2] // MatrixForm
         Join[{{a, b}, {c, d}}, {{1, 2}, {3, 4}}] // MatrixForm
         Join[{{a, b}, {c, d}}, {{1, 2}, {3, 4}}, 2] // MatrixForm
         Union[{a, b, a, c}, {d, a, e, b}, {c, a}]
```

Out[72]//MatrixForm=
$$\begin{pmatrix} 1 & 0 & 0 \\ 0 & 1 & 0 \\ 0 & 0 & 1 \\ 1 & 2 & 3 \end{pmatrix}$$

Out[73]//MatrixForm=
$$\begin{pmatrix} 1 & 0 & 0 & 1 \\ 0 & 1 & 0 & 2 \\ 0 & 0 & 1 & 3 \end{pmatrix}$$

Out[74]//MatrixForm=
$$\begin{pmatrix} a & b \\ c & d \\ 1 & 2 \\ 3 & 4 \end{pmatrix}$$

Out[75]//MatrixForm=
$$\begin{pmatrix} a & b & 1 & 2 \\ c & d & 3 & 4 \end{pmatrix}$$

Out[76]= {a, b, c, d, e}

程序中第二和第四个 **Join[ ]** 使用了"层"的概念,末尾的 2 表示合并是在第二"层"进行的。第一"层"是指{a,b}和{1,2}等元素的层,合并结果是{{a,b},{1,2}};第二"层"是指 a,b,1,2 这些元素所在的层次,合并结果是{a,b,1,2}。以此类推。

1.5.3   列表的整体操作函数

这类函数也有多个,例如矩阵转置函数 **Transpose[ ]**,矩阵求逆函数 **Inverse[ ]**,矩阵"压平"函数 **Flatten[ ]**,列表分节函数 **Partition[ ]**,列表排序函数 **Sort[ ]**,将函数作用在列表元素上的函数 **Map[ ]**,等等。其中,**Map[ ]** 可以使用**前缀方式**/@,它通常用在非数值运算场合,例如数据绘图。以下两种方式是等价的:

Map[fun,expr] 或者 fun/@expr

其中,fun 是函数名,可为纯函数;expr 是表达式,一般是列表。以下是演示程序。

```
In[77]:= m = {{1, 2, 3}, {7, 8, 9}};
         m^T
         Flatten[%]
         Partition[%, 2]
         Sort[%%]
         Map[f, First[m]]
         f /@ Last[m]
         Map[f, m, {2}]
         Inverse[{{2, 5}, {3, 1}}]
```

Out[78]= {{1, 7}, {2, 8}, {3, 9}}

Out[79]= {1, 7, 2, 8, 3, 9}

Out[80]= {{1, 7}, {2, 8}, {3, 9}}

Out[81]= {1, 2, 3, 7, 8, 9}

Out[82]= {f[1], f[2], f[3]}

Out[83]= {f[7], f[8], f[9]}

Out[84]= {{f[1], f[2], f[3]}, {f[7], f[8], f[9]}}

Out[85]= $\left\{\left\{-\frac{1}{13}, \frac{5}{13}\right\}, \left\{\frac{3}{13}, -\frac{2}{13}\right\}\right\}$

程序使用了求列表第一个和最后一个元素的函数 **First[ ]** 和 **Last[ ]**。程序还使用了**引用前述结果的符号"%"**,引用最近邻的结果用一个%,引用相隔一个语句的结果用两个%%,以此类推。所以,**Flatten[%]** 引用的是 m^T 的结果,而 **Partition[%,2]** 和 **Sort[%%]** 引用的都是 **Flatten[%]** 的结果,也就是 Out[79],是个一维的表;分节的结果是 Out[80],是一个二维的表,而排序的结果是 Out[81],是自然升序。Out[82]和 Out[83]表明,函数 **Map[ ]** 的两种形式是等价的。Out[84]表明,倒数第二个语句的功能是将函数 f 作用到列表 m 的第二"层"上。最后一个语句是求解一个 2×2 矩阵的逆,其逆是存在的,即 Out[85]。

1.6   列表的运算

不同的表型数据之间可以运算,表型数据也可以与其他类型的数据进行运算,这些运算经常进行,因此有必要清楚它们的运算规则。

1.6.1　矢量运算

习惯上,把一维的列表称为**矢量**(也称向量)。在应用上,还有**行矢量和列矢量**之分,例如 $p=\{x,y,z\}$ 被称为行矢量,而 $q=\{\{x\},\{y\},\{z\}\}$ 则被称为列矢量,因为后者在用函数 **MatrixForm[]** 进行显示的时候是一个列。

同类型的矢量之间可以进行点乘、叉乘和四则运算。矢量也可以与数值进行四则运算,当进行四则运算的时候,数值是与矢量的每个分量进行相应的运算。

下面简单介绍**矢量的点乘和叉乘运算**(又称为内积和矢量积运算),它们分别由函数 **Dot[]** 和 **Cross[]** 来完成,其格式是一样的,例如矢量 p、q 的点乘运算表示为

Dot[p , q]

得到的是一个代数量(标量)。这两个函数都有简写的方法:**Dot[p , q]** 可以用 $p.q$ 表示,中间是小数点,而 **Cross[p , q]** 则可以表示成 $p\times q$,叉乘符号"×"看上去比普通的乘法符号"×"小一些,它是这样输入的: ESC cross ESC 。

要注意的是:叉乘运算要求矢量是三维的,二维的矢量不能进行叉乘运算。

可以求**矢量的模**,这由函数 **Norm[]** 来完成;也可以求矢量之间的夹角,这由函数 **VectorAngle[]** 来完成。

以下程序演示了以上运算。

```
In[86]:= p = {2, -1, 3}; q = {2, 1, 0};
        2 p
        p + 1
        p.q
        p×q
        VectorAngle[p, q]
        Norm[p]

Out[87]= {4, -2, 6}

Out[88]= {3, 0, 4}

Out[89]= 3

Out[90]= {-3, 6, 4}

Out[91]= ArcCos[3/√70]

Out[92]= √14
```

1.6.2　列表的代数运算

列表之间可以进行四则运算,也可以与其他**数值和数值函数**进行运算。这些运算都是**对列表的相应元素进行**的,例如用一个数去乘以一个列表,结果得到一个新列表,新列表的维度与原列表相同,只是各个元素都乘了这个数;若用一个数值函数作用在一个列表上,结果是该函数作用在列表的各个元素上;若两个维度相同的列表之间进行普通的乘法运算(即列表之间用空格或者 ∗ 号),则新列表的元素是两个列表对应元素的乘积;等等。

对于列表之间的运算,**列表的代数幂与列表的矩阵幂**要严格区分,前者在写法上与普通数值幂没有区别,幂运算是对列表元素进行的,其形式为

list^n

后者要使用专用函数 **MatrixPower[]**,形式为

MatrixPower[list, *n*]

其运算是按照矩阵乘法进行的,矩阵之间的乘法运算符是小数点(.)。能求矩阵幂运算的列表 list 必须是方阵。

下列演示程序演示了以上各种运算是如何进行的,请读者自行分析。

```
In[93]:= m1 = {{1, 2}, {3, 4}};
        m2 = {{a1, a2}, {a3, a4}};
        m1 + m2
        m1 × m2
        m2 / m1
        c × m1
        c + m1
        Sin[m1]
        m1^2
        m1.m1
        MatrixPower[m1, 2]
```

Out[95]= {{1 + a1, 2 + a2}, {3 + a3, 4 + a4}}

Out[96]= {{a1, 2 a2}, {3 a3, 4 a4}}

Out[97]= $\left\{\left\{a1, \frac{a2}{2}\right\}, \left\{\frac{a3}{3}, \frac{a4}{4}\right\}\right\}$

Out[98]= {{c, 2 c}, {3 c, 4 c}}

Out[99]= {{1 + c, 2 + c}, {3 + c, 4 + c}}

Out[100]= {{Sin[1], Sin[2]}, {Sin[3], Sin[4]}}

Out[101]= {{1, 4}, {9, 16}}

Out[102]= {{7, 10}, {15, 22}}

Out[103]= {{7, 10}, {15, 22}}

矢量可以与矩阵进行乘法运算,运算符是小数点(.)。一个 $1 \times n$ 的矢量可以与 $n \times n$ 的矩阵相乘,可以进行左乘,也可以进行右乘,但结果不同。演示如下。

```
In[104]:= m = {{1, 2}, {3, 4}};
         v = {v1, v2};
         m.v
         v.m
```

Out[106]= {v1 + 2 v2, 3 v1 + 4 v2}

Out[107]= {v1 + 3 v2, 2 v1 + 4 v2}

对于矩阵的乘法,要特别注意不能直接采用 **MatrixForm** 的形式,否则是不能进行运算的。以下程序就证明了这一点。

```
In[108]:= m = {{1, 2}, {3, 4}} // MatrixForm;
         v = {v1, v2};
         m.m
         m^2
         m.v
```

Out[110]= $\begin{pmatrix} 1 & 2 \\ 3 & 4 \end{pmatrix} \cdot \begin{pmatrix} 1 & 2 \\ 3 & 4 \end{pmatrix}$

Out[111]= $\begin{pmatrix} 1 & 2 \\ 3 & 4 \end{pmatrix}^2$

Out[112]= $\begin{pmatrix} 1 & 2 \\ 3 & 4 \end{pmatrix} \cdot \{v1, v2\}$

程序中先把列表{{1,2},{3,4}}转化为 **MatrixForm** 的形式再赋给变量 *m*，之后，凡是 *m* 参与的运算都不能进行，而是原样显示。采用 **MatrixForm** 的形式主要是方便观看，运算的时候是不需要的。可以采用如下办法绕过这个困难：在列表赋给 *m* 之后再进行 **MatrixForm** 形式的显示。

1.7　程序结构

所有通过 Mathematica 做的工作都要编程才能进行。程序可长可短。有的程序可以从开始顺序执行到末尾，中间"不兜圈子"、"不走岔道"，这样的程序称为顺序结构的程序，逻辑上比较简单。对于比较复杂的计算工作，程序经常使用**循环结构**和**分支结构**，有时还使用**模块结构**，这不仅增强了程序的可读性，更是高级语言程序的标志，是计算科学的魅力与威力所在。本节将简单介绍 Mathematica 的这些重要程序结构。

1.7.1　分支结构

分支结构能够使程序根据逻辑判断执行不同的部分。分支结构的主要函数是 **If[]**、**Which[]** 和 **Switch[]**，它们根据判断语句的值是 True 或 False，或者根据对某个运算值的匹配情况，来决定执行哪个程序分支。函数 **If[]**、**Which[]** 和 **Switch[]** 的格式如下。

If[test,body$_1$,body$_2$,body$_3$]

Which[test$_1$,body$_1$,test$_2$,body$_2$,...]

Switch[expr,form$_1$,body$_1$,form$_2$,body$_2$,...]

根据判断语句 test 逻辑值的情况，**If** 语句可以执行 body$_1$～body$_3$ 中的某个分支：当 test＝True 时，执行 body$_1$；当 test＝False 时，执行 body$_2$；当 test 无法给出逻辑值时，就执行 body$_3$。根据编程需要，三个分支可以有所省略，例如，如果明确知道 test 能给出逻辑值，就可以省略 body$_3$；如果 test＝True 就执行某个操作，否则什么也不做，就可以省略 body$_2$。

在函数 **Which[]** 中将依次计算各个 test$_i$，当遇到某个 test$_i$＝True 时，就执行它后面紧邻的分支 body$_i$，然后就结束，不再判断和执行其他分支。

函数 **Switch[]** 的执行过程是：先计算 expr，其结果可以是逻辑值，也可以是数值，然后就用此值依次去匹配各个 form$_i$，当遇到第一个匹配的 form$_i$ 时，就执行它后面紧邻的分支 body$_i$，然后就结束，不再判断和执行其他分支。

这三种分支函数各有特色，方便了用户对分支结构的选择。

1.7.2　循环结构

有很多工作需要反复做才能得出想要的结果。对此，和尚们深有体会，他们需要无数遍地念叨"阿弥陀佛"才能修成正果；相比之下，有些学生的实验做错了，老师帮助她(他)分析了原因所在，告诉她(他)再做一遍以检验这些分析是否正确，看看结果能否有改进，他们都懒得做，理由是：**"再做一遍还有什么意思，那不是浪费时间吗？"**对此，我很无语，因为老师教着一届届的学生，也是浪费时间？这些学生还没有明白，没有老师"在浪费时间"，哪有教师这个行业，哪有老师教学水平的提高，学生又到哪里去学习呢？所以，反复做一件事，不见得是浪费时间，地球就是一天一天地"浪费着时间"在转动，难道不正是这种反复转动才造就了地球神奇美丽的生命系统吗？所以，**循环才能创造神奇**，这是自然界给我们昭示的普通道理，也是 S. Wolfram 倡导"新科学"的原因所在。对于科学计算也是一样，计算机是最不怕枯燥工作的典范，所以就给它设计了循环语句。

Mathematica 的循环结构体现在多个函数中，前面介绍的 **Table[]** 等函数就已经在使用循环操作了。读者可以在联机帮助里找到很多具有循环运算的函数，本节主要介绍由函数 **Do[]**、**For[]** 和 **While[]** 构成的循环，它们是循环结构的标志性函数。

循环运算要有开始和结束。Do 循环规定了循环次数，而 For 循环和 While 循环的循环次数都不确定，它们何时结束循环由某个判断条件决定。这三种循环函数的格式分别如下。

Do[body,$\{i,i_1,i_2,\delta i\}$]

For[start,test,incr,body]

While[test,body]

在这三种循环函数中，body 是真正要计算的部分，称为**循环体**，由若干用分号连起来的语句构成，又称复合语句，其余部分是控制循环开始和结束的。test 是判断语句，当 test 的逻辑值为 True 时循环进行，为 False 时循环结束。

循环变量是循环函数的重要部分，它的值一般是根据循环的进程有规律地改变，由该值的大小来控制循环的开始和结束，并且可以参与循环体的运算。

根据情况，循环控制的某些部分可以简化。例如，在 Do 循环中，当 $i_1=1$ 时，i_1 可以不写；同样，当循环步长 $\delta i=1$ 时，δi 也可以不写。在 For 循环和 While 循环中，body 可以没有，循环变量的增值部分 incr 和 body 可以合写在一起。

循环函数可以嵌套，构成**多重循环**。在多重循环中，内循环和外循环都可能改变对方循环变量的值，但一定要特别谨慎，尤其是 Do 循环，其循环变量是**局部的**，循环结束后，该变量就不存在了。For 循环和 While 循环的循环变量是**全局的**，使用时要加以注意，防止无意间使用了不该使用的值。

循环可以在 body 中因设置条件而**提前终止**，这需要使用函数 **Break[]**，一旦执行了该函数，本层次的循环就将终止。另外，循环体 body 也不一定在每次循环中都全部执行，可以根据条件跳过 body 部分而**继续循环**，这需要使用函数 **Continue[]**。

以下程序演示了三种循环的一些特点。

```
In[113]:= n = 2;
      For[i = 1, i < 6, i++,
       Print[i]; i++]
      Print["i=", i]
      Do[
       If[j < 2 n ∨ j := i - 1,
        Continue[]; Print["j<n!"],
        Print["j=", j]; j++],
       {j, i}]
      Print["j=", j]
      While[n < i,
       Print[n];
       If[n > i / 2, Break[], n++]]
      Print["n=", n]
      Clear["Global`*"]
1
3
5
i=7
j=4
j=5
j=7
j=j
```

2

3

4

n=4

对上述程序详细解释如下,作为程序分析的范例,供读者参考。

对于 **For** 循环来讲,执行的顺序是

$$\text{start} \rightarrow \text{test} \rightarrow \text{body} \rightarrow \text{incr}$$

循环变量 i 可以在 start 赋值,也可以在循环之前赋值,本例是在 start 赋值。test 是判断语句 $i<6$。incr 是 $i++$,i 的值自动增 1。body 有两句,第一句是打印 i 的值,屏幕打印函数是 **Print**[];第二句是 $i++$,事实表明这一句执行成功了,因为当执行 incr 之后,i 的值就被增 1 了两次,所以,当执行 test 时,i 的值是 1、3、5、7,其中前三个数使 test 成立,于是在 body 中被打印出来,而当 $i=7$ 时,test 不成立,循环结束。接着用 **Print**[] 打印 i 的值,果真 $i=7$。这说明 i 既能在循环内使用,也能在循环外使用,**For** 循环变量是全局变量。

程序的第二个循环是 **Do** 循环,循环变量是 j,其初值是 1,循环次数是 i,根据前述,其值是 7;它的循环体是一个 **If** 语句,其结构是

If[test, body$_1$, body$_2$]

If 语句内的三个部分都比较复杂,依次说明如下。

test 是 $j<2n \lor j==i-1$,中间符号 $\lor$ 是"或"运算符,它是这样输入的:$\boxed{\text{ESC}}$ or $\boxed{\text{ESC}}$。符号 "=="是"比较运算符"。因此,test 成立要满足 $j<2n(4)$ 或者 $j=i-1(6)$,有两次成立的机会。

body$_1$ 是复合语句 **Continue**[];**Print**["$j<n$!"],它由两个语句构成,这里就出现了"空转"函数 **Continue**[],当该函数被执行时,它后面所有的语句都不再执行,并开始下一次循环。

body$_2$ 是复合语句 **Print**["$j=$",j];$j++$,它打印 j 的值,并试图对 j 增 1。

现在来看 **Do** 循环的输出结果:

$j=4$

$j=5$

$j=7$

可见,并没有打印 $j<4$ 和 $j=6$ 的结果 $j<n$!,这说明 **Print**["$j<n$!"] 没有被执行,但循环继续下去了,这体现了函数 **Continue**[] 的作用。同时,循环体连续使用了 j 的值,也说明在 body$_2$ 中 $j++$ 没有起作用,**Do** 循环的循环变量不能在循环体中强制改变。**Do** 循环结束后程序试图打印 j 的最后值,但结果是 $j=j$,符号 j 并没有值,这说明 **Do** 循环变量是局部的,只能出现在循环内,不能在循环之外访问。

最后来看 **While** 循环,循环变量是 n,判断语句是 $n<i(7)$,循环体是

Print[n];**If**[$n>i/2$, **Break**[], $n++$]

循环体每次被执行都打印 n 的值,接着判断 $n>i/2$ 是否成立,根据 n 的初值和 i 的值,该判断在 $n=4$ 之前是不成立的,所以并不执行 **Break**[],而是执行 $n++$,只有到了 $n=4$,**Break**[] 才被执行,循环终止。在终止之前,n 依次取值 2、3、4,输出的结果证实了这一点。**While** 循环结束之后也立即打印了 n 的值,证明循环是到了 $n=4$ 终止的,**While** 循环变量是全局变量。

分析清楚一个程序的结构和执行顺序并不容易,但编程者必须有这样的习惯和耐心,否

则,出了错误找不出来,就无法编程计算了。

1.7.3　模块结构

Mathematica没有"子程序"的概念,如果需要反复进行某种计算,就需要定义一个函数,该函数可以在程序里临时定义,也可以做成扩展的**"包函数"**,在编程时像使用系统定义的函数那样只要写一个函数名就可以了。无论是哪种情况,编程者都希望这个函数执行它应有的功能,不要节外生枝,即:除了给出希望的结果,不要产生其他副作用,比如不要干扰了其他变量的值——这通常是在复杂程序编制时最担心的事情。前面介绍过**自定义函数**,它确立了一种内部机制,即函数中的形式变量都是局部变量,在执行时可以赋予任何值,一旦函数执行完毕,形式变量就消失了,其值也不存在了。因此,自定义函数规定了一种**模块结构**,可以避免函数的执行干扰了程序其他部分。

自定义函数可以是简单的数值计算函数,也可以是执行复杂任务的函数,结果可能是数值,也可能产生了其他输出。执行复杂任务时,自定义函数的局部变量可能不够用,需要在函数内部使用更多的变量。为了满足这种需要,Mathematica设计了一种更普遍的模块结构**Module[]**,它在自定义函数时被广泛采用,其定义方式是

$$\text{fun}[x_{1\_}, x_{2\_}, \cdots] := \textbf{Module}[\{y_1 = y_{10}, y_2 = y_{20}, \cdots\}, \text{body}]$$

在这种定义中,最主要的是出现了局部变量$y_1, y_2, \cdots$,它们在花括号{}内被命名,同时可以被赋予初始值,也可以不赋予初始值。函数体body可以是一个语句,也可以是用分号连接起来的复合语句,body的末尾可以用分号,也可以不用任何符号。当函数fun被调用时,系统产生了局部变量$x_1, x_2, \cdots, y_1, y_2, \cdots$,当函数执行完毕后,这些局部变量就消失,它们不会给后续部分的程序造成影响。

要注意的是,函数fun的执行可能改变全局变量的值,这发生在**Module[]**定义的局部变量名与全局变量名没有重名的情况,如果有重名,则body中只使用局部变量,不会干扰了全局变量。

以下程序演示了**Module[]**的这些特性。

```
In[121]:= v = 1; α = 0;
          h[θ_, v0_] :=
          Module[{α = 2 θ, v = v0, g = 9.8},
          Print["h=", v² Sin[α]/(2 g)]; v = 2 v0; α]
          h[π / 4, v]
          Print["v=", v, ", ", "α=", α]
          Clear["Global`*"]
h=0.05102040816

Out[123]= π/2

v=1, α=0
```

程序定义了全局变量v和α并赋予初值。在用**Module[]**定义函数$h[\theta, v_0]$时定义了三个局部变量α、v和g,还赋予了初值,这里有两个变量与全局变量是重名的。函数$h[\theta, v_0]$被调用,在body中计算抛物体的最大高度并打印,重新对v赋值,最后返回α的值。Out[123]证明

返回的结果是对的。当用 **Print**[] 显示 v 和 α 的值时,显示的都是全局变量的值,虽然这两个变量在 body 中被使用和赋值,但都是使用的局部值,没有影响全局变量。

另外,Mathematica 还有一种"**块**"结构——**Block**[],在隐藏局部变量方面与 **Module**[] 类似,也经常用到,请读者参考联机帮助,不再赘述。

以上所介绍的仅属于 Mathematica 的一部分基础知识,是在本书物理计算和编程实践中经常使用的。更多的 Mathematica 函数和功能将在第 2 章以及后续编程出现的地方介绍。只有通过编程实践才能深入了解和掌握它们。

第 **2** 章

函数与算法

在第 1 章中介绍了一部分 Mathematica 的语法知识和函数,可以作为快速浏览 Mathematica 的入门。本章将继续介绍一些常用的语法和函数知识,以帮助读者深入了解 Mathematica 的特点和优势。Mathematica 首先是作为一个优秀的符号运算软件出现的,它的数值计算功能也非常出众,这些功能体现在众多函数中,值得读者认真学习。

当读者真的要用 Mathematica 进行计算时,掌握语法和函数是前提,但也只是了解了一个计算的平台,并非意味着就可以顺利地进行各种计算,须知,任何具体的计算工作都要设计计算方法,简称**算法**。**算法可以简单地理解为一个数学方案,它由一些逻辑步骤组成,按这些步骤走下去,问题就可以解决**。物理计算通常是先将物理对象模型化,得到描写对象的数学方程,求解这些方程就可以得到问题的解答。方程的求解有各种方法,它们构成算法的典型案例。这些算法已经写在了各种教科书上[①],读者有必要读一读,既可以得到数学锻炼,也可以在使用它们的时候心中有数。不过,如果按照原始的算法进行编程,那是很麻烦的,用 Mathematica 编程一般无须这样,而往往用一个函数就可以解决了。为了让读者有所体验,本章将举例进行比较。

在学习算法的过程中,先行模仿,再行创造。要记住一点:**算无定法**!一些看起来很成功很漂亮的**算法其实都是逼出来的**,教科书上的算法也未必在任何情况下都管用。另外还要记住一点:**算法往往很零散很具体**,教科书上并没有介绍完全,也无法介绍完全,一些小的技巧往往能解决大问题,它们需要编程者临时想出来。这样的例子会在本书中反复出现。

2.1 语法和函数

语法就是语言的一些规定。语法的概念是广泛的。Mathematica 语法有严格的规定,需要在使用之前掌握,若在使用过程中出了问题,可以回到这些语法上来查对。函数是 Mathematica 功能的体现者,对函数的规定也属于语法范畴,将函数分类列出并对语法和功能加以介绍,有助于读者查阅和使用。

---

① 姚传义.数值分析[M].北京:中国轻工业出版社,2009.
郭立新,等.计算物理学[M].西安:西安电子科技大学出版社,2009.
周铁,等.计算方法[M].北京:清华大学出版社,2006.

2.1.1　常数、括号和运算符

Mathematica 定义了一些数学常数,读者可以在适当的时候引用。比如圆周率 π,自然对数的底数 e,虚数单位 i,黄金分割率ϕ,角度的单位(°),等等。其数学含义读者都知道,但也需要记住它们的输入方法和用法。

圆周率 π:Pi 或者 ESC p ESC 。

自然对数的底数 e:E 或者 ESC ee ESC 。

虚数单位 i:I 或者 ESC ii ESC 。

角度的单位(°):Degree 或者 ESC deg ESC 。

黄金分割率ϕ:GoldenRatio,其值为$(1+\sqrt{5})/2\approx1.618033989$。

Mathematica 使用 4 种括号,也需要读者牢记,它们是——

方括号[]:用于函数名之后,将函数作用的对象括起来。

花括号{}:用于列表,将元素括起来。

双方括号[[ ]]:用于引用列表的元素。

圆括号():用于分开表达式内不同层次的运算,或者将复合语句与其他部分分开。

括号分为左右各半,最好是成对输入,以免忘记一半,其快速输入方法如下。

方括号[]:Alt+]。

圆括号():Alt+Shift+)。

花括号{}:Alt+Shift+}。

Mathematica 的四则运算符已经在第 1 章中介绍过,这里只介绍关系运算符和逻辑运算符。

关系运算符用于比较两个表达式的大小或者结构是否相同。数值型表达式的比较运算符有:

相等==

完全相等===

不相等!=

大于>

小于<

大于等于>=

小于等于<=

由两个符号组成的关系运算符中间不能有空格。这些运算符还可以用于符号和列表的比较,其结果是逻辑值 True 或者 False。完全相等运算符"==="比较的是表达式的结构,只有结构相同时结果才为 True。下面的演示程序可以说明其中的一些特点。

```
In[1]:= 1 == 2
        1 > 2
        1 < 2
        1 ≥ 2
        1 ≤ 2
        FullSimplify[x + 2 Log[eˣ] == 3 x, x ∈ Reals]
        FullSimplify[x + 2 Log[eˣ] === 3 x, x ∈ Reals]
Out[1]= False
```

Out[2]= False

Out[3]= True

Out[4]= False

Out[5]= True

Out[6]= True

Out[7]= False

输出结果 Out[1]～Out[7]分别对应程序的各个行,前5个结果很明显,后两个结果不同,为什么呢? 程序最后两句是用化简函数 **FullSimplify[]** 对表达式 $x+2\ln e^x$ 和 $3x$ 进行比较,并指出 x 属于实数域 Reals。显然,从数学上看, $x+2\ln e^x=3x$,所以用相等运算符==运用到两个符号表达式得到的结果是 True。而完全相等运算符===比较的是表达式的结构而不是数值,显然 $x+2\ln e^x$ 和 $3x$ 在结构上是不同的,结果就是 False。

这里顺便指出,Mathematica 规定了几个常用的**数域**(Domains),它们的专用符号表示如下——

实数域: Reals

整数域: Integers

复数域: Complexes

代数域: Algebraics

质数域: Primes

有理数域: Rationals

布尔数域: Booleans

变量属于"$\in$"或者不属于"$\notin$"符号的输入方法分别是 ESC el ESC 和 ESC !el ESC 。

Mathematica 的**逻辑运算**是由一些逻辑运算函数完成的,这些运算除了完成"与、或、非、异或"等运算之外,还有一些更广泛的功能。逻辑运算函数及其符号表示的输入方法如下。

"与"运算: **And[**p,q**]**,&& 或者 $\wedge$ 。输入方法: ESC and ESC 。

"或"运算: **Or[**p,q**]**,|| 或者 $\vee$ 。输入方法: ESC or ESC 。

"非"运算: **Not[**p**]**,! 或者 $\neg$ 。输入方法: ESC not ESC 。

"异或"运算: **Xor[**p,q**]**,或者 $\veebar$ 。输入方法: ESC xor ESC 。

逻辑运算的其他函数,例如 **Implies[]**、**Boole[]**、**ForAll[]**、**Exists[]**、**Resolve[]** 和 **Reduce[]** 等,它们对于代数和逻辑表达式的化简与证明,以及区域作图,非常有用。其中,**ForAll[]** 和 **Exists[]** 用于声明表达式中某些变量的存在可以使表达式成立,以方便化简函数 **Resolve[]** 和 **Reduce[]** 进行判断和运算。下面简单地介绍一下函数 **Boole[]** 和 **Implies[]**。

函数 **Boole[]** 是将逻辑值 True 或者 False 转化为 1 或者 0。

在通常的数值计算中不方便统一处理数值和逻辑值,函数 **Boole[]** 可以帮助解决这个问题。

下面的程序模拟了高能物理中"**多道分析**"的过程,探测器记录了一系列脉冲信号,程序判断脉冲高度在 s_1 与 s_2 之间的脉冲个数,其中 s_1 可以看成本底, s_2 可以看成某种能量的粒子所形成信号的正常高度。脉冲信号 signal 由两个正弦函数的叠加来模拟,两个信号的频率之比不是有理数，因而信号 signal 不会是周期信号。对 signal 进行 n 次**抽样**，形成离散信号 data。先统计高度大于 s_1 的脉冲数 n_1，再统计高度大于 s_2 的脉冲数 n_2，二者之差即为符合要求的脉冲数。

```
In[8]:=  n = 1000; time = 10.0; δt = time / n; s1 = 0.2; s2 = 1.4;
         signal[t_] := Sin[10 π t] + 1.2 Sin[√15 π t];
         data = Table[signal[t], {t, 0, time, δt}];
         n1 = ∑_{i=1}^{n-1} Boole[data[[i]] < s1 && data[[i + 1]] > s1];
         n2 = ∑_{i=1}^{n-1} Boole[data[[i]] < s2 && data[[i + 1]] > s2];
         Print["Δn=", n1, "-", n2, "=", n1 - n2]
         Plot[{signal[t], s1, s2}, {t, 0, time},
          AxesLabel -> {"t", "signal"}]
         Clear["Global`*"]

         Δn = 39 - 21 = 18
```

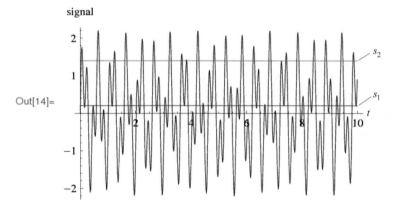

```
Out[14]=
```

在本例程序中，函数 **Boole**[] 的作用对象是关于信号是否跨越高度 s_1 或者 s_2 的判断，如果跨越，就给出 1，否则给出 0。求和函数 **Sum**[] 对每次判断的结果进行累加，结果就是跨越某个高度的次数。要注意跨越判断的表达式 $\text{data}[[i]] < s_1 \, \&\& \, \text{data}[[i+1]] > s_1$，它只对上升的跨越给出 True，对下降的跨越依然给出 False。这是本例算法的技巧之一。

函数 **Implies**[p, q] 是对逻辑变量 p 和 q 所设计的一种运算，其含义是 $!p || q$。因此，若 $p = \text{True}, !p || q = q$，若 $p = \text{False}, !p || q = \text{True}$。

根据这种逻辑关系，**Implies**[p, q] 特别容易鉴别"对 p 为真而对 q 为假"的情况。

下面的示例程序先给出 **Implies**[p, q] 的真值表，然后就将这一功能用在了区域作图上。区域作图函数是 **RegionPlot**[]，它将逻辑表达式的值为 True 的区域涂上颜色。

```
In[16]:=  Outer[Implies, {True, False}, {True, False}]
          TableForm[%,
           TableHeadings → {{"True", "False"}, {"True", "False"}}]

Out[16]=  {{True, False}, {True, True}}
```

```
Out[17]//TableForm=
```

	True	False
True	True	False
False	True	True

```
In[18]:= RegionPlot[Implies[x^2 + y^2 < 1, (x - 1)^2 + y^2 < 2],
     {x, -2, 2}, {y, -2, 2}]
     RegionPlot[Implies[(x - 1)^2 + y^2 < 2, x^2 + y^2 < 1],
     {x, -2, 2}, {y, -2, 2}]
     RegionPlot[x^2 + y^2 < 1 && (x - 1)^2 + y^2 < 2,
     {x, -2, 2}, {y, -2, 2}]
```

Out[18]=

Out[19]=

Out[20]=

Out[16]就是 **Implies**[p,q]的真值表,它是经过函数 **Outer**[]的帮助由 **Implies** 计算出来的,Out[17]是将真值表用二维方式显示,使用了函数 **TableForm**[],参数 TableHeadings 是给二维表的行与列添加表头的。真值表再现的就是!p||q 的全部结果。

在区域作图部分,有两个逻辑表达式

$$p = x^2 + y^2 < 1 \quad 和 \quad q = (x-1)^2 + y^2 < 2$$

Out[20]给出的是 p 和 q 共同成立的区域图,Out[18]是 **Implies**[p,q]的区域图,Out[19]是 **Implies**[q,p]的区域图,空白的部分是 **Implies**[p,q]或者 **Implies**[q,p]不成立的区域,其余涂颜色的地方是成立的区域。根据这些区域图,很容易鉴别 p 成立而 q 不成立的区域,这对判断函数定义域或积分区域是有好处的。

2.1.2　基本函数

Mathematica 内建了可以进行指数运算、对数运算、三角运算等基本的函数,分别介绍如下。

指数函数:Exp[expr],以常数 e=2.7182…为底,以表达式 expr 为指数,通常写成 e^{expr} 的形式,e 的快捷输入方式已经在前面介绍过。

可以自定义其他底数的指数函数。

对数函数:

自然对数 **Log**[expr]。

以 10 为底的对数 **Log10**[expr]。

以 b 为底的对数 **Log**[b,expr]。

对于实数函数,要求 expr>0。

三角函数:

正弦函数 **Sin**[],其反函数 **ArcSin**[]。

余弦函数 **Cos**[],其反函数 **ArcCos**[]。

正切函数 **Tan**[],其反函数 **ArcTan**[]。

余切函数 **Cot**[],其反函数 **ArcCot**[]。

正割函数 **Csc**[],其反函数 **ArcCsc**[]。

余割函数 **Sec**[],其反函数 **ArcSec**[]。

三角函数宗量的单位是弧度 rad,如果是度"°",则要转化成弧度,也可以直接写成"°",系统自己完成转化。反三角函数的输出单位是 rad。

双曲函数:也有 6 个函数以及相应的反函数,它们的写法是在三角函数名称之后加字母 h 即可。例如双曲正弦函数,名称是 **Sinh**,其定义为

$$\mathrm{Sinh}(x) = \frac{\mathrm{e}^x - \mathrm{e}^{-x}}{2}$$

还有一个"抽样函数"**Sinc**[],它在信号处理领域很有用,其数学定义是

$$\mathrm{Sinc}(x) = \frac{\mathrm{Sin}(x)}{x}$$

x 以 rad 为单位。

这些基本函数作用在通常的数值上,结果是熟知的;而作用在列表上,结果则是对列表的每个元素进行计算。以下是示例程序。

```
In[1]:= Sin[π / 6]
        Tan[{1.2, 1.5, 1.8}]
        Cos[(π   u )] // MatrixForm
            (v   π/2)
        list = {Sinc[x], Sinc[x]²};
        g = Plot[#, {x, -20, 20}, PlotRange → All] & /@ list;
        Show[GraphicsArray[g]]
        list = {Sin[x], Tan[x], ArcSin[x], ArcTan[x]};
        g = Plot[#, {x, -10, 10}, Ticks → None] & /@ list;
        Show[GraphicsArray[g]]
        list = {Sinh[x], Tanh[x], ArcSinh[x], ArcTanh[x]};
        g = Plot[#, {x, -5, 5}, Ticks → None] & /@ list;
        Show[GraphicsArray[g]]
        RotationMatrix[θ]
        %.{x, y}
        Clear["Global`*"]
```

$$Out[1]= \frac{1}{2}$$

$$Out[2]= \{2.57215, 14.1014, -4.28626\}$$

Out[3]//MatrixForm=
$$\begin{pmatrix} -1 & Cos[u] \\ Cos[v] & 0 \end{pmatrix}$$

Out[6]=

Out[9]=

Out[12]=

$$Out[13]= \{\{Cos[θ], -Sin[θ]\}, \{Sin[θ], Cos[θ]\}\}$$

$$Out[14]= \{x Cos[θ] - y Sin[θ], y Cos[θ] + x Sin[θ]\}$$

本例的演示程序展示了多方面的内容。Out[1]表示,当函数 Sin 作用在精确数 $π/6$ 上时,结果也是精确数 $1/2$。Out[2]表示,当 Tan 函数作用在列表上时,结果也是一个列表,新列表的每个元素是 Tan 函数作用到原列表上每个元素的值。这两个语句反映的是数值函数的一般特性。Out[3]输出的是 Cos 函数作用到一个二维列表上的结果,证明是作用到二维列表的每个元素上。Out[6]是程序段

```
list = {Sinc[x], Sinc[x]²};
g = Plot[#, {x, -20, 20}, PlotRange → All] & /@ list;
Show[GraphicsArray[g]]
```

产生的结果,反映的是 Sinc 函数的图像,它有助于理解光学衍射和信号分析中的现象。程序

段的执行顺序是：首先产生函数列表 list，接着用一个纯函数 **Plot**[♯,…]& 作用在 list 上，采用的是作用于列表的前缀形式/@，得到一个由两个图形组成的列表 g，最后用复合函数 **Show**[**GraphicsArray**[g]] 将 g 中的图形按阵列方式显示。其中，函数 **Show**[] 是将已经画出的图形进行再现，而函数 **GraphicsArray**[g] 是将图形列表按阵列形式排列，阵列是一维还是二维由 g 的维度决定。随后的两段程序输出了 Out[9] 和 Out[12]，也是按照这种方式来组织图形输出的，它们分别反映了两个函数 Sinc 和 Tan 及其反函数的图像。在输出图形中要注意函数的定义域，图形只在定义域内画出，定义域之外不画。Out[13] 是函数 **RotationMatrix**[θ] 的结果，它产生了一个平面矢量的旋转矩阵，用到了三角函数，随后该矩阵作用到矢量 $\{x,y\}$ 上，作用方式是矩阵乘积，变换结果见 Out[14]。

这里要注意一般数值函数与非数值函数作用在列表上的差别，非数值函数作用在列表上需要用前缀方式/@，而数值函数可以直接作用在列表上。如果非数值函数直接作用在列表上，则结果可能与原来希望的不同，例如，如果把上述摘取的程序段改造如下，则是把两个图形画在一幅图上。

```
In[16]:= list = {Sinc[x], Sinc[x]^2};
         Plot[list, {x, -20, 20}, PlotRange → All]
         Clear["Global`*"]
```

Out[17]=

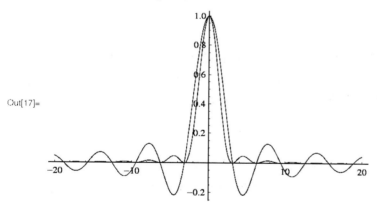

与三角函数相对应，还有一些针对三角函数表达式进行变换和化简的函数，常用的有以下几个。

TrigExpand[]：三角展开，积化和差。

TrigFactor[]：三角因式分解，和差化积。

TrigReduce[]：三角化简。

TrigToExp[]：将三角函数转化为复数指数函数。

ExpToTrig[]：将指数表达式转化成双曲形式或者普通的复数形式。

请读者查阅联机帮助，了解它们的用法。此处从略。

2.1.3　数值函数

有一些函数在从事数值计算的时候很有用，下面分别进行介绍。

N[expr]：将精确数表达式 expr 按机器精度（16 位十进制数）化成近似数。如果表达式 expr 中已经有近似数，就按机器精度计算 expr；如果 expr 没有近似数而想要按希望的精度 n 计算 expr，则要写成 **N**[expr,n]。

Abs[x]：取 x 的绝对值。

Floor[x]：取比 x 小的最接近 x 的整数。

Ceiling[x]：取比 x 大的最接近 x 的整数。

Round[x]：取最接近 x 的整数。

IntegerPart[x]：取 x 的整数部分。

FractionalPart[x]：取 x 的小数部分。

Sign[x]：符号函数，若 $x<0$，则给出 -1；若 $x=0$，则给出 0；若 $x>0$，则给出 1。

Chop[x]：将很接近于 0 的小数转变成 0。

Unitize[x]：若 $x=0$，则给出 0，其余给出 1。

UnitStep[x]：单位阶跃函数，若 $x<0$，则给出 0；若 $x\geqslant0$，则给出 1。

还有几个与制作简易图形有关的数值函数，分别如下。

UnitBox[x]：当 $|x|\leqslant1/2$ 时给出 1，其他情况下给出 0。

UnitTriangle[x]：当 $|x|\leqslant1$ 时给出单位面积的等腰三角函数。

SquareWave[x]：给出在 $+1$ 和 -1 之间振荡的单位周期的方波函数。

TriangleWave[x]：给出在 $+1$ 和 -1 之间振荡的单位周期的三角波函数。

SawtoothWave[x]：给出在 0 和 $+1$ 之间振荡的单位周期的锯齿波函数。

2.1.4　复数函数

Mathematica 内建了若干从事复数运算的函数，也被经常使用，分别如下。

Abs[z]：取复数 z 的绝对值，即复数的模。

Arg[z]：取复数 z 的辐角，辐角单位是 rad，范围是 $-\pi\sim\pi$。

Re[z]：取复数 z 的实部。

Im[z]：取复数 z 的虚部。

Conjugate[z]：取复数 z 的共轭复数 z^*。快捷输入方式是 ESC co ESC 。

ConjugateTranspose[list]：取列表 list 的厄密共轭，即转置共轭。快捷输入方式是 ESC ct ESC 。

ComplexExpand[expr]：将表达式 expr 展开成标准的复数形式 $x+yi$，并假设其中的变量都是实数。该函数在代数变换和化简中很有用。

2.1.5　整数函数

Mathematica 进行整数运算的函数很丰富，这里只选择其中几个加以介绍。

Mod[n,m]：取整数 n 除以整数 m 的余数。

Quotient[n,m]：取整数 n 除以整数 m 的商。

EvenQ[n]：判断 n 是否为偶数。

OddQ[n]：判断 n 是否为奇数。

PrimeQ[n]：判断 n 是否为质数。

Factorial[n]：n 的阶乘，也表示为 $n!$。

Binomial[n,m]：二项式展开的系数，从 n 个元素中取 m 个元素的组合数 C_n^m。

Multinomial[$n_1,n_2,\cdots$]：多项式 $(x+y+z+\cdots)^n$ 的展开系数 $(n_1+n_2+\cdots)!/(n_1!n_2!\cdots)$，

$n = n_1 + n_2 + \cdots$。

FactorInteger[n]：对整数 n 进行质因子分解。

Divisors[n]：求出 n 的整数因子。

2.1.6　随机函数

Mathematica 有丰富的随机函数，它们为产生随机数和随机分布提供了便利，只是所产生的随机数是"赝随机数"。举例如下。

产生随机数的函数，如下。

RandomReal[]：产生随机实数，可以限定范围和个数。

RandomInteger[]：产生随机整数，可以限定范围和个数。

RandomComplex[]：产生随机复数，可以限定范围和个数。

RandomChoice[]：从列表中随机选择一个元素或者选择多个元素组成新的列表，一个元素可以出现多次。

RandomSample[]：从列表中随机选择一些元素进行排列，或者对列表随机重排，每个元素最多出现一次。

产生随机分布的函数，如下。

NormalDistribution[μ, σ]：产生均值为 μ 标准差为 σ 的正态分布。正态分布的概率密度为

$$p(x) = \frac{1}{\sqrt{2\pi}\sigma} e^{-\frac{(x-\mu)^2}{2\sigma^2}}$$

用函数 **RandomReal**[]调用 **NormalDistribution**[μ, σ]产生一个随机实数，多次调用产生随机数的均值为 μ，标准差为 σ。用于模拟正态分布的抽样过程。

UniformDistribution[$\langle x_{\min}, x_{\max} \rangle$]：产生 $x_{\min} \sim x_{\max}$ 范围内的均匀分布。调用方法同正态分布。

MaxwellDistribution[σ]：产生参数为 σ 的麦克斯韦分布。麦克斯韦分布的概率密度为

$$p(x) = \frac{\sqrt{\frac{2}{\pi}} x^2}{\sigma^3} e^{-\frac{x^2}{2\sigma^2}}$$

该分布可以模拟分子速率分布。用函数 **RandomReal**[]调用 **MaxwellDistribution**[σ]一次，就产生一个随机实数；多次调用产生的随机数的均值为 $\sqrt{8/\pi}\sigma$，方差为 $(3\pi - 8)\sigma^2/\pi$。

PoissonDistribution[μ]：产生均值为 μ 的泊松分布。泊松分布的概率密度为

$$p(\mu, k) = \frac{e^{-\mu}\mu^k}{k!}$$

用函数 **RandomInteger**[]调用 **PoissonDistribution**[μ]一次就产生一个整数，表示事件中的数字；对多次调用产生的整数进行平均，接近于 μ。

BinomialDistribution[n, q]：产生试验次数为 n、成功概率为 q 的二项式分布。二项式分布的概率密度为

$$p(n, q, k) = C_n^k q^k (1-q)^{n-k}$$

用函数 **RandomInteger**[]调用 **BinomialDistribution**[n, q]一次，产生一个随机整数，表示 n 次试验成功的次数；如果将多次调用产生的随机整数进行平均，结果接近于 nq。

要特别注意该分布的一个特殊情况：**BinomialDistribution**$[1,q]$，每次调用它产生 0 或者 1，多次调用产生 1 的概率为 q。由此可以模拟一些二项式分布的抽样过程。

还有一些**对随机分布的性质进行计算的函数**，重要的函数有如下几个。

ExpectedValue$[f(x),\text{dist},x]$：在随机变量 x 满足分布 dist 的情况下，计算函数 $f(x)$ 的期望值，其数学定义为

$$\bar{f}=\int f(x)p(x)\mathrm{d}x$$

PDF$[\text{dist},x]$：给出分布 dist 的概率密度函数。

CDF$[\text{dist},x]$：给出分布 dist 的分布函数，其数学定义为随机变量 X 小于 x 的概率，即

$$\mathrm{CDF}(x)=P(X\leqslant x)=\int_{-\infty}^{x}p(y)\mathrm{d}y$$

Quantile$[\text{dist},q]$：给出分布 dist 对应概率为 q 的**分位数** x，其数学含义是通过解下列方程求得 x，即

$$q=\int_{-\infty}^{x}p(y)\mathrm{d}y$$

Mean$[\text{dist}]$：求分布 dist 的均值，也可以对列表求均值。

Variance$[\text{dist}]$：求分布 dist 的方差，其数学定义是

$$\sigma^{2}=\int_{-\infty}^{\infty}(x-\bar{x})^{2}p(x)\mathrm{d}x$$

也可以对列表 list 求方差，其数学定义为

$$\sigma^{2}=\sum_{i=1}^{n}(x_{i}-\bar{x})^{2}/(n-1)$$

其中，x_i 是列表元素；$\bar{x}$ 是列表均值；n 是列表的长度。

2.1.7　代数运算函数

代数运算是物理和数学运算中最频繁进行的运算，Mathematica 为此也内建了大量的函数，现择其要者做简单的介绍，用到的时候，可以查看联机帮助详细阅读。

Expand$[\text{expr}]$：对表达式 expr 中的乘积和幂次项展开。**ExpandAll**$[\text{expr}]$ 可以对根号下的部分、函数宗量以及分数的分母部分进行展开。通过参数 Trig→True 可以对三角函数进行展开。

Factor$[\text{expr}]$：对表达式 expr 进行因式分解，通过参数 Extension 可以控制分解的层次，通过参数 Trig→True 可以对三角函数表达式因式分解。

FactorTerms$[\text{expr},x]$：分解出不包含 x 的所有因子。

MonomialList$[\text{poly}]$：给出多项式 poly 所有项的列表。

CoefficientList$[\text{poly},x]$：给出多项式 poly 中对应 x 各次幂的系数列表，而 CoefficientList$[\text{poly},\{x,y\}]$ 则给出二维系数矩阵，矩阵的行从上到下对应 $x_0,x_1,\cdots,x_n$，矩阵的列从左到右对应 $y_0,y_1,\cdots,y_n$，矩阵的元素就是行列乘积项的系数。

InterpolatingPolynomial$[\text{list},x]$：对列表 list 用 x 的多项式进行插值，在 list 元素的地方取得元素的值。

Together$[\text{expr}]$：对有理多项式 expr 通分。

Collect$[\text{expr},x]$：按 x 的幂次整理多项式 expr，可以添加参数 **Simplify** 对各项系数化简。

Apart$[\text{expr}]$：将有理多项式 expr 分解成分数之和，各个分数的分母是不能再分解出因子的。

Cancel$[\text{expr}]$：对有理多项式 expr 的分子分母约分。

PolynomialQuotient$[p,q,x]$：给出含有 x 的多项式 p 和 q 相除所得的商式。

PolynomialRemainder$[p,q,x]$：给出含有 x 的多项式 p 和 q 相除所得的余式。

PolynomialReduce$[\text{poly},\{\text{poly}_1,\text{poly}_2,\cdots\},\{x_1,x_2,\cdots\}]$：给出一个多项式 poly 被子多项式 poly_1、poly_2、$\cdots$ 分解的列表 $\{\{a_1,a_2,\cdots\},b\}$，$\text{poly}=a_1\text{poly}_1+a_2\text{poly}_2+\cdots+b$。

Eliminate$[\text{equs},\text{vars}]$：消去联立方程组 equs 中的变量 vars，得到一组新的方程。

Series$[\text{expr},\{x,x_0,n\}]$：在 x_0 处对表达式 expr 进行幂级数展开，展开项的最高幂次为 n，展开式带有余项 $O[x]^{n+1}$。用函数 **Normal**$[]$ 可以消去展开式的余项。

Solve$[\text{equs},\{x,y,\cdots\}]$：求解多项式方程(组)equs。

NSolve$[]$求方程(组)的近似解。

RSolve$[\text{equ},a[n],n]$：求解差分方程(又叫递归方程)的通项 $a[n]$。

FindRoot$[\text{expr},\{x,x_0\}]$：求表达式 expr 在 $x=x_0$ 附近的近似根。

Sum$[f_i,\{i,n\}]$：对 f_i 求和，近似求和则用函数 **NSum**$[f_i,\{i,n\}]$。

Product$[f_i,\{i,n\}]$：对 f_i 求积。

2.1.8 微积分函数

这类函数比较庞杂，现选择一些常用的加以介绍。

D$[f,x]$：求 f 的偏导数 $\partial f/\partial x$，若是 n 次导数，则 **D**$[f,\{x,n\}]$。

Integrate$[f,x]$：求 f 的不定积分；**Integrate**$[f,\{x,x_1,x_2\}]$是求定积分。

NIntegrate$[f,\{x,x_1,x_2\}]$：求 f 的定积分近似值。

Limit$[f,x\to x_0]$：求 f 的极限。

DSolve$[\text{equs},\text{vars}]$：求解微分方程 equs，给出解析解。

NDSolve$[\text{equs},\text{vars},\text{dom}]$：数值求解微分方程 equs，给出插值函数。

Minimize$[f,x]$：求 f 的全局最小值，若有约束条件 cons，则 **Minimize**$[\{f,\text{cons}\},x]$。

NMinimize$[f,x]$：求 f 的全局近似最小值，若有约束条件 cons，则 **NMinimize**$[\{f,\text{cons}\},x]$。

Fourier$[\text{list}]$：求列表 list 的傅里叶变换，用来解析采样信号中的频谱。

FourierTransform$[f,t,w]$：求 f 的傅里叶变换，其数学定义是

$$\frac{1}{\sqrt{2\pi}}\int_{-\infty}^{\infty}f(t)\mathrm{e}^{i\omega t}\,\mathrm{d}t$$

LaplaceTransform$[f,t,s]$：求 f 的拉普拉斯变换，其数学定义是

$$\int_0^{\infty}f(t)\mathrm{e}^{-st}\,\mathrm{d}t$$

Convolve$[f,g,x,y]$：求函数 f 和 g 的卷积，其数学定义是

$$\int_{-\infty}^{\infty}f(x)g(y-x)\,\mathrm{d}x$$

ListCorrelate$[\text{kernel},\text{list}]$：求两个列表 kernel 和 list 的数字相关。

2.1.9 表达式化简函数

以上介绍的大部分函数都是从事符号运算的，因而都可以对表达式进行操作，包括化简表达式。在 Mathematica 中还有专门进行表达式化简的函数，它们是符号运算能力的代表，现择要介绍如下。

Simplify$[\text{expr},\text{assum}]$：对表达式 expr 进行简单化简，可以使用条件 assum 对表达式中

的参数及其关系进行限定。

FullSimplify[expr,assum]：类似于 **Simplify**[]，只是使用了更多的变换规则对表达式作深度化简。

FunctionExpand[expr,assum]：使用更多的规则和特殊函数来化简表达式 expr。

Reduce[expr,vars,dom]：expr 由等式或不等式组成，其中含有变量 vars，可以指定 vars 所属的数域 dom，该函数通过求解 expr 中的等式或不等式，得出一组与 expr 等价的更简化的表达式。

Refine[expr,assum]：化简表达式，证明不等式，等等。

下面举例说明 **Reduce**[]、**Refine**[]和 **FullSimplify**[]在化简能力方面的差异。

（1）**Reduce**[]用于不等式化简和等式证明。

In[1]:= `Reduce[Floor[x^2 + Ceiling[x^2]] < 10, x, Reals]`
`Reduce[2 x^7 + 8 y^15 + 14 x y z == 3, {x, y, z}, Integers]`

Out[1]= $-\sqrt{5} < x < \sqrt{5}$

Out[2]= False

（2）**Reduce**[]用于方程组求解。

In[3]:= `Reduce[x^2 + y == 1 && x^2 - y^2 == 2, {x, y}]`
`{ToRules[%]}`
`Solve[{x^2 + y == 1, x^2 - y^2 == 2}, {x, y}]`

Out[3]= $\left(x == -\sqrt{\dfrac{3}{2} - \dfrac{i\sqrt{3}}{2}} \;\|\; x == \sqrt{\dfrac{3}{2} - \dfrac{i\sqrt{3}}{2}} \right.$

$\left. \|\; x == -\sqrt{\dfrac{3}{2} + \dfrac{i\sqrt{3}}{2}} \;\|\; x == \sqrt{\dfrac{3}{2} + \dfrac{i\sqrt{3}}{2}} \right) \&\& y == 1 - x^2$

Out[4]= $\left\{ \left\{ x \to -\sqrt{\dfrac{3}{2} - \dfrac{i\sqrt{3}}{2}}, \; y \to 1 - x^2 \right\}, \left\{ x \to \sqrt{\dfrac{3}{2} - \dfrac{i\sqrt{3}}{2}}, \; y \to 1 - x^2 \right\}, \right.$

$\left. \left\{ x \to -\sqrt{\dfrac{3}{2} + \dfrac{i\sqrt{3}}{2}}, \; y \to 1 - x^2 \right\}, \left\{ x \to \sqrt{\dfrac{3}{2} + \dfrac{i\sqrt{3}}{2}}, \; y \to 1 - x^2 \right\} \right\}$

Out[5]= $\left\{ \left\{ y \to -\dfrac{1}{2} - \dfrac{i\sqrt{3}}{2}, \; x \to -\sqrt{\dfrac{3}{2} + \dfrac{i\sqrt{3}}{2}} \right\}, \right.$

$\left\{ y \to -\dfrac{1}{2} - \dfrac{i\sqrt{3}}{2}, \; x \to \sqrt{\dfrac{3}{2} + \dfrac{i\sqrt{3}}{2}} \right\},$

$\left\{ y \to -\dfrac{1}{2} + \dfrac{i\sqrt{3}}{2}, \; x \to -\sqrt{\dfrac{3}{2} - \dfrac{i\sqrt{3}}{2}} \right\},$

$\left. \left\{ y \to -\dfrac{1}{2} + \dfrac{i\sqrt{3}}{2}, \; x \to \sqrt{\dfrac{3}{2} - \dfrac{i\sqrt{3}}{2}} \right\} \right\}$

Out[3]是 **Reduce[ ]** 求解方程组结果的表达形式,是由关系运算符"$==$"、逻辑运算符"‖"和"&&"组成的,而且包含着 $y == 1 - x^2$,看起来有点费劲,程序第二行用{**ToRules[%]**}进行了转换,变成替换规则的形式,见 Out[4]。Out[5]是用 **Solve[ ]** 求解该方程组的结果,它求出完整的 4 组解,分别以替换规则的形式给出。

(3) **Reduce[ ]** 用于求解整数方程。

```
In[6]:= FindInstance[x^2 + x y + y^2 == 109, {x, y}, Integers]
        Reduce[x^2 + x y + y^2 == 109, {x, y}, Integers];
        {ToRules[%]}
```

Out[6]= {{x → -7, y → -5}}

Out[8]= {{x → -12, y → 5}, {x → -12, y → 7}, {x → -7, y → -5},
         {x → -7, y → 12}, {x → -5, y → -7}, {x → -5, y → 12},
         {x → 5, y → -12}, {x → 5, y → 7}, {x → 7, y → -12},
         {x → 7, y → 5}, {x → 12, y → -7}, {x → 12, y → -5}}

在本例中使用了函数 **FindInstance[ ]**,它能求出方程的特解,见 Out[6]。Out[8]是 **Reduce[ ]** 对方程所求出的全部整数解,其中就有 Out[6]中的解。能给出全部整数解,这是 **Reduce[ ]** 的一大功劳。

(4) **Reduce[ ]** 用于求解实数方程。

```
In[9]:= f[x_] := Abs[(x + Abs[x + 2])^2 - 1]^2 - 9;
        Solve[f[x] == 0, x]
        Reduce[f[x] == 0, x, Reals]
        Plot[f[x], {x, -5, 1}, PlotStyle → Thick,
         AxesLabel -> {"x", "f(x)"}]
        Clear["Global`*"]
```

Out[10]= {{}}

Out[11]= x ≤ -2 ‖ x == 0

Out[12]=

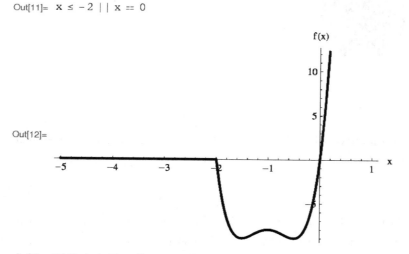

本例一开始定义了函数 $f(x)$,然后分别用 **Solve[ ]** 和 **Reduce[ ]** 求解方程 $f(x)=0$,Out[10]是 **Solve[ ]** 求解的结果,是空表,表示没有求解成功;Out[11]是 **Reduce[ ]** 的结果,表示解的范围是 $x \leqslant -2$ 或者 $x=0$。Out[2]是 $f(x)$ 的曲线,证实了 **Reduce[ ]** 求解的结果。能解出一个范围,这是很了不起的能力。

（5）**Refine[]**用于表达式化简。

In[14]:= **FullSimplify[Cos[x + k Pi], k ∈ Integers]**
   Refine[Cos[x + k Pi], k ∈ Integers]

Out[14]= $\mathrm{Cos}[k\,\pi + x]$

Out[15]= $(-1)^k \mathrm{Cos}[x]$

本例用 **Refine[]** 和 **FullSimplify[]** 分别对表达式 $\cos(x+k\pi)$ 进行化简，Out[14]证实，**FullSimplify[]** 没有化简成功，而 Out[15] 表示 **Refine[]** 进行了成功的化简。

（6）**Refine[]**用于证明不等式。

本例是在约束条件 $x^2+y^2\leqslant1$ 下证明 $(x-1)^2+(y-2)^2<3/2$ 是否成立，程序如下。结论 Out[16] 表示不成立；随后用区域作图函数 **RegionPlot[]** 画出了这两个式子各自成立的区域，见 Out[17]，证明二者没有交点，佐证了结论 Out[16]。

In[16]:= **Refine[(x - 1)^2 + (y - 2)^2 < 3 / 2, x^2 + y^2 ≤ 1]**
   RegionPlot[{(x - 1)^2 + (y - 2)^2 < 3 / 2, x^2 + y^2 ≤ 1},
   {x, -2, 4}, {y, -2, 4}]

Out[16]= False

Out[17]=
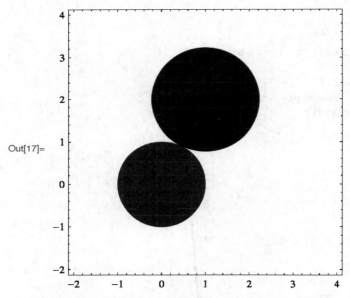

虽然以上示例中 **FullSimplify[]** 没有发挥作用，但在实际的表达式运算中，该函数使用得很频繁，它的强大功能在以后的章节中会得到证明。

2.1.10 绘图函数

Mathematica 的作图函数很丰富，由于可以添加众多的参数调控，所作的图形可以根据需要加以修饰，画面也很漂亮，对于增进所研究问题的理解非常有帮助，值得读者认真深入地研究和掌握。现择其要者介绍如下。

Plot[]：平面曲线作图，可以作一条曲线的图，也可以作几条曲线的图。

LogPlot[]：纵坐标取自然对数之后作图，但纵轴按函数原值标度，横轴按线性标度。

LogLinearPlot[]：横坐标取自然对数之后作图，横轴的标度按照原来的值。

LogLogPlot[]：纵横坐标都取自然对数之后作图，标度按各自原来的值。

DiscretePlot[]：对分立值作图。

ContourPlot[]：作表达式的等高线图，也可以画方程（组）的曲线。

DensityPlot[]：作表达式的密度图。

ParametricPlot[]：参数作图，画参数方程曲线。

PolarPlot[]：极坐标作图，即对 $r=r(\theta)$ 作图。

RegionPlot[]：区域作图，显示满足不等式的平面区域。

StreamPlot[]：作流线图，用曲线和箭头表示流场。

以上这些函数都属于平面作图，如果作三维图形，函数名之后要加 3D。例如：

Plot3D[]：作函数的三维图，又叫二维联合作图，$x-y$ 平面是自变量平面，z 轴是函数轴。

ContourPlot3D []：作三维函数的等高线图，是一个曲面。

ParametricPlot3D []：作三维参数曲线图。

SphericalPlot3D[]：三维球坐标作图，即对 $r=r(\theta,\phi)$ 作图，其中 θ 是纬度，ϕ 是经度，二者都以 rad 为单位。所作图形是个曲面。

以上作图函数，有的在本书中会频繁使用，有的略有涉及，有的没有用到。用到的函数，包括其参数，都将在出现的地方介绍，以下只举例介绍两个函数：**StreamPlot[]**和 **SphericalPlot3D[]**。

1. StreamPlot[]示例

在本书后面的电学部分介绍了计算电场线的方法并编程进行了计算，其实，电场线的描绘也可以使用函数 **StreamPlot[]**进行示意。以下程序画的是两个点电荷的电场线的图，程序首先定义电位函数 ψ，再根据定义计算出电场函数 f，它是一个二分量的函数；然后用 **StreamPlot[]**画出了电场的流线图，也就是电场线的图。

```
In[1]:= a = 1; {q1, q2} = {1, -1};
ψ[x_, y_] := q1 / Sqrt[(x - a)^2 + y^2] + q2 / Sqrt[(x + a)^2 + y^2];
f[x_, y_] := Evaluate[{-D[ψ[x, y], x], -D[ψ[x, y], y]}]
StreamPlot[f[x, y], {x, -3, 3}, {y, -3, 3}]
Clear["Global`*"]
```

Out[4]=

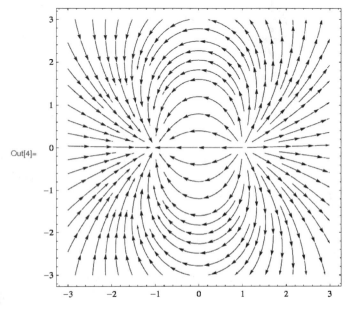

2. SphericalPlot3D[ ]示例

在原子物理中,氢原子的能级和波函数是被严格解出的,若波函数的分布能直观显示,则对于理解电子的几率分布是有帮助的。电子波函数是由径向部分 $R_{nl}(r)$ 和角向部分 $Y_{lm}(\theta,\phi)$ 乘积而成,是围绕 z 轴旋转对称的。因此,$Y_{lm}(\theta,\phi)$ 可以表示电子云的分布特征,通常就用该部分的空间分布来表示。因为 $Y_{lm}(\theta,\phi)$ 涉及**连带勒让德多项式** $P_l^m(\cos\theta)$,这在 Mathematica 中用特殊函数 **LegendreP**$[l,m,\mathbf{Cos}[\theta]]$ 表示,而电子云密度 $\rho(\theta,\varphi)$ 等于 $Y_{lm}(\theta,\phi)$ 的绝对值平方,因而

$$\rho(\theta,\varphi) \propto P_l^m(\cos\theta)^2$$

在波函数轨道角动量子数为 l 的情况下,磁量子数 $m=-l,-l+1,\cdots,l-1,l$。下面编程画出示例图形。

```
In[6]:= l = 3;
     pic = Table[
         SphericalPlot3D[
           LegendreP[l, m, Cos[θ]], θ, φ, Axes → False],
         {m, -1, 1}];
     pic = Partition[pic, 2];
     Show[GraphicsArray[pic]]
     Clear["Global`*"]
```

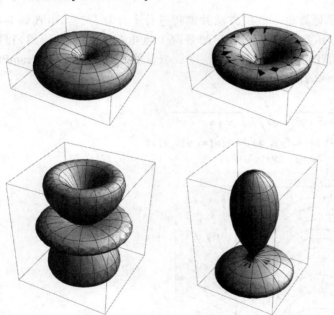

图形共有 7 个,因为后三个与前三个对称,就只画出 4 个作为代表,可以一览氢原子电子云的空间指向性。若要定量地观察电子云的疏密,可以取过 z 轴的一个平面,作波函数的平方在此平面内的密度图,这对于刻画电子云的分布更贴切。

2.2　模式系统

在第 1 章中,我们曾接触过**模式**的问题,那只是零散地使用了一下,实际上,Mathematica 有一个**模式系统**,是 Mathematica 的一大特色,它大大方便了对表达式结构的测试、匹配和替

换（变换），使得用户可以进行复杂的运算。本节将简要介绍模式系统。

2.2.1　两种赋值方式

前面多次使用过赋值符号"＝"给变量赋值，也使用过延迟赋值符号"：＝"定义函数。Mathematica 的这两种赋值方式给赋值增添了灵活性。这两种赋值方式的含义如下。

lhs＝rhs，立即赋值，表达式 rhs 立即计算并赋给左边的符号 lhs。

lhs：＝rhs，延迟赋值，表达式 rhs 只在使用时才计算并赋给左边的符号 lhs。

为了方便以下的叙述，这里介绍 Mathematica 查看符号定义信息的方式，就是使用问号"?"。如果要查看简单信息，使用一个"?"，如果查看详细信息，使用两个"??"，格式如下。

? symbol，查看 symbol 的简单信息

?? symbol，查看 symbol 的详细信息

例如，如果要查看函数 **Plot[]** 的简单信息，可以使用

In[1]:= **? Plot**

Plot[f, {x, x_{min}, x_{max}}] generates a plot of f as a function of x from x_{min} to x_{max}. Plot[{f_1, f_2, ...}, {x, x_{min}, x_{max}}] plots several functions f_i. ≫

显示了 **Plot[]** 的使用格式的信息，这也能满足一些需要了。但如果想知道 **Plot[]** 更多的信息，例如有哪些参数，则可以使用

In[2]:= **?? Plot**

Plot[f, {x, x_{min}, x_{max}}] generates a plot of f as a function of x from x_{min} to x_{max}. Plot[{f_1, f_2, ...}, {x, x_{min}, x_{max}}] plots several functions f_i. ≫

Attributes[Plot] = {HoldAll, Protected}

Options[Plot] = {AlignmentPoint → Center, AspectRatio → $\frac{1}{GoldenRat}$

下面举例展示两种赋值方式的差别。

```
In[3]:= x = 5;
        f[x_] := x^2
        {f[2], x}
        g[x_] = x^2;
        {g[2], g[3], x}
        Clear["Global`*"]
Out[5]= {4, 5}
Out[7]= {25, 25, 5}
```

程序首先给变量 x 赋值，随后又给函数 f 和 g 赋值，分别使用了延迟赋值和立即赋值的方式。Out[5]表明，$f(2)$ 给出了预期的值 4，而 Out[7]表明 $g(2)$ 和 $g(3)$ 并没有给出预期的结果 4 和 9，都是 25。这证明，g 在定义的时候，立即计算了 x^2 并赋给了 g，之后，g 只能保持这个固定的值。

可以查看两种赋值方式的结果，举例如下。

```
In[9]:= ex[x_] := Expand[(1 + x)^2]
        ? ex
```

```
Global`ex
```

$$ex[x\_] := Expand\left[(1+x)^2\right]$$

In[11]:= **iex[x_] = Expand[(1 + x)^2]**
? iex

Out[11]= $1 + 2x + x^2$

```
Global`iex
```

$$iex[x\_] = 1 + 2x + x^2$$

上面两段程序,分别定义了函数 ex 和 iex,意思是要对$(1+x)^2$进行展开,使用的是延迟赋值和立即赋值,并用"?"查看了定义的内容,包括指出定义符号属于全局符号(Global`ex等),然后是具体定义。可以看到,两者的内容是有差别的,第一种赋值方式没有进行任何运算,对定义表达式原样显示,而第二种赋值方式已经对$(1+x)^2$进行了展开,并将结果赋给 iex。要注意 Out[11],它还反映了立即赋值的结果是要显示的,而 In[9]的结果并没有显示。

下面使用了以上定义的两个函数,结果也不一样。

In[13]:= **ex[y + 2]**
iex[y + 2]

Out[13]= $9 + 6y + y^2$

Out[14]= $1 + 2(2+y) + (2+y)^2$

延迟定义有展开的效果,而立即赋值没有展开效果。

下面的程序段再一次显示了立即赋值与延迟赋值的差别,随机函数 **RandomReal[]** 每次调用都产生不同的随机数,r_1 因为是立即赋值,产生一个随机数赋给它,之后,r_1 的值就确定了,而 r_2 因为是延迟赋值,每次使用都要调用 **RandomReal[]**,所以产生了不同的随机数。

In[15]:= **r1 = RandomReal[];**
r2 := RandomReal[];
{r1, r2}
{r1, r2}

Out[17]= $\{0.1279817603, 0.9031908541\}$

Out[18]= $\{0.1279817603, 0.4012684702\}$

立即赋值与延迟赋值在使用上主要的区别是:延迟赋值主要用在函数定义上,而立即赋值是要完成某个运算并将结果赋给某个变量。

用延迟赋值,有个细节要注意,这就是在定义式里包含导数,导数运算只在解析运算时才成立,如果是数值运算则不成立。见下列示例程序。

In[19]:= $f[x\_] := D\left[x^3, x\right]$
f[2]

General::ivar : 2 is not a valid variable. »

Out[20]=
$\partial_2 8$

```
In[21]:=  f1[x_] := Evaluate[D[x³, x]]
          f1[2]
Out[22]=
          12
```

第一段程序在用导数定义了函数 f 之后便计算 $f(2)$，本来是想计算出 $3x^2$ 再将 x 用 2 代入，但因为是延迟赋值，系统就按 $\partial_2 8$ 进行运算，自然不能进行，系统给出错误提示。第二段程序就在 f_1 定义时使用了"强迫运算函数"Evaluate[]，先行求导，变成 $3x^2$，再延迟赋值，此时如果查看 f_1，则结果如下。

```
In[27]:= ? f1

         Global`f1

         f1[x_] := 3 x²
```

2.2.2 延迟替换与立即替换

在第 1 章中，我们接触过替换规则，它可以表示为 lhs→rhs，意思是要将表达式中的 lhs 替换为 rhs。在 Mathematica 中，替换规则有两种：**立即替换和延迟替换**。上述替换方式叫做立即替换，即在替换出现的地方立即计算 rhs 并执行替换，而延迟替换的符号则是 :> ，或者输入 ESC :> ESC ，变成符号 ↦ ，于是替换表示为 lhs ↦ rhs。延迟替换是在使用到该替换的时候才计算 rhs 并实际执行替换。

下面举例比较两种替换方式的差异。

```
In[1]:= x -> RandomReal[]
        x ↦ RandomReal[]

Out[1]= x → 0.2151719072

Out[2]= x ↦ RandomReal[]
```

本示例说明，对于立即替换，虽然没有实际替换需要，但函数 **RandomReal[]** 还是被实际调用了一次，产生一个随机数；而延迟替换因为没有实际替换需要产生，并不调用 **RandomReal[]**，只返回替换的定义式。

下面的例子已经有实际替换需要产生，出现了需要替换的表达式和**替换运算符"/."**，在此情况下，两种替换的差异进一步显现。

```
In[3]:= {x, x, x} /. x -> RandomReal[]
        {x, x, x} /. x ↦ RandomReal[]

Out[3]= {0.5070808938, 0.5070808938, 0.5070808938}

Out[4]= {0.7202732278, 0.807216532, 0.4312221955}
```

在 In[3] 中使用的是立即替换，调用函数 **RandomReal[]** 立即产生了随机数 0.5070808938，替换规则就变成了 $x→0.5070808938$，对列表 $\{x,x,x\}$ 每个元素的替换执行的就是这条规则，Out[3] 证明了这一点。程序第二行使用延迟替换，在对列表 $\{x,x,x\}$ 的三次替换中三次使用了该规则，函数 **RandomReal[]** 就被调用了三次，产生了三个不同的随机数，Out[4] 证明了这一点。

用户使用 Mathematica 的替换功能可以进行各种运算，以下是几个例子。

```
In[5]:=  x^2 - x + 1 /. x → 2
        f[(1 + p)^2] /. f[x_] :> Expand[x]
        ComplexExpand[(e^(1/2 t (η + √(η²-4 Ω²))) /. √(η² - 4 Ω²) :> -i ω)];

        Simplify[%]
```

$$Out[5]=\ 3$$

$$Out[6]=\ 1 + 2 p + p^2$$

$$Out[8]=\ e^{\frac{t\,η}{2}} \left(\mathrm{Cos}\left[\frac{t\,ω}{2}\right] - i\,\mathrm{Sin}\left[\frac{t\,ω}{2}\right] \right)$$

本例程序的第一行是通过将 x 替换为 2 而对表达式求值,它相当于对一个函数求值;第二行是对一个未知定义的函数 f 进行变换,执行的是模式变换,得到了与 f 无关的结果 $Out[6]$;程序的第三行是对表达式的某个部分进行替换,该部分已经明确是一个虚数,想写成明显的虚数形式,替换之后进行了复数显式展开并做了化简,结果见 $Out[8]$。

Mathematica 的替换功能还不限于以上这么明显的形式,它设计了**反复替换**的运算符"//.",表达式经过反复替换,可能已经面目全非。延迟赋值所定义的函数,也可能成为变换规则。以下是示例程序。

```
In[8]:=  g[a_ b_] := g[a] + g[b]
        g[2 x y]
        f[2 x y] + f[x y] /. f[a_ b_] :> f[a] + f[b]
        f[2 x y] + f[x y] //. f[a_ b_] :> f[a] + f[b]
```

$$Out[9]=\ g[2] + g[x] + g[y]$$

$$Out[10]=\ f[2] + f[x] + f[y] + f[x\,y]$$

$$Out[11]=\ f[2] + 2 f[x] + 2 f[y]$$

程序第一行定义了两变量作为函数 g 宗量的替换规则,两变量以乘积的形式出现在宗量的位置,然后转化为对这两个变量作为宗量时函数之和,函数 g 出现在了定义表达式里。$Out[9]$ 证明这条规则被反复运用了,直到宗量没有两个量的乘积为止。程序第三行对这种功能的规则做了一次替换运用,结果见 $Out[10]$,表明 Mathematica 把 $2xy$ 看成 $2(xy)$,一次替换到此为止。而程序第四行则是把规则反复使用,$f(xy)$ 还要继续替换,直到没有两个量的乘积作为函数的宗量为止,结果见 $Out[11]$,它是 $Out[10]$ 被再次变换的结果。

2.2.3　模式系统

替换规则与模式系统经常同时使用。

所谓**模式**,就是由下划线_、竖线|、冒号:等符号组成的表达式,它们代表着所作用的表达式对象中需要匹配的结构或成分。分别介绍如下。

1. 下划线

下划线分为单下划线"_"和双下划线"__",前者代表任何表达式,后者往往代表长度不定的列表或者序列。

单下划线可以出现在符号的左边或者右边。

单下划线出现在符号右边的,最常见的情况是函数定义,例如函数宗量写成 $x_{\_}$,表示 x 是一个形式变量,它可以是任何表达式,只是现在把这个表达式用符号 x 代替了,使用函数的时候再用任何表达式代替。

单下划线出现在符号的左边,最常见的是模式匹配和模式限制,举例如下。

```
In[1]:= Cases[{{1, 4, a, 0}, {b, 3, 2, 2}, {c, c, 5, 5}}, _Integer]
        Cases[{{1, 4, a, 0}, {b, 3, 2, 2}, {c, c, 5, 5}}, _Integer, 2]
        f[x_?IntegerQ] := x^2;
        f /@ {1, a, 1 + i, -2}

Out[1]= {}

Out[2]= {1, 4, 0, 3, 2, 2, 5, 5}

Out[4]= {1, f[a], f[1 + i], 4}
```

本例程序的前两行是通过模式匹配_Integer 来从列表中挑选一些符合要求的元素,Out[1]表明,程序第一行没有挑选到任何元素,因为该形式下系统默认对列表的第一"层"(level)匹配,第一层的元素都是列表,自然不符合整数的要求。程序第二行在最后添加了"层"的序号 2,表示一直寻找到第二"层",第二"层"是第一"层"的内部,那里有整数,都被挑选出来,结果见Out[2]。程序第三行定义了函数 f,在宗量部分使用 _?IntegerQ 对宗量的属性进行限制,意思是:只有宗量为整数时函数才有定义。程序第四行将 f 作用在列表的各个元素上,Out[4]表明,凡是明确为整数的元素,f 都起了作用,而非整数的元素,只是把它们作为宗量,并没有执行平方运算。

也可以将"?"用条件符号"/;"来代替,它的位置比"?"灵活,可以放在函数定义的最后。

2. 竖线

竖线"|"表示在几个模式中任何模式都可以用。举例如下。

```
In[5]:= {a, b, c, d, a, b, b, b} /. a | b -> x
        Cases[{5.6, 5 / 6, 5, 6, x}, _Integer | _Real]
        Simplify[√(x^2) + √(y^2)]
        Simplify[√(x^2) + √(y^2), (x | y) ∈ Reals]

Out[5]= {x, x, c, d, x, x, x, x}

Out[6]= {5.6, 5, 6}

Out[7]= √(x^2) + √(y^2)

Out[8]= Abs[x] + Abs[y]
```

本例程序的第一行是要将列表中的 a 或者 b 替换为 x,本来可以写成 $\{a\to x, b\to x\}$,使用 $a|b\to x$ 则可以简化书写,结果见 Out[5]。程序的第二行是用函数 **Cases[]** 挑选出列表中符合整数或者实数的元素,Out[6]表明,这两个要求都采纳了,并排除了未知数 x 和有理数 5/6,若要匹配有理数,需使用匹配模式 _Rational。程序的第三和第四行试图化简同一个表达式,第三行因为没有指出 x 和 y 的性质,所以未能化简,见 Out[7],而第四行指出了 x 和 y 都属于实数 Reals,就能进行开平方运算,见 Out[8]。

3. 冒号

冒号(:)出现在模式中,有两种情况:$x:p$ 表示指定 x 为模式 p;$x\_:o$ 表示当函数使用时若缺省了宗量 x 则用 o 作为默认值。示例如下。

```
In[9]:=  Cases[{{1, 2, 3}, a, {4, 5}}, t : {__Integer} :> t^2]
         f[x_, y_ : 0] := x + y
         f[1, 2]
         f[a]
```

Out[9]= {{1, 4, 9}, {16, 25}}

Out[11]= 3

Out[12]= a

程序的第一行设计了对列表元素挑选并替换的模式 $t:\{\_\_Integer\}:\to t^2$，这个规则相当难以理解，但 Out[9] 表明，它相当好地执行了程序的意图，对每个内部是整数序列的元素都作了平方运算。程序的第二行定义了函数 f，它的第二个宗量具有默认值 0，程序的第四行采用了默认运用的方式，Out[12] 证明使用了默认值。Mathematica 能定义具有默认值的多变量函数，就依赖这种模式。

2.2.4 模式匹配函数

有几个函数经常使用模式匹配来工作，它们是 **Cases[]**、**Count[]**、**Position[]**、**MemberQ[]**、**FreeQ[]** 和 **SparseArray[]** 等。**Cases[]** 和 **SparseArray[]** 已经介绍过了，下面简单地介绍其余的函数。

Count[list, pattern]：统计列表 list 中与模式 pattern 匹配的元素的个数。举例如下。

```
In[13]:=  Count[{a, b, a, a, b, c, b}, b]
          Count[{a, 2, a, a, 1, c, b, 3, 3}, _Integer]
          Count[{a, b, a, a, b, c, b, a, a}, Except[b]]
```

Out[13]= 3

Out[14]= 4

Out[15]= 6

值得注意的是，程序第三行使用了**排除型**模式 **Except**[pattern]，这也很有用。

Position[list, pattern]：指出列表 list 中与所有模式 pattern 匹配的元素的位置，给出位置列表。

```
In[16]:=  Position[{a, b, a, a, b, c, b}, b]
          Position[{{a, a, b}, {b, a, a}, {a, b, a}}, b]
          list = {1 + x^2, 5, x^4, Sin[x^2]};
          Position[list, x^_]
          Extract[list, %]
```

Out[16]= {{2}, {5}, {7}}

Out[17]= {{1, 3}, {2, 1}, {3, 2}}

Out[19]= {{1, 2}, {3}, {4, 1}}

Out[20]= $\left\{x^2, x^4, x^2\right\}$

Out[16] 和 Out[17] 的结果证明了 **Position**[] 的一般功能，而接下来对列表 list 中 x 幂次的匹配则有些陌生，这涉及 Mathematica 的深层次表示，表达式也按层次排列成列表，对表达式 $1+x\,\hat{}\,2$，内部的表示是 **Plus**[1, **Power**[x, 2]]，它等价为列表 $\{1, x\,\hat{}\,2\}$，因此，第一个 $x\,\hat{}\,2$ 的位置是 $\{1, 2\}$。程序最后用函数 **Extract**[] 提取了 **Position**[] 所探测的 x 幂次项。

MemberQ［list，pattern］：测试列表 list 中是否包含与模式 pattern 相匹配的元素，如果有匹配的元素，则返回 True，否则返回 False。示例程序如下。

```
In[21]:= MemberQ[{1, 3, 4, 1, 2}, 2]
         MemberQ[{x^2, y^2, x^3}, x^_]
         MemberQ[{{1, 1, 3, 0}, {2, 1, 2, 2}}, 0, 2]

Out[21]= True

Out[22]= True

Out[23]= True
```

程序给出的三个输出结果都是 True，表明都测试出了存在与模式匹配的元素，只是第三行加了"层"的参数，表示测试**直到**第二"层"结束，只要发现存在 0 元素就给出 True。

FreeQ［list，pattern］：测试列表 list 中是否不含与模式 pattern 相匹配的元素，如果不含，则返回 True，否则返回 False。示例程序如下。

```
In[24]:= FreeQ[{1, 2, 4, 1, 0}, 0]
         FreeQ[{a, b, b, a, a, a}, _Integer]
         FreeQ[{x^2, y^3, x^5, x^6}, y^_]
         g[c_ x_, x_] := c g[x, x] /; FreeQ[c, x]

         {g[3 x, x], g[a x, x], g[(1 + x) x, x]}
         Table[FreeQ[Integrate[x^n, x], Log], {n, -5, 5}]

Out[24]= False

Out[25]= True

Out[26]= False

Out[28]= {3 g[x, x], a g[x, x], g[x (1 + x), x]}

Out[29]= {True, True, True, True, False, True, True, True,
          True, True, True}
```

程序的第四行定义了函数 g，它的第一宗量如果是乘积项，就将乘数移动到函数的前面作为系数，条件是：该乘数不含 x。程序第五行三次使用函数 g，Out［28］证明前两次运用成功了，第三次不满足条件而没有变换。程序第六行用函数 **Table**［］建造了一个列表，列表的每个元素是测试积分的结果是否不包括对数项，Out［29］表明，只有 $n=-1$ 的积分才含有对数项，其他情况下都不会出现对数项。

2.3　分类算法

本节的题目有点费思量，是该叫**分类算法**好还是叫**分类解法**好呢？因为下面要介绍的是物理计算中**经常遇到的几类数学问题的数值求解方法**，它们可能处于整个问题求解的核心地位，没有这些问题的成功求解，就无法完成对物理模型的求解。但是，整个问题的求解肯定还要解决其他问题，所以，这些数学问题的求解属于整个解法的一部分，而且可能与具体的物理问题相距较远。本章开始部分向读者推荐的那些计算方法的书，主要研究的就是这些分类数学问题的解法。本节将对其中部分问题的算法加以介绍，主要目的还是推介 Mathematica 处理该类问题的函数，它们将大大简化求解编程，而且功能强大，但提前了解这些函数的工作原理也是必要的。

2.3.1 求解代数超越方程(组)

读者对于代数方程求解既熟悉又陌生。熟悉的,是一阶和二阶多项式方程的求解;陌生的,是阶数高于二阶的多项式方程一般不知道怎么求解,对于超越性代数方程,更是没有解过。数学家已经证明:阶数高于 5 次的多项式方程不能用代数方法求解。在 Mathematica 中不高于 5 次的多项式方程可以给出解析解,在没有未知系数的情况下,可以给出近似解。

求解多项式方程的函数是 **Solve[]** 或者 **NSolve[]**,后者求近似解。二者格式相同:

Solve[equs, vars]

其中,equs 是方程或者方程组列表,vars 是方程中变量的列表。用法举例如下。

In[1]:= **Solve** $\left[x^3 - x + 1 == 0, x\right]$

Out[1]= $\left\{\left\{x \to -\left(\dfrac{2}{3\left(9-\sqrt{69}\right)}\right)^{1/3} - \dfrac{\left(\frac{1}{2}\left(9-\sqrt{69}\right)\right)^{1/3}}{3^{2/3}}\right\},\right.$

$\left\{x \to \dfrac{1}{2\ 3^{2/3}}\left(1+i\sqrt{3}\right)\left(\dfrac{1}{2}\left(9-\sqrt{69}\right)\right)^{1/3} + \dfrac{1-i\sqrt{3}}{2^{2/3}\left(3\left(9-\sqrt{69}\right)\right)^{1/3}}\right\},$

$\left.\left\{x \to \dfrac{1}{2\ 3^{2/3}}\left(1-i\sqrt{3}\right)\left(\dfrac{1}{2}\left(9-\sqrt{69}\right)\right)^{1/3} + \dfrac{1+i\sqrt{3}}{2^{2/3}\left(3\left(9-\sqrt{69}\right)\right)^{1/3}}\right\}\right\}$

本例给出了一个三次方程的精确解,它有三个解,其中两个是共轭复数,一个是实数。通过使用求值函数 **N** 或者使用函数 **NSolve[]**,可以得到近似解。

要注意 Out[1] 给出解的表示形式,它是以替换规则的形式给出的,每个替换规则单独是一个列表,总起来看是双层列表,在引用这些解的时候,要记住这种形式,不要出错。

下面是方程组求解的写法。

In[2]:= **Solve** $\left[\left\{x^2 + 2\ y^2 == 2, y == 2\ x - 1\right\}, \{x, y\}\right]$

Out[2]= $\left\{\{x \to 0, y \to -1\}, \left\{x \to \dfrac{8}{9}, y \to \dfrac{7}{9}\right\}\right\}$

该方程组表示求椭圆和直线的交点,一般有两个交点,所以给出了两组解,每一组解都是以替换规则的形式给出。

但是,在物理计算中经常遇到的却是超越性代数方程(组),函数 **Solve[]** 就无能为力了。这时候,就需要发展求解超越方程的方法。自然,Mathematica 已经为此准备好了求解的函数 **FindRoot[]**,只要按格式使用,就能很快求出解来。不过,还是要稍微研究一下算法,以便在使用该函数的时候知道其"所以然"。这对于锻炼读者的数值求解能力是有启发性的。

求解一元代数方程的方法可以为求解一般代数方程提供借鉴。一元代数方程可以抽象地表示为

$$y = f(x) = 0 \tag{2-1}$$

求解此方程的典型方法是**牛顿法**。下面介绍这种方法。

因为不知道精确解在什么地方,不妨在方程(2-1)的精确解 x^* 附近取一点 x_0,将函数 $f(x)$ 在 x_0 附近做泰勒展开,则

$$f(x) = f(x_0) + f'(x_0)(x - x_0) + \cdots = 0$$

若 $f'(x_0) \neq 0$,忽略高阶项,则得到解的近似值 x_1,

$$x_1 = x_0 - \frac{f(x_0)}{f'(x_0)} \tag{2-2}$$

问题是:x_1 比 x_0 更接近精确解吗?答案是肯定的。

对于这个结论,读者可以通过仿照图 2-1 用作图法来验证:曲线上过点 $\{x_0, f(x_0)\}$ 的切线与 x 轴的交点就是 x_1。由于 x_1 比 x_0 更接近精确解,可以用 x_1 替换 x_0,继续使用公式(2-2),得到

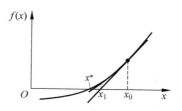

$$x_2 = x_1 - \frac{f(x_1)}{f'(x_1)}$$

如此替换下去,得到一个序列 $\{x_0, x_1, x_2, \cdots\}$,该序列是有极限的,那就是使 $f(x^*) = 0$,从而

图 2-1 牛顿法图解

$$x^* = x^* - \frac{f(x^*)}{f'(x^*)}$$

牛顿法属于**迭代法**,原理上可以得到收敛的结果。但在实际应用中不可能无限迭代下去,一般要设定一个**误差限**,即给定正的小数 ε,当

$$|x_k - x_{k-1}| < \varepsilon \text{ 或者 } \left| \frac{x_k - x_{k-1}}{x_k} \right| < \varepsilon$$

就认为满足了精度要求,停止迭代,用 x_k 作为方程的近似解。

牛顿法有一个缺点,就是每次迭代都要计算导数 $f'(x_n)$,这不仅工作量大,有时也不方便。为此提出了改进的牛顿法——**割线法**,用差商代替导数,即

$$f'(x_n) \approx \frac{f(x_n) - f(x_{n-1})}{x_n - x_{n-1}} \tag{2-3}$$

于是得到递推公式

$$x_{n+1} = x_n - \frac{f(x_n)}{f(x_n) - f(x_{n-1})}(x_n - x_{n-1}) \tag{2-4}$$

根据公式(2-4),递推开始的时候需要知道方程解的附近两个点 x_0 和 x_1,以及相应的函数值。这并不难,只要通过作图观察 $f(x)$ 在零点附近的行为,就可以找到这样的点。下面举例说明。

```
In[3]:= f[x_] := x^3 - x + 1;
    Plot[f[x], {x, -2, 2}, AxesLabel -> {"x", "f"}]
    ε = 10^-6; k = 0;
    x1 = -1; x2 = -1.2;
    While[Abs[(x2 - x1) / x2] > ε,
     t = x2;
     x2 = x2 - (x2 - x1) f[x2] / (f[x2] - f[x1]);
     x1 = t; k++]
    Print["x=", x2, ", k=", k]
    Clear["Global`*"]
```

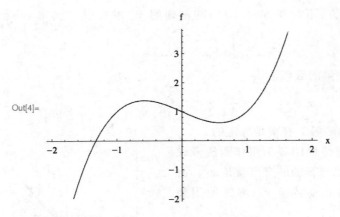

Out[4]=

```
x=-1.324717957, k=6
```

　　程序首先定义了一个函数,就是前面严格求解过的那个三次函数,然后通过作图,发现在 $x = -1.2 \sim -1.4$ 之间有零点,也就是方程 $f(x) = 0$ 的解。在解的附近选取了两个初始的点 $x_1 = -1$ 和 $x_2 = -1.2$,按照割线法迭代求近似解,在相对精度为 10^{-6} 的条件下,经过 6 次循环即得到了方程的解 $x = -1.324717957$。

　　若改用函数 **FindRoot[]** 来求解,也需要先画函数的曲线,观察近似零点。

```
In[10]:= f[x_] := x^3 - x + 1;
         FindRoot[f[x] = 0, {x, -1.2}]
         FindRoot[f[x] = 0, {x, -1, -1.2}]
         FindRoot[f[x] = 0, {x, -1.2, -2, -1}]
         Clear["Global`*"]
```

Out[11]= $\{x \to -1.324717957\}$

Out[12]= $\{x \to -1.324717957\}$

Out[13]= $\{x \to -1.324717957\}$

　　本段程序使用了 **FindRoot[]** 的三种形式,其中第一种形式,x 只有一个参考值,使用牛顿法(Newton)求解;第二种形式,x 有两个参考值,使用割线法(secant)求解;第三种形式,x 有三个参考值,后两个值指出了求解搜索的范围,前一个值是搜索的起点。从结果 Out[11]～Out[13]来看,与上一段程序给出的结果相同,而且 10 位有效数字都相同,显然用 **FindRoot[]** 求解要简单得多。

　　对于多元超越代数方程组的求解问题,没有一般的方法,只能根据方程组的具体形式寻找合适的解法。以下介绍二元方程组的求解方法——牛顿法,即在方程组解的附近对方程组进行泰勒展开,将非线性方程组线性化,然后求出近似解,进入迭代程序,最后求得满足精度要求的解。举例说明如下。

　　设二元代数方程组如下:
$$f_1(x,y) = x^2 + y^2 - 5 = 0$$
$$f_2(x,y) = (x+1)y - (3x+1) = 0$$

我们想求它的解。二元方程组有没有解,以及有多少个解,可以通过等高线作图进行观察,这是更多元的方程组求解所没有的条件。下面作图观察解的情况。

```
In[15]:=  f1[x_, y_] := x^2 + y^2 - 5;
          f2[x_, y_] := (x - 1) y - (3 x + 1);
          ContourPlot[{f1[x, y] == 0, f2[x, y] == 0},
           {x, -5, 5}, {y, -5, 5}]
          Clear["Global`*"]
```

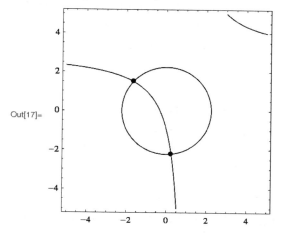

Out[17]=

从 Out[17] 所标的黑点可以看出,方程组应该有两个解,其近似位置可以取为 $\{-2, 2\}$ 和 $\{0, -2\}$。

对方程组线性化的方法如下:

$$f_1(x_0, y_0) + f'_{1x}(x_0, y_0)(x - x_0) + f'_{1y}(x_0, y_0)(y - y_0) = 0$$
$$f_2(x_0, y_0) + f'_{2x}(x_0, y_0)(x - x_0) + f'_{2y}(x_0, y_0)(y - y_0) = 0$$

我们将用函数 **NSolve[]** 求出近似解 $\{x, y\}$,构成迭代,并在满足精度要求时停止迭代。程序如下。

```
In[19]:=  f1[x_, y_] := x^2 + y^2 - 5;
          f2[x_, y_] := (x - 1) y - (3 x + 1);
          df1[x_, y_] := Evaluate[{D[f1[x, y], x], D[f1[x, y], y]}]
          df2[x_, y_] := Evaluate[{D[f2[x, y], x], D[f2[x, y], y]}]
          equs =
            {df1[x0, y0][[1]] (x - x0) + df1[x0, y0][[2]] (y - y0)
              == -f1[x0, y0],
             df2[x0, y0][[1]] (x - x0) + df2[x0, y0][[2]] (y - y0)
              == -f2[x0, y0]};
          {x1, y1} = {-2, 2}; k = 0; ϵ = 10^-6;
          While[
           s = NSolve[equs /. {x0 → x1, y0 → y1}, {x, y}];
           {x2, y2} = {x, y} /. s[[1]];
           Abs[x2 - x1] > ϵ ⋁ Abs[y2 - y1] > ϵ,
           {x1, y1} = {x2, y2}; k++]
          Print["x=", x1, ", y=", y1, ", k=", k]
          Clear["Global`*"]

          x=-1.661130116, y=1.496879424, k=3
```

从输出结果来看,经过三次迭代,就获得了相邻差值小于 10^{-6} 的解。

需要对编程解释一下,它们也是算法的重要组成部分。

(1) 经过线性化的方程组 equs 中 $\{x_0, y_0\}$ 是未赋值的变量,整个求解过程中要格外注意这一点,如果它们赋了值,就无法进行迭代了。在每一次迭代运算中,它们是用替换的形式获

得$\{x_1, y_1\}$的值,这不会破坏 equs 本身。

（2）循环函数 **While[]** 的运用很特别,它在条件判断部分使用了复合语句,该语句的最后才给出判断,前部是方程组求解以及结果的替换保存。在循环体部分,将方程组的求解结果$\{x_2, y_2\}$赋给$\{x_1, y_1\}$,进入下一次迭代,并统计迭代次数 k。

（3）函数 f_1 和 f_2 的偏导数 $\mathrm{d}f_1$、$\mathrm{d}f_2$ 被定义为二分量的函数,并用函数 **Evaluate[]** 强迫求值,这样在每次运用时就不再重复求导。在 equs 定义时使用了它们的分量。

最后改用 **FindRoot[]** 求解,也参考了前面的近似位置,求出了全部解。

```
In[29]:= f1[x_, y_] := x^2 + y^2 - 5;
         f2[x_, y_] := (x - 1) y - (3 x + 1);
         FindRoot[{f1[x, y] == 0, f2[x, y] == 0}, {{x, -2}, {y, 2}}]

         FindRoot[{f1[x, y] == 0, f2[x, y] == 0}, {{x, 0}, {y, -2}}]
         Clear["Global`*"]

Out[31]= {x -> -1.66112999, y -> 1.496879139}

Out[32]= {x -> 0.2342683598, y -> -2.223762203}
```

Out[31]佐证了上一程序的输出结果,如果提高精度要求,二者应该更接近。

2.3.2　求函数的极值

求函数的极值也是物理计算中经常遇到的问题。读者可能知道,欲求函数极值,就求函数的导数,令导数为 0 即得一方程（组）,求此方程（组）的解,就知道了极值的位置。但是,具体问题要复杂得多,若函数本身很复杂,求导数运算以及求解导数为 0 的方程（组）也就很复杂。能不能根据极值的特点研究其他求解对策呢?

“极值问题”分为求极大值和求极小值,由于可以通过给函数加负号而使极大值问题转化为极小值问题,下面就专门研究求极小值的问题。

事实上,求极小值的问题已经有了很多方法,这里简要介绍一元和多元函数求极值的最基本方法——**最速下降法**。对于一元函数,顺便也介绍**黄金率搜索法**,这些方法都要与 Mathematica 求极值的函数 **FindMinimum[]** 的求解能力相对照。

下面先从**一元函数**说起。

如图 2-2 所示,一元函数 $y = f(x)$ 有极小值。在极值点附近有一点 x_1,如果有办法从 x_1 向极小值点逐步逼近,就有可能达到极值点而求得极值。我们知道,**函数的导数是函数上升的方向,导数的相反数就应该是函数下降的方向**。沿着下降的方向,每次移动一小步,比较一下周围,看看若是移动的足够缓慢了,那就快到极值点了。这一思想很重要,由此可以延伸出不同的逼近方法,例如步长固定或者不固定,只要速度和精度合适,都是好方法。

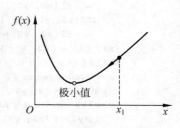

图 2-2　最速下降法图解

下面举例说明。

```
In[1]:= f[x_] := x^3 - 2 x^2 + 1;
        Plot[f[x], {x, -1, 3}, AxesLabel -> {"x", "f"}]
        df[x_] := Evaluate[-D[f[x], x]];
```

```
Solve[df[x] == 0, x]
α = 0.01; ε = 10⁻⁵; n = 10³;
x = 1; k = 0; data = {};
While[
 Abs[df[x]] > ε && k < n,
 AppendTo[data, x];
 x = x + α df[x]; k++]
Print["{k,x,f[x]}=", {k, x, f[x]}]
ListPlot[data, AxesLabel -> {"k", "x"}]
FindMinimum[f[y], {y, 1}]
Clear["Global`*"]
```

Out[2]=

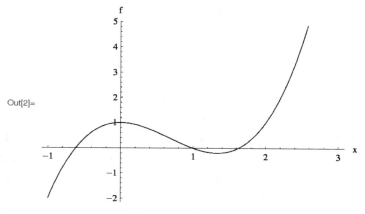

Out[4]= $\left\{\{x \to 0\}, \left\{x \to \dfrac{4}{3}\right\}\right\}$

{k,x,f[x]}={297, 1.333330892, -0.1851851852}

Out[9]=

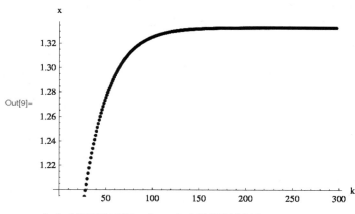

Out[10]= {-0.1851851852, {y → 1.333333333}}

　　本例定义了一个三次函数 $f(x)$，其图形见 Out[2]，速降方向即负导数，用 $\mathrm{d}f(x)$ 表示。令 $\mathrm{d}f(x)=0$，用函数 **Solve[]** 就可以求得极值位置。证明有两个极值点，见 Out[4]，$x=0$ 是极大值位置，$x=4/3$ 是极小值位置。有了这些精确结果，可以帮助判断"最速下降法"的有效性。

　　程序里，α 是步长，即负导数的倍数，选取固定的正数。每次循环，x 都向着极值点移动 $\alpha\mathrm{d}f(x)$。循环终止的条件是 $|\mathrm{d}f(x)|$ 小于设定的精度 ε，为了防止初次运行进入死循环，还加了循环次数的限制数 n。x 移动的位置被记录在变量 data 中，最后作出了 x 的轨迹图，见

Out[9]，该图直观地显示了迭代逼近极值点的过程。程序输出显示，达到精度之前迭代了297次。Out[10]是用求极值函数 **FindMinimum[]** 求解的结果，它与最速下降法的结果很接近，但编程要简单许多，所以，尽可能用系统提供的函数来求解。要注意 **FindMinimum[]** 此时的写法，函数 f 的宗量不能用 x 而要改为其他未赋值的变量，因为 x 已经在前面赋过值了。

　　除了"最速下降法"求极值，"黄金率搜索法"也很常用。"黄金率搜索法"据说是由数学家华罗庚先生提出来的，它的优点是不需要求函数的导数，其基本含义图解如下。在图 2-3 中，区间 $[a,b]$ 是极值搜索区间，极值点事先要确定在此区间之内，而且函数曲线是单谷的。x 轴上的两个点 x_1 和 x_2 是这样计算的：

$$x_1 = a + \gamma(b-a)$$
$$x_2 = a + \gamma^2(b-a) \tag{2-5}$$

其中，γ 是黄金率常数 GoldenRatio 的倒数，简称黄金率，其值为

$$\gamma = 1/\text{GoldenRatio} = (\sqrt{5}-1)/2 \approx 0.618$$

γ 满足关系式 $\gamma^2 = 1 - \gamma$。

　　函数 $f(x)$ 在 x_1 和 x_2 的值分别用 u 和 v 表示。如果 $u>v$，表明极值点在 x_1 左边，则将搜索右边界改为 x_1，重新在 $[a,x_1]$ 内搜索。可以证明，此时 x_2 相当于新区间的 x_1，在重新搜索的时候，不用再计算 x_1，只要计算 x_2 即可。相反，如果 $u<v$，表明极值点在 x_2 右边，则将搜索左边界改为 x_2，重新在 $[x_2,b]$ 内搜索。可以证明，此时 x_1 相当于新区间的 x_2，在重新搜索的时候，不用再计算 x_2，只要计算 x_1 即可。如此不断循环，搜索区间越来越小，当区间小到给定的精度限时，停止搜索，用区间平均值作为极值点的位置。

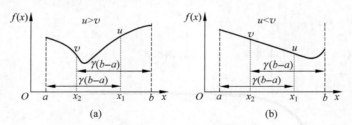

图 2-3　黄金率搜索法图解

实现"黄金率搜索法"的程序如下。

```
In[12]:= f[x_] := x^3 - 2 x^2 + 1;
        a = 0; b = 2;
        ϵ = 1.0 × 10^-6; γ = 1 / GoldenRatio // N; k = 0;
        x1 = a + γ (b - a); x2 = a + γ^2 (b - a);
        u = f[x1]; v = f[x2];
        While[
         Abs[a - b] > ϵ,
         If[u > v,
          b = x1; x1 = x2; u = v; v = f[x2 = a + γ^2 (b - a)],
          a = x2; x2 = x1; v = u; u = f[x1 = a + γ (b - a)]];
         k++]
        x = (a + b) / 2;
        {k, x, f[x]}
        Clear["Global`*"]
Out[19]= {31, 1.333333392, -0.1851851852}
```

根据上一程序的输出 Out[2]，可以看出函数 f 的极小值应该在区间$[0,2]$内，本程序就取这个区间作为搜索开始的区间。在迭代过程中，区间的边界始终用 a 和 b 表示，迭代的条件是 $|a-b|>\varepsilon$，终止的条件便相反。迭代结束后取了区间的中间值作为极值点的位置。从 Out[19]可见，结果与前述程序的输出基本一致，只是迭代的次数要小得多，只有 31 次。

现在转而讨论**多元函数的求极值问题**，基本方法也是"最速下降法"。在多元函数的情况下，函数下降的方向是函数梯度的负方向，此时搜索点的递推公式是

$$x_{k+1} = x_k + \alpha \cdot (-\nabla f) \tag{2-6}$$

其中，步长 α 是正的标量；x 和 ∇f 是多维矢量。

在多元函数求极值的过程中，探讨"**如何以最快速度下降到极值点**"是有意义的。我们可以举一例进行说明。设有二元函数 $f(x,y)$，其定义为

$$f(x,y) = \cos(x^2 - 3y) + \sin(x^2 + y^2)$$

下面求它的极小值。这个函数有很多极小值，需要事先观察一番，然后选择其中一个极小值，在其附近找到近似位置作为迭代开始的位置。对于二元函数，观察极小值的有效工具就是 Mathematica 的密度图函数 **DensityPlot[]**，它能用颜色深浅来表示函数值，颜色深的地方，函数值小，颜色最深的地方，便是极值所在。

所谓以最快速度下降，就是每一步迭代前都要寻找"合适的"步长 α，以使函数在每一步迭代中更快地逼近极值点。在一元函数的例子中，选取固定的步长 α，这未必是最优的。可以找到最优的步长 α，这当然要增添一些工作量。不过，这是值得的，这不仅能使逼近极值点的速度更快，其思路也可能给人们一些启发。

所谓"合适的"步长 α，就是能使函数 $\varphi(\alpha)$ 最小的正数 α，函数 $\varphi(\alpha)$ 的定义是

$$\varphi(\alpha) = f(x_k - \alpha \nabla f) \tag{2-7}$$

一般来讲，函数 $\varphi(\alpha)$ 是复杂的，α 能否使 $\varphi(\alpha)$ 最小？这一般不能笼统地回答，可以通过观察一些例子来说明。通过密度图已经观察到 $f(x,y)$ 在$\{-2,-0.5\}$附近有极小值，就选择在此点观察 $\varphi(\alpha)$。

```
In[21]:= f[x_] := Cos[x[[1]]^2 - 3 x[[2]]] + Sin[x[[1]]^2 + x[[2]]^2]
        df[x_] := Evaluate[{-D[f[x], x[[1]]], -D[f[x], x[[2]]]}];
        x0 = {-2, -0.5}; φ[α_] := f[x0 + α df[x0]]
        Plot[φ[α], {α, 0, 4}, PlotRange → All,
         AxesLabel -> {"α", "φ[α]"}]
        DensityPlot[f[{x, y}], {x, -3, 3}, {y, -3, 3}, PlotPoints → 50]
        FindMinimum[f[{x, y}], {{x, x0[[1]]}, {y, x0[[2]]}}]
        Clear["Global`*"]
```

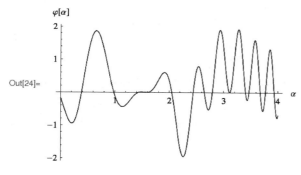

Out[24]=

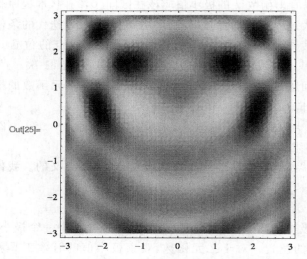

Out[25]=

Out[26]= {-2., {x → -2.122651611, y → 0.4546857363}}

本例程序给出了多方面的信息。

（1）函数 $f(x,y)$ 在程序里定义时其宗量采用了单变量的形式，但单变量是一个列表，定义表达式采用了列表的元素；函数的梯度 $\mathrm{d}f(x,y)$ 的宗量也采用了单变量列表的形式，并且是二分量函数。梯度在定义时强迫运算，可以避免 $\varphi(\alpha)$ 定义时因为采用具体的 x_0 而导致错误。

（2）Out[24]是 $\varphi(\alpha)$ 随 α 变化的曲线，α 是从 0 开始的。一开始，$\varphi(\alpha)$ 随 α 增加而下降，达到某个最低点之后便上升，之后又有多次起伏，说明 $\varphi(\alpha)$ 不是单极点函数。尤其要注意，$\varphi(\alpha)$ 的第一个极小值点并非全局最低点，这导致取哪个极小值点作为"最佳的 α"成了疑问。如果只是简单地取第一个极小值点作为"最佳的 α"，并不合理。

（3）Out[25]是函数 $f(x,y)$ 的密度图，图中颜色深的地方都是极小值所在的区域，可以方便地选择一个近似点作为开始的点。

（4）Out[26]是用函数 **FindMinimum**[ ]求得的极值，参考位置便是 x_0，这个结果可以作为下面演示程序的对照。

下面的程序是为了演示二元函数"最速下降法"的求解过程。程序的主结构是在 **While**[ ]循环之中还有两个平行的 **While**[ ]循环，按照所标的分段注释，段 1 是搜索函数 $\varphi(\alpha)$ 的第一个极小值所在的区间，α 是从 0 开始的，变量 g 是循环结束的标志，δ 是搜索步长，在发现 $\varphi(\alpha)$ 的极小值之后，为保险起见，α 分别向前和向后各迈出一步，作为极小值所在区间的边界 a 和 b；段 2 是用"黄金率搜索法"求最佳 α，这里 $\varphi(\alpha)$ 需要临时定义，以便使用当前的位置 x；段 3 是迈出最佳的一步，并记录 α 和 x 的值；段 4 是输出求解的结果。

要注意外层 **While**[ ]循环判断条件的写法，采用梯度的模平方与 ε_1 比较，梯度的模在小于 ε_1 的平方根时就算找到了极值点。而用"黄金率搜索法"求最佳 α 时，精度限为 ε_2，这个精度比 ε_1 要低，就是考虑到 α 能有所改进就行，即使努力寻找，也未必是全局最佳的，不必在此浪费时间。

```mathematica
In[28]:= f[x_] := Cos[x[[1]]^2 - 3 x[[2]]] + Sin[x[[1]]^2 + x[[2]]^2]
        df[x_] := Evaluate[{-D[f[x], x[[1]]], -D[f[x], x[[2]]]}];
        x = {-2, -0.5};
        ε1 = 1.0 × 10^-10; k = 0; datax = dataα = {};
        ε2 = 1.0 × 10^-4; γ = 1 / GoldenRatio // N;
        While[df[x].df[x] > ε1,
          (*-----1------*)
          α = 0; δ = 0.1; g = 0;
          While[g == 0,
            If[f[x + α df[x]] > f[x + (α + δ) df[x]], α = α + δ, g = 1]];
          a = α - δ; b = α + δ;
          (*-----2------*)
          φ[α_] := f[x + α df[x]];
          θ1 = a + γ (b - a); θ2 = a + γ^2 (b - a);
          u = φ[θ1]; v = φ[θ2];
          While[Abs[a - b] > ε2,
            If[u > v,
              b = θ1; θ1 = θ2; u = v; v = φ[θ2 = a + γ^2 (b - a)],
              a = θ2; θ2 = θ1; v = u; u = φ[θ1 = a + γ (b - a)]]];
          α = (a + b) / 2;
          (*-----3------*)
          x = x + α df[x]; k++;
          AppendTo[dataα, α]; AppendTo[datax, x]
        ]
        (*-----4------*)
        {k, x, f[x]}
        ListLinePlot[dataα, Mesh → Full, PlotRange → All,
          AxesOrigin -> {0, 0}, AxesLabel -> {"k", "α"}]
        ListLinePlot[datax, Mesh → Full,
          AxesOrigin -> {-2.15, 0}, AxesLabel -> {"x", "y"},
          PlotRange → {{-2.15, -1.7}, {-0.2, 0.5}}]
        Clear["Global`*"]
Out[34]= {38, {-2.122651562, 0.4546849794}, -2.}
```

Out[35]=

Out[36]=

再来看程序的输出。Out[34]是本次程序运行找到的函数极小值,得到它用了38次迭代,它与上一程序的输出Out[26]相比,很接近,这证明按原始的"最速下降法"求函数极值是有效的。Out[35]是每次迭代所找到的最佳α的变动情况,在接近极值点的过程中,α先是迅速下降,然后就只做小幅度波动,趋势是一个定值。Out[36]是迭代过程中记录的"最佳落脚点"的变动情况,它按照逐渐缩小的"之"字形路径趋向于一个固定点,那就是函数的极小值点。

数据点作图函数 **ListLinePlot[]** 使用了多个参数,其中 Mesh→Full 表示将数据点用圆点表示出来,而 **ListLinePlot[]** 在默认情况下只将数据点用折线连接,并不画圆点。

关于多元函数求极值还有更多的迭代方法,请读者参考本章的参考文献,此处只能点到为止了。

2.3.3　求解线性方程组——严格解

读者对于线性方程组并不陌生,从中学就开始学习它,在作业和考试中也频繁地用到。如果回想一下,可知那些方程组的阶数都不高,一般不超过4阶。这些方程组求解起来并不难。这会不会给读者留下这样的印象:"**求解线性方程组,手工求解就行了,只要有耐心,没有求解不了的。**"这种观点是错误的。事实上,随着方程组阶数的增加,手工求解的时间和难度迅速增加,出错的机会也迅速攀升,求解将很快变得不可行。如果仿照后面的编程,自己造一个100阶的方程组,手工求解试一下就知道了。这是一个**通过量的简单增加而导致质变**的鲜明例子。

一方面是手工求解线性方程组越来越困难,另一方面是科学研究和工程设计得出了越来越多、阶数也越来越高的线性方程组(比如数值求解微分方程得到的方程组),如果没有合适的求解工具,这些方程组的求解将无法完成。事实当然不是这样,科学家们经过潜心研究,提出了多种求解线性方程组的方法,这些方法的提出和表达形式,一般都参考了计算机的循环运算和几乎不会出错的能力。所以,在下面对线性方程组求解方法的介绍中也就体现了这个设计方式,如果初次读起来有困难,那就硬着头皮看完,返回来再看,如此反复,才能最终掌握。不过,如同前述两节,我们的目的也不是如何挖空心思地把这些求解方法变成程序,而是借机介绍 Mathematica 求解线性方程组的函数,例如 **Solve[]**、**LinearSolve[]** 等,它们才是解方程的行家里手,我们要做的是把方程组的系数矩阵和常数矩阵整理好,按照规定代入函数即可,求解过程全部由计算机来完成。下面讨论的,是方程组有唯一解的情况。

现在写出方程组的一般形式:

$$a_{11}x_1 + a_{12}x_2 + \cdots + a_{1n}x_n = b_1$$
$$a_{21}x_1 + a_{22}x_2 + \cdots + a_{2n}x_n = b_2$$
$$\vdots$$
$$a_{n1}x_1 + a_{n2}x_2 + \cdots + a_{nn}x_n = b_n$$

其中,n是方程的阶。将上述方程组写成矩阵形式

$$\boldsymbol{AX} = \boldsymbol{B} \qquad (2\text{-}8)$$

在方程(2-8)中,$\boldsymbol{A}$是系数方阵,$\boldsymbol{B}$是常数列矩阵,$\boldsymbol{X}$是未知变量列矩阵。

中学教科书告诉我们:求解线性方程组的基本方法是**消元法**,根据方程组的具体情况,可以采用加减消元法或者代入消元法。在能够借助于计算机编程求解的情况下,消元法是我们必须体验的一种最原始最可靠的方法。

消元法,用标准的语言来讲,就是将方程组(2-8)进行"**初等变换**",将系数矩阵 $\boldsymbol{A}$ 化成上三角或者下三角形式,然后通过"回代",逐一求出未知变量的值。

具体研究表明，对初等变换还要给予更多的关注，例如 A 的主对角线的元素（简称主元）不能为 0；为了保证计算的精度不受损失，主元要**尽可能**是一列中绝对值最大的元素。这些要求导致了**列选主元**变换方法的出现，就是要调整方程组中各个方程的原始位置，以满足这些要求。这样，对系数矩阵 A 的**三角变换**就是两个基本变换的组合：交换两个方程的位置，再将主元以下的元素变成 0。若交换操作用算符 P_i 表示，初等变换用算符 L_i 表示，于是，经过 $n-1$ 次变换，A 就变成了上三角矩阵 U：

$$L_{n-1}P_{n-1}\cdots L_1 P_1 A = U \tag{2-9}$$

其中，交换算符 P_i 用矩阵表示，它是将单位矩阵的两行交换的结果。如果令

$$P = P_{n-1}\cdots P_1, \quad L = P(L_{n-1}P_{n-1}\cdots L_1 P_1)^{-1}$$

则

$$PA = LU \tag{2-10}$$

这样，就对矩阵 A 进行了 LU 分解，其中 L 是下三角矩阵，其主元都为 1，其余不为 0 的元素值都不大于 1。

经过 LU 分解，方程组(2-8)的求解过程分成了三步，简称"三步走"方案。

（1）计算 A 的列选主元 LU 分解。

（2）解下三角方程组 $LY = PB$，求出 Y。

（3）解上三角方程组 $UX = Y$，求出 X。

读者可能疑惑了：为什么不按照方程(2-9)求出 U，直接求解上三角方程组

$$UX = (L_{n-1}P_{n-1}\cdots L_1 P_1)B \tag{2-11}$$

得到 X 不就行了吗？为什么还要求解两次方程组呢？确实是这样。不过，以上三步骤是针对计算机的求解方式而言的，Mathematica 内部有一个函数，其名字是 **LUDecomposition**，它能按照列选主元变换对系数矩阵 A 进行 LU 分解，省却了用户亲自去分解，它得到了矩阵 L 和 U，不过需要费一点劲把它们从一个矩阵中分离出来；还得到了 P，也需要从结果的另一个列表中转化出来。

先写一个程序，演示列选主元的求解过程。作为对照，程序中使用了函数 Solve[]。

```
In[1]:= n = 5; i = IdentityMatrix[n]; X = Array[x, n];
        A = RandomInteger[{-3, 3}, {n, n}];
        B = RandomInteger[{-5, 5}, n];
        Print[A // MatrixForm, X // MatrixForm, "=",
         B // MatrixForm]
        s = Solve[Thread[A.X == B], X];
        Print["X=", X /. s[[1]] // MatrixForm]
        A.(X /. s[[1]]) == B

        Do[
         list = Table[A[[i, k]], {i, k, n}];
         q = Position[Abs[list], Max[Abs[list]]][[1, 1]];
         P = i;
         {P[[k]], P[[q + k - 1]]} = {P[[q + k - 1]], P[[k]]};
         A = P.A; B = P.B; L = i;
         Do[L[[i, k]] = -A[[i, k]] / A[[k, k]], {i, k + 1, n}];
         A = L.A; B = L.B,
         {k, n - 1}]
        X0 = {B[[n]] / A[[n, n]]};
```

```
Do[PrependTo[X0,
    B[[k]] - Sum[A[[k, k + i]] X0[[i]], {i, n - k}]
    ─────────────────────────────────────────────── ],
                    A[[k, k]]
  {k, n - 1, 1, -1}]
Print["X=", X0 // MatrixForm]
Clear["Global`*"]
```

$$
\begin{pmatrix}
2 & 0 & -3 & -3 & -2 \\
-1 & 0 & 1 & 0 & 2 \\
0 & -3 & -3 & -3 & -2 \\
3 & 1 & -2 & 1 & 2 \\
-2 & 1 & 3 & 3 & 3
\end{pmatrix}
\begin{pmatrix}
x[1] \\ x[2] \\ x[3] \\ x[4] \\ x[5]
\end{pmatrix}
=
\begin{pmatrix}
2 \\ -5 \\ -4 \\ -4 \\ 0
\end{pmatrix}
$$

$$
X = \begin{pmatrix}
-\dfrac{183}{44} \\[4pt]
\dfrac{105}{22} \\[4pt]
-\dfrac{159}{44} \\[4pt]
\dfrac{89}{44} \\[4pt]
-\dfrac{61}{22}
\end{pmatrix}
$$

Out[7]= True

$$
X = \begin{pmatrix}
-\dfrac{183}{44} \\[4pt]
\dfrac{105}{22} \\[4pt]
-\dfrac{159}{44} \\[4pt]
\dfrac{89}{44} \\[4pt]
-\dfrac{61}{22}
\end{pmatrix}
$$

本演示程序也包含多方面的信息,需要加以介绍。

(1) 变量 i 是 n 阶的单位方阵,它是为后面方程交换和初等行变换做准备的; X 是未知变量的列表,它的形式是 $\{x[1], x[2], \cdots, x[n]\}$,每个元素就是方程组里的一个变量名。系数方阵 A 和常数列矩阵 B 都是用随机函数产生的整数矩阵,不过,因为做矩阵乘积时行矩阵可以当作列矩阵处理,所以实际定义的 B 是行矩阵。

(2) 为了构造适合 **Solve[]** 求解的方程组,使用函数 **Thread[]**,它能够将**列表构成的方程**变成**方程的列表**,在构造大型方程组时很有用,例如:

In[13]:= **Thread[{x, y, z} == {a, b, c}]**
Out[13]= {x == a, y == b, z == c}

(3) 程序中部的 **Do[···,{k,n−1}]** 循环完成系数矩阵 A 上三角变换,常数矩阵 B 也随之变换。最后一个 **Do** 循环完成"回代"过程,从最后一个变量开始计算,依次计算到第一个变量。

我们看到,由 **Solve[]** 求解的结果 X 和根据三角变换求解的 X 是相同的,但显然,按基本原理编程求解方程组是麻烦的,除非作为线性代数教学演示,一般不这样来求解方程组。

Mathematica 能够对矩阵进行 LU 分解,它使用函数 **LUDecomposition[]**,输出的结果有三项,即

$$\{lu, v, c\}$$

第一项 *lu* 是三角矩阵 **L** 和 **U** 的**复合矩阵**,其上三角矩阵就是 **U**,其严格下三角矩阵就是 **L** 的严格下三角矩阵;第二项 v 是一个从 1 到 n 的整数排列形成的列表,表示列选主元变换之后原来的各个方程变成现在的秩序。这两项与结果的使用有关。

下面的程序实现了以上"三步走"的解题方案。

```
In[14]:= n = 5; q = IdentityMatrix[n]; X0 = Array[x, n];
        A = RandomInteger[{-3, 3}, {n, n}];
        B = RandomInteger[{-5, 5}, n];
        Print[A // MatrixForm, X0 // MatrixForm, "=",
         B // MatrixForm]

        {lu, v, c} = LUDecomposition[A];
        L = lu SparseArray[{i_, j_} /; j < i → 1, {n, n}] + q;
        U = lu SparseArray[{i_, j_} /; j ≥ i → 1, {n, n}];
        P = Table[q[[v[[i]]]], {i, n}];
        B = P.B;

        Y = {B[[1]]};
        Do[
         AppendTo[Y, B[[k]] - Sum[L[[k, i]] Y[[i]], {i, k - 1}]],
         {k, 2, n}]

        X = {Y[[n]] / U[[n, n]]};
        Do[
         PrependTo[X,
          (Y[[k]] - Sum[U[[k, k + i]] X[[i]], {i, n - k}])
          ─────────────────────────────────────────────── ],
                         U[[k, k]]
         {k, n - 1, 1, -1}]
        Print[X0 // MatrixForm, "=", X // MatrixForm]
        Clear["Global`*"]
```

$$\begin{pmatrix} 1 & -2 & -1 & 0 & 1 \\ 2 & -2 & -3 & -3 & 2 \\ -2 & 1 & -2 & 2 & 2 \\ 3 & 3 & -1 & 3 & 0 \\ -1 & -1 & -3 & 0 & 2 \end{pmatrix} \begin{pmatrix} x[1] \\ x[2] \\ x[3] \\ x[4] \\ x[5] \end{pmatrix} = \begin{pmatrix} -1 \\ -1 \\ 0 \\ -5 \\ -1 \end{pmatrix}$$

$$\begin{pmatrix} x[1] \\ x[2] \\ x[3] \\ x[4] \\ x[5] \end{pmatrix} = \begin{pmatrix} -\frac{24}{37} \\ \frac{6}{37} \\ \frac{53}{37} \\ -\frac{26}{37} \\ \frac{52}{37} \end{pmatrix}$$

程序的第二段:

```
{lu, v, c} = LUDecomposition[A];
L = lu SparseArray[{i_, j_} /; j < i → 1, {n, n}] + q;
U = lu SparseArray[{i_, j_} /; j ≥ i → 1, {n, n}];
P = Table[q[[v[[i]]]], {i, n}];
B = P.B;
```

是关键,它首先进行了 *LU* 分解,其结果的三部分被分别保存在三个变量 *lu*、v 和 c 中,为了得

到 L 和 U,采用了稀疏矩阵,lu SparseArray[⋯]是两个矩阵的**直积**,中间是空格即乘号,两个矩阵的对应元素相乘,这样可以依次得到 lu 的严格下三角矩阵和上三角矩阵。该段程序的第 4 行是将列表 v 变成交换矩阵 P,其道理请读者自己琢磨。

程序的输出有两个,上面的结果是打印的方程组,下面的结果是方程组的解。

看了半天,有的读者可能急了:为什么这么兜圈子,直接对方程组(2-8)两边左乘 A 的逆矩阵,不就可以获得结果了吗? 的确,方程组(2-8)可以变成

$$X = A^{-1}B \tag{2-12}$$

要是能求出 A 的逆 A^{-1},问题也就解决了。事实上,对于中小型线性方程组,例如阶数多达几千甚至上万,计算机直接求矩阵的逆都已经不成问题,所以,若阶数不太高,"直接求逆法"也是可行的。求矩阵逆的函数是 **Inverse[A]**,在程序里不能写成 A^{-1},后者是对矩阵元素求倒数的运算。

Mathematica 求解线性方程组的另一个"利器"是函数 LinearSolve[],它的使用格式是

LinearSolve[A,B]

给出的是解的列表。

为了给读者增加一点感性认识,下面写一个程序,比较"直接求逆法"和使用 **LinearSolve**[]在求解速度上的差别。程序使用了阶数高达 6000 的系数矩阵,直接求逆。程序中出现了计算运行时间的函数 **Timing**[],它的输出是一个两项的列表,第二项是程序运行结果 res,第一项是程序运行时间 time,以秒为单位。

```
In[29]:= n = 6000;
        m = RandomReal[{-3, 6}, {n, n}];
        b = RandomReal[{-10, 20}, n];
        {time, res} = Timing[LinearSolve[m, b]];
        Print["Time of LinearSolve=", time]
        {time, res} = Timing[Inverse[m].b];
        Print["Time of Inverse=", time]
        Clear["Global`*"]

Time of LinearSolve=9.22

Time of Inverse=31.449
```

比较两种方法运行的时间,可见,使用 **LinearSolve**[]要比"直接求逆法"快三倍多,以后可以更多地考虑使用 **LinearSolve**[]。

Solve[]函数也有它的优点,就是不用提取系数矩阵 A 和常数列矩阵 B,直接用原方程组求解,有时也很方便。下面的程序测试 **Solve**[]求解时间与方程组阶数 n 的关系,并用 n 的多达三次的函数拟合,结果符合很好。

```
In[37]:= data = {};
        Do[
         X = Array[x, n];
         c = RandomInteger[{-1, 1}, {n, n}];
         b = RandomReal[{-3, 3}, n];
         equ = Thread[c.X == b];
         {t, r} = Timing[Solve[equ, X]];
         AppendTo[data, {n, t}];
         Print["n=", n, ", data=", data],
         {n, 500, 3500, 500}]
```

```
s = Fit[data, {n², n³}, n]
g1 = Plot[s, {n, 0, 3800}];
g2 = ListPlot[data];
Show[{g1, g2}, PlotRange → All, AxesLabel -> {"n", "t/s"}]
Clear["Global`*"]
```

Out[39]= $8.699910079 \times 10^{-7} n^2 + 6.609284368 \times 10^{-10} n^3$

Out[42]=

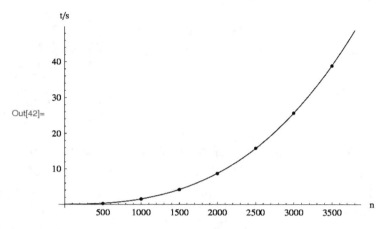

关于线性方程组的严格求解,再说明两点。

(1)求解的难点在于大型方程组,影响大型方程组求解的主要障碍是计算机的内存不够,求解速度还是比较快的。

(2)对于有某些特点的线性方程组,求解的方法也可以灵活掌握,比如 A 是对称正定的矩阵,就不用列选主元的 **LUDecomposition[]**,而是用 **CholeskyDecomposition[]**,直接给出上三角矩阵,避免再对分解结果二次处理的麻烦。再比如某些对角占优的矩阵,大部分元素为 0,可以使用所谓的"追赶法",避免求逆等复杂过程。对于有特殊规律的矩阵,还可以使用"行化简"的原理来简化 A 求逆的过程。

2.3.4 求解线性方程组——近似解

2.3.3 节介绍了 Mathematica 能够严格求解线性方程组,若方程组阶数不太高,严格求解就行了。有时候,也可以考虑近似解法,这些方法都是**迭代法**,从原理上讲很有启发性,这里也介绍一下,需要的时候可以采用。

迭代法分为**经典迭代法**和 **Krylov 子空间方法**,关于前者,请参阅本书第 5 章,那里结合电极聚焦问题进行了介绍。下面简单介绍针对**对称正定系数矩阵 A 的 Krylov 子空间方法**,因为对称正定系数矩阵在偏微分方程求解中经常出现。

对于方程组(2-8)的求解,可以复杂一点,因为它的解等价于对下列二次**泛函 $\varphi(X)$** 求极小值,

$$\varphi(X) = X^{\mathrm{T}} A X - 2 B^{\mathrm{T}} X \tag{2-13}$$

其中,上标 T 表示矩阵转置;X 是多维矢量。上述结论证明如下。

泛函 $\varphi(X)$ 的极值发生在梯度为 0 的地方。$\varphi(X)$ 的梯度计算如下,采用缩并符号。首先,

$$\varphi = \varphi(X) = x_i a_{ik} x_k - 2 b_j x_j$$

于是

$$\partial\varphi/\partial x_i = a_{ik}x_k + x_i a_{ik}\partial x_k/\partial x_i - 2b_j\partial x_j/\partial x_i$$

因为

$$\partial x_k/\partial x_i = \delta_{ki}, \quad 其中\ \delta_{ki} = \begin{cases} 1, & k=i \\ 0, & k \neq i \end{cases}$$

所以

$$\partial\varphi/\partial x_i = a_{ik}x_k + x_i a_{ik}\delta_{ki} - 2b_j\delta_{ji}$$
$$= 2a_{ik}x_k - 2b_i \tag{2-14}$$

可见,若梯度为 0,将得到方程组(2-8),二者是等价的。若继续对上式求梯度,结果是

$$\partial^2\varphi/\partial x_i\partial x_j = 2a_{ik}\delta_{kj} = 2a_{ij}$$

对于对称正定矩阵 $\boldsymbol{A}$,其主元为正数,所以

$$\partial^2\varphi/\partial x_i^2 = 2a_{ii} > 0$$

泛函取得极小值。证毕。

我们一般是不知道泛函 $\varphi(\boldsymbol{X})$ 的极值点的,可以在极值点附近选择一个点 $\boldsymbol{X}_0$,再找到一个向着极值点"下山"的方向 $\boldsymbol{P}$,迈出一步 $\alpha\boldsymbol{P}$,要求"落脚点"$\boldsymbol{X}=\boldsymbol{X}_0+\alpha\boldsymbol{P}$ 使得 $\varphi(\boldsymbol{X})$ 下降最多。其中,正数 α 称为步长。现在的任务是确定下山方向和步长。下山方向可以选 $\varphi(\boldsymbol{X})$ 梯度的负方向,即公式(2-14)所指示方向的相反方向,

$$\boldsymbol{P} = \boldsymbol{R} = \boldsymbol{B} - \boldsymbol{A}\boldsymbol{X}_0 \tag{2-15}$$

$\boldsymbol{R}$ 称为**余量**。剩下的是寻找合适的步长,这归结为求

$$f(\alpha) = \varphi(\boldsymbol{X}_0 + \alpha\boldsymbol{P})$$

的极值。简单的导数运算可以证明,此时极值条件满足

$$\frac{\mathrm{d}f(\alpha)}{\mathrm{d}\alpha} = 2\alpha\boldsymbol{P}^{\mathrm{T}}\boldsymbol{X}_0\boldsymbol{P} - 2\boldsymbol{P}^{\mathrm{T}}\boldsymbol{P} = 0$$

所以,

$$\alpha = \frac{\boldsymbol{P}^{\mathrm{T}}\boldsymbol{P}}{\boldsymbol{P}^{\mathrm{T}}\boldsymbol{X}_0\boldsymbol{P}} \tag{2-16}$$

问题完全解决了。在此基础上构成迭代,一步一步走下去,直到"迷失了方向",不知道该往哪里走,因为方向矢量 $\boldsymbol{R}\approx\boldsymbol{0}$ 了,这时候就停止迭代。这种方法就是前面求函数极值时使用过的"最速下降法"的推广。

不过,在实际实施上述过程中发现,有时候收敛还是比较慢的,这导致继续研究"新的下山方向"作为更快的方向,这一次人们到 **Krylov** 子空间内寻找方向,具体来说是在一个"**超平面**"内寻找,这个"超平面"是上一步迭代已经成功寻找到的方向 $\boldsymbol{P}_{k-1}$ 与本次出发点的负梯度方向 $\boldsymbol{R}_k=\boldsymbol{B}-\boldsymbol{A}\boldsymbol{X}_k$ 所张开的平面,所以,下一步"落脚点"可以表示为

$$\boldsymbol{X}_{k+1} = \boldsymbol{X}_k + \xi\boldsymbol{R}_k + \eta\boldsymbol{P}_{k-1} = \boldsymbol{X}_k + \alpha_k\boldsymbol{P}_k \tag{2-17}$$

现在就要根据 $\varphi(\boldsymbol{X}_k)$ 的极值要求确定参数 ξ 和 η。具体推导从略,结果是:新的下山方向取为

$$\boldsymbol{P}_k = \boldsymbol{R}_k + \beta_k\boldsymbol{P}_{k-1}, \quad \beta_k = -\frac{\boldsymbol{R}_k^{\mathrm{T}}\boldsymbol{A}\boldsymbol{P}_{k-1}}{\boldsymbol{P}_{k-1}^{\mathrm{T}}\boldsymbol{A}\boldsymbol{P}_{k-1}}$$

用类似于"最速下降法"中使用的步骤,可以推出步长为

$$\alpha_k = \frac{\boldsymbol{R}_k^{\mathrm{T}}\boldsymbol{R}_k}{\boldsymbol{P}_k^{\mathrm{T}}\boldsymbol{A}\boldsymbol{P}_k}$$

问题完全解决。此方法在文献上称为**共轭梯度法**,是收敛比较快的方法。

根据以上思路,可以列出"共轭梯度法"的迭代步骤,以利于编程。

(1) 选择出发点 X_0,第一步迈出时按"最速下降法"得到 α_0 和 R_0,以及 $P_0 = R_0$,迈出一步 $X_1 = X_0 + \alpha_0 P_0$。

(2) 计算余量 $R_1 = B - AX_1$,若 $R_1 = 0$,则停止计算,将 X_1 作为 $\varphi(X)$ 的极值点,否则,继续计算 β_1,进而计算出 P_1。

(3) 利用 R_1 和 P_1 计算 α_1。迈出新一步 $X_2 = X_1 + \alpha_1 P_1$。

(4) 重复步骤(2)。

迭代运算也可以根据情况灵活对待,不一定套用以上方法。比如第 5 章电极聚焦的例子,就使用了"摊大饼"的迭代方法,也能得到满意的结果。这需要读者在实践中不断摸索,积累经验,以求找到恰当的解决问题的方法。

2.3.5 求解常微分方程——初值问题

常微分方程(ODE,简称微分方程)是函数只依赖一个变量的方程,例如依赖时间。在物理学中,经常可以遇到微分方程,例如力学运动、电路问题,等等,它们描述各种各样的现象。物理学有相当大的一部分是靠微分方程来描述的,学会求解微分方程是每个想学习物理学的人必须通过的一关。在大学物理的学习中,读者已经就一些物理模型求解过微分方程,得到的是分析解或者解析解。由于能够解析描述的对象很少,若仅满足个别模型的求解是难以学好物理学的,因此,从本节开始,将学习微分方程的数值解法,数值解法几乎可以处理所有微分方程的求解问题,从此为读者打开理解物理学的大门。这些数值解法也是 Mathematica 有关函数的基础。

微分方程的求解问题分为**初值问题**和**边值问题**,这两类问题有联系,但也有差别。下面将分别加以研究,本节先研究初值问题。

微分方程的一般形式可以写成

$$f(t, x_1, x_1', x_2, x_2', \cdots) = 0$$

其中,t 是自变量,x_i 和 x_i' 都是 t 的函数,其中 x_i' 表示 x_i 的各阶导数。最常见的是导数可以从上式明显解出来的情形。由于多元方程和高阶导数可以拆分成一阶导数的方程组,下面先研究由一阶导数构成的系统,然后研究一阶导数的方程组。

一阶微分方程可以写成

$$x'(t) = f(t, x(t)) \tag{2-18}$$

方程(2-18)的初值问题是:

给定 $t = 0$ 时的 x 值 x_0,如何求解 $t > 0$ 时的 $x(t)$?

这个问题的数值解法早在微积分发明之后就解决了,现在通常的称谓是 **Euler** 法,就是**用差商代替导数**,将连续的微分方程化成分立的代数方程,求出一个个分立点的函数值,然后对相邻两个分立点之间进行插值,构成全部求解区域的近似解。事实表明,尽管这个方法有近似性,但却能获得所研究对象的具体性能状态的知识,其近似程度还可能改进,从而成为研究微分方程求解的有力工具。

Euler 法的具体做法是这样的:将自变量 t 划分为很多个小的区间,区间的分点可以表示为 $t_0, t_1, t_2, \cdots$,其中 t_0 通常取为 0,而分点的间隔可以取相等,也可以不相等。下面研究的情形都是间隔相等的,间隔用 δt 表示。这样,各个分点可以表示成 $t_i = i\delta t$。在方程(2-18)中用差商代替导数,则

$$\frac{x_{i+1} - x_i}{\delta t} = f(i\delta t, x_i), \quad i = 0, 1, 2, \cdots$$

其中,$x_i = x(i\delta t)$。于是,

$$x_{i+1} = x_i + \delta t \cdot f(i\delta t, x_i) \tag{2-19}$$

根据公式(2-19)进行递推,就可以求得各个分点的 x 值。至于求解之后要不要插值,那要根据要求而定,有时只看 t-x 曲线的形状和走势就能满足要求,就不进行插值;如果需要进行更多的计算,就需要插值。所谓**插值**,就是在两个点之间找一个函数,将两点光滑连接。这个函数可以是线性的,也可以是高阶多项式。有了插值函数,求解区间内所有点上的函数值都可以计算了。读者可以从参考文献上学习插值的方法,这里只是指出,Mathematica 为用户准备了用于插值的函数 **Interpolation**[],其格式是

Interpolation[list, InterpolationOrder→n]

其中,n 是插值函数的阶数,若 $n=1$ 即为线性插值;若参数 InterpolationOrder 不出现(即默认情况下),$n=3$;而 list 是以 $\{i\delta t, x_i\}$ 为元素的列表。

有了这些准备,下面研究两个模型,考察 **Euler** 法的有效性和改进的问题。

1. 模型-1:一阶方程的初值问题

这个模型是:

$$x'(t) = -x(t), \quad x(0) = 1$$

这个模型有解析解,先求解析解,以便与数值解对照。

```
In[1]:= DSolve[{x'[t] + x[t] == 0, x[0] == 1}, x, t]
        Plot[x[t] /. %[[1]], {t, 0, 3}, AxesLabel -> {"t", "x"}]

Out[1]= {{x → Function[{t}, e^(-t)]}}
```

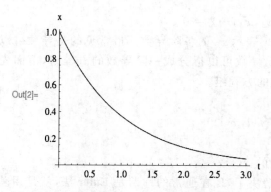

请读者注意程序第一行中方程及其初始条件的写法,求解用的函数是 **DSolve**[],Out[1] 给出的是求解的结果,是用纯函数表示的,意思是:这个具体条件下的解析解是

$$x(t) = e^{-t}$$

Out[2] 是该函数的图像,它是指数下降的曲线。

下面的程序就是按照 **Euler** 法求解模型-1 的数值解,δt 故意取得比较大,而求解的点数 n 也不是很多,这样可以让输出的现象明显。求解的数据存储在变量 data 中,data 的每个元素形式是 $\{i\delta t, x_i\}$。程序设计的核心是 **Do**[] 循环,它按照方程(2-19)计算下一个点的函数值,所依赖的是 data 中最后一个元素,其表示形式是 data[[-1]]。要求程序将解析解和数值解的

图像画在一张图上,便于比较。

```
In[3]:= δt = 2.0 × 10⁻¹; n = 3 × 10¹;
        f[t_, x_] := -x; x0 = 1;
        data = {{0, x0}};
        Do[
         AppendTo[data, {i δt, data[[-1, 2]] +
             δt f[data[[-1, 1]], data[[-1, 2]]]}],
         {i, n}]
        g1 = ListPlot[data];
        g2 = Plot[e⁻ᵗ, {t, 0, n δt}, PlotRange → All];
        Show[{g1, g2}, AxesLabel -> {"t", "x"}, PlotRange → All]
        Clear["Global`*"]
```

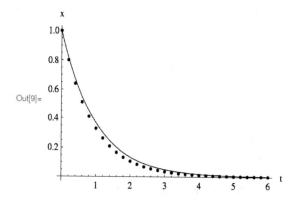

Out[9]=

先看结果 Out[9],其中的圆点表示 Euler 法算出的结果,实线表示解析解,二者在中段有明显的偏离,在两端还比较接近。Euler 法简单,但精度不高,因为它用切线逼近曲线,二者必然有差距。

下面介绍改进的 Euler 法,又叫做**预估-校正法**,其原理如下。

方程(2-18)可以积分

$$x(\delta t) = x_0 + \int_0^{\delta t} f(\tau, x(\tau))\mathrm{d}\tau$$

积分部分可以用梯形的面积近似表示:

$$x(\delta t) = x_0 + \frac{1}{2}\delta t[f(0, x_0) + f(\delta t, x(\delta t))]$$

这是一个隐式方程,可以用迭代法求出 $x(\delta t)$。不过,可以进一步做近似,就是先用 Euler 法求出近似的 $x(\delta t)^*$:

$$x(\delta t)^* = x_0 + \delta t \cdot f(0, x_0)$$

再将 $x(\delta t)^*$ 代入梯形公式求出 $x(\delta t)$:

$$x(\delta t) = x_0 + \frac{1}{2}\delta t[f(0, x_0) + f(\delta t, x(\delta t)^*)] \qquad (2\text{-}20)$$

以后其他分点的函数值也按照公式(2-20)计算。实践证明,"预估-校正法"能改进 Euler 法的一些不足。下面的程序就是例证。

```
In[11]:= δt = 2.0 × 10⁻¹; n = 3 × 10¹;
        f[t_, x_] := -x; x0 = 1;
        data = {{0, x0}};
        Do[
         x = data[[-1, 2]] + δt f[data[[-1, 1]], data[[-1, 2]]];
         AppendTo[data,
           {i δt, data[[-1, 2]] +
             0.5 δt (f[data[[-1, 1]], data[[-1, 2]]] +
                 f[data[[-1, 1]], x])}],
         {i, n}]
        g1 = ListPlot[data];
        g2 = Plot[e⁻ᵗ, {t, 0, n δt}, PlotRange → All];
        Show[{g1, g2}, AxesLabel -> {"t", "x"}, PlotRange → All]
        Clear["Global`*"]
```

Out[17]=

在 **Do[]** 循环中,x 代表 $x(i\delta t)^*$。Out[17]表明,"预估-校正法"数值解的点比 Out[9]更靠近解析曲线,尤其是中段改进明显,只是稍微比解析曲线高了一点。

试图改进 **Euler** 法的尝试还有很多,比较著名的是 **Runge-Kutta** 法,它是一个递推的四步法,其推导见参考文献,这里直接给出结果:

$$
\left.
\begin{aligned}
x_{i+1} &= x_i + \frac{1}{6}(k_1 + 2k_2 + 2k_3 + k_4) \\
k_1 &= \delta t \cdot f(t_i, x_i) \\
k_2 &= \delta t \cdot f(t_i + \delta t/2, x_i + k_1/2) \\
k_3 &= \delta t \cdot f(t_i + \delta t/2, x_i + k_2/2) \\
k_4 &= \delta t \cdot f(t_i + \delta t, x_i + k_3)
\end{aligned}
\right\}
\tag{2-21}
$$

模型-1 的 **Runge-Kutta** 法求解程序如下。

```
In[19]:= δt = 2.0 × 10⁻¹; n = 3 × 10¹;
        f[t_, x_] := -x; x0 = 1;
        data = {{0, x0}};
        Do[
         k1 = δt f[data[[-1, 1]], data[[-1, 2]]];
         k2 = δt f[data[[-1, 1]] + 0.5 δt, data[[-1, 2]] + 0.5 k1];
         k3 = δt f[data[[-1, 1]] + 0.5 δt, data[[-1, 2]] + 0.5 k2];
         k4 = δt f[data[[-1, 1]] + δt, data[[-1, 2]] + k3];
         AppendTo[data,
           {i δt, data[[-1, 2]] + (k1 + 2 k2 + 2 k3 + k4) / 6}],
         {i, n}]
```

```
g1 = ListPlot[data];
g2 = Plot[e^-t, {t, 0, n δt}, PlotRange → All];
Show[g1, g2, AxesLabel -> {"t", "x"}, PlotRange → All]
Clear["Global`*"]
```

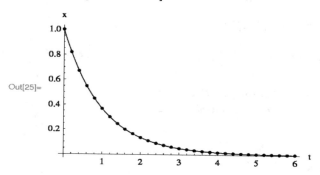

Out[25]=

与 Out[17]相比,Out[25]上的数据点与解析曲线符合更好,目视基本看不出差别。

2. 模型-2：二阶方程的初值问题

这个模型是:

$$x''(t) + x(t) = 0, \quad x(0) = 1, \quad x'(0) = 0$$

这是典型的谐振方程,它有解析解,求解程序如下。

```
In[27]:= DSolve[{x''[t] + x[t] == 0, x[0] == 1, x'[0] == 0}, x, t]
         Plot[x[t] /. %[[1]], {t, 0, 10}, AxesLabel -> {"t", "x"}]
Out[27]= {{x → Function[{t}, Cos[t]]}}
```

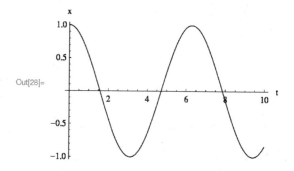

Out[28]=

Out[27]告诉我们,该模型的解析解是 Cos(t),Out[28]是它的曲线,单调余弦波。

下面依次给出 **Euler** 法,"预估-校正法"和 **Runge-Kutta** 法对模型-2 的求解程序。由于是二阶的方程,需要写成两个一阶方程的联立方程组,此时的求解公式不变,只是**方程组要写成二分量的矩阵形式**,这是读者需要学习的地方,详见程序中函数 f 的定义。联立方程组是

$$\begin{aligned} x_1' &= x_2 \\ x_2' &= -x_1 \end{aligned} \tag{2-22}$$

而 $x = x_1$。先用 **Euler** 法求解,程序如下。

In[29]:=
```
n = 5 × 10^1; time = 10.0; δt = time / n;
f[t_, x_] := {x[[2]], -x[[1]]};
x0 = {1, 0}; data = {x0};
Do[
 AppendTo[data,
  data[[-1]] + δt f[(i - 1) δt, data[[-1]]]],
 {i, n}]
data = Table[{(i - 1) δt, data[[i, 1]]}, {i, n}];
g1 = ListPlot[data];
g2 = Plot[Cos[t], {t, 0, time}, PlotRange → All];
Show[g1, g2, AxesLabel -> {"t", "x"}, PlotRange → All]
Clear["Global`*"]
```

Out[36]=
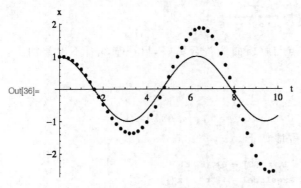

由 Out[36]可见，**Euler** 法对于简单的模型-2 求解的结果明显偏离解析解，而且偏离越来越远，不收敛，求解不成功。下面改用"预估-校正法"求解。

In[38]:=
```
n = 5 × 10^1; time = 10.0; δt = time / n;
f[t_, x_] := {x[[2]], -x[[1]]};
x0 = {1, 0}; data = {x0};
Do[
 x = data[[-1]] + δt f[(i - 1) δt, data[[-1]]];
 AppendTo[data, data[[-1]] +
   0.5 δt (f[(i - 1) δt, data[[-1]]] + f[(i - 1) δt, x])],
 {i, n}]
data = Table[{(i - 1) δt, data[[i, 1]]}, {i, n}];
g1 = ListPlot[data];
g2 = Plot[Cos[t], {t, 0, time}, PlotRange → All];
Show[g1, g2, AxesLabel -> {"t", "x"}, PlotRange → All]
Clear["Global`*"]
```

Out[45]=
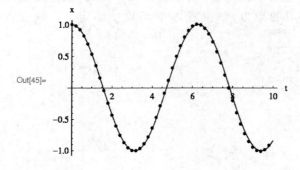

Out[45]表明,采用了"预估-校正法"之后,结果有所改进,数据点基本能沿解析曲线走了,虽然看起来还是有点偏差。进一步使用 **Runge-Kutta** 法,程序如下。

```
In[47]:= n = 5 × 10¹; time = 10.0; δt = time / n;
        f[t_, x_] := {x[[2]], -x[[1]]};
        x0 = {1, 0}; data = {x0};
        Do[
          k1 = δt f[i δt, data[[-1]]];
          k2 = δt f[i δt + 0.5 δt, data[[-1]] + 0.5 k1];
          k3 = δt f[i δt + 0.5 δt, data[[-1]] + 0.5 k2];
          k4 = δt f[i δt + δt, data[[-1]] + k3];
          AppendTo[data, data[[-1]] + (k1 + 2 k2 + 2 k3 + k4) / 6],
          {i, n}]
        data = Table[{(i - 1) δt, data[[i, 1]]}, {i, n}];
        g1 = ListPlot[data];
        g2 = Plot[Cos[t], {t, 0, time}, PlotRange → All];
        Show[g1, g2, AxesLabel -> {"t", "x"}, PlotRange → All]
        Clear["Global`*"]
```

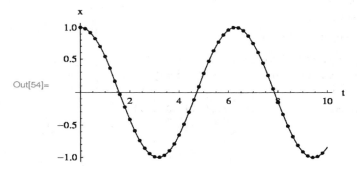

Out[54]表明,**Runge-Kutta** 法取得了很好的效果,所计算出的数据点与解析曲线基本看不出差别。

通过以上两个简单模型的求解,证明了 **Euler** 法、"预估-校正法"和 **Runge-Kutta** 法对求解微分方程数值解的精度是依次提高的,它们代表了科学家们艰辛探索的过程,这样的方法还有很多,为后人留下了宝贵的知识财富。

另外,还要注意以下两点。

(1) 数值解法如果使用不当,可能导致不收敛,有关的论述请参看参考资料,遇到不收敛的情况时,可以知道原因所在。

(2) 通常不是自己编程求微分方程的数值解,Mathematica 已经为此准备了非常有力的求解函数,即函数 **NDSolve[]**,只要按格式写好方程和初始条件,它就能求出函数的数值解,而且给出了插值函数,用户可以方便地进行各种计算和利用。详细的情况见本书后面大量的例子。

2.3.6 求解常微分方程——边值问题

微分方程的初值问题比较简单,一般只要给出初始条件,总会有解。但是,有时候不是这样求解,而是要求方程的解能满足某些条件,例如通过某些点,这就是微分方程的边值问题。

边值问题要解决的不仅是函数本身，往往还要同时求出方程中某些参数的值。典型的问题是炮击目标，炮弹的初始速度是确定的，怎样计算炮口的仰角以击中目标？这时关心的显然不是抛体的轨迹，而轨迹问题却是初值问题的核心问题。考虑炮弹所受的阻力与速度平方成正比，这是一个简化，主要是用来说明概念。作为一个二维问题，炮弹的飞行模型如下：

$$x''(t) = -\eta v^2 \cdot \frac{v_x}{v} = -\eta \sqrt{x'(t)^2 + y'(t)^2} \cdot x'(t), \quad x(0) = 0, \quad x'(0) = v_0\cos\theta$$

$$y''(t) = -g - \eta v^2 \cdot \frac{v_y}{v} = -g - \eta \sqrt{x'(t)^2 + y'(t)^2} \cdot y'(t), \quad y(0) = 0, \quad y'(0) = v_0\sin\theta$$

其中，θ 是炮口仰角，是方程中可以变动的参数；g 是重力加速度；η 是阻力系数，可以随便设置。数值求解程序如下，程序中直接使用了函数 **NDSolve[ ]**，求解之后画出了炮弹的轨迹图。

```
In[1]:= v0 = 100; g = 9.8; θ = π / 6.0; η = 0.5; time = 1.5;
       equs = {x''[t] == -η (x'[t]^2 + y'[t]^2)^(1/2) x'[t],
           y''[t] == -g - η (x'[t]^2 + y'[t]^2)^(1/2) y'[t],
           x[0] == 0, x'[0] == v0 Cos[θ],
           y[0] == 0, y'[0] == v0 Sin[θ]};
       s = NDSolve[equs, {x, y}, {t, 0, time}];
       ParametricPlot[{x[t], y[t]} /. s[[1]], {t, 0, time},
        AxesLabel -> {"x", "y"},
        PlotStyle → {Thickness[0.005], Dashing[{0.01, 0.02}]}]
       Clear["Global`*"]
```

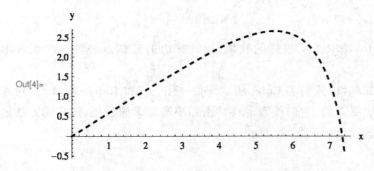

Out[4]表明，考虑了空气阻力，炮弹的轨迹明显偏离了中学学习的理想抛物线，到了轨迹的终点附近，炮弹几乎是垂直下落的。

有了以上的结果，我们所提的问题是：假如某个高地上有需要炮击的目标，如何设计炮口的仰角以击中目标呢？这个问题的图解如图 2-4 所示，山坡上的黑点是炮击目标，已经测出了它的高度 L_x 和距离 L_y，算出仰角 θ 就可以开炮了。

有的读者可能想到，这个问题应该是初值问题的逆问题。不错。可是，初值问题的"正问题"好解，"逆问题"如何求呢？在没有计算机之前，炮兵就已经在实践上探索了，他们采取的方法就是当年在太行山八路

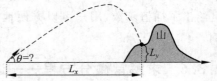

图 2-4　炮口的仰角 θ 如何确定以击中黑点目标

军击毙日军中将阿部规秀的方法——先打一炮,看看落点,如果落点离目标远了,再改换仰角,可能打近了一点,则第三炮就能击中目标了。当然,现在讲究精确打击,以节省成本,所付出的就是编个程序运行一下,事先找到合适的仰角。这个问题留给读者去研究。下面以一维问题为例来说明解决边值问题的思路。

第一种方法就是模仿炮兵"试错"的方法,不断改变方程的参数,每次都按初值问题求解方程,直到结果满足给定的条件。该方法在文献上称为**打靶法**(shooting)。

先以理想单摆(又称数学摆)为例,这个模型在第 3 章中将详细求解。摆角 θ 满足方程

$$\theta''(t) + \sin\theta(t) = 0$$

这是一个非线性方程,没有普通的解析解,一般只能数值求解。现在让单摆在 $t=0$ 时刻处在 $\theta=0$ 位置,要求它在 $t=10\text{s}$ 时也处在 $\theta=0$ 位置,那么,单摆的初始角速度该取什么值呢? Mathematica 在帮助系统里有这个问题的一种解法,现在介绍给读者,其编程技巧很有启发性。

```
In[6]:= t1 = 0; t2 = 10;
        f[ω_ ?NumberQ] := Block[{θ, t}, First[θ[t2] /.
            NDSolve[{θ''[t] + Sin[θ[t]] == 0, θ[t1] == 0, θ'[t1] == ω},
            θ, {t, t1, t2}]]];
        Plot[f[ω], {ω, 0, 3}, AxesLabel -> {"ω", "θ(t2)"}]
        ωs = ω /.
          {FindRoot[f[ω], {ω, 0.5, 1}],
           FindRoot[f[ω], {ω, 1.5, 1.9}],
           FindRoot[f[ω], {ω, 1.9, 2.1}]}
        sols = Table[First[θ[t] /.
            NDSolve[{θ''[t] + Sin[θ[t]] == 0, θ[t1] == 0, θ'[t1] == ω},
            θ, {t, t1, t2}]], {ω, ωs}];
        Plot[sols, {t, t1, t2}, AxesLabel -> {"t", "θ(t)"}]
        Clear["Global`*"]
```

Out[8]=

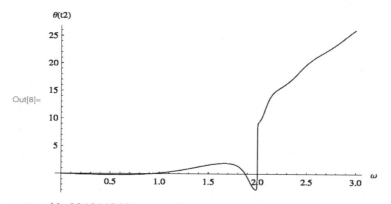

Out[9]= {0.9248447631, 1.87816673, 1.999272381}

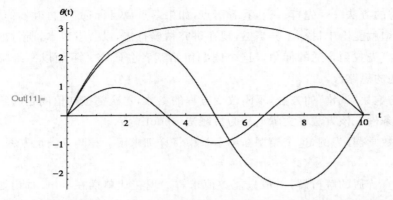

程序定义了一个函数 $f(\omega)$，它是给定初始角速度 ω 的情况下 $\theta(t_2)$ 的值，这个函数是用 **Block[]** 定义的，这可以避免一些变量与全局变量冲突，当然，如果读者"胆子比较大"，也可以不用。程序接着用函数 **Plot[]** 作了 $f(\omega)$ 的曲线，见 Out[8]，这条曲线表明 ω 与 $\theta(t_2)$ 是复杂的关系，但请注意，这条曲线有三个零点，它们正好是满足要求的点。于是，接下来三次使用了求根函数 **FindRoot[]** 以找到这些零点所对应的 ω，把它们保存在变量 ωs 中，同时在 Out[9] 中显示了这三个值。**FindRoot[]** 的使用格式表明，它是参考了 Out[8]，事先确定 $f(\omega)$ 每个根的大概范围，便于寻找。在函数 **Table[]** 中就三次使用了这些 ω，计算三种情况下的摆动函数 $\theta(t)$，将它们保存在变量 sols 中，最后用 **Plot[]** 作了这三个函数的图，见 Out[11]，它们都正好通过 $\{10, 0\}$ 的点。

把这个例子的编程方法稍微扩展一下，来求解量子力学一维无限深方势阱问题的波函数和本征值。因为这也是个边值问题，边值条件是在势阱的边界上波函数 ψ 为 0，即

$$\psi(x_1) = \psi(x_2) = 0$$

程序如下，稍后解释。

```
In[13]:= x1 = 0; x2 = 10; β = 0.262713;
    f[e_?NumberQ] := Block[{ψ, x}, First[ψ[x2] /.
        NDSolve[{ψ''[x] + β e ψ[x] == 0,
            ψ[x1] == 0, ψ'[x1] == 10}, ψ, {x, x1, x2}]]]
    Plot[f[e], {e, 0, 20},
     AxesLabel -> {"e", "ψ(x2)"}, PlotRange → All]
    es = e /.
        {FindRoot[f[e], {e, 0.2, 0.5}],
        FindRoot[f[e], {e, 1, 2}],
        FindRoot[f[e], {e, 3, 4}],
        FindRoot[f[e], {e, 6, 7}],
        FindRoot[f[e], {e, 9, 10}]}
    Table[es[[i]] / es[[1]], {i, Length[es]}]
    sols = Table[
        First[ψ[x] /. NDSolve[{ψ''[x] + β e ψ[x] == 0,
            ψ[x1] == 0, ψ'[x1] == 10}, ψ, {x, x1, x2}]],
        {e, es}];
    Plot[sols, {x, x1, x2}, AxesLabel -> {"x", "ψ(x)"}]
    Clear["Global`*"]
```

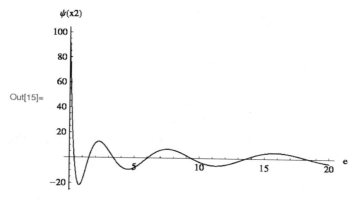

Out[16]= {0.3756800941, 1.502720377, 3.381120836, 6.010881514,

9.39200238}

Out[17]= {1., 4., 8.999999971, 16.00000002, 25.00000007}

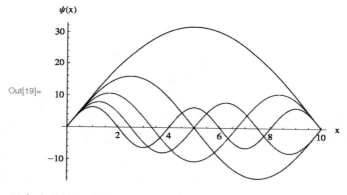

程序中的变量 e 表示电子的能量,单位是 eV,而距离的单位是 Å,此时能量项前面的系数就是 β(无量纲)。先从 $x=0$ 的左边界出发,此时 $\psi=0$,而波函数的导数可以任意指定,程序中令导数等于 10,这样做,ψ 没有归一化。Out[15]是能量 e 与波函数末端值 $\psi(x_2)$ 的关系曲线,它有很多个零点,这些零点就是满足边界条件的点,Out[16]就是这些零点对应的能量值,即本征值。Out[17]是用各个本征值除以第一个本征值的结果,证明本征值与其序号 n 是平方关系。Out[19]是本征函数的曲线,它们都在边界上为 0。

这种求边值问题的算法依据之一可以从 Out[8]和 Out[15]看出来,那就是依靠计算机能快速求出每一个 ω 下函数 $\theta(t)$ 的数值解,进而求末端 $\theta(t_2)$ 的值,或者求出每一个 e 下 $\psi(x)$ 的数值解,进而求末端 $\psi(x_2)$ 的值。所以,这个算法是密切结合了计算机的计算能力而开发出来的,没有计算机,该算法只能流于幻想。

对"打靶法"及有关问题有以下几点说明。

(1) Mathematica"规范的"求边值问题的函数是 **NDSolve[]**,它允许用若干点上的函数值决定整个求解区域函数的解,只要把初值条件改为边值条件,就能完成边值问题的求解。例如对两点边值问题,其格式为

NDSolve[{equs,$\psi[x_1]=a,\psi[x_2]=b$},vars,dom]

(2) "打靶法"依赖的是求解初值问题,有些初值问题的解对于初值很敏感,有可能导致在末端不能满足要求的条件,造成较大误差。一个可选的改进方法是在 **NDSolve[]** 中指定求解

初值过程的出发点,办法是使用参数 Method,格式如下:

> **NDSolve**[{equs,bcs},vars,dom,
>
> > Method→{"Shooting","StartingInitialConditions"→{startingpoint}}]

其中,bcs 是要求的边值条件,startingpoint 指定新的初始条件。

(3) **NDSolve**[]在内部还有更多的方法求解边值问题,例如可以通过参数指定使用一种叫做"追赶法"(chasing)的方法。其原理是"打靶法"的变形,是用辅助方法找到合适的初值出发点,在此方法下可以使用更多可选参数来提高求解的准确性。详情参见帮助系统,这里只列出其格式:

> **NDSolve**[{equs,bcs},vars,dom,Method→{"Chasing","Option"→option}]

例如,Option 可以是计算精度(ExtraPrecision)或者追赶方式(ChasingType)等。

(4) 如果边值条件不合适,边值问题不一定有解,这就好比打炮一样,若目标太远,可能射程达不到;或者有多个解,类似于在射程之内的目标可能用两个射击角均可以击中。

求解边值问题的第二种方法是**将微分方程离散化或者差分化**,变成分点上的代数方程组。在方程中的参数和边界值都给定的情况下,求解差分方程组是可能的,但要是反过来确定方程中的某些参数,难度很大,此处就不举例了。

2.3.7　求解偏微分方程

物理学除了大量使用了微分方程来描写物理对象,还广泛使用偏微分方程来描写那些依赖多个变量的物理体系。例如,物体的温度不但有空间分布,而且也随时间变化,温度是时间和空间的函数。声波和电磁波的振动,也是既与时间有关,也与空间有关。这些物理对象就需要用偏微分方程(PDE)来描写,著名的 Maxwell 方程就是一组偏微分方程。在量子体系中,薛定谔方程也是用偏微分方程表达的。因此,如何求解偏微分方程,就成了事关重大的问题。

与微分方程的求解类似,偏微分方程的求解也分为解析求解和数值求解两种方式。通过分离变量等措施,可以将依赖几个变量的函数变成一元函数,偏微分方程也就变成了几个微分方程,从而能用求解微分方程的方法求解。像电磁波的预言,氢原子能级的计算,都是成功解析偏微分方程的典范。不过,鉴于偏微分方程的复杂性,解析求解成功的例子毕竟是少数,数值求解仍是主力方法。

数值求解偏微分方程,涉及如何将偏导数离散化,为此,需要先介绍一点偏导数如何离散化的知识。

以一维问题为例,设函数 $u=u(t,x)$,其中 t 可以表示时间,x 可以表示空间坐标。离散化之前,先要在连续的时间和空间上取一些分立的点,这些点一般是均匀分布的,例如

$$t_i = i\delta t, \quad i = 0,1,2,\cdots$$
$$x_j = j\delta x, \quad j = 0,1,2,\cdots$$

其中,δt 和 δx 称为时间和空间**步长**。引入符号 $u_{i,j}$ 表示 $u(i\delta t, j\delta x)$,数值求解的目的就是计算出 $u_{i,j}$。

现在考虑如何将偏导数 $\partial u/\partial x$ 离散化。根据导数的定义

$$\frac{\partial u}{\partial x} = \lim_{\delta x \to 0} \frac{u(t, x+\delta x) - u(t,x)}{\delta x}$$

因此,可以得到近似关系

$$(u_{i,j})_x \approx \frac{u_{i,j+1} - u_{i,j}}{\delta x}$$

这是导数的"向前差分公式"。根据泰勒公式,

$$u_{i,j+1} = u_{i,j} + (u_{i,j})_x \delta x + \frac{1}{2}(u_{i,j})_{xx}(\xi)\delta x^2 = u_{i,j} + (u_{i,j})_x \delta x + O(\delta x^2)$$

若忽略高阶项,可知上述向前差分公式的近似程度是一阶的。同样可以得到导数的"向后差分公式"

$$(u_{i,j})_x \approx \frac{u_{i,j} - u_{i,j-1}}{\delta x}$$

如果把泰勒公式写到二阶以上,则

$$u_{i,j+1} = u_{i,j} + (u_{i,j})_x \delta x + \frac{1}{2}(u_{i,j})_{xx}\delta x^2 + O(\delta x^3)$$

于是

$$u_{i,j-1} = u_{i,j} - (u_{i,j})_x \delta x + \frac{1}{2}(u_{i,j})_{xx}\delta x^2 + O(\delta x^3)$$

两个公式结合起来,可以得到一阶偏导数的"中心差分公式"

$$(u_{i,j})_x \approx \frac{u_{i,j+1} - u_{i,j-1}}{2\delta x}$$

同时也得到了二阶偏导数的中心差分公式

$$(u_{i,j})_{xx} \approx \frac{u_{i,j+1} - 2u_{i,j} + u_{i,j-1}}{\delta x^2}$$

同样,对 t 的偏导数也可以写出类似的公式。这些公式构成了将偏微分方程离散化的基础。下面就研究几种类型的偏微分方程离散化求解,看看效果。当然,这只是在演示原理,真正到了求解偏微分方程的时候,还是用函数 **NDSolve[]**,它可以大大简化求解编程,而且效果也比一般用户编程求解为好。

1. 模型-1:抛物型方程

土壤的温度 u 是随季节变化的,同时又随深度 x 而变化,因此,作为一个简化模型,可以设温度沿着深度方向做一维变化,$u = u(t, x)$。在地表以下一定深度范围,温度基本是均等的,在深度 $L = 1.0$ 的地方,令 $u_x = 0$。用一个时间函数 $f(t) = \sin(4\pi t)$ 模拟地表温度的季节变化,令初始时刻土壤各处的温度均匀并设为 0。这个模型的完整表示是

$$u_t = \alpha u_{xx}, \quad u(t,0) = \sin(4\pi t), \quad u(0,x) = 0, \quad u_x(t,L) = 0$$

其中,第一项是热传导方程式,通常称为抛物型方程,见热学的有关推导;α 是与土壤有关的正的参数。

模型-1 的数值解可以这样来进行:空间二阶偏导数采用中心差分表示,时间的一阶偏导数采用向后差分表示,即

$$(u_{i,j})_t = \frac{u_{i,j} - u_{i-1,j}}{\delta t}$$

于是热传导方程变成了如下的差分方程:

$$\alpha \frac{u_{i,j+1} - 2u_{i,j} + u_{i,j-1}}{\delta x^2} = \frac{u_{i,j} - u_{i-1,j}}{\delta t}$$

整理上式,得到"四点格式"的差分方程

$$u_{i,j-1} - (2+\rho)u_{i,j} + u_{i,j+1} = -\rho u_{i-1,j}, \quad i,j = 1,2,\cdots$$

其中,$\rho = \delta x^2 / (\alpha \delta t)$。

对于初始条件,可以写成

$$u_{0,j} = 0, \quad j = 0,1,2,\cdots$$

对于左边界条件,可写成

$$u_{i,0} = \sin(4\pi i\delta t), \quad i = 0,1,2,\cdots$$

右边界条件则要考虑热传导方程的差分形式,采用中心差分,则

$$(u_{i,n})_x = \frac{u_{i,n+1} - u_{i,n-1}}{2\delta x} = 0, \quad \delta x = L/n$$

于是右边界点的方程可写成

$$2u_{i,n-1} - (2+\rho)u_{i,n} = -\rho u_{i-1,n}$$

这样就建立了表示各个 x 分点温度的代数方程组。这个方程组的特点是:方程右边都是 $i-1$ 时刻的 u,左边都是 i 时刻的 u,因此,可以在初始温度已知的情况下通过递推计算出以后各个时刻的 u,这样就能够给出问题的全面的解。

条件都具备了,下面开始写程序。

```mathematica
In[1]:= L = 1.0; n = 10^2; m = 1 × 10^3;
        δx = L / n; δt = 1 × 10^-2; α = 0.5; ρ = δx^2 / (α δt);
        f[t_] := Sin[4 π t]; X = Table[i δx, {i, 0, n}];
        data = {}; Lu = {{0, 0}};
        AppendTo[data, {0 δt, Table[{i δx, 0}, {i, 0, n}]}];
        U0 = Array[u, n];
        Do[
         U = Prepend[U0, f[(j - 1) δt]];
         equs = Table[
           U[[i - 1]] - (2 + ρ) U[[i]] + U[[i + 1]]
             == -ρ data[[-1, 2]][[i, 2]],
           {i, 2, n}];
         AppendTo[
          equs, 2 U[[n]] - (2 + ρ) U[[n + 1]]
            == -ρ data[[-1, 2]][[n + 1, 2]]];
         s = Solve[equs, U0];
         u = U /. s[[1]];
         AppendTo[Lu, {(j - 1) δt, u[[-1]]}];
         u = {X, u}^T;
         AppendTo[data, {(j - 1) δt, u}],
         {j, 2, m}]
        ListPlot[{data[[30, 2]], data[[50, 2]],
          data[[70, 2]], data[[90, 2]]},
         PlotMarkers → Automatic,
         AxesLabel -> {"x", "u"}, PlotRange → All]
        ListPlot[Lu, AxesLabel -> {"t", "u_L"}]
        Clear["Global`*"]
```

Out[8]=

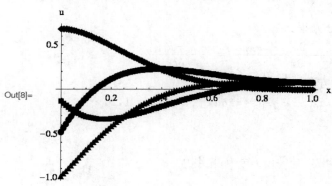

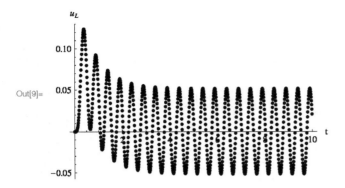

本例程序给出了两个结果,Out[8]表示 4 个时刻的温度与深度的关系,时间的排列顺序依次是:圆点●、方块■、菱形◇和三角形▲。可以看到,在地表附近,温度变动比较剧烈,受地表温度影响明显,而深入到地层 L 附近,温度就逐渐变得平缓,波动范围也不大,这里受地表温度影响较小。Out[9]表示在深度为 L 的地方温度随时间的变化,先有一段振荡过渡期,以后就作振幅恒定的周期性波动,达到了稳态,稳态振幅(约 0.05)比地表温度的振幅(为 1)小得多。

对本例的编程说明如下。

(1) data 保存各个时刻所求解的温度随深度变化的数据;X 保存各个分点的 x 值;U_0 保存各个 x 分点上温度 u 的表示符号 $u[i]$ 的列表;U 是把 x=0 的 u 值添加到 U_0 开头的列表;Lu 保存各个时刻 x=L 处的温度值。

(2) equs 保存了所有 x 分点上的差分方程组,使用函数 **Solve**[] 求解,没有采用矩阵形式求解。

为了进一步改善抛物型偏微分方程的求解稳定性和精度,克朗克和尼克尔森(Crank-Nicolson)提出了"六点格式"的差分方程,其思路主要有以下两点。

(1) 将热传导方程在时刻 $t^* = i\delta t - \delta t/2$ 的地方进行中心差分;

(2) 将 t^* 时刻的 u^* 用相邻两个时刻的平均值代替,即

$$u^* = \frac{1}{2}(u_{i,j} + u_{i-1,j})$$

于是得到如下差分方程

$$u_{i,j-1} - 2(1+\rho)u_{i,j} + u_{i,j+1} = -u_{i-1,j-1} - 2(\rho-1)u_{i-1,j} - u_{i-1,j+1}$$

边界条件的处理没有改变。

下面的程序是按 C-N 格式写出的,请读者将结果与上一程序的结果比较,差别不是很明显。

```
In[11]:= L = 1.0; n = 10^2; m = 1 × 10^3;
        δx = L / n; δt = 1 × 10^-2; α = 0.5; ρ = δx^2 / (α δt);
        f[t_] := Sin[4 π t]; X = Table[i δx, {i, 0, n}];
        data = {}; Lu = {{0, 0}};
        AppendTo[data, {0 δt, Table[{i δx, 0}, {i, 0, n}]}];
        U0 = Array[u, n];
        Do[
          U = Prepend[U0, f[(j - 1) δt]];
          equs = Table[
```

```
        U[[i - 1]] - 2 (1 + ρ) U[[i]] + U[[i + 1]] ==
          -data[[-1, 2]][[i - 1, 2]]
            - 2 (ρ - 1) data[[-1, 2]][[i, 2]]
            - data[[-1, 2]][[i + 1, 2]],
         {i, 2, n}];
     AppendTo[
      equs, 2 U[[n]] - (2 + ρ) U[[n + 1]]
        == -ρ data[[-1, 2]][[n + 1, 2]]];
     s = Solve[equs, U0];
     u = U /. s[[1]];
     AppendTo[Lu, {(j - 1) δt, u[[-1]]}];
     u = {X, u}ᵀ;
     AppendTo[data, {(j - 1) δt, u}],
     {j, 2, m}]
 ListPlot[{data[[30, 2]], data[[50, 2]],
   data[[70, 2]], data[[90, 2]]}, PlotRange → All,
  PlotMarkers → Automatic, AxesLabel -> {"x", "u"}]
 ListPlot[Lu, AxesLabel -> {"t", "uL"}]
 Clear["Global`*"]
```

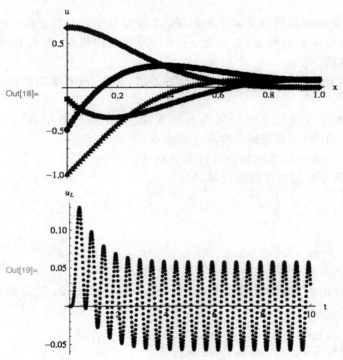

2. 模型-2：双曲型方程

双曲型偏微分方程描写振动过程。下面以弦上的驻波振动为例，给出一个模型：

$$u_{xx} - u_{tt} = 0, \quad u(0,x) = \sin(2\pi x/L), \quad u(t,0) = u(t,L) = 0, \quad u_t(0,x) = 0$$

该模型表示的意思是：弦线被固定在 x=0 和 x=L 两端,初始时刻的波形是正弦函数,并且刚好处在静止的瞬间。

因为 u=u(t,x)对于坐标和时间都是二阶偏导数,均采用中心差分格式,得到

$$u_{i+1,j} = \rho u_{i,j+1} + 2(1-\rho)u_{i,j} + \rho u_{i,j-1} - u_{i-1,j}$$

其中, $\rho = \delta t^2 / \delta x^2$ 。该差分方程的意思是：为了计算出 i+1 时刻的 u,需要 i 时刻和 i−1 时刻的 u,这不需要解方程。可是,t=0 的 u 分布给了,下一时刻的 u 并不知道,这该如何办呢？这就要利用初始条件

$$u_t(0, x) = 0$$

使用向前差分,得到

$$\frac{u_{1,j} - u_{0,j}}{\delta t} = 0$$

所以 $u_{1,j} = u_{0,j} = sin(2\pi j \delta x / L)$,最初两个时刻的 u 就都有了。

不过,还可以继续改进。设想在 t=0 之前还有一时刻,把 t=0 作为中心差分点,则

$$u_{1,j} = \rho u_{0,j+1} + 2(1-\rho)u_{0,j} + \rho u_{0,j-1} - u_{-1,j}$$

而 $u_{-1,j}$ 并没有给出,是个"假点"。为了消除"假点",可以将 $u_t(0,x)=0$ 采用中心差分

$$\frac{u_{1,j} - u_{-1,j}}{2\delta t} = 0$$

所以 $u_{-1,j} = u_{1,j}$。代入前一式,得到

$$u_{1,j} = \rho(u_{0,j+1} + u_{0,j-1})/2 + (1-\rho)u_{0,j}$$

用上式计算 i=1 时刻的 u,精度提高了一阶。

下面是相应的求解程序。

```
In[21]:= L = 1.0; n = 10^2; m = 10^2;
        δx = L / n; δt = 1.0 × 10^-3; ρ = (δt / δx)^2;
        f[x_] := Sin[2 π x / L];
        u0 = un = 0; data = {};
        AppendTo[data,
           {0 δt, Table[{i δx, f[i δx]}, {i, 0, n}]}];
        u = Table[
            {i δx, ρ/2 (f[i δx + δx] + f[i δx - δx]) + (1 - ρ) f[i δx]},
            {i, n - 1}];
        PrependTo[u, {0, u0}]; AppendTo[u, {L, un}];
        AppendTo[data, {δt, u}];
        Do[
         u = Table[{(i - 1) δx,
            ρ data[[j - 1, 2]][[i + 1, 2]]
             + 2 (1 - ρ) data[[j - 1, 2]][[i, 2]]
             + ρ data[[j - 1, 2]][[i - 1, 2]]
             - data[[j - 2, 2]][[i, 2]]},
           {i, 2, n - 1}];
         PrependTo[u, {0, u0}];
         AppendTo[u, {L, un}];
         AppendTo[data, {(j - 1) δt, u}],
         {j, 3, m}]
        ListPlot[{data[[10, 2]], data[[30, 2]],
          data[[50, 2]], data[[70, 2]]},
         AxesLabel -> {"x", "u"}, PlotRange → {All, {-1, 1}},
         Epilog → {Dashing[{0.01, 0.02}], Line[{{0, 1}, {L, 1}}]}]
        Clear["Global`*"]
```

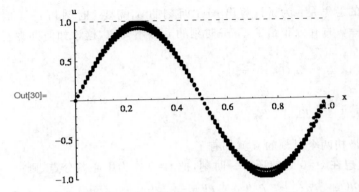

Out[30]=

以上程序并没有在时间上求解太长,从 $Out[30]$ 已经看出驻波振动的模样,在相邻两个节点之间,各个振动点是同相位振动的,要么同时向上,要么同时向下。

以上对两个模型建立和求解差分方程的过程,读者看起来是不是有点吃力?这的确是有些抽象,要是编程技术不熟练,尤其是对于表型数据结构不熟悉,编程时就会出现很多错误。不过,这些复杂的工作,*Mathematica* 已经为我们简化了,它的函数 **NDSolve[ ]** 能够求解偏微分方程,自动完成以上工作,提供经过插值的近似解,效果比用户自己编程还要好。下面就是上述两模型的求解程序,请读者自己运行程序,看看能得到什么结果。

模型-1 的程序。

```
α = 0.5; L = 1.0; time = 2;
s = NDSolve[{D[u[t, x], t] == α D[u[t, x], {x, 2}],
     u[0, x] == 0, u[t, 0] == Sin[4 π t],
     (D[u[t, x], x] /. x → L) == 0}, u,
    {t, 0, time}, {x, 0, L}];
Plot3D[u[t, x] /. s[[1]], {t, 0, time}, {x, 0, L},
 AxesLabel -> {"t", "x", "u"}, PlotRange → All]
n = 10; δx = L / n;
lines = Table[{t, i δx, u[t, i δx] /. s[[1]]}, {i, 0, n}];
ParametricPlot3D[lines, {t, 0, time},
 AxesLabel -> {"t", "x", "u"}, PlotRange → All]
Clear["Global`*"]
```

模型-2 的程序。

```
L = 1.0; time = 2.0;
s = NDSolve[{D[u[t, x], {t, 2}] == D[u[t, x], {x, 2}],
     u[0, x] == Sin[2 π x / L], u[t, 0] == 0, u[t, L] == 0,
     (D[u[t, x], t] /. t → 0) == 0}, u,
    {t, 0, time}, {x, 0, L}];
Plot3D[u[t, x] /. s[[1]], {t, 0, time}, {x, 0, L},
 AxesLabel -> {"t", "x", "u"}]
Plot[u[0.3 time, x] /. s[[1]], {x, 0, L},
 AxesLabel -> {"x", "u"}]
Clear["Global`*"]
```

对以上程序说明一点。

对于某个固定点上的偏导数,需要明确进行导数运算,再指定那个固定点。例如 $u_t(0, x) = 0$,就需要写成

$$(D[u[t, x], t] /. t → 0) = 0$$

而不能写成

$$\mathbf{D}[u[0,x],t]=0, \quad 或者\ \partial_t u[0,x]=0, \quad 或者\ u^{(1,0)}[0,x]=0$$

否则就会出错。

2.3.8 求解本征值问题

为满足读者求解量子问题的需要，最后简要介绍 Mathematica 求解矩阵本征值问题的功能。

在量子力学中经常遇到求本征值的问题，通常是选择一组**"基函数"** $\varphi_1,\varphi_2,\cdots,\varphi_n$，这称为选定了一种**表象 S**，用它们展开定态波函数 ψ

$$\psi=a_1\varphi_1+a_2\varphi_2+\cdots+a_n\varphi_n$$

其中，$a_1,a_2,\cdots,a_n$ 是展开系数。在适当选择的哈密顿量 $\hat{H}$ 的情况下，可以写出本征方程

$$\hat{H}\psi=\lambda\psi$$

为了求出本征能量 λ，需要计算在表象 S 上 $\hat{H}$ 的矩阵 $\mathbf{M}_H$，其矩阵元为

$$m_{ij}=<\varphi_i\mid\hat{H}\mid\varphi_j>$$

以及波函数 ψ 的列矩阵 $\mathbf{A}$，

$$\mathbf{A}=\{a_1,a_2,\cdots,a_n\}^{\mathrm{T}}$$

于是得到矩阵形式的本征方程

$$\mathbf{M}_H\mathbf{A}=\lambda\mathbf{A}$$

接下来求本征值的过程是：通过计算下列矩阵的行列式

$$\det\mid\mathbf{M}_H-\lambda\mathbf{I}\mid\ (\mathbf{I}\ 是单位矩阵)$$

并令其为 0，得到一个关于 λ 的 n 次特征多项式方程

$$f(\lambda)=0$$

求解该方程，就得到 n 个解 λ_i，这就是本征能量了。

对于每个本征能量 λ_i，可以建立关于 $a_1,a_2,\cdots,a_n$ 的代数方程组

$$\mathbf{M}_H\mathbf{A}=\lambda_i\mathbf{A}$$

这是一个奇次线性方程组，加上归一化条件

$$\mathbf{A}^+\mathbf{A}=\sum_{i=1}^n\mid a_i\mid^2=1$$

就可以求出一个本征向量 $\mathbf{A}_i=\{a_{1i},a_{2i},\cdots,a_{mi}\}$。如此反复，就可以求出所有本征向量。至此，问题完全解决。

以上这个过程说起来简单，真要实际去做，就有三个困难需要克服。

（1）选择基函数。

（2）计算哈密顿矩阵。

（3）求解本征值和本征向量。

基函数只能由用户自己去选择，只要满足"完全集"的要求即可。剩下的两个困难，Mathematica 可以帮助解决，因为矩阵元的计算通常就是积分，而本征值求解也很简单，因为它有几个函数是与求解本征值问题相关的，分别如下。

    Eigenvalues$[M]$：求矩阵 M 的本征值，给出的是本征值列表，列表的元素是按照绝对值依次减小的顺序排列的。

    Eigenvectors$[M]$：求矩阵 M 的本征向量，给出向量的列表，与上述本征值对应，每个向量都是归一化的。

    Eigensystem$[M]$：求矩阵 M 的本征值和本征向量，给出的是两个元素的列表，第一个元素是本征值列表，第二个元素是本征向量列表，相当于前述两个函数的功能。

    CharacteristicPolynomial$[M, x]$：给出矩阵 M 的特征多项式，也就是计算行列式 $\det|M_H - xI|$，计算行列式的函数是 **Det**$[\ ]$。

第 **3** 章

单　　摆

从这一章开始,将开始用 Mathematica 作为计算工具来具体研究一系列物理问题,开始对物理世界的遨游,一窥其奇妙与可理解之处。同时,将借助于这些问题作为"道具",来阐述物理概念,展示计算方法,并介绍相关的 Mathematica 函数。

首先从单摆开始。

所谓**单摆**,就其物理实体来讲,可以是一个比较重一点的小球,用一根细线拴着,悬挂在某个固定点 O,这样组成的物理系统。细线也可以改成细杆。图 3-1 是单摆的模型示意图。

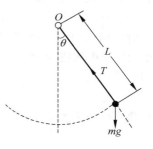

就这样一个简单的物理系统,它其中隐含的变化却有很多,其表现超出人们普通的想象,是一个展示经典物理理论能力的很好的场所。通过对单摆问题的研究,能加深读者对很多理论概念和分析技术的理解,所以,读者应认真对待这个系统。

图 3-1　单摆模型

在具体研究单摆问题之前,有一些思想的前提需要理清。

首先要搞清楚,所谓对物理系统的"**理解**"是什么意思? 就是**当你面对这个系统发生疑问的时候,如果能通过分析和计算使你的疑问得到满意的解答,就算你对这个物理对象"理解"了**。因此,你要不断地提问,然后设法解答;提的问题越多,得到的解答越多,理解就越深刻。

其次,也要搞清楚,所谓"**解答**",不过是对"**物理对象的数学模型**"所给出的解答,未必是对真实物体性能状态的解答,这中间的差别有多大,要看模型接近真实系统的程度,不可一概而论。即便模型是简化的,若是计算结果有助于加深对系统的**定性理解**,也是值得去做的。

就单摆来说,我们提出它的最简单模型是:

摆球在均匀的重力场里运动;摆球没有体积,不受空气阻力的作用,除了重力和线的拉力,摆球不再受其他力的作用;线不可伸缩,没有质量,也不受空气阻力;最后,把地球当作一个"惯性参考系",摆球是在一个竖直的平面内往复运动。

在此基础上再添加其他因素,例如添加空气或液体的阻力,可以将细线改成弹簧,可以将两个摆球通过某种方式的连接组成复合摆,令单摆倒立,考虑地球的自转,等等。模型越复杂,摆球的运动方式也就越发表现出丰富多彩。

支配单摆系统运动的动力学是**牛顿运动理论**,其核心是牛顿第二定律

$$F = m \frac{\mathrm{d}^2 r}{\mathrm{d} t^2} \tag{3-1}$$

其中,F 是摆球受的合力;m 是摆球的质量;$\mathrm{d}^2 r/\mathrm{d} t^2$ 是摆球的加速度。

在各种力的作用下,单摆运动方程可以根据情况做各种变化,既可以按普通的直角坐标系来建立方程,也可以按径向和切向来建立方程。坐标的表示变化了,力的分解方式也要相应地变化。

3.1　单摆运动方程与数值解

3.1.1　方程的推导与分析

现在就开始对最简单的单摆模型寻求解答,我们希望知道的是:**单摆究竟随时间作怎样的运动? 比如,某一时刻摆球处在什么位置? 摆球的往复运动是等周期的吗? 周期是多少? 周期与什么因素有关?** 等等。这些问题在中学里就提出过,也研究过。现在,我们从头再来,但用的是数值计算方法,看看对问题的理解是否更深入了?

要解答以上问题,就需要建立摆球的具体运动方程,不能用公式(3-1)来笼统地回答。

根据前面的模型假设,因摆线不可伸缩,因此摆球没有沿摆线长度方向的"**径向运动**",只有垂直于摆线方向的"**切向运动**"。

摆球只受两个力的作用:沿摆线斜向上的拉力 T 和向下的重力 mg,g 是重力加速度。前者对切向运动无贡献,后者则在切向有一个分力。如果一开始就对图 3-1 中的摆角 θ 做这样的规定:**中间竖向摆角为零,向右为正,向左为负,切向正方向是摆角 θ 增大的方向**,则重力的切向分力为

$$G_\theta = -mg\sin\theta(t)$$

摆角 θ 已经表示成为时间 t 的函数。根据圆周运动的知识,摆球的切向速度为

$$v_\theta = L\frac{\mathrm{d}\theta}{\mathrm{d}t} = L\theta'(t)$$

其中,$\theta'(t)$ 为角速度;L 是摆线长度。根据牛顿定律,有下面的运动方程

$$m\frac{\mathrm{d}v_\theta}{\mathrm{d}t} = G_\theta \quad 即 \quad mL\theta''(t) = -mg\sin\theta(t)$$

消去摆球的质量 m,得到单摆的最简单运动方程为

$$\theta'(t) = -\frac{g}{L}\sin\theta(t) \tag{3-2}$$

方程(3-2)描写了摆角 $\theta(t)$ 随时间变化的一般规律,是一个二阶的微分方程。如果解出了 $\theta(t)$,则不仅知道了各个时刻单摆的位置,而且还可以知道它的速度和加速度等信息。因此,求解方程(3-2)是了解单摆如何运动的关键。

但是,方程(3-2)是**非线性微分方程**,它一般是不能解析求解的,只能在小摆角情况下求得近似解,**通常认为,"小摆角"是指最大摆角不超过 5°**。在此情况下,$\sin\theta \approx \theta$,于是方程(3-2)被线性化,成为标准的谐振方程

$$\theta'(t) + \Omega^2\theta(t) = 0$$

其中,$\Omega = \sqrt{g/L}$ 是单摆振动的**角频率**(又叫**圆频率**)。由此解出的单摆运动方程为

$$\theta(t) = \theta_m\sin(\Omega t + \phi)$$

如果选定了初始条件即 $t=0$ 时单摆的角度和角速度,则可以定出振幅 θ_m 和初相角 ϕ,摆角 $\theta(t)$ 就完全确定了。然后还可以求得速度和(切向)加速度

$$v_\theta = L\theta'(t) = L\theta_m\Omega\cos(\Omega t + \phi)$$

$$a_\theta = \frac{\mathrm{d}v_\theta}{\mathrm{d}t} = -L\theta_m\Omega^2\sin(\Omega t + \phi) = -L\Omega^2\theta(t)$$

在此基础上,如果还想求摆线对摆球的拉力 T,也是很容易的,因为切向运动是圆周运动,其法线方向的分力满足向心力公式

$$T = mg\cos\theta(t) + m\frac{v_\theta^2}{L}$$

如果还想求单摆的运动周期 t_c,则根据圆频率与周期的关系立即得到

$$t_c = \frac{2\pi}{\Omega} = 2\pi\sqrt{\frac{L}{g}} \tag{3-3}$$

这样,前面对单摆提出的问题完全解决。如果嫌公式不够直观,可以将以上求得的各物理量作图,观看它们的变化以及相位关系,等等。

但是,以上这些讨论都是在**小角度**下的近似结果,如果是任意角度的摆动,则无法给出解析解,只能求数值解,即求出曲线上某些点的值。关于数值求解微分方程的原理,详见第2章。

3.1.2　单摆方程的数值解

下面研究如何对方程(3-2)进行数值求解。对于 Mathematica,求解这个问题是容易的,因为它有一个函数 **NDSolve[]** 是专门**求微分方程数值解**的,像方程(3-2)那样的常微分方程是能够方便地求解的。这个函数的使用格式是

NDSolve[⟨微分方程和初始条件⟩,待求函数名,{t, t_1, t_2}]

该函数的用法详述如下。

NDSolve 之后是一对中括号"[]",里面有三项,第一项用花括号"{}"将微分方程和初始条件括起来,具体写法是:

微分方程内的等号,必须为双等号"==",中间不能有空格;

初始条件也必须用双等号连接;

各个双等号连接的项需要用逗号分隔。

中括号内的第二项是需要求解的未知函数的名字,这通常是编程者自己定义的,与微分方程里的未知函数名一致。第三项是要解算的时间范围{t_1,t_2},这里的 t 是自变量,t_1 和 t_2 规定了求解的时间范围。**数值解不能像公式那样任何时间都成立,它只能在规定的解算范围内成立**,换句话说,**我们解到哪里,就对系统了解到哪里**,在此范围之外,我们就什么也不知道了。

数值求解微分方程需要给出待求函数的初始条件,本次计算中,规定单摆的**初始条件**是

初始角位置:$\theta(0) = \theta_0$

初始速度:$\theta'(0) = 0$

这两个条件的含义是:将摆球拉开一个角度 θ_0,然后放开,令单摆自由摆动。

以下程序就来完成第一个计算。

```
In[1]:= g = 9.8; L = 1; Ω = √(g / L);
    {θ0, ω0} = {π / 3, 0}; time = 20;
    s = NDSolve[{θ''[t] == -Ω^2 Sin[θ[t]],
        θ[0] == θ0, θ'[0] == ω0}, θ, {t, 0, time}];
    θ = θ /. s[[1]];
    Plot[θ[t], {t, 0, time}, AxesLabel -> {"t/s", "θ/rad"}]
    Clear["Global`*"]
```

Out[3]= {{θ → InterpolatingFunction [{{0., 20.}}, <>]}}

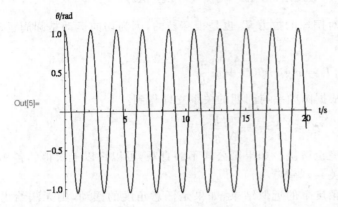

Out[5]=

本例程序的一个重要作用是让读者熟悉函数 **NDSolve[]** 各项的写法,需要读者彻底研究并弄懂它。程序中,有多个地方可能是读者不太熟悉的,下面一一介绍。

先说函数和变量的命名。除了角度 θ 之外,还定义了其他几个变量,它们在今后的程序中还要使用,例如:

g 表示"重力加速度",它的值取 9.8;

L 表示"摆长";

Ω 表示(赝)"角频率",即 $\sqrt{g/L}$;

θ_0 表示"初始角位置";

ω_0 表示"初始角速度";

s 表示"数值解";

等等,其中的数值都取国际单位。

程序的第三行(即 $s=\cdots$)是求解微分方程的,它的后面没有分号,计算的结果就能够显示出来,Out[3]就是它的结果,这个结果是用两层花括号括起来的,中间是

$\theta \to$ InterpolatingFunction $[\{\{0., 20.\}\}, <\ >]$

它表示:函数 $\theta(t)$ 的数值解是用一个叫"**插值函数**"的东西给出的,该函数就是将 **NDSolve[]** 解算出的各个分立点 (t_i, θ_i) 用一个内部规定的多项式函数给连起来,函数的适用范围就是在 **NDSolve[]** 中第三项规定的时间范围,本例就是从 0s 解到 20s,作图也是在这个范围进行的,只能在小于这个范围内使用,不能超过它。

通常情况下,能从插值函数里看到实际解算的范围,其他信息就看不到了,例如:它究竟计算出了哪些分立点的值? 这些分立点是均匀分布的还是不均匀分布的? 内部插值多项式是几次的? ……这些信息,读者一般是不需要的(可以用函数 **InputForm[]** 展开来观察,6.x 版以后有新的获取法,详见附录 A)。

在 Mathematica 中,经常见到形如 $a \to b$ 这样的表达式,中间是一个由减号(-)和大于号(>)组成的"箭号",它表示前面的变量 a 要用后面的内容 b 来**替换**。这种特殊的表达方式有它的好处,以后用多了,就自然懂了。本例 θ 的数值解就是以这种方式给出的。

本例中,解的结果被赋给了变量 s,它在接下来的一行中就进行了替换,原先 θ 是没有具体内容的函数名称,现在被替换成了有具体内容的插值函数。替换的时候必须使用**替换运算符**"/.",即斜杠后跟一个小数点。$s[[1]]$ 是 Mathematica 取出一个"表"中元素的操作运算,双花括号 $\{\{\cdots\}\}$ 表示一个两层的表,$s[[1]]$ 表示取出它第一层的元素,因为结果只有这一个元素,

所以取出的是一个替换表达式,然后放在替换运算符号的后面,就将 θ 替换换成了一个插值函数。从这往后,θ 就有了具体内容,它能像普通的函数一样来使用了。所不同的是,θ 的自变量还不确定,可以使用任何未赋值的字符表示自变量。本例是用字母 t 来表示它的自变量。

数值计算的结果常常要用图形表示,本例输出的图形 Out[5]就是用**作图函数 Plot[]**画出来的。该函数的基本使用格式是要给出函数和作图范围:

Plot$[f[t], \{t, t_1, t_2\}]$

$f(t)$ 是有确定表达式的函数,$\{t, t_1, t_2\}$ 指出作图范围。作图函数是后面要经常使用的函数,它有许多**选项**,我们将逐步学习它们。

本例输出的图形是一条振荡的曲线,它是摆角 θ(单位:rad,弧度)随时间变化的曲线,也是这次计算的中心结果。可以看到,曲线从时间的零点和角度的初始点开始变化,起初的下降与我们规定它处于角度的最大位置有关。该图形显示:

摆角随时间是周期性振荡的,像正弦函数,单摆是在作周期性运动。

这与已知的单摆知识是相符合的,因此,可以肯定地说:Mathematica **给出的数值结果没有明显地违背经验常识!** 它获得了我们的初步信任。

程序的最后一行使用函数 **Clear**$[$"Global`*"$]$,它要将本程序使用的所有变量或符号的值**清除掉**,其中 Global 是"全局"的意思,加上通配符 $*$,表示全局变量。变量的值被清除之后,如果后面的操作还需要使用这些变量(例如重新运行该程序),就只能重新赋值了。

用 Mathematica 解决问题,几乎离不开"**表型数据**",本例就在两个地方出现了表型数据,一个是微分方程和初始条件组成了一个表型数据,再一个就是函数 **NDSolve[]**输出的结果是表型数据。表型数据的使用很灵活,随着使用次数的增多,读者将会逐步积累使用它们的经验。

3.1.3 振幅、周期和相位

1. 从数值解里求振幅和周期

前面已经初步解出了单摆的运动情况,接下来,要提的问题也就多起来了。在前面的小角度近似下,可以解析地计算单摆的周期、振幅等物理量;在数值解的情况下,如何来求它们呢?

提问是研究深入下去的开始。

首先来看看,**在给定的初始条件下,单摆的角振幅有多大**? 读者一定猜出来,就是程序里所给的初始角度 $\theta_0 = \pi/3 \approx 1.04719755$。那么,在数值解里,能否算出摆角的振幅呢? 其实 Mathematica 已经准备了有关的函数,那就是求局部极大值的函数 **FindMaximum[]**,它的使用格式是

FindMaximum$[\theta[t], \{t, t_0\}]$

该函数的功能是**求函数 $\theta(t)$ 在 t_0 附近的极大值**,必须指出参考位置 t_0,如果不知道,可以先画出 $\theta(t)$ 的曲线,观察极大值的近似位置。相应地,还有一个求函数极小值的函数 **FindMinimum[]**,格式是一样的。以下是求解角振幅的程序。

```
In[7]:= g = 9.8; L = 1; Ω = Sqrt[g / L]; time = 20;
      {θ0, ω0} = {π / 3, 0};
      s = NDSolve[{θ''[t] == -Ω^2 Sin[θ[t]],
          θ[0] == θ0, θ'[0] == ω0}, θ, {t, 0, time}];
      θ = θ /. s[[1]];
```

```
FindMaximum[θ[t], {t, 2}]
Clear["Global`*"]
```

Out[11]= {1.0471976, {t → 2.1539728}}

该程序给出了唯一结果 Out[11]，它是一个列表，有两个元素，第一个元素就是所求角度的极大值，它显示了 8 位有效数字，结果与预料的极为接近，证明数值求解的精度还是不错的；第二个元素是替换规则 $t \to 2.1539728$，它是函数 **FindMaximum[]** 所找到的极值位置，从上一个程序的输出 Out[5] 里可以看出角度的第一个极值大约出现在 $t = 2\mathrm{s}$ 附近，在程序里就用它作为极值的近似位置，结果比较接近。

掌握了求函数极值的功能，读者是否马上觉得有了求振动周期的希望了呢？对，**如果求得了相邻两个极大值的位置，它们之间的时间差不就是周期吗**？！所以，周期的信息已经蕴涵在数值解的结果里，现在就需要想一个办法把它"挖"出来。下列程序就是完成这个任务的，它两次使用了 **FindMaximum[]** 函数，求得了两个相邻极大值点的数据，所使用的时间初始值分别是 2.1s 和 4.4s。

```
In[13]:= g = 9.8; L = 1; Ω = √(g / L) ; time = 20;
         {θ0, ω0} = {π / 3, 0};
         s = NDSolve[{θ''[t] == -Ω^2 Sin[θ[t]],
             θ[0] == θ0, θ'[0] == ω0}, θ, {t, 0, time}];
         θ = θ /. s[[1]];
         t1 = FindMaximum[θ[t], {t, 2.1}]
         t2 = FindMaximum[θ[t], {t, 4.4}]
         Print["period= ", (t /. t2[[2]]) - (t /. t1[[2]])]
         Clear["Global`*"]
```

Out[17]= {1.0471976, {t → 2.1539728}}

Out[18]= {1.0471976, {t → 4.3079456}}

period= 2.1539728

本例程序给出了三个结果，Out[17]和 Out[18]是找到的两个极值和对应的位置，可以看出，在 8 位精度范围内，角度的极值是相同的，都等于初始摆角的值，显示了 **NDSolve[]** 函数的求解精度是很高的。第三个结果是利用两个极值位置之差所求得的振动周期 period，经 **Print[]** 打印为 2.1539728。**Print[]** 是**屏幕打印**函数，无论在程序的什么地方，它都能输出设计的内容，是一个重要的函数，其格式为

Print[项 1，项 2，…，项 n]

每个项的内容可以是数值，也可以是字符串，如果是后者，需要用英文状态下的双引号(" ")将内容括起来。

对于本例程序，要注意的是 **Print[]** 内周期的计算方式。为了取得极值位置，采用了

$$t /. t_2[[2]]$$

这样的替换方式，如果只有单独一个替换，这样写是对的，如果替换后面接着还有运算的内容，就需要将每个替换运算用小括号()括起来，再进行运算，否则就会出错。

"周期" 是振动系统的特征值，它表示系统运动的时间重复特性。为了严格起见，不能只看一个周期的周期值，还要考察多个周期，看看它们的周期值是否相同。只有各个周期值都相同，才能说系统振动是"等周期的"。方法是：将求周期的程序扩展，使之能求多个周期的值，

程序需要改成循环结构。在求各个极值位置的时候，以 2.1539728 的倍数为近似。

下面写一个程序来求多个周期和振幅。

```
In[21]:= g = 9.8; L = 1; Ω = √(g / L) ; time = 20;
        {θ0, ω0} = {π / 3, 0};
        s = NDSolve[{θ''[t] == -Ω² Sin[θ[t]],
            θ[0] == θ0, θ'[0] == ω0}, θ, {t, 0, time}];
        θ = θ /. s[[1]];
        tm = tp = {};
        Do[
         t1 = FindMaximum[θ[t], {t, 2.1539728 i}];
         AppendTo[tm, t1[[1]]];
         AppendTo[tp, t /. t1[[2]]],
         {i, Floor[time / 2.1539728]}]
        Partition[tm, 4] // TableForm
        tp = Table[tp[[i + 1]] - tp[[i]], {i, Length[tm] - 1}];
        Partition[tp, 4] // TableForm
        Clear["Global`*"]
```

```
Out[27]//TableForm=
    1.0471976   1.0471976   1.0471976   1.0471976
    1.0471976   1.0471977   1.0471977   1.0471977
```

```
Out[29]//TableForm=
    2.1539728   2.1539728   2.1539728   2.1539728
    2.1539728   2.1539728   2.1539728   2.1539728
```

Out[29] 显示了前 8 个周期的值，它们都相等，单摆振动的等周期性得到验证。Out[27] 显示了前 8 个周期的角度极大值，前 5 个相等，后 3 个相等，但比前 5 个最后一位大了 1，"等周期性"没有得到很好的验证。读者是不是很遗憾呢？如果放在平时做作业的时候，这千万分之一的差别可能根本就不当一回事，但是，这里要追问这"**一点点的差别**"是什么原因造成的？其实，这主要是因为采用了 **NDSolve[]** 的默认设置，如果修改其中一个参数 MaxStepFraction 的值，预期的结果马上就会出现。这个参数是限定 **NDSolve[]** 在求解过程中自变量最大一步的长度与整个求解区间的比例，它的默认值是 1/10，这样允许一步的长度就很大。下面把它改小，例如 1/1000，再看求解结果。

```
In[31]:= g = 9.8; L = 1; Ω = √(g / L) ; time = 20;
        {θ0, ω0} = {π / 3, 0};
        s = NDSolve[{θ''[t] == -Ω² Sin[θ[t]],
            θ[0] == θ0, θ'[0] == ω0}, θ, {t, 0, time},
           MaxStepFraction → 0.001];
        θ = θ /. s[[1]];
        tm = tp = {};
        Do[
         t1 = FindMaximum[θ[t], {t, 2.1539728 i}];
         AppendTo[tm, t1[[1]]];
         AppendTo[tp, t /. t1[[2]]],
         {i, Floor[time / 2.1539728]}]
        Partition[tm, 4] // TableForm
        tp = Table[tp[[i + 1]] - tp[[i]], {i, Length[tm] - 1}];
```

```
Partition[tp, 4] // TableForm
Clear["Global`*"]
```

Out[37]//TableForm=
```
1.0471976   1.0471976   1.0471976   1.0471976
1.0471976   1.0471976   1.0471976   1.0471976
```

Out[39]//TableForm=
```
2.1539728   2.1539728   2.1539728   2.1539728
2.1539728   2.1539728   2.1539728   2.1539728
```

由 Out[37]可见，每个周期的振幅都相等了，证明数值求解微分方程的时候，减小自变量的步长有助于减小计算误差，因此，在可能的情况下，读者都要比较一下 **NDSolve[]** 在默认设置和修改设置的情况下求解的差别。

2. 相位与"失步"现象

在振动问题里，"相位"是一个重要的概念。这里选取"**角度**"、"**角速度**"和"**角加速度**"三个量，考察它们的相位关系，程序如下。

```
In[41]:= g = 9.8; L = 1; Ω = √(g / L);
{θ0, ω0} = {π / 3, 0}; time = 10;
s = NDSolve[{θ''[t] == -Ω^2 Sin[θ[t]],
    θ[0] == θ0, θ'[0] == ω0}, θ, {t, 0, time}];
θ = θ /. s[[1]];
Plot[{θ[t], θ'[t], θ''[t]}, {t, 0, time},
  AxesLabel -> {"t/s", "θ/θ'/θ''"},
  PlotStyle -> {Thick, Dashing[{}], Dashing[{0.01}]},
  PlotRange → All]
Clear["Global`*"]
```

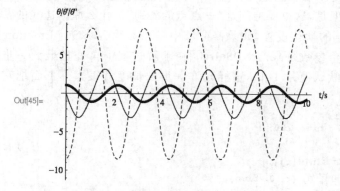

Out[45]画出了三个量的时间曲线，粗实线代表角度，实线代表角速度，虚线代表角加速度。其中，角度与角加速度是反相位的，角度与角速度的相位差了 $\pi/2$，角速度的相位比角度相位超前；同样，角加速度比角速度相位超前 $\pi/2$。

除了以上同一个条件下"不同物理量的相位"比较，还可以比较不同条件下"同一物理量的相位"，例如不同的初始条件下摆角的相位是否有差别。下面令单摆的初始角度不同，比较它们之后的振动相位。程序如下。

```
In[47]:= g = 9.8; L = 1; Ω = √(g / L) ;
        {θ01, θ02} = {π / 6, π / 3}; time = 20;
        s1 = NDSolve[{θ''[t] == -Ω² Sin[θ[t]],
            θ[0] == θ01, θ'[0] == 0}, θ, {t, 0, time}];
        θ1 = θ /. s1[[1]];
        s2 = NDSolve[{θ''[t] == -Ω² Sin[θ[t]],
            θ[0] == θ02, θ'[0] == 0}, θ, {t, 0, time}];
        θ2 = θ /. s2[[1]];
        Plot[{θ1[t], θ2[t]}, {t, 0, time},
         AxesLabel -> {"t/s", "θ1/θ2"}, PlotRange → All,
         PlotStyle -> {Thick, Dashing[{}], Dashing[{0.02}]}]
        Clear["Global`*"]
```

Out[53]上面有两条振动曲线,幅度不同,幅度大小分别对应两个初始角度 θ_{01} 和 θ_{02}。可以看到,起初,两个角度是同相位的,随着时间的延续,两个角度的峰值逐渐错开,振幅小的振动相位逐渐超出。这一差别的原因,乃是振幅小的周期短,频率高,相位增长得快,相位超出,这种现象称为"失步"。因此,这幅图表明的事实是:**单摆的周期与角振幅有关,角振幅大的周期长,角振幅小的周期短**。那么,角振幅与周期的具体关系是什么呢?

3.1.4 角振幅与周期的关系

理想单摆的周期与角振幅的关系比较复杂,不能用普通的函数来表达,需要特殊函数,不直观,见本章附录。我们不谋求理论上搞出一个完美的关系,而是从数值计算入手,算出周期与角振幅的数值关系,作出它们的关系曲线,还可以用多项式拟合二者的关系。这才是**物理计算的惯常方式**,希望读者尽快适应这种研究方式的转变。

前面,我们已经能够计算在一个角振幅情况下单摆的振动周期。把那段程序修改一下,把初始角度作为循环变量,计算角振幅在一定范围内(具体来说是 1°～90°)每个角振幅对应的周期,列表或者作图显示二者的关系,从而对二者的关系做出结论。

```
In[55]:= g = 9.8; L = 1; Ω = √(g / L) ; time = 20;
        tc = 2.1; tm = {};
        Do[
          s = NDSolve[{θ''[t] == -Ω² Sin[θ[t]],
```

```
      θ[0] == θ0 × π / 180, θ'[0] == 0}, θ, {t, 0, time},
    MaxStepFraction → 0.001];
  α = θ /. s[[1]];
  t1 = FindMaximum[α[t], {t, tc}];
  t2 = FindMaximum[α[t], {t, 2 tc}];
  tc = (t /. t2[[2]]) - (t /. t1[[2]]);
  AppendTo[tm, {θ0, tc}],
  {θ0, 90}]
ListPlot[tm, PlotRange → All, AxesOrigin -> {0, 0},
  AxesLabel -> {"θ/°", "T/s"}]
Clear["Global`*"]
```

先说结论。

Out[58]显示,单摆周期将随着角振幅的增大而增大,这符合物理上的直觉,但增大得并不迅速,属于缓慢增加型的关系。尤其是在角度振幅很小的时候,例如在 5° 以下,周期似乎不发生变化。这一段的周期值是多少呢?它能否用单摆周期公式(3-3)进行计算呢?

其次,下面来分析本例编程的三个特点。

(1) 循环变量取值的单位是°,在微分方程的初始条件里可以表示为°,也可以像程序里那样换算成弧度,但实际使用的时候都自动换算成弧度。

(2) 为了防止再次循环中 $θ$ 已经赋值引起的冲突,将 $θ$ 替换成插值函数之后赋值给另一个变量 $α$,求周期的计算就用函数 $α(t)$。

(3) t_c 表示单摆周期,它的初始值参考了前面求解的周期值,在计算相邻两个极大值的时候,用 t_c 及其倍数作为峰值位置的近似值,同时又作为本次循环求解周期的值;在下一次循环中,新的周期值与上一次周期值相差不大,用上次周期值作为参考,应该是不错的。这一设计思想,以后还会用到。

研究工作的进展不是事先就安排好了的,总是随着研究问题的深入而不断地提出问题,引导研究的进展。本例就是很好的证明,因为计算出了周期与角振幅的关系,才发现了 5° 以下周期变化缓慢。下面进一步编程研究二者的关系。

```
In[60]:= g = 9.8; L = 1; Ω = √(g / L) ; time = 20;
        tc = 2.1; tm = {};
        Do[
         s = NDSolve[{θ''[t] == -Ω² Sin[θ[t]],
            θ[0] == θ0 × π / 180, θ'[0] == 0}, θ, {t, 0, time},
           MaxStepFraction → 0.001];
         α = θ /. s[[1]];
         t1 = FindMaximum[α[t], {t, tc}];
         t2 = FindMaximum[α[t], {t, 2 tc}];
         tc = (t /. t2[[2]]) - (t /. t1[[2]]);
         AppendTo[tm, {θ0, tc}],
         {θ0, 90}]
        g1 = ListPlot[tm, PlotRange → All, AxesOrigin -> {0, 0},
           AxesLabel -> {"θ/°", "T/s"}];
        s = Fit[tm, {1, θ, θ², θ³, θ⁴, θ⁵, θ⁶}, θ]
        g2 = Plot[s, {θ, 1, 90}];
        Show[g1, g2]
        Take[tm, 5]
        2 π √(L / g)
        Clear["Global`*"]
```

Out[64]= $2.0070944 - 2.2828818 \times 10^{-6}\,\theta + 0.000038518621\,\theta^2$
$- 1.7015171 \times 10^{-8}\,\theta\,1.1231986 \times 10^{-9}\,\theta^4$
$- 5.9984447 \times 10^{-12}\,\theta^5 + 4.5701979 \times 10^{-14}\,\theta^6$

Out[66]=

Out[67]= $\{\{1, 2.0071281\}, \{2, 2.0072428\}, \{3, 2.0074339\},$
$\{4, 2.0077015\}, \{5, 2.0080456\}\}$

Out[68]= 2.0070899

　　本例程序给出了 4 个结果，其中 Out[64] 是角振幅与周期的 6 次拟合关系，Out[66] 显示出这种拟合与计算数据符合得很好，对于平滑函数，高次多项式拟合一般可以得出比较满意的结果。Out[67] 是 1°～5° 的角振幅与周期的具体值，可以看到，有效数字的前 4 位几乎没有变化，但后 4 位则随着角度的增大而增大，显示出 5° 以下周期并非是常数，仍然有变化。但若仔细比较就会发现，随着角度的减小，周期变化越来越慢。这里要注意三个数值：1° 时的周期 2.0071281s、拟合公式外推到 0° 时的周期 2.0070944s 和单摆周期公式（3-3）给出的周期 2.0070899s。这三个值非常接近，后两者更接近，这反映了什么问题呢？周期拟合公式只适用到 1°，向下外推有点冒险,若要更准确地外推到 0°,就需要进一步计算 1° 以下的周期与振幅的关系。下面写个程序来做这件事。

```
In[70]:= g = 98 / 10; L = 1; Ω = √(g / L); time = 5;
        tc = 2.007; tm = {};
        Do[
         s = NDSolve[{θ''[t] == -Ω² Sin[θ[t]],
            θ[0] == θ0 × π / 180, θ'[0] == 0}, θ, {t, 0, time},
           WorkingPrecision → 40];
         α = θ /. s[[1]];
         t1 = FindMaximum[100 α[t], {t, tc}];
         tc = (t /. t1[[2]]);
         AppendTo[tm, {θ0, tc}],
          {θ0, 1 / 100, 1, 1 / 100}]
        s = Fit[tm, {1, θ, θ², θ³, θ⁴, θ⁵, θ⁶}, θ];
        s[[1]]
        2 π √(L / g) // N
        Clear["Global`*"]

Out[74]= 2.0070899

Out[75]= 2.0070899
```

程序计算了 $0.01°\sim1°$ 之间的振幅与周期的关系,通过多项式拟合,外推到 0°,得出的周期值与单摆公式(3-3)给出的值完全一致! 程序能得出这样的结果,依赖以下三点改进。

(1) 周期的初始值选取前述 1° 附近的周期近似值,保证求极值时不出现严重偏差。

(2) 用 **FindMaximum[]** 求极值时,将 α 放大了 100 倍。

(3) 最主要的是,**NDSolve[]** 修改了精度参数 WorkingPrecision,其默认值是机器精度 16 位,现在改为 40 位,求解速度明显变慢,但结果的精度更高,牺牲一点速度是值得的。为了能使用参数 WorkingPrecision,需要将出现在 **NDSolve[]** 中的所有数值都改成精确数,不能有小数点。

以上两个程序都使用了**线性拟合函数 Fit[]**,这是个重要函数,它的使用格式是

Fit[data, {$expr_1$, $expr_2$, $\cdots$, $expr_n$}, x **]**

其中,x 是自变量,data 是要拟合的数据,$expr_1 \sim expr_n$ 是不含未知参数的 x 表达式,是拟合使用的"基函数",拟合函数就是"**基函数**"的线性组合:

$$s = a_1 \cdot expr_1 + a_2 \cdot expr_2 + \cdots + a_n \cdot expr_n。$$

拟合的任务就是求出系数 $a_1, a_2, \cdots, a_n$ 的值。拟合采用的算法一般是"最小二乘法",以**线性拟合**为例简述其原理。设有变量 x 和 y,它们在理论上满足线性方程

$$y - (ax + b) = 0$$

其中,a、b 是未知的参数。我们通过实验测量或者计算得到了它们的一组数据点

$$\{x_1, y_1\}, \{x_2, y_2\}, \cdots, \{x_n, y_n\}$$

这些数据当然是有误差的,如果没有误差,它们就该精确地符合线性关系,现在有误差,这些数据点 $\{x_i, y_i\}$ 一般就不满足该关系,但比较接近。什么叫"**比较接近**"呢? 就是,如果是精确符合,则

$$y_i - (ax_i + b) = 0$$

"比较接近"的意思是

$$y_i - (ax_i + b) \approx 0$$

现在,我们想找到一对参数(a, b),使线性方程能"最接近"这些测量到的数据。什么叫"**最接近**"? 就是将每个点$\langle x_i, y_i \rangle$代入线性方程的左边,当如下差值的平方和

$$\sum_{i=1}^{n} \left[y_i - (ax_i + b) \right]^2$$

为最小时,(a, b)的值即为该方法下的"**最佳值**"。这就是根据实验数据或者计算数据来确定物理公式中参数的一种常用的方法。若待定函数是由若干"基函数"的线性组合而成,上述方法同样适用。

3.1.5 单摆振动与正弦振动的差别

有的读者可能想到这样的问题:我们在3.1.2节里首次画出的摆角随时间变化的图,看上去像一条正弦函数曲线,但毕竟**正弦函数不是方程(3-2)的解! 因此,曲线一定不会是正弦曲线!** 那么,数值解给出的曲线与同周期的正弦曲线差别有多大呢? 这也是值得探讨的。

直观上,角振幅越大,这样的差别越明显。所以,下面的程序将单摆拉平了再释放,初始角是$\pi/2$。解出给定初始条件下的数值解,然后求出它的振幅和周期。以这样的振幅和周期构造一个正弦函数,使它与数值解"同步",将两者画在同一张图上,它们是否有差别就能看出来了,见 Out[83]。图中实线表示数值解,虚线表示正弦函数,两条曲线并不严格重合,但差别并不很大。得到的结论是:**虽然摆角不按严格的正弦规律摆动,但与正弦摆动差别很小**,在要求不高的情况下,可以当作正弦振动。

```
In[77]:= g = 9.8; L = 1; Ω = √(g / L); time = 10;
s = NDSolve[{θ''[t] == -Ω² Sin[θ[t]],
    θ[0] == π / 2, θ'[0] == 0}, θ, {t, 0, time}];
θ = θ /. s[[1]];
t1 = FindMaximum[θ[t], {t, 2.1}];
T = (t /. t1[[2]]);
a = t1[[1]]; asin = a Sin[(2 π / T) t + π / 2];
Plot[{θ[t], asin}, {t, 0, 3},
 PlotStyle → {Dashing[{}], Dashing[{0.02, 0.02}]}]
Clear["Global`*"]
```

Out[83]=

3.2 阻尼摆

3.2.1 运动方程、数值解与相图

前面研究了单摆的最简单情况,现在要研究复杂一点的情况,即摆球在摆动中还受阻力作用,例如来自空气或液体的"**黏滞力**"。在低速情况下,流体力学告诉我们:

阻力大小近似地正比于摆球的速率,阻力的方向与速度方向相反。

我们引入一个"阻力系数"η来表示方程中与阻力有关的参数,因此,单摆在切向的运动方程就变成了

$$\theta''(t) = -\frac{g}{L}\sin\theta(t) - \eta\theta'(t) \qquad (3-4)$$

给定方程(3-4)中的参数和初始条件,Mathematica 数值求解它也是很容易的,而且在小角度近似下,还可以求出解析解。

先预测一下结果会是个什么样子:没有阻力时,我们看到的是一个等幅、周期性振荡的单摆;现在有了阻力,单摆的机械能要被消耗,振幅肯定要随时间变小。但以何种方式变小呢?减小的速度有多快呢? 这在没有数值解的情况下很难回答,问题到此也就研究不下去了。现在有了数值解,这些问题都可以很快得到解答。下面是计算程序。

```
In[1]:= g = 9.8; L = 1; Ω = √(g / L); η = 0.3;
       {θ0, ω0} = {π / 3, 0}; time = 30;
       s = NDSolve[{θ''[t] == -Ω^2 Sin[θ[t]] - η θ'[t],
           θ[0] == θ0, θ'[0] == ω0}, θ, {t, 0, time}];
       θ = θ /. s[[1]];
       Plot[θ[t], {t, 0, time},
        AxesLabel -> {"t/s", "θ/rad"}, PlotRange → All]
       ParametricPlot[{θ[t], θ'[t]}, {t, 0, time},
        AxesLabel -> {"θ", "θ'"}, PlotRange → All,
        AspectRatio → 0.5]
       Clear["Global`*"]
```

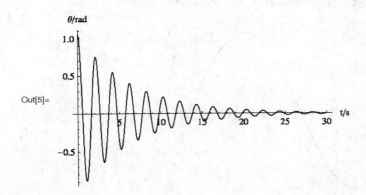

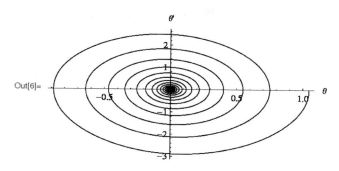

先谈解的结果。本程序给出了两个重要的结果，Out[5]表示单摆的角度与时间的关系，Out[6]叫**"相图"**，即用角度与角速度作图，因为不同角度时摆球的角速度也是不同的，二者应该有一个关系。

Out[5]告诉我们：在有阻力的情况下，单摆不再是等幅振荡，而是衰减的振荡，在经过大约30s之后，摆角基本上变成了0，即停止摆动。这个图与我们在前面看到的单摆的等幅振荡有显著的差别。但是，衰减的振荡基本上还是保持了周期性振荡的特点，角振幅的衰减似乎也很有规律，按我们对数学函数的经验，它似乎是指数衰减的。在后面将继续研究这个问题。

Out[6]是阻尼单摆的相图，这个图上的曲线是从曲线上最右边的点开始的，然后围绕着原点顺时针转动，而且是越转越靠近原点，最后停止在原点上，表示角度和角速度最后都趋于0，单摆停振了。这与Out[5]表示的含义是一致的。用相图表示系统的运动是另一种常用的方式，这种方式对于理解系统的特点有时更有帮助，希望由此引起读者的注意。

再来分析程序。本例程序中使用的阻尼参数 $\eta=0.3$ 是随便设置的，可能比空气对单摆的实际阻尼要大许多，但是，我们是为了尽快看到阻尼效果，所以把它的值取得大一些。程序还使用了另一个新函数 **ParametricPlot[]**，其格式是

ParametricPlot$\big[\{x(t),y(t)\},\{t,t_1,t_2\},\text{options}\big]$

它表示"参数作图"，即对参数方程进行作图。我们知道，在平面上，参数方程

$$\begin{cases} x = 5\cos t \\ y = 5\sin t \end{cases}$$

描绘的轨迹是一个半径为5的圆。**ParametricPlot[]**函数就是进行这种参数曲线作图的。它的含义与数学里的含义基本是一致的，没有什么理解上的困难。其实 Mathematica 的各种函数都尽量照顾到用户的数学习惯，在名称和写法上都容易理解。本例中，该函数还使用了选项 AspectRatio，它指定**作图的高宽比**，在本例的情况下高宽比为 1：2，如果将该参数设置成 Automatic，则两个坐标轴的单位尺度在屏幕上一样长，那样，由于两个轴上的变量范围差距较远，会造成图形纵横失调，影响排版。

3.2.2　周期与时间的关系

接下来，我们探讨**在有阻尼的情况下，单摆还是不是等周期运动？摆角衰减符合的是指数规律吗？**

解答这个问题不难，只要把 3.1 节求解角振幅的程序再借用一次，稍加改造，就能完成这个任务。那段程序能够用函数 **FindMaximum[]** 求得极值及其位置，而且在前面还计算了在摆长为1m的情况下振荡周期大约为2.1s，这些结果对我们设计程序都是重要的参考。从第一

个角度极值点开始,逐个求得 80s 范围内各个极值点的数据,然后分析周期是否相等？振幅是否按指数下降？用指数函数来拟合振幅数据,看看能符合到什么程度。

```
In[8]:= g = 9.8; L = 1; Ω = √(g / L) ; η = 0.3; time = 80;
        {θ0, ω0} = {π / 3, 0};
        s = NDSolve[{θ''[t] == -Ω² Sin[θ[t]] - η θ'[t],
             θ[0] == θ0, θ'[0] == ω0}, θ, {t, 0, time}];
        θ = θ /. s[[1]]; t0 = 0; δt = 2.1; peak = {};
        Do[
         θm = FindMaximum[θ[t], {t, δt + t0}];
         AppendTo[peak, {t /. θm[[2]], θm[[1]]}];
         t1 = t /. θm[[2]]; δt = t1 - t0; t0 = t1,
         {j, 37}]
        g1 = ListPlot[peak, PlotRange → All];
        T = Table[peak[[j, 1]] - peak[[j - 1, 1]], {j, 2, 37}];
        Partition[T, 4] // TableForm
        peak = FindFit[peak, {a e^{-bt}, a > 0 && b > 0}, {a, b}, t]
        g2 = Plot[a e^{-bt} /. peak, {t, 0, time}, PlotRange → All];
        Show[{g1, g2}, AxesLabel → {"t/s", "θm/rad"}]
        Clear["Global`*"]
```

Out[15]//TableForm=
2.0641881	2.0383211	2.0249301	2.0178126
2.013978	2.0118971	2.0107634	2.0101445
2.0098062	2.0096216	2.0095202	2.0094646
2.0094349	2.0094185	2.0094096	2.0094048
2.009401	2.0094017	2.0094013	2.0093992
2.0094042	2.0093938	2.0093918	2.0093878
2.0093889	2.0094004	2.0093929	2.0094239
2.0093988	2.0094163	2.0093318	2.009314
2.0092647	2.0091847	2.009106	2.0089776

Out[16]= {a → 1.0336893, b → 0.15138889}

本例程序给出了三个结果。Out[16] 给出的是角振幅的指数拟合参数,Out[18]是拟合函数与峰值数据合在一起作的图,可以看出二者似乎符合得不错。在程序里,已经假设角振幅 θ_m 与时间 t_m 的关系为

$$\theta_m = a e^{-bt_m}$$

其中，a、b 是拟合参数，拟合是通过新的函数 **FindFit[]** 进行的，它从事**非线性拟合**，其格式是
　　FindFit[数据表，拟合函数，**{**参数 1，参数 2，…**}**，自变量**]**
这里的"数据"是存放在 peak 里的极值点的数据，它是函数 **FindMaximum[]** 函数依次找到的，存储格式是
　　$\{\{t_1, \theta_{m1}\}, \{t_2, \theta_{m2}\}, \cdots\}$
这个格式转换是在 **AppendTo[]** 里完成的。"拟合函数"是包含参数表里各个参数和自变量的表达式，反映数据所服从的关系。在作拟合运算的时候，经常要对参数附加限制条件，这样能引导拟合运算更快地找到正确的值。在程序里，限制条件是这样写的：
　　$a > 0 \&\& b > 0$
其中，&& 是逻辑"与"运算符。

　　Out[15]是依次算出的相邻两个角度峰值之间的时间差，权且称为**阻尼摆的振动周期**。可以看到，**阻尼摆的周期并非常数，而是逐渐减小的**，一开始减小得快，后来减小得就慢了；但是，过了中部以后，数据有所起伏，不是一致减小的，虽然总的趋势是减小。这是怎么回事呢？分析发现，这是由于 **NDSolve[]** 里精度参数 WorkingPrecision 设置过低造成的，下面把它改成40，请读者相应地也做一些其他修改，再次运行该程序，结果如下。

```
2.0641881    2.0383211    2.0249301    2.0178126
2.0139779    2.0118969    2.0107633    2.0101445
2.0098063    2.0096214    2.0095202    2.0094649
2.0094346    2.009418     2.0094089    2.009404
2.0094012    2.0093998    2.0093989    2.0093985
2.0093983    2.0093981    2.009398     2.009398
2.0093979    2.0093979    2.0093979    2.0093979
2.0093979    2.0093979    2.0093979    2.0093979
2.0093979    2.0093979    2.0093979    2.0093979

{a → 1.0336894, b → 0.1513889}
```

　　这次看清楚了，阻尼摆的周期是随着时间一致减小的，到后来就不再变化了，这个不变的值为 2.0093979s。这似乎与无阻尼单摆的情况相似：周期一般与振幅有关，在小角度下周期近似与角度无关，但不变周期 2.0093979s 与 3.1.4 节小角度近似解给出的周期 2.0070899s 并不相同，为什么呢？原来，在有阻尼的情况下，当摆角很小时，方程(3-4)可以做小角度近似：
$$\theta''(t) + \eta\theta'(t) + \Omega^2\theta(t) \approx 0$$
这个方程可以解析地求解，其结果是
$$\theta(t) \sim e^{-\frac{\eta}{2}t}\sin(\omega t + \varphi)$$
其中，$\omega = \frac{1}{2}\sqrt{4\Omega^2 - \eta^2}$，相应的振荡周期近似为
$$\widetilde{T} = \frac{2\pi}{\omega} = \frac{4\pi}{\sqrt{4\Omega^2 - \eta^2}}$$
读者可以马上用 Mathematica 计算一下，结果与数值计算的不变周期只在最后一位相差了 1！

```
In[32]:=  g = 9.8; L = 1; Ω = √(g / L); η = 0.3;

          4 π / √(4 Ω² - η²)

          Clear["Global`*"]

Out[33]=  2.009398
```

与此同时,标志下降速度的指数部分也有了参考标准,原来 $b = \eta/2 = 0.15$,回头查看 Out[16],发现拟合结果与这个参考标准差距不小,这是什么原因呢?原来,角振幅的指数下降规律只在小角度下才成立,并不能在时间的全程都符合指数规律,全程用指数拟合,当然就会出现偏差。下面把程序修改一下,求峰值的部分不变,只选取最后的 15 个峰点作拟合。在这些点上,角振幅已经很小了,应该更符合指数规律。另外,指数拟合也可以转换成线性拟合:

$$\ln\theta_{\mathrm{m}} = \ln a - bt_{\mathrm{m}}$$

若为了求 a、b,也可以把上式当作非线性拟合处理。两种拟合都实施,以便对照。

```
In[35]:= g = 98 / 10; L = 1; Ω = √(g / L); η = 3 / 10; time = 80;
        {θ0, ω0} = {π / 3, 0};
        s = NDSolve[{θ''[t] == -Ω^2 Sin[θ[t]] - η θ'[t],
            θ[0] == θ0, θ'[0] == ω0}, θ, {t, 0, time},
            WorkingPrecision → 40, MaxSteps → ∞];
        θ = θ /. s[[1]]; t0 = 0; δt = 2.1; peak = {};
        Do[
         θm = FindMaximum[θ[t], {t, δt + t0}];
         AppendTo[peak, {t /. θm[[2]], θm[[1]]}];
         t1 = t /. θm[[2]]; δt = t1 - t0; t0 = t1,
         {j, 37}]
        peak = Take[peak, -15];
        FindFit[peak, a e^-bt, {a, b}, t]
        logpeak = Table[{peak[[i, 1]], Log[peak[[i, 2]]]}, {i, 15}];
        s = Fit[logpeak, {1, t}, t]
        {a → e^s[[1]], b → -s[[2, 1]]}
        FindFit[logpeak, Log[a] - bt, {a, b}, t]
        Clear["Global`*"]

Out[41]= {a → 1.017511618, b → 0.1500000028}

Out[43]= 0.01736000043 - 0.1500000017 t

Out[44]= {a → 1.017511561, b → 0.1500000017}

Out[45]= {a → 1.017511561, b → 0.1500000017}
```

Out[41]、Out[44] 和 Out[45] 分别是指数拟合、取对数之后线性拟合和取对数之后非线性拟合所求得的拟合参数值。可以看出,后两种拟合所得结果是一致的,而与前者有所差别,从 b 的值来看,取对数之后的拟合结果更好。

3.3　计算误差

数值计算是有误差的,这是读者在计算之前应该有切实体会并熟记在心的。详细讨论计算误差是一件很烦琐的事情,读者可以参考数值方法的专门著作。本节就以理想单摆为例展示计算误差的存在,并在 Mathematica 的范围内探讨减小误差的一些方法。

3.3.1 发现误差

　　某个物理量的计算有误差,如何才能发现呢?

　　发现误差,需要将物理量的计算值与理论值比较。可是,物理量之所以需要计算,就是因为得不到理论值,无法比较。那么,有没有变通的办法呢?办法还是有的,如果不能直接比较,那就间接比较,即找一个在计算过程中不变的或者守恒的物理量 A,A 是有理论值的,而且能用所要考察的那个物理量 B 来计算,如果 A 不变,就可以间接说明 B 没有误差,否则就有误差。这个办法很有用。

　　理想单摆这个模型是个"宝库",用它可以说明很多概念。例如,理论上,单摆的能量守恒,那么,如果对该模型数值求解,求解过程产生了误差,会不会对能量的计算造成可以观察的影响呢?下面就写一个程序来观察一下,让读者对此有具体的认识。

```
In[1]:= g = 9.8; L = 1; Ω = √(g / L);
      {θ0, ω0} = {π / 3, 0}; time = 20;
      s = NDSolve[{θ''[t] == -Ω^2 Sin[θ[t]], θ[0] == θ0, θ'[0] == ω0},
       θ, {t, 0, time}];
θ = θ /. s[[1]];
Plot[θ[t], {t, 0, time}, AxesLabel -> {"t/s", "θ/rad"}]
Print["e0= ", e0 = g L (1 - Cos[θ[0]])]
e[t_] := g L (1 - Cos[θ[t]]) + 0.5 L^2 θ'[t]^2;
Plot[{e[t], e0}, {t, 0, time}, PlotPoints → 100,
 PlotRange -> {e0 - 2×10^-6, e0 + 2×10^-6},
 FrameLabel -> {"t/s", "e"}, Frame → True]
Clear["Global`*"]
```

Out[5]=

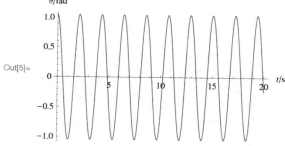

e₀= 4.9

Out[8]=

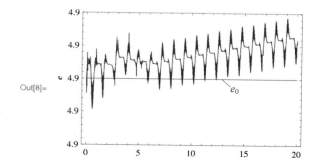

程序里计算了单摆的能量,并且绘制了能量随时间演化的曲线,见 Out[8]。能量 $e(t)$ 由势能和动能两项组成,势能的零点选在单摆的最低点,因此,

$$e(t) = gL[1 - \cos\theta(t)] + \frac{1}{2}[L\theta'(t)]^2$$

根据参数设置,容易计算单摆的初始能量 $e_0 = 4.9$,在作能量曲线 Out[8] 时,已经将该数值用水平线标出。从 Out[8] 可见,能量 $e(t)$ 并非是常数,而是剧烈变化的(变化的量级是 10^{-6}),如果将曲线纵向放大了再看,将会看到这种变化是随机的,类似噪声。这就是计算误差的表现,它明白无误地告诉我们:**用函数 NDSolve[] 求解微分方程数值解 $\theta(t)$ 是有误差的**。因为 **NDSolve[]** 内部采用的是差分算法,本身就是近似,再加上默认情况下的数据只有 16 位,数值会产生截断误差,因此,能量有误差是必然的。

仔细观察 Out[8],可以发现误差有以下两个特点。

(1) 误差在水平方向近似呈现周期性,对照 Out[5],这个周期应该是单摆振动周期的一半,这反映了误差并非均匀分布,而是在某些时段误差大,另一些时段误差小,误差大的时段对应摆角变化快(即 θ 上升和下降)的区域。

(2) 误差总的趋势是随时间上升,这反映了误差有累积效应,因此,如果计算的时间很长,误差积累量可以使计算值失效。

3.3.2 减小误差的方法——增加有效位数

研究发现,最容易采取的减小误差的措施是增加运算数据的有效位数。下面就编程证明这一点,程序指定参与运算的数字有效位数为 30,重新求解 3.3.1 节的单摆模型,结果见 Out[16]。

```
In[10]:= g = 98 / 10; L = 1; Ω = √(g / L) ;
    {θ0, ω0} = {π / 3, 0}; time = 20;
    s = NDSolve[{θ''[t] == -Ω² Sin[θ[t]], θ[0] == θ0, θ'[0] == ω0},
      θ, {t, 0, time}, WorkingPrecision → 30];
    θ = θ /. s[[1]];
    Print["e0= ", e0 = g L (1 - Cos[θ0]) + 0.5 (L ω0)² // N]
    e[t_] := g L (1 - Cos[θ[t]]) + 0.5 L² θ'[t]²;
    Plot[{e[t], e0}, {t, 0, time}, PlotPoints → 100,
      PlotRange -> {e0 - 2 × 10⁻¹⁰, e0 + 2 × 10⁻¹⁰},
      FrameLabel -> {"t/s", "e"}, Frame → True]
    Clear["Global`*"]
```

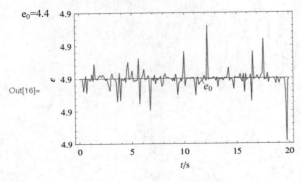

请读者注意函数 **Plot[]** 中的参数 PlotRange 所指定的纵向范围,只有 10^{-10} 的量级,可见,Out[16]虽然显示了能量误差,但误差比 Out[8]小了 4 个量级,这显然是因为增加了计算的有效位数的结果,使得截断误差更小了。还能够看出,误差的累积效果也比默认精度情况下的弱,基本是围绕 e_0 波动。另外,读者如果运行了本例程序,就会发现运算过程比前例要慢,有效位数越多,截断误差越小,运算就越慢,所以,需要在结果精度和运算时间之间进行权衡,不是有效位数越多越好。

3.3.3　减小误差的方法——减小差分步长

对于微分方程的数值解,减小计算误差的另一个有效办法是减小差分步长,通过参数 MaxStepFraction 可以指定最大步长所占求解区间的比例,默认情况下为 1/10。下面的程序使用默认运算精度,但减小了差分步长,变为 1/1000,结果如下。

```
In[18]:= g = 9.8; L = 1; Ω = √(g / L) ;
        {θ0, ω0} = {π / 3, 0}; time = 20;
        s = NDSolve[{θ''[t] == -Ω^2 Sin[θ[t]], θ[0] == θ0, θ'[0] == ω0},
            θ, {t, 0, time}, MaxSteps → ∞, MaxStepFraction → 10^-3];
        θ = θ /. s[[1]];
        Print["e0= ", e0 = g L (1 - Cos[θ[0]])]
        e[t_] := g L (1 - Cos[θ[t]]) + 0.5 L^2 θ'[t]^2;
        Plot[{e[t], e0}, {t, 0, time}, PlotPoints → 100,
         PlotRange -> {e0 - 2 × 10^-7, e0 + 10 × 10^-7},
         FrameLabel -> {"t/s", "e"}, Frame → True]
        Clear["Global`*"]
```

e_0= 4.9

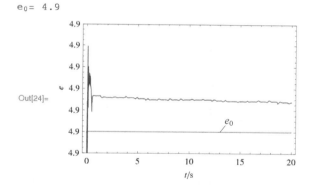

Out[24]=

本例的输出 Out[24]在纵轴标度上比 Out[8]小了一个量级,除了开始一段的能量变动比较剧烈之外,之后较为平稳(若纵向放大了来看,依然如同噪声),而且趋势是在减小。这表明,如果减小差分步长,可以有效地减小计算误差。

3.3.4　在快速变动的地方误差大

在 Out[8]中已经显示了在摆角变化快的地方能量误差大,进而也反映了摆角的误差大。下面再举一个例子更明显地说明这一点。这一次,设计一个特殊的情况:单摆的摆柄用轻质杆做成,摆球在最低点受到水平方向猛的一击,获得一个初始的角速度,使单摆到达最高点时刚好失去动能。下面计算这种情况下单摆的振动曲线和能量曲线。

按要求,单摆的初始角速度应该是

$$\omega_0 = \sqrt{4g/L}$$

当单摆荡到最高点时,应该永远停止在那里。如果不停地计算下去,结果又是怎样呢?

```
In[26]:= g = 9.8; L = 1; Ω = √(g / L);
       {θ0, ω0} = {0, √(4 g / L)}; time = 30;
       s = NDSolve[{θ''[t] == -Ω² Sin[θ[t]], θ[0] == θ0, θ'[0] == ω0},
          θ, {t, 0, time}];
       θ = θ /. s[[1]];
       Plot[θ[t], {t, 0, time},
        FrameLabel -> {"t/s", "θ/rad"}, Frame → True]
       Print["e0= ", e0 = g L (1 - Cos[θ0]) + 0.5 (L ω0)²]
       e[t_] := g L (1 - Cos[θ[t]]) + 0.5 L² θ'[t]²;
       Plot[{e[t], e0}, {t, 0, time}, PlotPoints → 100,
        PlotRange -> {e0 - 10⁻⁵, e0 + 10⁻⁵},
        FrameLabel -> {"t/s", "e"}, Frame → True]
       Clear["Global`*"]
```

Out[30]=

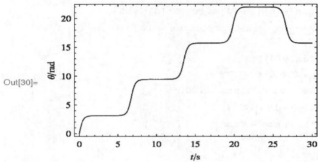

e₀= 19.6

Out[33]=

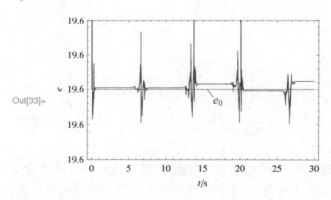

本例程序给出了两个重要结果,分述如下。

(1) Out[30]是摆角 $\theta(t)$ 随时间变化的曲线,它显示出一个个的台阶,前一部分拾阶而上,后面又要顺梯下降,而不是驻留在某个角度上不动。这与理论预测是不同的。为什么会出现这种情况呢?请读者分析一下,那些平台的地方,摆角都是 π 的奇数倍,表示单摆处在最高点上,待的时间比较长;那些拾阶而上的部分,表示单摆连续反时针摆动,围绕中心绕了一圈又一圈,但在绕了 4 圈之后,却从最高点顺时针摆下来。如果读者改变时间 time 的值,会发现结果与 time 有关,单摆从最高点往哪边摆动没有确定的规律,似乎单摆受到了微风随机的吹拂,其实是计算误差累积而使摆角离开最高点的位置。下面这段程序制作了单摆的动画,更形象地展示了这个过程。

```
g = 9.8; L = 1; Ω = √(g / L);

{θ0, ω0} = {0, √(4 g / L)}; time = 60.0;

s = NDSolve[{θ''[t] == -Ω² Sin[θ[t]], θ[0] == θ0, θ'[0] == ω0},
    θ, {t, 0, time}];

θ = θ /. s[[1]];

n = 5 × 10²; δt = time / n; figure = {};

Do[
  f = Graphics[Line[{{0, 0}, L {Sin[θ[i δt]], -Cos[θ[i δt]]}}]];
  AppendTo[figure,
    Show[f, Epilog → Disk[L {Sin[θ[i δt]], -Cos[θ[i δt]]}, L / 20],
      PlotRange -> {{-1.2 L, 1.2 L}, {-1.2 L, 1.2 L}}]],
  {i, 0, n}]

Export["e:/data/dan.gif", figure]

Clear["Global`*"]
```

（2）将 Out[33] 与 Out[30] 仔细对照，可以发现，能量剧烈变动的地方，恰好对应摆角在两个平台之间迅速变化的区域，计算误差较大的地方也是原始物理量变动比较快速的地方。这是计算误差出现的一个规律。

以上对单摆能量的计算过程启示我们：计算误差是可以发现的，有效的发现方法是与理论值相对照，或者设法寻找某个守恒量，用守恒量的变化情况来间接地反映原始物理量的误差情况。我们发现，计算误差可以来自计算所使用的数值量的有效位数，有效位数越少，截断误差越大，反之则误差越小；对于差分计算，计算误差还与差分步长有关，减小步长可以有效地减小误差。另外，正如本书第 1 版中所证明的，计算误差的大小还与坐标系有关，坐标系不同，运动方程不一样，误差也就不同。本节的计算还证明，计算误差是可以累积的，这在长距离或者长时间计算时，特别要加以注意。计算误差累积到一定的程度，将会使结果严重偏离真实。要在一切可能的情况下检验和减小误差。

3.4 傅科摆

3.4.1 地球自转与傅科摆

前面研究的单摆运动都是不考虑地球自转的，地面被当作惯性参考系，这在短时间内可以成立，但是，时间一长，所求解的结果就不对了，单摆的摆动面会旋转，其他量值也会发生变化。因此，有必要研究在地球自转的情况下地面上的单摆是怎样运动的。

地面上的单摆与理想单摆最主要的差别可以用著名的"傅科摆现象"来体现，这是由法国科学家傅科（J. B. Foucault）于 19 世纪中叶设计实验并进行了科学解释的，对推动科学普及和支持"地动说"具有重要作用。他用 67m 长的摆线吊起一个 28kg 的摆球，悬挂在一个建筑的穹顶上，用以演示地球自转的存在。图 3-2 是来自网络的一张版画，画的

图 3-2 傅科在给观众演示傅科摆（版画）

就是傅科先生正在给观众讲解他的摆所揭示的意义。在画中,傅科手里提着一个小摆,他面前的大摆正在摆动,大摆的下面是一个度盘,上面标有角度,可以定量地测量单摆的摆动面在一小时或者一天内转过的角度,这样的测量可以为傅科摆的任何理论给出检验。

科学地、定量地解释"傅科摆现象",需要力学的**旋转坐标系理论**。理论力学告诉我们[1],在一个恒定速率旋转的坐标系里,质点的运动方程为

$$m \frac{\mathrm{d}^2 \boldsymbol{r}}{\mathrm{d}t^2} = \boldsymbol{F} + m\omega^2 \boldsymbol{R} - 2m\boldsymbol{\omega} \times \frac{\mathrm{d}\boldsymbol{r}}{\mathrm{d}t} \tag{3-5}$$

下面对方程(3-5)做详细解释。

图 3-3 是选取的坐标系 $O\text{-}xyz$ 在地球上的位置,大圆表示地球子午面;图 3-4 是地面坐标系和摆球受力的具体配置,$\boldsymbol{r}$ 是摆球 p 在地面坐标系里的位置矢量

$$\boldsymbol{r} = x\boldsymbol{i} + y\boldsymbol{j} + z\boldsymbol{k}$$

坐标系的 z 轴通过地心,x 轴沿着子午线(经线)的切线,y 轴沿着纬度线的切线。图中 $\boldsymbol{R}$ 是地轴到坐标原点 O 的矢量,水平虚线表示赤道面,φ 表示坐标原点(即傅科摆所在位置)的纬度,$\boldsymbol{\omega}$ 表示地球的自转角速度矢量。

在方程(3-5)中,等号右边第一项是质点所受的力 $\boldsymbol{F}$,第二项是惯性离心力 $m\omega^2 \boldsymbol{R}$,第三项是科里奥利力 $-2m\boldsymbol{\omega} \times \boldsymbol{r}'$(均未在图 3-4 中标出)。后两项是在惯性系中所没有的力,也是需要在旋转坐标系中特别考虑的力,尤其是科里奥利力,在地球上的水流和气象现象中扮演了重要的角色,甚至在测量流量的装置中也起到关键的作用,"傅科摆现象"只是科里奥利力的一个小小的"作品"而已。下面通过建立描写地面坐标系里单摆的运动方程,模拟计算,揭示单摆的实际运动图像,并扩展研究相关的问题。

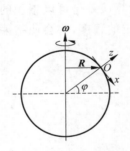

图 3-3　地面坐标系的位置

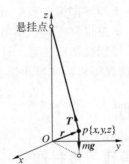

图 3-4　地面坐标系

3.4.2　傅科摆的力学分析

在方程(3-5)中

$$\boldsymbol{F} = \boldsymbol{G} + \boldsymbol{T}$$

其中,$\boldsymbol{G}$ 表示地球对摆球的引力;$\boldsymbol{T}$ 表示摆线对摆球的拉力。引力 $\boldsymbol{G}$ 指向地心,它与惯性力 $m\omega^2 \boldsymbol{R}$ 的合力就是重力,由于地球自转的角速度 ω 很小,离心加速度 $|\omega^2 \boldsymbol{R}|$ 远小于重力加速度 g(请读者自己证明),因此可得第一近似

$$\boldsymbol{G} + m\omega^2 \boldsymbol{R} \approx -mg\boldsymbol{k}$$

① 周衍柏.理论力学[M].北京:人民教育出版社,1979.

方程(3-5)就变成了

$$mr'' = T - mg\mathbf{k} - 2m\boldsymbol{\omega} \times r'$$

我们把拉力 T 做三个坐标方向的分解

$$T_x = -\frac{x}{L}T, \quad T_y = -\frac{y}{L}T, \quad T_z = -\frac{z-L}{L}T$$

考虑到在北半球地球自转角速度可以表示为

$$\boldsymbol{\omega} = -\omega\cos\varphi\,\mathbf{i} + 0\mathbf{j} + \omega\sin\varphi\,\mathbf{k}$$

以及在摆线很长而摆角很小的情况下,摆线的拉力约等于重力,于是得到第二近似

$$T \approx mg$$

此外,还要加上三个坐标的约束条件

$$x^2 + y^2 + (L-z)^2 = L^2$$

解出

$$z = L - \sqrt{L^2 - (x^2 + y^2)}$$

考虑到摆长 L 远远大于摆球投影区域的尺度,得到第三近似

$$z \approx L - L[1 - (x^2 + y^2)/(2L^2)] = (x^2 + y^2)/(2L)$$

由此可以得到三个分量的运动方程如下:

$$\left.\begin{aligned}
x'' &= -gx/L + 2\omega\sin\varphi\, y' \\
y'' &= -gy/L - 2\omega(\sin\varphi\, x' + \cos\varphi\, z') \\
z &= (x^2 + y^2)/(2L)
\end{aligned}\right\} \tag{3-6}$$

　　方程组(3-6)是描写傅科摆运动的基本方程,它保留了 z 方向的运动,并没有简单地令 $z\approx0$,否则就只有 x、y 方向的运动了。解析求解该方程组还是比较烦琐的,我们首先模仿傅科当年所使用的摆的参数($L=67$m,$\varphi\approx49°$,度盘直径约 6m)和初始条件,即将摆球在 x 方向用绳子拉开一个小的角度,然后用火将绳子烧断,摆球就开始摆动,通过计算,观察摆球如何运动。

3.4.3　傅科摆运动的数值模拟

　　经过以上的理论准备,下面编写程序模拟傅科摆的运动。

```
In[1]:= L = 67.0; φ = 48.85 °; g = 9.8;
        ω = 2 π / (24 × 3600.0); x0 = 3.0; time = 100;
        equ = {x''[t] == -g x[t] / L + 2 ω Sin[φ] y'[t],
            y''[t] == -g y[t] / L - 2 ω (Sin[φ] x'[t] + Cos[φ] z'[t]),
            z[t] == (x[t]^2 + y[t]^2) / (2 L),
            x[0] == x0, x'[0] == 0,
            y[0] == 0, y'[0] == 0,
            z[0] == x0^2 / (2 L), z'[0] == 0};
        s = NDSolve[equ, {x, y, z}, {t, 0, time}];
        {x, y, z} = {x, y, z} /. s[[1]];
        Plot[z[t], {t, 0, time}, PlotRange → All,
         AxesLabel -> {"t/s", "z/m"}]
        ParametricPlot[{x[t], y[t]}, {t, 0, time},
         PlotRange → All, AspectRatio → 1,
         AxesLabel -> {"x/m", "y/m"}]
        Clear["Global`*"]
```

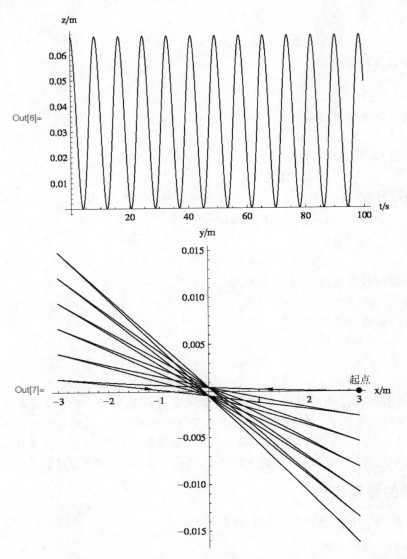

本例程序所使用的参数表明,它是在模拟当年傅科先生在巴黎的实验[①]。程序给出了两个结果,Out[6]是摆球的 z 坐标随时间的变化,基本上是正弦振动,表示摆球有规律地上下起伏;Out[7]是 y 方向放大了的摆球在 xOy 平面内的投影轨迹,该投影曲线从图中标记的圆点出发,沿着箭头方向运动,形成围绕原点 O 的**内摆线**。注意,摆球一旦离开了起始点,其投影轨迹不会经过原点 O,与 O 点有个最近距离。投影曲线的另一个特点是:摆球每次摆动都不会回到上一次的出发点,其最高点有规律地越来越偏离 x 轴,摆动平面作**顺时针旋转**。如果从 Out[7] 估计,摆球每次偏离的弧线距离约为 3mm。这与傅科当年的实验测量是相符的。

接下来,计算傅科摆摆动平面顺时针旋转的速度,计算旋转一周用的时间。定义摆球的投影轨迹到原点 O 的距离 r,

$$r = \sqrt{x^2 + y^2}$$

摆球第一次返回出发点附近的最高位置时,r 与 x 轴的夹角 θ 定义为摆动平面旋转的角度

---

① 王岩松,等.地球真的在自转啊[J].物理通报,2003(7):42.

$$\theta = \arcsin(\mid y \mid /r)$$

而摆球到达此位置的时间 t_1 可以通过求 r 的极值得到。摆动面的旋转速度 Ω 可以表示成

$$\Omega = \frac{\theta}{t_1} \times \frac{180}{\pi} \times 3600(°/h)$$

旋转一周的时间

$$T_2 = \frac{360°}{\Omega}(h)$$

计算程序如下。

```
In[9]:= L = 67.0; φ = 48.85 °; g = 9.8;
       ω = 2 π / (24 × 3600.0); x0 = 0.05; time = 100;
       equ = {x''[t] == -g x[t] / L + 2 ω Sin[φ] y'[t],
           y''[t] == -g y[t] / L - 2 ω (Sin[φ] x'[t] + Cos[φ] z'[t]),
           z[t] == (x[t]^2 + y[t]^2) / (2 L),
           x[0] == x0, x'[0] == 0,
           y[0] == 0, y'[0] == 0,
           z[0] == x0^2 / (2 L), z'[0] == 0};
       s = NDSolve[equ, {x, y, z}, {t, 0, time}];
       {x, y, z} = {x, y, z} /. s[[1]];
       r[t_] := Sqrt[x[t]^2 + y[t]^2] ;
       Plot[r[t], {t, 0, time}, PlotRange → All,
         AxesLabel -> {"t/s", "r/m"}]
       s = FindMaximum[r[t], {t, 16}]
       Print["t1= ", t1 = t /. s[[2]], " s"]
       Print["y1= ", y1 = y[t1], " m"]
       θ = ArcSin[Abs[y1] / r[t1]];
       Print["Ω= ", Ω = θ / t1 × 180 / π × 3600, " °/h"]
       Print["T2= ", 360 / Ω, " h"]
       Clear["Global`*"]
```

Out[16]= {0.049999899, {t → 16.428742}}

t1= 16.428742 s

y1= -0.00004498089 m

Ω= 11.294833 °/h

T2= 31.872981 h

这一次,在程序里只将摆球拉偏了 5cm,没有采用 3m 的原始距离。这是因为,**傅科摆摆动面的旋转速度其实还是与初始条件有关的,只有很小振幅的摆动,才能给出近似理论预计的值**(请读者改变参数,自己验证)。可以看到,傅科摆第一次回到出发点附近最高点的时间约为 16.4s。在巴黎,傅科摆摆动面每小时大约转过 11.3°,转一周的时间约为 31.87h,接近 32h。这些都与历史数据基本吻合。

下面接着探讨第三个问题:**位于不同纬度的傅科摆,它们的摆动面旋转一周的时间有什么规律**?

回答这个问题很容易,只要把上面这个程序修改一下即可得到结果。

```
In[23]:= L = 67.0; g = 9.8;
        ω = 2 π / (24 × 3600.0); x0 = 0.05; time = 100;
        equ = {x''[t] == -g x[t] / L + 2 ω Sin[φ] y'[t],
          y''[t] == -g y[t] / L - 2 ω (Sin[φ] x'[t] + Cos[φ] z'[t]),
          z[t] == (x[t]^2 + y[t]^2) / (2 L),
          x[0] == x0, x'[0] == 0,
          y[0] == 0, y'[0] == 0,
          z[0] == x0^2 / (2 L), z'[0] == 0};
        r[t_] := Sqrt[α[t]^2 + β[t]^2]; data = {};
        Do[
          s = NDSolve[equ, {x, y, z}, {t, 0, time}];
          {α, β, γ} = {x, y, z} /. s[[1]];
          s = FindMaximum[r[t], {t, 16.4}];
          t1 = t /. s[[2]]; y1 = β[t1];
          Θ = ArcSin[Abs[y1] / r[t1]];
          AppendTo[data, {φ, (2 π / Θ) × t1 / 3600}],
          {φ, 3 °, 90 °, 3 °}]
        g1 = ListPlot[data, PlotRange → All,
          AxesLabel -> {"φ/rad", "T2/h"}];
        s = FindFit[Take[data, -10], {λ / Sin[φ], λ > 0}, λ, φ]
        g2 = Plot[(λ / Sin[φ]) /. s, {φ, π / 60, π / 2}, PlotRange → All]
        Show[{g1, g2}, AxesOrigin -> {0, 0}]
        Clear["Global`*"]

Out[29]= {λ → 23.999952}
```

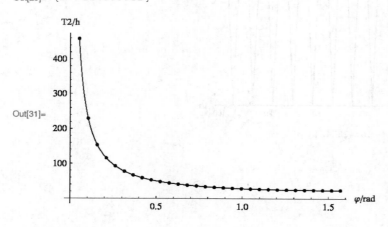

Out[31]=

程序给了两个结果，依次说明如下。

Out[29]给出的是 **FindFit**[]拟合所得到的一个参数 $\lambda=23.999952$h，它拟合的数据 data 是程序计算出来的纬度-旋转周期 T_2 的数据，计算 T_2 的时候用的都是小振幅摆动。根据傅科摆的小振幅摆动理论，纬度 φ 与旋转周期 T_2 是如下关系：

$$T_2 = 24h/\sin\varphi \tag{3-7}$$

程序中就是采用这个公式进行拟合的，可见，计算结果与理论预计符合得很好。不过，我们在拟合的时候并没有采用所有纬度的数据，而是截取了最后 10 个纬度的数据，这是在 **Take**[data，-10]中完成的。这样做的原因，是因为低纬度时摆动面旋转缓慢，第一次返回出发点附近最高点时的角度很小，计算的相对误差较大。根据 Out[31]，摆动面旋转周期是随着纬度增大而减小的，采用高纬度的旋转周期数据，计算的相对误差较小。读者可以不用 **Take**[data，-10]而直接用 data 来验证此点。Out[31]还表明，从人眼的分辨能力来看，用公式（3-7）拟合计算数据，二者符合很好。

另外，为了程序中循环计算的顺利进行，插值函数的值被赋给了变量 α、β 和 γ，并用它们定义 r；插值函数的值不能直接赋给 x、y 和 z，否则，当程序第二次循环到 **NDSolve**[]时，由于 x、y 和 z 已经被赋值，程序就会报错，因为函数 **NDSolve**[]要求它们是没有被赋值的符号变量。

3.4.4 傅科摆模拟的其他问题

第一个问题是：**在南半球，傅科摆的摆动面旋转特性有什么不同吗？**

回答这个问题，只需要注意：在南半球，地球自转角速度在地面坐标系的表达式需要变为

$$\boldsymbol{\omega} =- \omega\cos\varphi\boldsymbol{i} + 0\boldsymbol{j} - \omega\sin\varphi\boldsymbol{k}$$

此时摆球的运动方程组只需把方程组（3-6）里的 $\sin\varphi$ 改为 $-\sin\varphi$ 即可：

$$x'' =- gx/L - 2\omega\sin\varphi y'$$
$$y'' =- gy/L - 2\omega(- \sin\varphi x' + \cos\varphi z')$$
$$z = (x^2 + y^2)/(2L)$$

请读者编程模拟南纬 $48.85°$的傅科摆运动，以便与已经计算过的北半球巴黎的结果进行对照，此处就不再赘述。

第二个问题是：**如果将摆球的起始点改在 y 轴上，傅科摆的摆动会有什么不同吗？**

回答这个问题也容易，把模拟北半球巴黎的基本程序中的初始条件修改一下，马上就有答案。结论是：没有什么不同。

第三个问题是：**傅科摆的长时间行为有什么异常吗？**

以上对傅科摆计算的截止时间只有 100s，相比于摆动面旋转周期 24h 以上，这个时间较短，所考察的是傅科摆的短时间行为。通过短时间行为的考察，已经揭示了傅科摆在地面坐标系中的一些行为，计算结果与小振幅近似的解析理论结果相当一致。这似乎应该满意了，为什么还要考察傅科摆的长时间行为呢？这是因为，方程组（3-6）是做过三次近似才得到的，并非严格成立的，所谓"失之毫厘，差之千里"，方程解的长时间行为会不会出现异常呢？其次，方程组（3-6）是比较复杂的耦合方程组，根据历史经验，复杂方程的行为经常出乎预料，谁知道什么时候会出现突变什么的呢？因此，由方程组（3-6）描写的傅科摆是否如想象的那样单调平庸，

是一个值得研究的问题。

我们考察在地理北极点的傅科摆行为,将考察时间 time 拉长。为了保证 **NDSolve[]** 求解的精度,根据前述计算可知,摆球用 16.4s 左右的时间回到出发点附近,坐标函数应该也以这个值为近似周期,若将 **NDSolve[]** 中的参数 MaxStepSize 设置为 1s,就可以保证坐标函数一个周期内有 16 个以上的计算点,精度还是不错的。另一个改变的参数是 MaxSteps,它控制最大计算步数,默认值是 10^4,现在把它改为 ∞,防止计算中途停止。在求解完成后对 z 和摆球投影轨迹作图的时候,因为振动周期太多,需要增加作图点数,才能保证曲线的完整性,这由 **Plot[]** 的参数 PlotPoints 来控制。最后还需要**将地球自转速度加快 10 倍**,这增加了惯性离心力,但对第一个近似还没有严重影响(请读者再次计算证明),也不影响第二个近似。这样做的好处是将摆球投影轨迹的密度稀释了,以方便看清轨迹的形状和变化。

如下为程序和结果。

```
In[83]:= L = 67.0; φ = 90.0 °; g = 9.8;
        ω = 10 × 2 π / (24 × 3600.0); x0 = 1.0; time = 4300;
        equ = {x''[t] == -g x[t] / L + 2 ω Sin[φ] y'[t],
            y''[t] == -g y[t] / L - 2 ω (Sin[φ] x'[t] + Cos[φ] z'[t]),
            z[t] == (x[t]^2 + y[t]^2) / (2 L),
            x[0] == x0, x'[0] == 0,
            y[0] == 0, y'[0] == 0,
            z[0] == x0^2 / (2 L), z'[0] == 0};
        s = NDSolve[equ, {x, y, z}, {t, 0, time},
            MaxSteps → ∞, MaxStepSize → 1];
        {x, y, z} = {x, y, z} /. s[[1]];
        Plot[z[t], {t, 0, time}, PlotRange → All,
          AxesLabel -> {"t/s", "z/m"}, PlotPoints → 2 × 10^3]
        ParametricPlot[{x[t], y[t]}, {t, 0, time},
          PlotRange → All, AspectRatio → Automatic,
          AxesLabel -> {"x/m", "y/m"}, PlotPoints → 2 × 10^3]
        Clear["Global`*"]
```

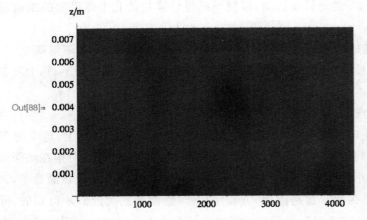

Out[88]=

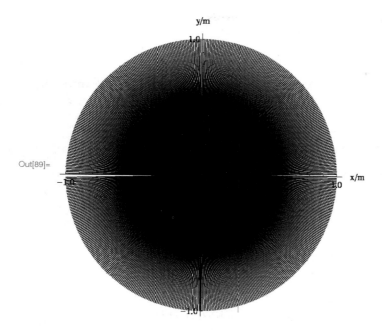

Out[89]=

本例的输出 Out[88] 表示 z 坐标随时间的变化,时间设置到 4300s,这是调试以后的取值。我们看到,z 坐标在经历了长时间之后依然作规则的等幅振动,如果作图时间缩短,这一点会看得更清楚。Out[89] 是摆球在 xOy 平面内的投影轨迹,可以看出,投影区域是规则的圆,在 4300s 内,摆动面旋转了近乎半个圆,读者据此可以换算一下,如果不加快地球的自转速度,摆动面在北极点旋转一周大约需要 24h。这两个图可能坚定了读者的想象,摆球的运动本来就该是这样的嘛!

是的,很幸运,方程组(3-6)给出了符合实际也符合想象的结果,其长时间行为没有什么怪异。

本章附录:无阻尼单摆周期的准确表达式

理想单摆运动方程(3-2)可重写如下:

$$\theta'(t) = -\Omega^2 \sin\theta(t), \quad 其中 \quad \Omega = \sqrt{g/L}$$

对上式两边乘上 $\theta'(t)$ 并对 t 积分,则

$$\theta'(t) = \Omega \sqrt{2(\cos\theta(t) - \cos\theta_0)}$$

其中,θ_0 是最大摆角。对上式再次积分,并注意从 0° 到最大摆角处用的时间是 $T/4$,则

$$\frac{1}{4}\Omega T = \int_0^{\theta_0} \frac{\mathrm{d}\theta}{2\sqrt{\sin^2\frac{\theta_0}{2} - \sin^2\frac{\theta}{2}}}$$

引入参数 ϕ,满足

$$\sin\frac{\theta}{2} = \sin\frac{\theta_0}{2}\sin\phi$$

则得到决定周期 T 的准确公式

$$\frac{\pi}{2} \cdot \frac{T}{T_0} = \int_0^{\frac{\pi}{2}} \frac{\mathrm{d}\phi}{\sqrt{1 - \sin^2 \frac{\theta_0}{2} \sin^2 \phi}}$$

其中, $T_0 = \frac{2\pi}{\Omega}$。上式右端是椭圆积分, Mathematica 能对它积分, 积分函数是 **Integrate[]**。

In[1]:= **Integrate$\left[\dfrac{1}{\sqrt{1 - \mathbf{Sin[\theta0 / 2]}^2 \, \mathbf{Sin[\varphi]}^2}}, \{\varphi, 0, \pi / 2\},\right.$**

   $\left.\text{Assumptions} \to \theta0 > 0\right]$

Out[1]= EllipticK$\left[-\text{Tan}\left[\dfrac{\theta0}{2}\right]^2\right] \sqrt{\text{Sec}\left[\dfrac{\theta0}{2}\right]^2}$

若对周期公式右端进行级数展开再积分, 略去高次项, 可得近似公式

$$T \approx T_0 \left(1 + \frac{1}{4}\sin^2 \frac{\theta_0}{2}\right)$$

读者可以通过画曲线或计算来比较近似公式与准确公式的差别。

第 4 章

振动与快速傅里叶变换

本章的研究内容有两点：一是通过计算研究两个振动模型，二是学习振动分析的一个重要工具——傅里叶变换（Fourier）。两个振动模型分别是受迫振动和多体振动，对于前者，将设计一个具体的物理模型，探讨受迫振动的特点，并研究算法；对于后者，将研究一维的简谐振动链，学习高维微分方程组的写法，并适时地引进傅里叶变换和快速傅里叶变换（简称 **FFT**），它能从貌似"紊乱"的运动中揭示出基本的简谐分量，研究它们的频谱和能谱。我们将用最原始的"直接计算法"来进行傅里叶变换，也采用了有关的 Mathematica 函数来进行 **FFT**，读者从中可以比较它们的优缺点。这是任何想从事频谱分析的读者都要事先掌握的。

4.1 受迫振动——数值模拟

在振动知识的学习中，有一类重要的振动是不该忽略的，那就是**受迫振动**，它是对振动体额外施加作用力的情况下所产生的振动，与自由振动有明显的差别，就是会改变振动体的振动频率，并能引起**共振**。这样的振动类型在生产生活和自然界中广泛存在，例如地震时房屋的晃动，著名的美国 Tacoma 大桥（1940 年）在大风吹拂下像面条一样被扭断[①]，都是受迫振动的例子。技术上利用或者防止共振的情况就更多了。

4.1.1 受迫振动实验系统

为了研究受迫振动的特点，我们设计一个实验系统，它的组成如图 4-1 所示，图中的振动体是一块中间穿孔的永磁铁，有一个滑竿从孔中竖直穿过，磁铁上连一根轻质弹簧，其倔强系数为 k，弹簧上端焊接在滑竿上，滑竿的下端放置到压力传感器上，由传感器的输出信号来检测磁铁的振动情况。在磁铁的周围有两组线圈，半径较小的一组线圈是长直密绕螺线圈，通入交流电流，沿着线圈轴线产生均匀磁场，磁场的大小正比于电流的大小，磁场的方向与电流方向有关；半径较大的一组线圈是由一对同轴线圈构成，它们通有大小相等的直流电流，但电流的通入方向相反，根据后面磁学部分的计算可以证明，这样的一对线圈将沿着轴线产生线性梯度磁场，其磁场强度用公式表示为

$$H_1(x) = \lambda_1(x - x_1)$$

λ_1 是比例常数，由线圈的参数和通入的电流决定，x_1 是梯度磁场为零的位置。这样，磁铁所处

[①] 详见维基百科和网络视频。

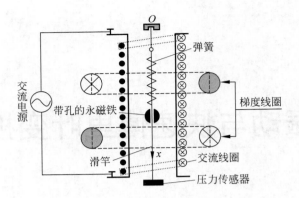

图 4-1　谐振子受迫振动实验系统

的外部磁场强度为

$$H(x,t) = H_1(x) + H_2(t)$$

其中，$H_2(t)$ 是交流线圈产生的时变磁场，它可以表示为

$$H_2(t) = h\cos\omega t$$

h 由交流电的振幅和线圈缠绕密度决定，ω 是交流电的圆频率。假设磁铁的尺度比梯度磁场分布的尺度要小很多，合成磁场 $H(x,t)$ 比磁铁的固有磁场弱很多，则磁铁所受的磁场力为[①]

$$F_m(x,t) = \mu V H(x,t) \frac{\mathrm{d}H(x,t)}{\mathrm{d}x}$$

其中，μ 是永磁材料的磁导率；V 是磁铁的有效体积。

此外，磁铁还要受到重力、弹簧的弹性力以及空气的阻力，设空气阻力大小与磁铁运动速度成正比，于是，磁铁在 x 方向所受的合力为

$$
\begin{aligned}
F &= mg - \lambda_3 \dot{x} - k(x - x_2) + F_m \\
&= mg - \lambda_3 \dot{x} - k(x - x_2) + \lambda_1 \mu V[h\cos\omega t + \lambda_1(x - x_1)] \\
&= -\lambda_2 x - \lambda_3 \dot{x} + \lambda_4 \cos\omega t + F_0
\end{aligned}
$$

式中，m 是磁铁的质量；g 是重力加速度；λ_3 是空气(或者液体)的阻力系数；x_2 是弹簧自然长度的位置，而

$$\lambda_2 = k - \mu V \lambda_1^2, \quad \lambda_4 = \mu V h \lambda_1, \quad F_0 = mg + kx_2 - \mu V \lambda_1^2 x_1$$

于是，磁铁振动方程为

$$m\ddot{x} = -\lambda_2 x - \lambda_3 \dot{x} + \lambda_4 \cos\omega t + F_0 \tag{4-1}$$

通过求解方程(4-1)，获得磁铁的振动位移 $x(t)$，进而计算出弹簧对传感器的压力 $k(x - x_2)$，于是，振子在强迫力 $\lambda_4 \cos\omega t$ 的作用下如何运动的情况就完全确定，这个实验系统就可以用来研究受迫振动的规律了。

本研究分为两个部分，第一部分用数值方法求解方程(4-1)，第二部分用解析方法求解方程(4-1)，两个部分各自能让我们进行不同的练习，也能从不同的侧面了解受迫振动的特点。

4.1.2　调试参数

从理论上讲，实验系统图 4-1 是可行的，为了保证实验测量的条件并让实验现象明显，需要对该系统的参数进行调试。例如，为了造成简谐振动，实验中要求 $\lambda_2 > 0$；如果传感器只能

① 李学全，等. 磁力研磨技术[J]. 机械设计与制造工程，2000，29(1)：53.

测量压力而不能测量拉伸的力量,则要求实验过程中始终有 $x > x_2$;为了有足够的强迫力,需要 λ_4 尽可能大一些;为了尽可能在短时间内观察到稳定的振动,需要阻尼 λ_3 尽可能大一些;等等。下面就估算有关的参数。

以铁基永磁体为参考,设磁铁为半径 $r = 1.5$cm 的球体,密度取 $\rho = 7.8$g/cm³。空气的阻力太小,取油为阻尼介质,例如蓖麻油的黏滞系数 η 常温下约为 1Pa·s,太大,选择黏滞系数约为 0.1Pa·s的油,阻尼系数 $\lambda_3 \approx 6\pi\eta r$。若交流线圈通入电流为 I,螺线管单位长度导线缠绕密度为 n 匝,则 $h = nI$。取峰值电流为 10A,匝密度为 $10^3/\text{m}$,则 $h = 10^4$A/m,这大概是极限了。梯度磁场经过努力获得 $\lambda_1 = 10^5$A/m² 是有可能的。最后,对于永磁体,磁导率 $\mu \approx 4\pi \times 10^{-7}$N/A²。根据以上参数,编写一段程序,看看求解的结果如何。

```
In[1]:= r = 1.5 × 10⁻²; ρ = 7.8 × 10³;
        V = 4 π / 3 × r³; m = ρ V;
        g = 9.8; k = 15;
        η = 0.1; λ3 = 6 η r;
        h = 10⁴; λ1 = 10⁵;
        σ = 4 π × 10⁻⁷ V λ1;
        λ2 = k - σ λ1; λ4 = σ h;
        x2 = 0.2; x1 = 0.25;
        F0 = m g + k x2 - σ λ1 x1;
        ω = 0.95 √(λ2 / m); time = 100;
        equ = {m x''[t] == -λ2 x[t] - λ3 x'[t] + λ4 Cos[ω t] + F0,
           x[0] == x2, x'[0] == 0};
        s = NDSolve[equ, x, {t, 0, time}, MaxSteps → ∞];
        Plot[x[t] /. s[[1]], {t, 0, time},
         PlotRange → All, PlotPoints → 500]
        Clear["Global`*"]
```

Out[13]=

先说结果,再说编程问题。

Out[13]是磁铁振子的振动曲线,第一个感觉就是现象明显,适中,不是不振动,也不是振幅增大得不靠谱,尤其是振子位移都低于 x_2;第二个感觉是振子先经历一段时间的不规则振动,逐渐过渡到等幅振动。振子在规则的正弦驱动力的作用下,经历瞬态到达稳态,即规则的正弦振动。稳态是驱动力所主导的状态。

编程方面的问题有以下三点需要说明。

(1)两个特征位置参数 x_1 和 x_2 是随便选取的,考虑到振子在没有驱动力的时候最后会静止在某个位置,以后将以这个位置为中心振动,所以事先将梯度磁场的中心位置稍微往下移动了一点,表现为 $x_1 > x_2$,但实际的中心位置并没有出现在 x_1,而是更往下沉,见 Out[13] 的振动中心。可以根据模拟计算调整梯度线圈的位置,使之一致。

(2)交流电圆频率的取值是这样考虑的,根据受迫振动理论,当驱动力的频率接近系统的固有振动频率时,振幅最大,而系统的固有振动圆频率是 $\sqrt{\lambda_2/m}$,取其 0.95 倍,振幅应该比较大一些,现象明显。

(3)振子的初始条件是这样给定的:起初,磁铁静止在弹簧的自然长度的位置,然后令磁铁自由下落。

这里顺便解决两个问题。

问题一:振子的振动中心如何确定?

这个问题既可以根据方程(4-1)来确定,也可以从 Out[13] 上确定。根据方程(4-1),振子静止的位置 x 由下式确定

$$-\lambda_2 x + mg + kx_2 - \sigma\lambda_1 x_1 = 0$$

如果是为了调整梯度磁场的中心位置,可以令 $x = x_1$,则

$$x_1 = \frac{mg + kx_2}{\lambda_2 + \sigma\lambda_1}$$

问题二:振子的稳定振动频率与驱动力的频率一致吗?

这个问题可以得到解析的证明,详见后面。现在因为有了数值结果,可以从数值解里得到回答,结论是:二者一致。

现在写一个程序,完成以上两问题的解答。

```
In[15]:= r = 1.5 × 10⁻²; ρ = 7.8 × 10³; V = 4 π / 3 × r³; m = ρ V;
        g = 9.8; k = 15; η = 0.1; λ3 = 6 π η r;
        h = 10⁴; λ1 = 10⁵; σ = 4 π × 10⁻⁷ V λ1;
        λ2 = k - σ λ1; λ4 = σ h;
        x2 = 0.2; x1 = 0.25; F0 = m g + k x2 - σ λ1 x1;
        Print["x01= ", F0 / λ2]
        Print["ω1= ", ω = 0.95 √(λ2 / m)]; time = 100;
        equ = {m x''[t] == -λ2 x[t] - λ3 x'[t] + λ4 Cos[ω t] + F0,
            x[0] == x2, x'[0] == 0};
        s = NDSolve[equ, x, {t, 0, time}, MaxSteps → ∞];
        x = x /. s[[1]];
        s1 = NMaximize[{x[t], 0.8 time < t && t < time}, t]
        s2 = NMinimize[{x[t], 0.8 time < t && t < time}, t];
        Print["x02= ", (s1[[1]] + s2[[1]]) / 2]
        s3 = FindMaximum[x[t], {t, 1.05 t /. s1[[2]]}]
        Print["ω2= ", 2 π / Abs[(t /. s1[[2]]) - (t /. s3[[2]])]]
        Clear["Global`*"]
```

x01= 0.2723072

ω1= 11.014216

Out[25]= {0.28432454, {t → 93.004478}}

x02= 0.27230746

Out[28]= {0.28432465, {t → 92.434018}}

ω2= 11.014238

在程序的输出结果中,x_{01} 是根据公式计算的平衡位置,x_{02} 是在振动进入稳态的情况下通过计算 $x(t)$ 的最大值和最小值,取二者的平均值,所得到的平衡位置,可见二者基本一致。程

序输出的 ω_1 和 ω_2 分别是驱动力的圆频率和计算出的稳态振动的圆频率,其中,ω_2 的计算采用了求局部极大值的方法,在所求的最大值的结果 s_1 附近找另一个极大值,从 Out[25]和 Out[28]可见两个极值的幅度基本一致,根据两个极值位置的时间差所计算的稳定振动的圆频率与驱动力的圆频率也基本一致。

4.1.3 演示共振

受迫振动的显著特征是存在共振现象。前面通过特例已经证明了振子稳定振动的频率与驱动力的频率一致,这是其一。当驱动力的频率改变时,振子稳定振动的振幅也会随之改变,尤其是当驱动力的频率接近振子的固有频率 Ω 时,会激起振子最大幅度的振动,此即共振现象,这是其二。下面写一个程序,演示共振现象。把前面第一个程序修改一下,通过循环,改变驱动力的频率 ω,每次输出振动曲线,观察稳定振动的幅度。在所输出的图上标注了振子固有频率的近似值,以及每次所取的驱动力的频率值,以便让读者更好地理解振幅与驱动力频率的关系。程序输出多幅图,最后只截取了三幅作为代表。读者可以仿照第 3 章制作动画的方法,将这些图以动画的形式播放,效果会更好。

```
r = 1.5 × 10⁻²; ρ = 7.8 × 10³;
V = 4 π / 3 × r³; m = ρ V; g = 9.8;
η = 0.1; λ3 = 6 π η r;
h = 10⁴; k = 20; λ1 = 10⁵;
σ = 4 π × 10⁻⁷ V λ1; λ2 = k - σ λ1; λ4 = σ h;
x2 = 0.2; x1 = 0.25;
F0 = m g + k x2 - σ λ1 x1;
Ω = √(λ2 / m); n = 20; δΩ = Ω / n;
time = 100;
equ = {m x''[t] == -λ2 x[t] - λ3 x'[t] + λ4 Cos[ω t] + F0,
    x[0] == x2, x'[0] == 0};
Do[
  s = NDSolve[equ, x, {t, 0, time}, MaxSteps → ∞];
  figure = Plot[x[t] /. s[[1]], {t, 0, time},
    PlotPoints → 500, PlotRange → {x2, 1.6 x2},
    Epilog → Text["Ω=" <> ToString[Ω] <> ",  ω=" <> ToString[ω],
      {time / 2, 1.55 x2}]];
  Print[figure], {ω, 0.5 Ω, 1.5 Ω, δΩ}]
Clear["Global`*"]
```

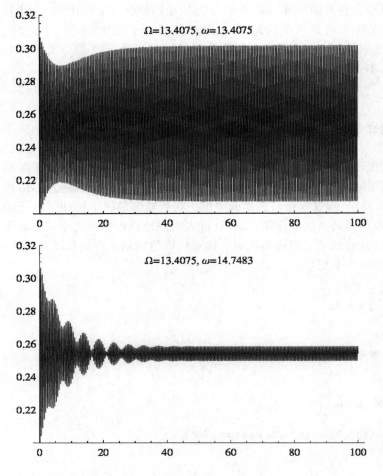

4.1.4　色散曲线

当振子稳定振动以后,振动函数 $x(t)$ 可以用正弦或余弦函数来描写

$$x(t) = a\cos(\omega t + \varphi) + x_0$$

其中,x_0 是振动中心;a 是振幅;φ 是相位,也是振子运动与驱动力的相位差,当 $\varphi > 0$ 时,表示相位超前,当 $\varphi < 0$ 时,表示相位落后。振幅和相位都是驱动力频率 ω 的函数,下面就来计算一下这两个量与 ω 的关系曲线,即色散曲线。

首先计算振幅 a 的色散曲线。计算的方法在前面的计算中已经给出,即在振子稳定振动阶段,求其振动的最大值与最小值,二者之差的一半,就是振幅。下面是计算程序。

```
In[31]:=  r = 1.5 × 10⁻² ; ρ = 7.8 × 10³ ;
          V = 4 π / 3 × r³ ; m = ρ V ; g = 9.8 ;
          η = 0.1 ; λ3 = 6 π η r ;
          h = 10⁴ ; k = 20 ; λ1 = 10⁵ ;
          σ = 4 π × 10⁻⁷ V λ1 ; λ2 = k - σ λ1 ; λ4 = σ h ;
          x2 = 0.2 ; x1 = 0.25 ;
          F0 = m g + k x2 - σ λ1 x1 ;
          Ω = √(λ2 / m) ; n = 100 ; δΩ = Ω / n ;
          time = 100 ; ωa = {} ;
```

```
Do[
  equ = {m x''[t] == -λ2 x[t] - λ3 x'[t] + λ4 Cos[ω t] + F0,
    x[0] == x2, x'[0] == 0};
  s = NDSolve[equ, x, {t, 0, time}, MaxSteps → ∞];
  s1 = NMaximize[{x[t] /. s[[1]]}, 0.9 time < t < time}, t];
  s2 = NMinimize[{x[t] /. s[[1]]}, 0.9 time < t < time}, t];
  AppendTo[ωa, {ω, (s1[[1]] - s2[[1]]) / 2}],
  {ω, 0.5 Ω, 1.5 Ω, δΩ}]
ListLinePlot[ωa, PlotRange → {{0.5 Ω, 1.5 Ω}, All},
  Mesh → Full, AxesOrigin -> {0.5 Ω, 0},
  AxesLabel -> {"ω", "a"}]
Clear["Global`*"]
```

Out[41]=

Out[41] 是振幅 a 的色散曲线，它有一个单峰，峰值点对应共振频率 $\Omega = 13.4\,\mathrm{rad/s}$。该曲线在峰点两边并不对称。振幅色散曲线能更直观地告诉读者受迫振动会出现共振，也告诉我们如何远离共振区域。

程序中使用了求函数最大和最小近似值的函数，它们的格式一致，例如求最大值的函数格式为

NMaximize$\left[\langle f(x), \mathrm{con}\rangle, x\right]$

其中，con 表示对自变量的约束条件，例如搜寻范围等，该项可以没有。

接下来要计算相位 φ 的色散曲线。φ 色散的计算可以有不同的方法，最容易想到的是拟合法，即在振子稳态振动阶段截取一段振动曲线，用余弦函数对这段曲线进行拟合，可以同时求得振幅和相位。被截取的那段振动曲线需要进行离散化处理，即对曲线进行均匀**抽样**，取得一组分立的点，用余弦函数**拟合**这些点，所用的函数为 **FindFit**[]。下面就计算一下，看看有没有问题。

```
In[43]:= r = 1.5 × 10^-2; ρ = 7.8 × 10^3;
        V = 4 π / 3 × r^3; m = ρ V; g = 9.8;
        η = 0.1; λ3 = 6 π η r;
        h = 10^4; k = 20; λ1 = 10^5;
        σ = 4 π × 10^-7 V λ1; λ2 = k - σ λ1; λ4 = σ h;
        x2 = 0.2; x1 = 0.25;
        F0 = m g + k x2 - σ λ1 x1;
        Ω = √(λ2 / m); n = 100; δΩ = Ω / n;
        time = 100; ωa = ωφ = {}; φ0 = 0; a0 = 0.01;
```

```
Do[
  equ = {m x''[t] == -λ2 x[t] - λ3 x'[t] + λ4 Cos[ω t] + F0,
    x[0] == x2, x'[0] == 0};
  s1 = NDSolve[equ, x, {t, 0, time}, MaxSteps → ∞];
  data = Table[{δt, (x[δt] /. s1[[1]]) - F0 / λ2},
    {δt, 0.8 time, time, 0.2 time / n}];
  s2 = FindFit[data, {a Cos[ω t + φ], a > 0 && (-π < φ < π)},
    {{a, a0}, {φ, φ0}}, t];
  (*
  g1=ListPlot[data];
  g2=Plot[a Cos[ω t+φ]/.s2,{t,0.8time,time}];
  Print[Show[g1,g2]];
  *)
  AppendTo[ωa, {ω, a /. s2}];
  AppendTo[ωφ, {ω, φ /. s2}],
  {ω, 0.5 Ω, 1.5 Ω, δΩ}]
ListPlot[ωa, PlotRange -> {{0.5 Ω, 1.5 Ω}, All},
  AxesOrigin -> {0.5 Ω, 0}, AxesLabel -> {"ω", "a"}]
ListPlot[ωφ, PlotRange -> {{0.5 Ω, 1.5 Ω}, {-π, 0.1}},
  AxesOrigin -> {0.5 Ω, 0}, AxesLabel -> {"ω", "φ"}]
Clear["Global`*"]
```

Out[53]=

Out[54]=

先说说程序设计。本次对振动曲线的抽样是在求解区间的末端 0.2time 内进行的，采样间隔是 $0.2\text{time}/n$，共有 $n+1$ 个采样点，采样数据存放在变量 data 中。要注意的是：在采样的时候，同时减去了振动中心位置 $x_0 = F_0/\lambda_2$ 的值，这样剩下的就是纯余弦函数的值了。程序第二个要注意的地方是在拟合函数 **FindFit[]** 中，它对拟合参数的范围进行了限制，并且给拟合参数赋予了初始值 $\{a_0, \varphi_0\}$。由于不知道它们的初始值该取多少，所以就取了固定值。第三个要注意的地方是有一段程序被当作注释了,本次运行,这段程序并不被执行,但如果去掉注释符号,它就能将拟合效果逐个显示出来,为下面的输出结果进行解释。

程序的输出是 Out[53] 和 Out[54],分别表示振幅和相位的色散曲线。与 Out[41] 相比,很显然,振幅色散曲线是错误的,相应地,相位色散曲线也是错误的,本来都是光滑的曲线,现在,它们在共振之后有一半是紊乱的。事实上,如果亲自运行,程序会输出一些错误提示,表明拟合运算出现了错误。问题出在哪里呢?研究发现,错误出在拟合参数在每次拟合运算的时候都取了固定的初始值 $\{a_0, \varphi_0\}$,这在 **FindFit[]** 运算中是特别忌讳的,因为不同的初始值可能导致拟合结果是不同的,甚至得不到正确的拟合结果。

那么,有什么办法能给出拟合参数不同的初始值,并且这些初始值还能很接近拟合的结果呢? 其实,办法很简单,就是**把每次拟合的正确结果作为下一次拟合的初始值**。原因是这样的:色散曲线是连续的光滑曲线,若上一次参数拟合值是正确的,下一次正确的参数拟合值与上一次拟合结果非常接近。而第一次拟合的初始值可以合理地估计,例如当驱动力的频率较低时,振子将会随驱动力而动,二者相位几乎相同,而在远离共振点的地方,振子振幅很小。据此,令 $\{a_0, \varphi_0\} = \{0.01, 0\}$,就是合理的。下面是修改后的程序和运行结果。

```
In[56]:=  r = 1.5 × 10⁻²; ρ = 7.8 × 10³;
          V = 4 π / 3 × r³; m = ρ V; g = 9.8;
          η = 0.1; λ3 = 6 π η r;
          h = 10⁴; k = 20; λ1 = 10⁵;
          σ = 4 π × 10⁻⁷ V λ1; λ2 = k - σ λ1; λ4 = σ h;
          x2 = 0.2; x1 = 0.25;
          F0 = m g + k x2 - σ λ1 x1;

Ω = √ λ2 / m ; n = 200; δΩ = Ω / n;
time = 100; ωa = ωφ = {}; {a0, φ0} = {0.01, 0};

Do[
  equ = {m x''[t] == -λ2 x[t] - λ3 x'[t] + λ4 Cos[ω t] + F0,
    x[0] == x2, x'[0] == 0};
  s1 = NDSolve[equ, x, {t, 0, time}, MaxSteps → ∞];
  data = Table[{δt, (x[δt] /. s1[[1]]) - F0 / λ2},
    {δt, 0.8 time, time, 0.2 time / n}];
  s2 = FindFit[data, {a Cos[ω t + φ], a > 0 && (-π < φ < π)},
    {{a, a0}, {φ, φ0}}, t];
  AppendTo[ωa, {ω, a0 = a /. s2}];
  AppendTo[ωφ, {ω, φ0 = φ /. s2}],
  {ω, 0.5 Ω, 1.5 Ω, δΩ}]
ListPlot[ωa, PlotRange -> {{0.5 Ω, 1.5 Ω}, All},
  AxesOrigin -> {0.5 Ω, 0}, AxesLabel -> {"ω", "a"}]
ListPlot[ωφ, PlotRange -> {{0.5 Ω, 1.5 Ω}, {-π, 0.1}},
  AxesOrigin -> {0.5 Ω, 0}, AxesLabel -> {"ω", "φ"}]
Clear["Global`*"]
```

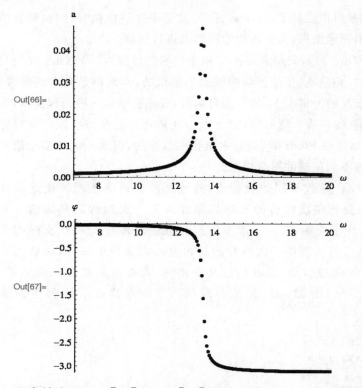

程序输出了 Out[66]和 Out[67],它们给出的是光滑的色散曲线,结果应该是正确的。注意 Out[67],它表明:①振子的相位总是负的,表示振子运动总是比驱动力"慢一拍",反映了振子因惯性而"懒惰"的秉性;②相位的色散在共振点附近变化特别剧烈,相位很快就从接近于 0 而跃变到接近于−π,然后就几乎保持这个值不变。所以,共振点不仅是振幅的显著变化点,也是振子相位由几乎同相变得几乎反相的转折点,在驱动力的高频段,振子几乎与驱动力背道而驰。

4.2 受迫振动——解析分析

受迫振动的谐振子运动方程(4-1)是一个常系数的常微分方程,属于可以解析求解的类型,因此,有必要获得其解析解,以便分析振子运动的一般规律,也是对 4.1 节数值模拟结果的理性升华。

用 Mathematica 求方程(4-1)解析解的函数是 **DSolve[]**,在前面的章节里介绍过它,现在再次派上了用场。求解程序如下。

```
equ = {m x''[t] == -λ2 x[t] - λ3 x'[t] + λ4 Cos[ω t] + F0,
    x[0] == x2, x'[0] == 0};
s = DSolve[equ, x, t];
(x[t] /. s[[1]]) // Simplify
Clear["Global`*"]
```

请读者运行以上程序,它将对方程(4-1)解析求解的结果进行适当化简,然后就输出了一堆长长的表达式,限于篇幅,此处从略。该表达式中,将重复出现一个单元

$$\sqrt{-4m\lambda_2 + \lambda_3^2}$$

在一般情况下,根号下是负值,因此,该单元是纯虚数,令其为 $i\alpha$,α 是正的实数,i 是虚数因子。通过如此替换,对求解结果进一步化简,程序如下。

```
equ = {m x''[t] == -λ2 x[t] - λ3 x'[t] + λ4 Cos[ω t] + F0,
    x[0] == x2, x'[0] == 0};
s1 = DSolve[equ, x, t];
s2 = (x[t] /. s1[[1]]) // Simplify;
(s2 /. {√(-4 m λ2 + λ3²) → i α}) // FullSimplify
Clear["Global`*"]
```

运行程序,将产生一个较复杂的复数表达式,为了能在这里展示,对该表达式进行整理,结果如下。

$$
\left(e^{-\frac{t(i\alpha+\lambda3)}{2m}} \right.
$$
$$
\times \left(F0 \left(-i \left(1 + e^{\frac{it\alpha}{m}} - 2 e^{\frac{t(i\alpha+\lambda3)}{2m}} \right) \alpha + \lambda3 - e^{\frac{it\alpha}{m}} \lambda3 \right) \right.
$$
$$
\times \left(\lambda2^2 - 2 m \lambda2 \omega^2 + \lambda3^2 \omega^2 + m^2 \omega^4 \right)
$$
$$
+ \lambda2 \left(x2 \left(i\alpha - \lambda3 + e^{\frac{it\alpha}{m}} (i\alpha + \lambda3) \right) \right.
$$
$$
\times \left(\lambda2^2 - 2 m \lambda2 \omega^2 + \lambda3^2 \omega^2 + m^2 \omega^4 \right)
$$
$$
+ \lambda4 \left(-i \left(1 + e^{\frac{it\alpha}{m}} \right) \alpha (\lambda2 - m\omega^2) \right.
$$
$$
\left. - \left(-1 + e^{\frac{it\alpha}{m}} \right) \lambda3 (\lambda2 + m\omega^2) \right)
$$
$$
\left. \left. + 2 i e^{\frac{t(i\alpha+\lambda3)}{2m}} \alpha \lambda2 \lambda4 \left((\lambda2 - m\omega^2) \cos[t\omega] + \lambda3 \omega \sin[t\omega] \right) \right) \right) \Big/
$$
$$
\left(2 \lambda2 \sqrt{-4 m \lambda2 + \lambda3^2} \left(\lambda2^2 - 2 m \lambda2 \omega^2 + \lambda3^2 \omega^2 + m^2 \omega^4 \right) \right)
$$

可以看到,虽然指定了替换,但并没有替换干净,仍然有一个单元没有能够替换掉,这说明 Mathematica 的“智能”程度还没有提高到让人放心的程度,这是要引起注意的。没有替换掉的部分需要手工替换,并对复数结果取其实部,再行化简,程序如下。

```
In[1]:= s1 = ( e^{-\frac{t(i\alpha+\lambda3)}{2m}}
```
$$
\times \left(F0 \left(-i \left(1 + e^{\frac{it\alpha}{m}} - 2 e^{\frac{t(i\alpha+\lambda3)}{2m}} \right) \alpha + \lambda3 - e^{\frac{it\alpha}{m}} \lambda3 \right) \right.
$$
$$
\times \left(\lambda2^2 - 2 m \lambda2 \omega^2 + \lambda3^2 \omega^2 + m^2 \omega^4 \right)
$$
$$
+ \lambda2 \left(x2 \left(i\alpha - \lambda3 + e^{\frac{it\alpha}{m}} (i\alpha + \lambda3) \right) \right.
$$
$$
\times \left(\lambda2^2 - 2 m \lambda2 \omega^2 + \lambda3^2 \omega^2 + m^2 \omega^4 \right)
$$
$$
+ \lambda4 \left(-i \left(1 + e^{\frac{it\alpha}{m}} \right) \alpha (\lambda2 - m\omega^2) \right.
$$
$$
\left. - \left(-1 + e^{\frac{it\alpha}{m}} \right) \lambda3 (\lambda2 + m\omega^2) \right)
$$
$$
\left. \left. + 2 i e^{\frac{t(i\alpha+\lambda3)}{2m}} \alpha \lambda2 \lambda4 \left((\lambda2 - m\omega^2) \cos[t\omega] + \lambda3 \omega \sin[t\omega] \right) \right) \right) \Big/
$$
$$
\left(2 i \alpha \lambda2 \left(\lambda2^2 - 2 m \lambda2 \omega^2 + \lambda3^2 \omega^2 + m^2 \omega^4 \right) \right);
$$
```
s2 = ComplexExpand[Re[s1]];
FullSimplify[s2]
Clear["Global`*"]
```

Out[3]= $e^{-\frac{t\,\lambda3}{2\,m}}\left(\alpha\left(-\lambda2^2\left(F0-x2\,\lambda2+\lambda4\right)\right.\right.$

$+\left(\left(F0-x2\,\lambda2\right)\left(2\,m\,\lambda2-\lambda3^2\right)+m\,\lambda2\,\lambda4\right)\omega^2$

$\left.+m^2\left(-F0+x2\,\lambda2\right)\omega^4\right)\cos\left[\frac{t\,\alpha}{2\,m}\right]$

$-\lambda3\left(\lambda2^2\left(F0-x2\,\lambda2+\lambda4\right)+\right.$

$\left(-\left(F0-x2\,\lambda2\right)\left(2\,m\,\lambda2-\lambda3^2\right)+m\,\lambda2\,\lambda4\right)\omega^2$

$\left.+m^2\left(F0-x2\,\lambda2\right)\omega^4\right)\sin\left[\frac{t\,\alpha}{2\,m}\right]+$

$e^{\frac{t\,\lambda3}{2\,m}}\alpha\left(F0\left(\lambda2^2-2\,m\,\lambda2\,\omega^2+\lambda3^2\,\omega^2+m^2\,\omega^4\right)\right.$

$\left.\left.\left.+\lambda2\,\lambda4\left(\left(\lambda2-m\,\omega^2\right)\cos[t\,\omega]+\lambda2\,\lambda3\,\lambda4\,\omega\sin[t\,\omega]\right)\right)\right)\right)/$

$\left(\alpha\,\lambda2\left(\lambda2^2-2\,m\,\lambda2\,\omega^2+\lambda3^2\,\omega^2+m^2\,\omega^4\right)\right)$

程序的输出 Out[3]主要分为两项,第一项是衰减振荡项:

$e^{-\frac{t\,\lambda3}{2\,m}}\left(\alpha\left(-\lambda2^2\left(F0-x2\,\lambda2+\lambda4\right)\right.\right.$

$+\left(\left(F0-x2\,\lambda2\right)\left(2\,m\,\lambda2-\lambda3^2\right)+m\,\lambda2\,\lambda4\right)\omega^2$

$\left.+m^2\left(-F0+x2\,\lambda2\right)\omega^4\right)\cos\left[\frac{t\,\alpha}{2\,m}\right]$

$-\lambda3\left(\lambda2^2\left(F0-x2\,\lambda2+\lambda4\right)+\right.$

$\left(-\left(F0-x2\,\lambda2\right)\left(2\,m\,\lambda2-\lambda3^2\right)+m\,\lambda2\,\lambda4\right)\omega^2$

$\left.\left.+m^2\left(F0-x2\,\lambda2\right)\omega^4\right)\sin\left[\frac{t\,\alpha}{2\,m}\right]\right)/$

$\left(\alpha\,\lambda2\left(\lambda2^2-2\,m\,\lambda2\,\omega^2+\lambda3^2\,\omega^2+m^2\,\omega^4\right)\right)$

该项振动部分的圆频率是

$$\omega_0=\frac{\alpha}{2m}=\frac{\sqrt{4m\lambda_2-\lambda_3^2}}{2m}=\sqrt{\frac{\lambda_2}{m}-\left(\frac{\lambda_3}{2m}\right)^2}$$

它比理想的自由振动圆频率 $\sqrt{\lambda_2/m}$ 要小一些,原因是有阻尼 λ_3,这与阻尼单摆的情况很相似。

Out[3]的第二项是稳态振动项,经化简,它可以表示为

$$F0/\lambda2+\lambda4\,\frac{\left(\lambda2-m\,\omega^2\right)\cos[t\,\omega]+\lambda3\,\omega\sin[t\,\omega]}{\left(\lambda2-m\,\omega^2\right)^2+\left(\lambda3\,\omega\right)^2}$$

上式的第一小项 F_0/λ_2 是振子不振动时的稳定位置,亦即稳态振动中心;第二小项可以组成一个余弦函数,其振幅为

$$a=\frac{\lambda_4}{\sqrt{\left(\lambda_2-m\omega^2\right)^2+\left(\lambda_3\omega\right)^2}}$$

它是驱动力圆频率 ω 的函数,是振幅色散关系的具体表达式。可以看到,共振点并非出现在 $\Omega=\sqrt{\lambda_2/m}$ 处,该处只是共振点的近似位置,前面的数值模拟把 Ω 作为参照中心并不严格,严格的共振点需要求出振幅的极大值位置而得到,程序如下。

ln[5]:= **Solve** $\left[\text{D}\left[\left(\lambda 2 - \text{m}\,\omega^2\right)^2 + \left(\lambda 3\,\omega\right)^2, \omega\right] == 0, \omega\right]$

Out[5]= $\left\{ \{\omega \to 0\}, \left\{\omega \to -\dfrac{\sqrt{2\,\text{m}\,\lambda 2 - \lambda 3^2}}{\sqrt{2}\,\text{m}}\right\}, \left\{\omega \to \dfrac{\sqrt{2\,\text{m}\,\lambda 2 - \lambda 3^2}}{\sqrt{2}\,\text{m}}\right\} \right\}$

根据第三个解,共振点出现在下列位置:

$$\omega_{\text{p}} = \sqrt{\frac{\lambda_2}{m} - \frac{1}{2}\left(\frac{\lambda_3}{m}\right)^2}$$

在阻尼系数 λ_3 相对较小的情况下,$\omega_{\text{p}} \approx \Omega$,前面的模拟计算就属于这种情况。将 ω_{p} 代入振幅表达式,可得共振点的振幅为

$$a_{\text{p}} = \frac{\lambda_4}{\lambda_3\sqrt{\dfrac{\lambda_2}{m} - \left(\dfrac{\lambda_3}{2m}\right)^2}}$$

上式说明,共振点的振幅与系统的所有动力学因素都有关系,尤其注意它与阻尼系数 λ_3 的关系是非单调的,并且可以看出,要出现共振,阻尼系数应有个上限,超过上限,振子不可能振动,更谈不到共振了。共振振幅与阻尼的关系,可以供减震设计作参考。

从稳态项的表达式还可以求得振子的相位 φ。令

$$\cos\varphi = \frac{\lambda_2 - m\omega^2}{\sqrt{(\lambda_2 - m\omega^2)^2 + (\lambda_3\omega)^2}}$$

$$\sin\varphi = -\frac{\lambda_3\omega}{\sqrt{(\lambda_2 - m\omega^2)^2 + (\lambda_3\omega)^2}}$$

则稳态项可以写成

$$F_0/\lambda_2 + \frac{\lambda_4}{\sqrt{(\lambda_2 - m\omega^2)^2 + (\lambda_3\omega)^2}}(\cos\omega t \cos\varphi - \sin\omega t \sin\varphi)$$

$$= F_0/\lambda_2 + a\cos(\omega t + \varphi)$$

根据相位所满足的正弦函数可知,$\varphi < 0$,当 $\omega = 0 \sim \infty$,$\sin\varphi = 0 \sim -1$,相应地 $\varphi = 0 \sim -\pi$。考虑到各个三角函数反函数的取值范围,可以用 $\cos\varphi$ 的反函数来求相位 φ。下面写一段程序,画出相位 φ 随驱动频率 ω 的变化曲线。

ln[6]:=
```
r = 1.5 × 10⁻²; ρ = 7.8 × 10³;
V = 4 π / 3 × r³; m = ρ V; g = 9.8;
η = 0.1; λ3 = 6 π η r;
k = 20; λ1 = 10⁵; σ = 4 π × 10⁻⁷ V λ1; λ2 = k - σ λ1;
Ω = √ λ2 / m ;

Plot [-ArcCos [ (λ2 - m ω²) / √((λ2 - m ω²)² + (λ3 ω)²) ], {ω, 0.5 Ω, 1.5 Ω},

PlotRange → All, AxesLabel -> {"ω", "φ"}]
Clear["Global`*"]
```

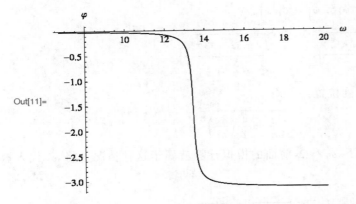

Out[11]=

曲线 Out[11] 的形状与 4.1 节模拟计算的结果 Out[67] 是一致的。

本节的解析分析主要有两个方面,一是对 **DSolve[]** 的求解结果进行化简,二是对化简结果的分析,读者应该亲自完成每一步的运算,以体验 Mathematica 令人叹服的符号化简能力,它在求解的时候可能出现了很多项,但经过化简函数 **Simplify[]** 或者 **FullSimplify[]**,又能让它们归并为简单有序,意义明确,对用户帮助很大。

4.3　一维振动链

前面研究的单摆和谐振子,振动体只有一个,本节要研究的一维振动链,振动体有两个或多个,属于多体振动,不仅在处理技术上有新的特点,在运动形态上也有新的形式,因为出现了**合作运动**,个体的运动可以用群体合作运动的模式来表达。由一维振动链分析所得到的概念,可以更好地理解分子和固体的行为。为了逐步显示出多体振动的特点,下面分两部分研究由两个质点和三个质点组成的一维振动链的运动问题,最后推广到任意多个质点振动链的情况。**假设相邻的质点之间存在弹性力,而不相邻的质点之间没有力的作用。**

4.3.1　两个质点的一维振动

由两个质点组成的一维振动系统如图 4-2 所示,两个振动质点都位于 x 轴上。设两个质点之间的平衡距离为 x_0,弹性力大小用胡克定律表示

$$f = k\Delta x$$

式中,k 是倔强系数;Δx 是相对位置的变化。对于图 4-2 那样的振动系统,可以容易地写出两个质点的运动方程如下:

$$m_1 \ddot{x}_1 = k(x_2 - x_1 - x_0)$$
$$m_2 \ddot{x}_2 = -k(x_2 - x_1 - x_0)$$

m_1 和 m_2 是两个质点的质量。系统初始条件的选取要避免系统漂移,因为根据动量守恒定律,如果初始动量不为 0,系统整体就会漂移。

由于两个质点的振动方程比较简单,可以解析求解,下面写一个程序,求解析解。

图 4-2　两个质点的一维振动系统

```
ln[1]:= {m1, m2} = {1, 1};
     k = 5; x0 = 1; time = 10;
     equ = {
        m1 x1''[t] == k (x2[t] - x1[t] - x0),
        m2 x2''[t] == -k (x2[t] - x1[t] - x0),
        x1[0] == 0, x2[0] == λ x0,
        x1'[0] == 0, x2'[0] == 0};
     s = DSolve[equ, {x1, x2}, t];
     {x1, x2} = {x1, x2} /. s[[1]];
     s = {x1[t], x2[t], x2[t] - x1[t]} // FullSimplify;
     Do[Print["x" <> ToString[i] <> "[t]= ", s[[i]]], {i, 3}]
     λ = 0.9;
     Plot[s, {t, 0, time},
        PlotStyle -> {Red, Blue, Black}, AxesLabel -> {"t", "x"}]
      Clear["Global`*"]
```

$$x1[t] = (-1 + \lambda) \, Sin\left[\sqrt{\frac{5}{2}} \; t\right]^2$$

$$x2[t] = \frac{1}{2} \left(1 + \lambda + (-1 + \lambda) \, Cos\left[\sqrt{10} \; t\right]\right)$$

$$x3[t] = 1 + (-1 + \lambda) \, Cos\left[\sqrt{10} \; t\right]$$

Out[9]=

先看程序。程序一开始就令两个质点的质量相同。倔强系数 k 和两质点的平衡距离 x_0 都是随便设定的。在方程的初始条件部分，质点都是静止的，因而总动量为 0，系统没有整体漂移。起初，质点 1 处于原点，而质点 2 处在 λx_0，λ 的具体值是在后面才赋予的，为了能使系统振动起来，λ 不能为 1。解析求解的结果显示了三项，分别是 x_1、x_2 和 $x_2 - x_1$，后者是两质点的相对运动，用 x_3 表示。从显示的表达式可以看出，**这三项都是单一频率的余弦函数，且频率相等**，圆频率都是 $\sqrt{10}$；其中第一项可以用三角化简函数 **TrigReduce[]** 进一步展开来看就清楚了。

$$ln[11]:= \mathbf{TrigReduce}\left[\mathbf{Sin}\left[\sqrt{\frac{5}{2}} \; \mathbf{t}\right]^2\right]$$

$$Out[11]= \frac{1}{2} \left(1 - Cos\left[\sqrt{10} \; t\right]\right)$$

程序在最后对 λ 赋值,画出了这三项的时间变化图,见 Out[9],红线、蓝线和黑线分别对应 x_1、x_2 和 x_3,它们以同样的频率振荡,但 x_1 和 x_2 的相位相反,而 x_2 和 x_3 相位相同,这是必然的,前者是总动量为 0 的要求,后者是因为在 x_2-x_1 的运算中调整了 x_1 的相位,使之与 x_2 同相。

4.3.2　三个质点的一维振动

由三个质点组成的一维振动链如图 4-3 所示,该系统的运动方程也很容易列出。

$$m_1\ddot{x}_1 = k(x_2 - x_1 - x_0)$$

$$m_2\ddot{x}_2 = -k(x_2 - x_1 - x_0) + k(x_3 - x_2 - x_0)$$

$$m_3\ddot{x}_3 = -k(x_3 - x_2 - x_0)$$

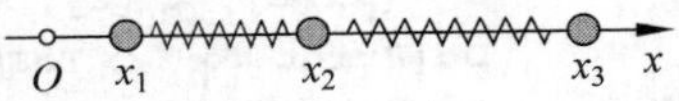

图 4-3　三个质点的一维振动系统

对该系统,先进行数值计算,因为结果容易得出,也比较直观。

```
In[12]:= {m1, m2, m3} = {1, 1, 1};
         k = 5; x0 = 1; time = 20;
         equ = {
            m1 x1''[t] == k (x2[t] - x1[t] - x0),
            m2 x2''[t] == -k (x2[t] - x1[t] - x0) + k (x3[t] - x2[t] - x0),
            m3 x3''[t] == -k (x3[t] - x2[t] - x0),
            x1[0] == 0, x2[0] == 0.9 x0, x3[0] == 2.1 x0,
            x1'[0] == 0, x2'[0] == 0, x3'[0] == 0};
         s = NDSolve[equ, {x1, x2, x3}, {t, 0, time}];
         {x1, x2, x3} = {x1, x2, x3} /. s[[1]];
         Plot[{x1[t], x2[t], x3[t], Range[2]}, {t, 0, time},
          PlotPoints -> 100]
         Clear["Global`*"]
```

Out[17]=

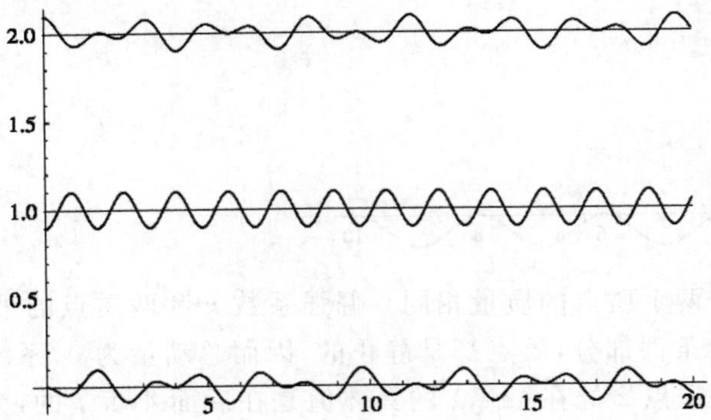

程序指定了三个质点的初始位置。在求出它们的位移函数之后,将三个位移函数在一张图上画出,并附上由 **Range**[2]指定的两条水平线作为运动的参考位置。由 Out[17]可见,质点 2 作规则的余弦振动,而质点 1 和质点 3 都作不规则的振动,这是什么原因呢?

对于复杂的力学运动,列出方程,求解,相对容易,但要对力学系统所出现的各种特征进行直观的解释,常常力不从心,很多时候只能接受所出现的结果,进行很有限的理解。这也是其他学科常常面临的共同局面。下面给出三质点振动系统的解析解,从中寻求一般规律。

```
In[19]:= {m1, m2, m3} = {1, 1, 1};
        k = 5; x0 = 1;
        equ = {
            m1 x1''[t] == k (x2[t] - x1[t] - x0),
            m2 x2''[t] == -k (x2[t] - x1[t] - x0) + k (x3[t] - x2[t] - x0),
            m3 x3''[t] == -k (x3[t] - x2[t] - x0),
            x1[0] == 0, x2[0] == 0.9 x0, x3[0] == 2.1 x0,
            x1'[0] == 0, x2'[0] == 0, x3'[0] == 0};
        s = DSolve[equ, {x1, x2, x3}, t];
        {x1, x2, x3} = {x1, x2, x3} /. s[[1]];
        s = {x1[t], x2[t], x3[t]} // FullSimplify // Chop;
        Do[Print["x" <> ToString[i] <> "[t]= ", s[[i]]], {i, 3}]
        Clear["Global`*"]
```

$$x1[t] = -0.05 \cos\left[\sqrt{5}\ t\right] + 0.05 \cos\left[\sqrt{15}\ t\right]$$

$$x2[t] = 1. - 0.1 \cos\left[\sqrt{15}\ t\right]$$

$$x3[t] = 2. + 0.05 \cos\left[\sqrt{5}\ t\right] + 0.05 \cos\left[\sqrt{15}\ t\right]$$

现在看清楚了，x_2 是单一频率的函数，而 x_1 和 x_3 都是两个频率的函数，且两个频率不是有理数的关系，所合成的函数不具有周期性，表现为很紊乱的振动。

虽然解析结果证明了数值求解的结果是对的，问题依然没有解决，例如：为什么 x_2 是单一频率的函数？各个质点的振动频率是怎么形成的？……回想前面两个质点振动的情形，那里只有单一的圆频率 $\sqrt{10}$，而这里出现的圆频率没有 $\sqrt{10}$，而是 $\sqrt{5}$ 和 $\sqrt{15}$，完全见不到简单振动的影子。

下面进一步给出三质点振动系统包含初始位置的通解，看看有没有新发现。

```
In[27]:= {m1, m2, m3} = {1, 1, 1};
        k = 5; x0 = 1;
        equ = {
            m1 x1''[t] == k (x2[t] - x1[t] - x0),
            m2 x2''[t] == k (x3[t] - 2 x2[t] + x1[t]),
            m3 x3''[t] == -k (x3[t] - x2[t] - x0),
            x1[0] == λ1 x0, x2[0] == λ2 x0, x3[0] == λ3 x0,
            x1'[0] == 0, x2'[0] == 0, x3'[0] == 0};
        s = DSolve[equ, {x1, x2, x3}, t];
        {x1, x2, x3} = {x1, x2, x3} /. s[[1]];
        FullSimplify[{x1[t], x2[t], x3[t]},
          t > 0 && λ1 > 0 && λ2 > 0 && λ3 > 0];
        s = ComplexExpand[Re[%]] // FullSimplify;
        Do[Print["x" <> ToString[i] <> "[t]= ", s[[i]]], {i, 3}]
        Clear["Global`*"]
```

$$x1[t] = \frac{1}{6}\left(2\ (-3 + λ1 + λ2 + λ3) + 3\ (2 + λ1 - λ3) \cos\left[\sqrt{5}\ t\right]\right.$$
$$\left. + (λ1 - 2\ λ2 + λ3) \cos\left[\sqrt{15}\ t\right]\right)$$

$$x2[t] = \frac{1}{3}\left(\lambda1 + \lambda2 + \lambda3 - (\lambda1 - 2\lambda2 + \lambda3)\,\text{Cos}\left[\sqrt{15}\ t\right]\right)$$

$$x3[t] = \frac{1}{6}\left(2\,(3 + \lambda1 + \lambda2 + \lambda3) - 3\,(2 + \lambda1 - \lambda3)\,\text{Cos}\left[\sqrt{5}\ t\right]\right.$$
$$\left. + (\lambda1 - 2\lambda2 + \lambda3)\,\text{Cos}\left[\sqrt{15}\ t\right]\right)$$

这一次，三个质点的初始位置由三个参数 λ_1、λ_2 和 λ_3 来定，三个位移函数的通解与它们有关。可以看到：

(1) 若 $\lambda_1 - 2\lambda_2 + \lambda_3 = 0$，则三个位移函数中都不包含圆频率 $\sqrt{15}$。

(2) 若 $2 + \lambda_1 - \lambda_3 = 0$，则第一和第三个位移函数都不包含圆频率 $\sqrt{5}$。

可见，初始条件会影响系统的振动状态，某些频率成分出现或不出现，与质点的初始状态有关；至于各个频率成分，当然与系统的力学性质有关，比如质量、倔强系数，等等。读者可以令三个质点在质量相等的情况下取消所有的参数赋值，求得更一般化的通解，看看各个圆频率与什么因素有关，要注意给予各个参数足够的信息，帮助 **FullSimplify**[]更准确地完成化简。

现在回到前述基本问题上来：各个质点的位移函数所包含的频率成分表示什么意思？我们说，这些频率成分不是由单个质点本身决定的，而是所有质点**合作运动**的结果；合作运动有多个模式，每个模式对应一个频率成分。在耦合系统中，个体失去了自主性，变得随波逐流。这个原理也适用于人类社会，单个人的命运是由社会环境决定的，个体的自主性可以影响到选择什么，但无法不进行选择，例如回家过春节，喝喜酒送红包，穿名牌赶时尚，以及炒股买基金，等等，这些都是人类合作创造出来的"模式"。下面根据上面求解的结果，探讨三质点振动系统的合作模式。其实，答案已经在前面的分析中部分显露，例如当 $\lambda_1 - 2\lambda_2 + \lambda_3 = 0$ 时，质点 2 是不振动的，质点 1 和质点 3 都以圆频率 $\sqrt{5}$ 振动，但方向相反。这是一种基本的合作模式。在这种模式下，实际上相当于两个独立的谐振子在振动，它们有共同的圆频率，即

$$\omega_1 = \sqrt{k/m} = \sqrt{5/1} = \sqrt{5}$$

该模式的激发仅需要初始条件合适，即起初释放时质点 1 和质点 3 对称地位于质点 2 的两边，但二者不能刚好相距 $2x_0$。此模式的运动情况如图 4-4 所示。

系统的另一种合作模式发生在 $2 + \lambda_1 - \lambda_3 = 0$，这时三个质点都以圆频率 $\sqrt{15}$ 振动，只是质点 1 和质点 3 同相运动，而质点 2 却与它们反相运动。这种模式的激发需要起初释放时质点 1 和质点 3 相距 $2x_0$，而质点 2 不能处在它们中间（否则都将不振动）。在以后的同步振动中，质点 1 和质点 3 之间始终保持相距 $2x_0$。这种模式的运动情况如图 4-5 所示。至于为什么三个质点的振动圆频率都是 $\sqrt{15}$，不能如上面那样可以直观地求得。下面用能量守恒的方式来间接地证明这个频率。

图 4-4　$\sqrt{5}$ 模式　　　　　图 4-5　$\sqrt{15}$ 模式

因为动量守恒，三个质点的质心不能移动，质心位置可以设为 0，因此

$$x_1 + x_2 + x_3 = 0$$

这种模式又要求

$$x_3 - x_1 = 2x_0$$

联立以上两式,可得

$$x_1 = -\frac{1}{2}x_2 - x_0, \quad x_3 = -\frac{1}{2}x_2 + x_0$$

由此得出以下两个结论。

(1) 质点 1 与质点 3 运动同相,并都与质点 2 反相。

(2) 质点 1 和质点 3 的振幅只是质点 2 振幅的一半,同时运动速率也是后者的一半。

振动系统的能量是守恒的,能量的表达式如下,替换成 x_2 表示。

$$E = \frac{1}{2}m\dot{x}_1^2 + \frac{1}{2}m\dot{x}_2^2 + \frac{1}{2}m\dot{x}_3^2 + \frac{1}{2}k(x_2 - x_1)^2 + \frac{1}{2}k(x_3 - x_2)^2$$

$$= \frac{1}{2}\left(\frac{3m}{2}\right)\dot{x}_2^2 + \frac{1}{2}\left(\frac{9k}{2}\right)x_2^2 + kx_0^2$$

这是一个谐振子的能量表达式,相当于振子的质量为 $3m/2$,倔强系数为 $9k/2$,因此,该振子的圆频率为

$$\omega_2 = \sqrt{(9k/2)/(3m/2)} = \sqrt{3k/m} = \sqrt{3 \times 5/1} = \sqrt{15}$$

这就是频率 $\sqrt{15}$ 的由来。如果把能量换算成其他质点的坐标表示,结果也是相同的。此例再一次提醒我们:在多体的合作运动下,单独求解一个质点的运动是很困难的,几乎没有直观的方法,即使是力学运动,也不是都能够直观地理解和求解,只能求解系统的方程组。此例推而广之,当多体的数量很大时,系统的合作运动模式更难想象,单独研究一个模式更加困难。

4.3.3　大型微分方程组的书写

结合多体振动的研究,介绍一下大型微分方程组的书写,这些方程需要有规律。可以想到,随着质点数目的增加,一维振动链的运动方程组将越来越庞大,书写这些方程本身就是一件困难的事情,一不小心就错了,导致全盘错误。况且,如果方程都写出来,势必导致程序越来越长,也是难以接受的。需要探讨简便书写大型方程组的方法。对于 Mathematica 来讲,这是可能的,因为它允许用**名称数组**来定义变量名,然后就可以使用了。名称数组的定义函数为 **Array[]**,其使用格式是

xvar = **Array**[x, n]

这样就定义了一个名称数组 xvar,其中的元素是

$\{x[1], x[2], \cdots, x[n]\}$

以后,$x[i]$ 就可以当作变量名来使用了。

下面写一个一维振动链的通用求解程序,供读者研究和模仿使用。该程序写出了 14 个质点振动链的运动方程组,每个质点的初始位置是在某个整数附近随机分布,函数 **RandomReal[]** 用来产生一定范围的随机小数。方程组 equ0 抓住了一维振动链的受力特点,用单位阶跃函数 **UnitStep[]** 写出。最后展示了求解结果的两种使用方式。

```
In[36]:= n = 14; x[0] = 1; k = 5; time = 100;
     m = Table[1, {n}];
     xvar = Array[x, n];
     λ = RandomReal[{-0.1, 0.1}, n];
     x0 = Table[x[i][0] == (i + λ[[i]]) x[0], {i, n}];
     dx0 = Table[x[i]'[0] == 0, {i, n}];
```

```
equ0 = Table[
    m[[i]] x[i]''[t] =
    -k (x[i][t] - x[i-1][t] - x[0]) UnitStep[i-2]
    + k (x[i+1][t] - x[i][t] - x[0]) UnitStep[n-i-1],
    {i, n}];
equ = Join[equ0, x0, dx0];
s = NDSolve[equ, xvar, {t, 0, time}, MaxSteps → ∞];
xvar = xvar /. s[[1]];
Plot[xvar[[1]][t], {t, 0, time}]
Plot[x[n][t] /. s[[1]], {t, 0, time}]
Clear["Global`*"]
```

Out[46]=

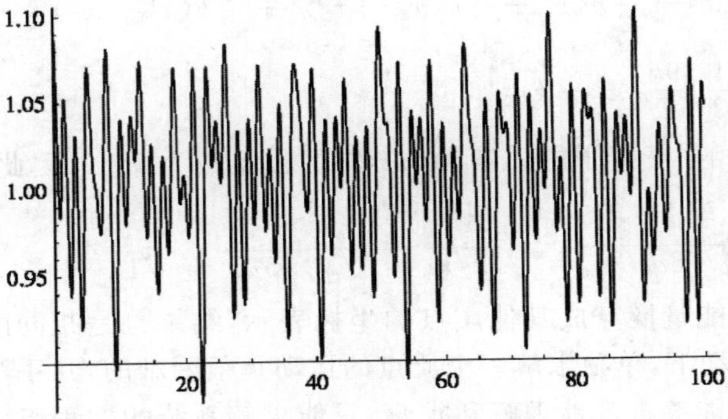

Out[47]=

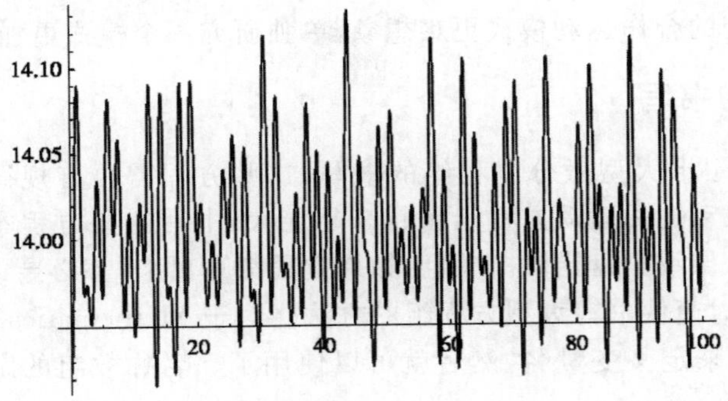

4.4 傅里叶变换与快速傅里叶变换

4.3节的研究表明,在多体耦合运动的情况下,系统存在合作运动的基本模式,这些模式的数量将随着多体数目的增加而增加,单个振动体的运动就是这些基本模式的叠加。这是很有趣的现象。另外,通过上面的研究还说明,要逐个寻找耦合系统的基本模式是很困难的,几乎没有简单和直观的方法。基本合作模式是耦合系统的基本运动方式,因而是重要的。那么,如何才能更一般地了解这些基本模式呢? 本节将要介绍一种数学工具——傅里叶变换(Fourier),以及它的快速算法——快速傅里叶变换(FFT),它是解析基本模式的有力工具,本节将对其详细地讨论。

4.4.1 傅里叶变换

傅里叶变换的含义是:一个随时间变化的信号 $s(t)$ 可以用一系列频率不同的正弦信号的

叠加来表示,其中频率为 ν 的成分的幅度可表示为

$$S(\nu) = \int_{-\infty}^{\infty} s(t) e^{-i2\pi\nu t}\, dt \tag{4-2}$$

式中,i 是虚数因子;$S(\nu)$ 叫做信号 $s(t)$ 的**频谱**,它一般是个复函数。

在求得了频谱以后,可以计算另一个有用的量——**能谱**(**功率谱**),它的定义是

$$P(\nu) = |\,S(\nu)\,|^2 \tag{4-3}$$

其含义是频率为 ν 的成分的"**能量**"。这个"能量"不是物理上真实的能量,如动能、势能或机械能等,而是表示频率分量振幅的平方,是衡量不同成分贡献的一个方便的表示,有时它正比于某种真实的能量。

给了这么一个抽象的数学定义和公式,读者可能还看不出它有什么用。别着急,通过后面的例子,你会逐步熟悉它的。下面,先利用 Mathematica 的作图能力来感受一下傅里叶变换所说含义的可信性:让若干个不同频率的正弦信号叠加起来,看看它们都能产生什么结果。

这里有三个不同频率、不同幅度、不同相位的正弦信号

$$s_1 = 2\sin(2.3t - 0.4), \quad s_2 = \sin(10t), \quad s_3 = 1.5\sin(11.5t)$$

如果画出它们随时间变化的曲线来,各自都是规则的正弦波,只是振幅、周期等不同罢了。把它们加起来形成叠加信号:

$$\text{signal} = s_1 + s_2 + s_3$$

对这个叠加信号作图,程序如下,输出的图形见 Out[2]。这个图形显然已经不是规则的正弦波了,甚至看不出它是周期性的波。这样的信号就属于复杂信号。

```
In[1]:= signal = 2 Sin[2.3 t - 0.4] + Sin[10 t] + 1.5 Sin[11.5 t];
        Plot[signal, {t, 0, 20}, PlotRange → All]
        Clear["Global`*"]
```

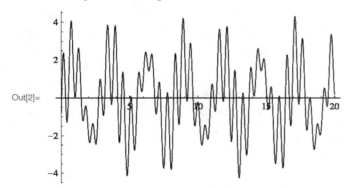

通过个案作图证明很容易,傅里叶变换的**正结论**好理解。问题是它的**反结论**,即**复杂信号能分解成不同频率的正弦信号的叠加**,要理解它就需要一点高等数学的知识了。这个结论早已经证明,把它拿来用就行了。

进行傅里叶变换,就是按公式(4-2)作计算,一般步骤是:

给出要考察的频率 ν_1,

代入公式(4-2),进行无穷积分,得到分量振幅 $S(\nu_1)$;

再给出要考察的频率 ν_2,

再代入公式(4-2),进行无穷积分,得另一个分量振幅 $S(\nu_2)$;

……

如此继续下去,直到不想考察了为止。

在后面的例子中,所给的信号其实是在有限的时间内计算出的信号,在此时间范围以外,没有给出信号,我们就令这些没有给出的信号为 0。因此,无穷时间的积分其实变成了有限时间的积分。不过,Mathematica 进行复数积分要使用大量的内存,很快就将计算机里的有限内存耗尽,系统不得不使用虚拟内存,进行频繁的读写磁盘的操作,计算速度大大下降。为避免此情况,我们把公式(4-2)拆成实部和虚部分别计算,都是进行的实数计算,不会存在内存耗尽的问题。计算出两个部分之后,就得到频谱和能谱。在程序里,使用变量 real 和 imaginary 表示实部和虚部,计算公式如下。

$$
\left.
\begin{aligned}
\text{real} &= \int_{-\infty}^{\infty} s(t)\cos(2\pi\nu t)\,\mathrm{d}t \\
\text{imaginary} &= \int_{-\infty}^{\infty} s(t)\sin(2\pi\nu t)\,\mathrm{d}t \\
S(\nu) &= \text{real} - \text{imaginary} \cdot \mathrm{i} \\
P(\nu) &= \text{real}^2 + \text{imaginary}^2
\end{aligned}
\right\}
\tag{4-4}
$$

以上进行傅里叶变换的方法属于直接计算法,有时也简称"**硬算**"。

4.4.2 三个质点振动链的傅里叶变换

前面详细研究了由三个质点组成的一维振动链的运动问题,发现单个质点的振动是由若干合作模式的叠加形成的,合作模式是单一频率的正弦振动。一般情况下,单个质点的振动包含所有基本的合作模式,如果对单个质点的振动进行傅里叶变换,应该能够解析出这些基本模式。因为三体振动模式已经有了准确的结果,我们就用傅里叶变换算一算,看看能不能再现这些结果,以检验傅里叶变换的有效性,并探究其中可能出现的问题。

因为三体振动的运动方程已经写出,下面就直接写程序,用"硬算"的方法求质点 1 位移的频谱并作图。要说明的是,一般说"信号的频谱图",其实是指功率谱,用来显示各个频率成分及其相对大小,因为频谱是复数,不方便直观地显示。

```
In[4]:= Date[]
    {m1, m2, m3} = {1, 1, 1}; k = 5; x0 = 1; time = 100;
    equ = {
        m1 x1''[t] == k (x2[t] - x1[t] - x0),
        m2 x2''[t] == -k (x2[t] - x1[t] - x0)
            + k (x3[t] - x2[t] - x0),
        m3 x3''[t] == -k (x3[t] - x2[t] - x0),
        x1[0] == 0, x2[0] == 0.9 x0, x3[0] == 2.1 x0,
        x1'[0] == 0, x2'[0] == 0, x3'[0] == 0};
    s = NDSolve[equ, {x1, x2, x3}, {t, 0, time}, MaxSteps → ∞];
    x1 = x1 /. s[[1]];
    n = 2000; ω1 = 0.5 √5 ; ω2 = 1.2 √15 ; δω = (ω2 - ω1) / n;
    data1 = data2 = {};
    Do[
     r = NIntegrate[x1[t] Cos[ω t], {t, 0, time},
        MaxRecursion → 20];
     i = -NIntegrate[x1[t] Sin[ω t], {t, 0, time},
        MaxRecursion → 20];
```

```
AppendTo[data1, {ω, r + i i}];
AppendTo[data2, {ω, r² + i²}],
{ω, ω1, ω2, δω}]
ListLinePlot[data2, Mesh → All, PlotRange → All,
  Ticks -> {{√5 , √15 }, Automatic}, AxesLabel -> {"ω", "P"}]
Export["e:/data/fly1.dat", data1]
Clear["Global`*"]
Date[]
```

Out[4]= {2012, 8, 22, 11, 37, 0.0279173}

Out[12]=
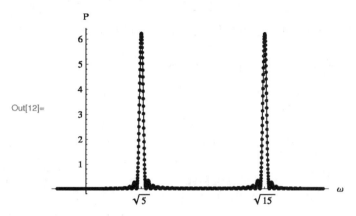

Out[13]= e:/data/fly1.dat

Out[15]= {2012, 8, 22, 11, 39, 42.1746021}

先说程序运行的结果。

（1）程序在选择的一段圆频率 $\omega_1 \sim \omega_3$ 范围内均匀选取了 $n=2000$ 个点，逐个计算对应的傅里叶变换，Out[12]便是计算出的频谱图，该图的水平轴上标出了 4.4.1 节所求出的两个基本模式的圆频率，以进行对照，可以看出，在两个标注的频率上出现了很尖锐的峰，表明这里存在着相应的频率成分，两个峰值一样高，说明两个成分的振幅一样大。其他地方没有谱峰。这些结论与前面的解析计算是相符的，证明傅里叶变换的确有解析信号中基本模式的作用，在难以求得解析解的情况下，这几乎成了唯一的方法。

（2）在频谱峰值的"根部"存在小的波动，或者叫谱峰的"**旁瓣**"，它们是些什么信号？这个问题留待后面讨论。

（3）所计算的频谱 $data_1$ 保存在磁盘文件 fly1.dat 上，读者可以用记事本程序打开来看，其中每个频率都对应一个复数。

（4）在程序的开头和结尾都使用了显示日期和时间的函数 **Date[]**，由此可以计算出整个程序运行的时间为 2 分 42 秒，用此方法可以监视或者估算程序所用的时间。

程序中使用了数值积分函数 **NIntegrate[]**，其用法详见附录 B。

下面来研究 Out[12]所显示的峰值两边的"旁瓣"是如何产生的？它们的存在意味着什么？

原来，这些小的"旁瓣"峰并不对应物理内容，而是因为在计算的时候采取了"**截断**"措施造成的。这是每一个准备进行傅里叶变换的人应该知道的。下面就简单地证明一下这个结论。

我们采用的信号可以看成两个信号的乘积，其中一个信号是真实的信号 $s_1(t)$，另一个信号叫做"**门信号**"$s_2(t)$，即在时间 $0 \sim \tau$ 范围内为 1，在此之外为 0。这个 τ 就是我们求解的那段

时间 time。因为物理的频率成分 $s_1(t)$ 是分立的，不妨设只有一个频率 Ω，即

$$s_1(t) \sim \sin(\Omega t)$$

对应的 Fourier 变换为狄拉克 δ 函数

$$S_1(\omega) \sim -\mathrm{i} \cdot \pi [\delta(\omega - \Omega) - \delta(\omega + \Omega)]$$

而"门信号" $s_2(t)$ 的 Fourier 变换为著名的"**抽样函数**"

$$S_2(\omega) \sim \tau \cdot \frac{\sin(\omega \tau/2)}{\omega \tau/2}（略去一个相因子）$$

乘积 $s_1(t) \cdot s_2(t)$ 的 Fourier 变换是它们各自 Fourier 变换的"**卷积**"（取 $\omega > 0$）

$$S(\omega) = \frac{1}{2\pi} \int_{-\infty}^{\infty} S_1(u) \cdot S_2(\omega - u) \mathrm{d}u \approx \frac{\tau}{2\mathrm{i}} \cdot \frac{\sin[(\omega - \Omega)\tau/2]}{(\omega - \Omega)\tau/2}$$

这是围绕频率 Ω 振荡衰减的函数，它的绝对值平方（即能谱）的一般形状如图 4-6 所示，图形的中心频率就是 Ω，高度与 τ^2 成正比。

根据这一关系，可以算出主峰旁边的小峰的圆频率 ω_n 满足下式

$$\tan\left(\frac{\omega_n - \Omega}{2}\tau\right) = \frac{\omega_n - \Omega}{2}\tau$$

（请读者用导数为 0 来证明）该方程的图解如图 4-7 所示，其解大致满足

$$\left|\frac{\omega_n - \Omega}{2}\tau\right| \approx \left(n + \frac{1}{2}\right)\pi$$

其中，n 是大于 0 的整数。因此，小峰之间的频率差近似满足

$$(\nu_{n+1} - \nu_n)\tau \approx 1 \tag{4-5}$$

其中，ν_n 是小峰的频率位置。请读者找出 Out[12] 谱峰两边"旁瓣"的位置，对式（4-5）加以验证。

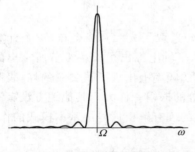

图 4-6 矩形脉冲的能谱

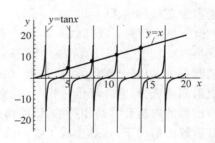

图 4-7 方程 $\tan x = x$ 的图解

最后说明三点。

（1）因为"旁瓣"主要分布在能谱峰的附近，如果在这个范围内还有其他频率成分，就可能被"旁瓣"所干扰，影响到能谱的分辨率，带来误判。

（2）式（4-5）提供了压缩"旁瓣"的方法，即加大"门时间"或求解时间 time。

（3）根据式（4-4）来计算能谱，所考察的频率范围理论上没有限制。根据本例的计算，可以看到在很多区间实际上并不存在谱峰，计算工作是浪费的。这个问题似乎没有太好的解决办法。另一个问题是应该在多大的频率区间内进行计算？这个问题可以部分地得到解决，那就是后面要介绍的 **FFT**，它能快速完成傅里叶变换，因而允许快速考察更大范围的频谱，找出实际存在谱峰的区间，然后用"硬算"的方法仔细地寻找谱峰。两种方法结合，有助于全面和准确地确定信号的频谱。

4.4.3　多质点振动链的傅里叶变换

前面用傅里叶变换探讨了三质点振动链的模式解析问题。这是个很简单的问题,傅里叶变换的作用应该体现在处理复杂系统的模式解析上,在那里,理论上的解析运算很难或者不可能。我们把组成振动链的质点数增大,就能造成这样的条件,以展示傅里叶变换的作用。

前面已经写出了一维振动链的通用求解程序,而且也用它计算过质点数为 14 的系统振动的解,并画出了第 1 个和第 14 个质点位移的曲线,那是复杂的振动曲线,它们包含振动链的基本运动模式。下面对这两条曲线进行傅里叶变换,看看有哪些基本模式。下列是试验程序,先计算第 14 个质点位移的频谱,探索其中的问题。

```
In[16]:= Date[]
        n = 14; x[0] = 1; k = 5; time = 100;
        m = Table[1, {n}];
        xvar = Array[x, n];
        λ = RandomReal[{-0.1, 0.1}, n];
        x0 = Table[x[i][0] == (i + λ[[i]]) x[0], {i, n}];
        dx0 = Table[x[i]'[0] == 0, {i, n}];
        equ0 = Table[
           m[[i]] x[i]''[t] ==
            -k (x[i][t] - x[i - 1][t] - x[0]) UnitStep[i - 2]
            + k (x[i + 1][t] - x[i][t] - x[0]) UnitStep[n - i - 1],
           {i, n}];
        equ = Join[equ0, x0, dx0];
        s = NDSolve[equ, xvar, {t, 0, time}, MaxSteps → ∞];
        x = x[n] /. s[[1]];

        n2 = 5000; ω1 = 0; ω2 = 5.0; δω = (ω2 - ω1) / n2;
        data1 = data2 = {};
        Do[
         r = NIntegrate[x[t] Cos[ω t], {t, 0, time},
           MaxRecursion → 20];
         i = -NIntegrate[x[t] Sin[ω t], {t, 0, time},
           MaxRecursion → 20];
         AppendTo[data1, {ω, r + i i}];
         AppendTo[data2, {ω, r² + i²}],
         {ω, ω1, ω2, δω}]
        ListLinePlot[data2, AxesLabel -> {"ω", "P"}]
        Export["e:/data/fly2.dat", data1]
        Clear["Global`*"]
        Date[]
```

Out[30]=

　　本例傅里叶变换的起始频率是0,这是与求前述三个质点振动频谱不同的。Out[30]是本例计算的频谱图,与前述三个质点振动的频谱图比较,这个图让我们顿感迷茫:哪里是谱峰?根本看不出来。这样的频谱分析是失败的,原因何在? 错误出在"旁瓣"上,原来,第14个质点是围绕着位置14在振动,这意味着位移函数中包含着远大于振子振幅的**直流分量**,也就是频率为0的成分。在进行傅里叶变换时,0频率成分的周围也是有"旁瓣"的,而且其幅度与直流分量成正比,Out[30]展示的几乎都是直流分量的"旁瓣",完全掩盖了其他谱峰。所以,为了得到非0频率的频谱,必须在信号中扣除直流分量。直流分量的求法很简单,就是对信号进行时间平均。下面是改进的程序,这一次把质点数改为10个,对第1和第10个质点的位移进行傅里叶变换。减少质点数,更容易突出合作模式的规律,在阐述计算方法的同时顺便揭示一下物理规律,这是本书的一个目标。

```mathematica
In[34]:= Date[]
       n = 10; x[0] = 1; k = 5; time = 100;
       m = Table[1, {n}];
       xvar = Array[x, n];
       λ = RandomReal[{-0.06, 0.06}, n];
       x0 = Table[x[i][0] == (i + λ[[i]]) x[0], {i, n}];
       dx0 = Table[x[i]'[0] == 0, {i, n}];
       equ0 = Table[
          m[[i]] x[i]''[t] ==
           -k (x[i][t] - x[i - 1][t] - x[0]) UnitStep[i - 2]
             + k (x[i + 1][t] - x[i][t] - x[0]) UnitStep[n - i - 1],
          {i, n}];
       equ = Join[equ0, x0, dx0];
       s = NDSolve[equ, xvar, {t, 0, time}, MaxSteps → ∞];
       {x1, xn} = {x[1], x[n]} /. s[[1]];
       av1 = NIntegrate[x1[t], {t, 0, time}, MaxRecursion → 20] / time
       avn = NIntegrate[xn[t], {t, 0, time}, MaxRecursion → 20] / time
       n2 = 5000; ω1 = 0; ω2 = 5.0; δω = (ω2 - ω1) / n2;
       data1 = data2 = {};
       Do[
        r = NIntegrate[(x1[t] - av1) Cos[ω t], {t, 0, time},
           MaxRecursion → 20];
        i = -NIntegrate[(x1[t] - av1) Sin[ω t], {t, 0, time},
           MaxRecursion → 20];
        AppendTo[data1, {ω, r + i i}];
        AppendTo[data2, {ω, r^2 + i^2}],
        {ω, ω1, ω2, δω}]
       ListLinePlot[data2,
        AxesLabel -> {"ω", "P"}, PlotRange → All]
       Export["e:/data/fly2.dat", data1]
       data1 = data2 = {};
       Do[
        r = NIntegrate[(xn[t] - avn) Cos[ω t], {t, 0, time},
           MaxRecursion → 20];
        i = -NIntegrate[(xn[t] - avn) Sin[ω t], {t, 0, time},
           MaxRecursion → 20];
        AppendTo[data1, {ω, r + i i}];
        AppendTo[data2, {ω, r^2 + i^2}],
```

```
   {ω, ω1, ω2, δω}]
ListLinePlot[data2,
  AxesLabel -> {"ω", "P"}, PlotRange → All]
Export["e:/data/fly3.dat", data1]
Clear["Global`*"]
Date[]
```

Out[34]= {2012, 8, 22, 19, 29, 41.6793768}

Out[45]= 1.0011796

Out[46]= 10.000689

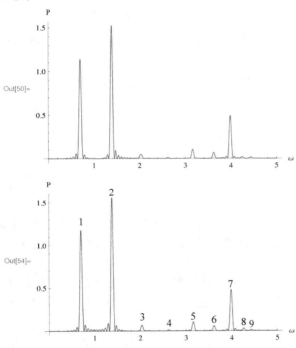

Out[55]= e:/data/fly3.dat

Out[57]= {2012, 8, 22, 19, 42, 34.9415350}

在本例的程序中,当数值求解了 10 个质点的位移函数之后,接着经过替换,用 x_1 和 x_n 表示第一和最后一个振子的位移,av_1、av_n 分别表示这两个位移函数的时间平均值,也就是各自的直流分量,其值见 Out[45] 和 Out[46]。在接下来的两段求位移的傅里叶变换中,是扣除了直流分量的,其频谱分别见 Out[50] 和 Out[54],可见,扣除直流分量的策略是非常成功的。这两个图反映的基本模式数量和位置是一致的,共有 9 个振动模式,分别在 Out[54] 上进行了标注。结合前面所研究过的两个和三个质点组成的振动链的模式数量特点,可以得出这样的结论:**振动链的模式数＝质点数—1**。

要说明的是,振动链的频谱与初始条件有关,因而每次运行程序,都将产生不同的频谱,可能与本例的频谱不同,请读者亲自验证这一点。而且当质点数量很大的时候,由于计算精度的原因,所得到的频谱图可能有较大误差,一些模式可能被掩盖。

4.4.4 快速傅里叶变换

如果读者运行了上面的程序,就会发现,随着信号区间的扩大、频率取样点增多和计算精度的提高,完成一次频谱分析工作将会越来越慢。为了显示这个难熬的过程,程序中添加了函

数 **Date**[]用于计时。那么，有没有办法提高频谱分析的速度呢？办法是有的，那就是快速傅里叶变换，简称 **FFT**。下面简述其原理。

FFT 的前提是将信号"**离散化**"，即对连续变化的信号 $s(t)$ 抽样，形成一个序列

$$s(t_1), s(t_2), \cdots, s(t_N)$$

取样点为 N 个，信号的存在时间为 $t_N - t_1$，在此区间之外，认为信号是 0。当信号被离散取值后，傅里叶变换(4-2)也离散化了，其中，频率由连续分布变成了分立的值 ν_k，积分变成了求和（略去微分因子）

$$S(\nu_k) = \sum_{j=1}^{N} s(t_j) e^{-i2\pi\nu_k t_j}, \quad k = 1, 2, \cdots, N$$

分立点的取法通常是等间隔的，即将整个考察时间段 time 进行 $N-1$ 等分，因此抽样的时间点可以表示为

$$t_j = \frac{\text{time}}{N-1} \cdot (j-1) \approx \frac{\text{time}}{N} \cdot (j-1), \quad j = 1, 2, \cdots, N(N \gg 1)$$

而频率变成了

$$\nu_k = \frac{k-1}{\text{time}}, \quad k = 1, 2, \cdots, N \tag{4-6}$$

所以

$$S(k) = \sum_{j=1}^{N} s(j) e^{-i\frac{2\pi}{N}(j-1)(k-1)} \tag{4-7}$$

其中，信号的时间点 t_j 改成了采样的序列号 j，而频率点 ν_k 也改成了相应的序号 k 来表示。

式(4-7)是离散傅里叶变换的基本公式，要是按照它的原样来计算，同样是很慢的。好在科学家们经过了巨大的努力，找到了快速算法，这就是快速傅里叶变换法，读者可以在"信号与系统"等方面的著作里找到算法的推导过程[①]，这里就只采取"拿来主义"的办法，直接使用了。当然，我们是使用 Mathematica 里能进行快速傅里叶变换的函数，不是自己按照快速算法进行计算，否则太麻烦，不是一般读者必须掌握的。

那么，Mathematica 里进行快速傅里叶变换的函数是什么呢？就是这个：

Fourier[data]

它能迅速地给出离散傅里叶变换的结果，通常情况下几乎是一瞬间完成的，比起前面一算就是几十分钟甚至几个小时来，真是天壤之别！

下面结合一维振动链的研究，提出一个进行离散傅里叶变换的计算步骤，以后需要的时候，就将这个基本步骤稍微改造一下，就可以圆满解决问题了。

（1）通过对运动方程数值求解，得到在一段时间内的信号 $s(t)$。

（2）设置等分时间的段数 N，计算所有分点上信号的抽样值 $s(t_j)$，并把它们组织成一个数据表 data。

（3）对 data 进行快速傅里叶变换，得到一个变换后的数据表，即频谱表，它在长度上等于 data 的长度。

（4）通过取频谱表的绝对值平方，得到能谱的表。

（5）利用式(4-6)，将频率加到频谱表和能谱表上去。

（6）将频谱表和能谱表以数据文件的形式存起来，供进一步分析之用。

最后介绍一下"**抽样定理**"，又叫 **Nyquist** 定理，它对于抽样后正确地解析出信号里的模式

---

① 郑君里. 信号与系统：下册[M]. 北京：高等教育出版社，2000.

是必须遵守的。该定理的内容很简单：

抽样频率至少是信号中最高频率的两倍。

所谓**抽样频率**就是抽样间隔的倒数，因此，抽样定理可表示为

$$\frac{1}{\delta t} = \frac{N}{\text{time}} > 2\nu_{\max}$$

一般来说，信号中的最高频率 $\nu_{\max}$ 是不知道的，只能近似地估计，抽样频率要取得比这个估计值大许多倍，并要反复检验。

4.4.5 FFT 举例

上面对 **FFT** 的介绍太抽象了，下面就用一维振动链的例子具体用 **FFT** 计算一次。还是取 10 个质点的链，因为前面已经用"硬算"的方法求出了它 9 个模式，**FFT** 的结果便有了比较的根据。

```mathematica
In[77]:= Date[]
        n = 10; x[0] = 1; k = 5; time = 100;
        m = Table[1, {n}]; xvar = Array[x, n];
        λ = RandomReal[{-0.06, 0.06}, n];
        x0 = Table[x[i][0] == (i + λ[[i]]) x[0], {i, n}];
        dx0 = Table[x[i]'[0] == 0, {i, n}];
        equ0 = Table[
            m[[i]] x[i]''[t] ==
             -k (x[i][t] - x[i-1][t] - x[0]) UnitStep[i - 2]
             + k (x[i+1][t] - x[i][t] - x[0]) UnitStep[n - i - 1],
            {i, n}];
        equ = Join[equ0, x0, dx0];
        s = NDSolve[equ, xvar, {t, 0, time}, MaxSteps → ∞];
        x1 = x[1] /. s[[1]];
        av1 = NIntegrate[x1[t], {t, 0, time}] / time;
        n2 = 5000; δt = time / n2;
        data1 = Table[x1[i δt] - av1, {i, n2}];
        f1 = Fourier[data1];
        p1 = Abs[f1]^2;
        data1 = Table[{2 π (i - 1) / time, p1[[i]]}, {i, n2}];
        ListLinePlot[data1,
         PlotRange → {{0, 5}, All}, AxesLabel -> {"ω", "P1"}]

        Clear["Global`*"]
        Date[]
Out[77]= {2012, 8, 22, 22, 44, 7.7356883}
```

```mathematica
Out[95]= {2012, 8, 22, 22, 44, 7.9072886}
```

本例程序只对质点 1 的位移进行了 **FFT**,结果见 Out[93],把这个结果与前述 Out[54]相比较,可以看出那些明显是谱峰的位置基本一致,圆频率高于 4 之后的谱峰不太清楚,但有大致的轮廓。由此,可以初步对 **FFT** 解析信号模式的能力表示信服。而且,如果注意一下时间,用时不到 0.2s,几乎是一瞬间就完成了运算,**FFT** 的速度大大高于"硬算"的速度,这是 **FFT** 的主要优点。

仔细观察 Out[93],可以发现,**FFT** 产生谱峰的"根部"比较光滑,没有起伏的"旁瓣",这有利于谱峰的辨认,可以减少对谱峰的误判。这是 **FFT** 的另一个优点。

FFT 的第三个优点是考察的频率范围与抽样点的数目成正比,因而可以根据需要扩大频谱的考察范围。根据程序中为频谱配给频率的表达式,**FFT** 所考察的圆频率范围是 $2\pi n_2/\text{time}=100\pi$,这远大于程序作图的最高圆频率 5,这样作图是调试过的,因为振动链基本模式的实际频率范围小于 5,扩大作图反而无益。为了让读者相信这一点,现在就在程序下面接着用 **Show[]** 函数重新画 Out[93],但把作图区间扩大到所能考察的最高频率,结果如下:

In[96]:= **Show[Out[93], PlotRange -> {{0, 2 π × 5000 / 100}, All}]**

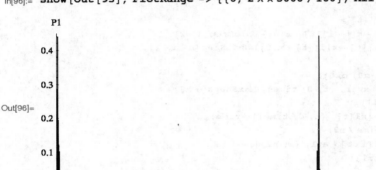

Out[96]不仅证实了关于频率范围的结论,而且还带给我们另一个新发现:在 **FFT** 给出的全部频谱中,可以分成两组,它们关于最高频率一半的位置是对称的,因而只有一半是有用的,在作频谱图的时候,只需要作到 $2\pi n_2/(2\text{time})$ 即可。**FFT** 频谱的这个性质,称为**折叠现象**,这是由 **FFT** 的本质决定的,读者只要知道这个现象就行了,详细的数学讨论可以参考 **FFT** 的专著,或者读者自己费一点工夫根据式(4-7)来证明,若有两个整数 k_1、k_2 满足

$$k_1 + k_2 = N + 2$$

则 k_1、k_2 点构成复共轭点

$$S^*(k_1) = S(k_2)$$

能谱自然就中心对称了。

FFT 除了上述的优点外,还有一个不得不提的缺点。根据式(4-6),频率的间隔是 $1/\text{time}$,在 time 给定之后,这个间隔是固定的,因此,如果 time 小,将导致频谱间隔过大,一些本来就有的模式可能漏掉,导致频谱分析不完整,甚至失败。解决的办法是加大求解时间 time,以便对频谱进行加密考察。请读者修改上述程序的 time 和 n_2,重新运行该程序,以验证这个结论。

下图就是在 time＝1000，$n_2＝10000$ 的情况下某次运行所得到的频谱图，除了频率在 1.4 附近的谱峰不明显之外，其他 8 个模式都很明显地出现了，而且谱峰的宽度也大大缩小，频谱的分辨率更高了。

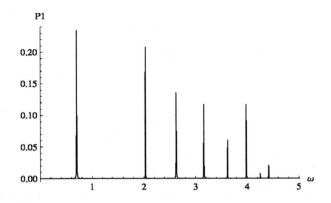

第 **5** 章

电

从本章开始,我们来研究电场与磁场的计算问题。

电与磁是物理学研究的重要对象,也是现代技术的支撑;同时,电学和磁学是概念多、公式也"奇多"的一门学科,因此,计算的机会也多。我们尝试着进行一些电场和磁场分布的计算(主要是静电和静磁问题),以展示数值计算在理解电磁学方面的作用。现在,进行电磁场计算已经是一个专门的学问了,有庞大的队伍和众多的计算方法,如果在这本计算物理的科普级读物里介绍那些方法,恐怕就失去了物理的魅力,因为那些方法太"零碎"了,"零碎"到了只见数学的近似和拼凑,然后是枯燥的数字录入。所以,我决定找一些有"美感"的例子,用简单的代数和微积分就能处理,以激发读者的物理兴趣。当然,也不能都简单,需要由浅入深,所以,本章选择了静电聚焦的例子,以说明电磁计算的复杂性。

5.1 静电场与电场线

本章的主要任务是分析、计算若干静电场问题。静电场计算的依据是库仑定律和泊松方程。静电场的表示方法,除了用**电场强度**和**电位**之外,还有一种直观的辅助方法,即采用电场线(也称电力线)表示电场分布的方向性。本节就先研究电场线的画法。

"**电场线**"是表示电场分布的一种数学上的线,并不是真实存在的可以触摸的线,例如丝线、导线,等等。按规定,**电场线上每一点的切线方向就是该点电场强度矢量的方向**。

在电学的学习过程中,读者从书上和考卷上一定见过一些电场线的图形,可能也画过电场线,例如点电荷的电场线,两个点电荷系统的电场线,或者平行板电容器的电场线。这些图形多有对称性,若画得好,还很美丽。但是,其实很多书上的电场线的图形并不是真实计算出来的电场线。下面介绍的方法,可以解答你可能从中学就产生的一个疑问:书上那些电场线的图形对吗? 它们是怎样画出来的呢? 我也能画电场线吗?

5.1.1 静电场方程与电场线方程

要画电场线,首先要知道电场是怎样分布的。电场是由**电荷**分布决定的,在静电场的情况下,电荷没有流动,其电场的电位分布满足**泊松方程**,在通常的三维直角坐标系中,其形式为

$$\nabla^2 \phi(x,y,z) = \frac{\partial^2 \phi}{\partial x^2} + \frac{\partial^2 \phi}{\partial y^2} + \frac{\partial^2 \phi}{\partial z^2} = \frac{\rho(x,y,z)}{\varepsilon_0} \tag{5-1}$$

在方程(5-1)中,$\phi(x,y,z)$表示电位分布,$\rho(x,y,z)$是电荷密度,ε_0是真空介电常数,其值

为 $8.854 \times 10^{-12} \mathrm{C}^2/(\mathrm{N} \cdot \mathrm{m}^2)$，如果是在电介质中，$\varepsilon_0$ 要换成该介质的介电常数 ε。通过求解方程(5-1)，就知道电场是如何分布的了。

然而，方程(5-1)的解法与前面求解牛顿力学方程的方法大不一样，因为不能使用"初始条件"，而是要使用"边界条件"，是边界条件唯一地决定方程的解，它反映了电场的非定域性（即不是点对点的决定关系）。通常的边界条件都不太好找，因为电荷的分布事先是不知道的，只能根据一些特殊条件，例如系统包括导体，有确定的电压，以及问题的对称性等，来近似地规定边界条件。

如果一个区域的电荷密度为 0，则泊松方程就变成了**拉普拉斯方程**

$$\nabla^2 \phi(x,y,z) = \frac{\partial^2 \phi}{\partial x^2} + \frac{\partial^2 \phi}{\partial y^2} + \frac{\partial^2 \phi}{\partial z^2} = 0 \qquad (5\text{-}2)$$

通过求解泊松方程或拉普拉斯方程，得到系统的电位分布，然后根据**电场强度**与电位的梯度关系来求电场分布

$$\boldsymbol{E} = -\nabla \phi = -\left(\frac{\partial \phi}{\partial x} \boldsymbol{i} + \frac{\partial \phi}{\partial y} \boldsymbol{j} + \frac{\partial \phi}{\partial z} \boldsymbol{k} \right) \qquad (5\text{-}3)$$

其中，$\boldsymbol{i}$、$\boldsymbol{j}$、$\boldsymbol{k}$ 表示三个坐标方向的单位矢量。

根据定义，**电场线的方向与该点处电场强度的方向一致**。可以换为一个更容易计算的说法：**如果把电场线看成空间的一条曲线，则曲线的斜率等于电场强度的斜率**。

若用图形表示这句话，则在三维空间的情况下不直观，我们就以二维情况（即平面电场）为例来说明。根据数学的研究，平面曲线可以表示为

$$f(x,y) = 0$$

它的斜率可以表示为 $\mathrm{d}y/\mathrm{d}x$，而电场强度的斜率可以表示为 E_y/E_x，因此，决定**电场线的方程**为

$$\frac{\mathrm{d}y}{\mathrm{d}x} = \frac{E_y(x,y)}{E_x(x,y)} \qquad (5\text{-}4)$$

若已知电场强度的分布函数，根据方程(5-4)原则上可以求出电场线，因为方程(5-4)是一个普通的一阶微分方程，给出一个初始位置，就可以计算出一条电场线；给出几个初始位置，就可以计算出一簇电场线。计算的时候，要注意一条规律：**电场线是有方向的，它从正电荷出发，在负电荷终止，方向不能搞反了**。

5.1.2 单个点电荷电场线的直接计算

下面用一个最简单的例子来说明上述思想。我们知道，一个位于坐标原点的**正的点电荷**所产生的电位分布为（略去电量和其他系数）

$$\phi(x,y) = 1/\sqrt{x^2+y^2}$$

该电位是圆对称分布的，而电场线是从中心射向无穷远的直线。下面使用 **NDSolve[]** 计算该电荷的电场线，看看是否如此。程序如下。

```
In[1]:= φ[x_, y_] := 1 / √(x² + y²) ;
       Ex = -D[φ[x, y], x]; Ey = -D[φ[x, y], y];
       k = (Ey / Ex) /. y → y[x]
       r = 10⁻³; R = 1.0; forceline = {};
       equ = {y'[x] == k, y[x0] == y0};
```

148

```
Do[
  {x0, y0} = {r Cos[θ], r Sin[θ]}; xend = R Cos[θ];
  s = NDSolve[equ, y, {x, x0, xend}];
  y = y /. s[[1]];
  figure = Plot[y[x], {x, x0, xend},
    AspectRatio → Automatic];
  AppendTo[forceline, figure]; Clear[y],
  {θ, -π, π, π / 5.0}]
Show[forceline, PlotRange → All,
  AxesLabel -> {"x", "y"}]
Clear["Global`*"]
```

Out[3]= $\dfrac{y[x]}{x}$

Out[7]=

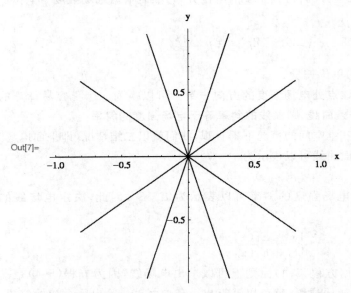

对程序说明如下。由于不可能计算到无穷远，程序就把求解范围限定在两个以原点为圆心的同心圆内：小圆的半径用 r 表示，大圆的半径用 R 表示，所求的电场线是从小圆周上某些点出发的，到大圆终止。程序中用 forceline 储存每次所画出的一条电场线，最后用 **Show[]** 函数将它们一起显示，结果正如所料，Out[7] 是放射状的。

还要注意以下三点。

(1) 在用导数求出电场强度后，在进入 equ 之前，应将 y 替换成 $y[x]$，才能正确求解。k 就是储存替换的结果，Out[3] 显示了这个结果。

(2) **Do[]** 循环以 θ 为变量：在小圆周上取了 11 个初始点，其中有两个是重合的，其余的等间隔分布在圆周上，每个点的坐标是 $\{x_0, y_0\}$，用角度表示为 $\{r\cos\theta, r\sin\theta\}$。由于小圆半径 r 很小，因此，画出来的小圆就成了一个点，不影响观察。

(3) 下次循环之前要清除 y 的值，否则就会出错。

5.1.3　两个点电荷部分电场线的直接计算

下面来计算由两个电荷所形成的电场线分布。这里就遇到了新问题，当按照上面所说的办法来计算电场线的时候，需要满足这样的条件：函数 $y=y(x)$ 是单值函数，曲线只能单调地向一个方向走,不能如图 5-1 所示那样有"折回来"的情况。从中学就知道,如果是两个电荷产生的场,电场线就可能是平面上的双值曲线,这时就不能用 **NDSolve□**函数来求解了。我们暂时用下面的办法绕过这个困难:只取电场线的一部分来求解,该部分是单值曲线。设正电荷 q_1 位于$\{a,0\}$,负电荷 q_2 位于$\{-a,0\}$,它们所产生的电位分布为

$$\phi = \frac{q_1}{\sqrt{(x-a)^2+y^2}} + \frac{q_2}{\sqrt{(x+a)^2+y^2}}$$

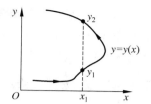

图 5-1　非单值函数曲线

从正电荷出发开始计算,起始点为$\{a+r\cos\theta, r\sin\theta\}$,$r$ 为小圆半径。

```
In[9]:= r = 10^-3; a = 1.0; q1 = 1; q2 = -1;

       φ[x_, y_] := q1/Sqrt[(x - a)^2 + y^2] + q2/Sqrt[(x + a)^2 + y^2];

       Ex = -D[φ[x, y], x]; Ey = -D[φ[x, y], y];
       k = (Ey / Ex) /. y → y[x];
       θ1 = π / 2; θ2 = 3 π / 2; δθ = π / 20;
       equ = {y'[x] == k, y[x0] == y0};
       forceline = {};
       Do[
        {x0, y0} = {a + r Cos[θ], r Sin[θ]};
        xend = - (a - r);
        s = NDSolve[equ, y, {x, x0, xend}];
        y = y /. s[[1]];
      figure = Plot[y[x], {x, x0, xend}, AspectRatio → Automatic];
      AppendTo[forceline, figure]; Clear[y],
      {θ, θ1 + δθ, θ2 - δθ, δθ}]
     Show[forceline, PlotRange → All, AxesLabel -> {"x", "y"}]
     Clear["Global`*"]
```

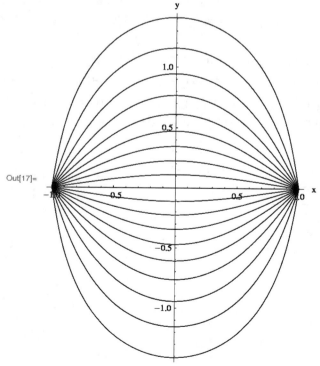

Out[17]就是这次计算的电场线,虽然只是全部电场线的一部分,这部分电场线的范围被限制在 $\theta_1 \sim \theta_2 = \pi/2 \sim 3\pi/2$。程序留下了两个变数:电荷的值 q_1 和 q_2,读者可以改变它们,看看结果有何变化。

5.1.4 电场线计算的"折线法"

我们在上面遇到了一个问题:**NDSolve[]**不能求解非单值函数的微分方程,因此,对于复杂的电场线的计算就无能为力。下面研究一个近似方法来解决这个问题。

图 5-2 表示该近似法的计算路径,虚线表示实际的电场线,实的折线表示计算出来的电场线。我们暂且把该法称为"**折线法**",其原理是这样的:从电场线上一点 p_1 出发,先计算 p_1 点处电场强度的方向角 θ_1;取一个很小的弦长(又叫**步长**)step,此弦的方向角也是 θ_1;在弦的末端,其坐标为 $p_2 = p_1 + \text{step} \times \{\cos\theta_1, \sin\theta_1\}$;把 p_2 近似作为电场线上的点;重复上一步的计算,可得 p_3 点的坐标 $p_3 = p_2 + \text{step} \times \{\cos\theta_2, \sin\theta_2\}$。以此类推,可计算电场线上其他点的坐标,一直到结束的点 p_n 为止。然后从 p_1 到 p_n,用折线将这些点连起来,作为计算出的电场线。

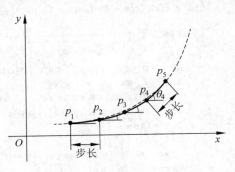

图 5-2 "折线计算法"的原理

应用"折线法"能在许多情况下近似计算出电场线,但是,用此法计算时要注意以下两个问题。

(1) 计算的起始点要从正电荷开始,如果从负电荷开始,方向角要加上 π。

(2) 方向角的计算有两个麻烦的点,就是 $\pm\pi/2$,在该处,$\tan(\pm\pi/2) = \infty$,在它附近,方向角的计算会出现较大的误差,引起弦的方向偏离实际的电场线较远,随后就不再靠近要计算的电场线,而是越离越远,导致计算失败。如果出现了这种情况,就要根据具体问题采取变通的措施。

下面用"折线法"重新计算两个点电荷的电场线分布,看看效果如何。在计算中,限定了电场线所波及的最大范围 r_2,到此范围的边界,该条电场线的计算就停止。因此,如果单纯地从正电荷出发,有些电场线就到不了负电荷,负电荷一方的电场线条数将减少,看起来不对称。同时计算也不能从电荷所在的位置出发或终止,而是要离开此位置一点点距离 r_1,否则,场函数将为 ∞,计算无法进行。

```
In[19]:= a = 1; p1 = {a, 0}; p2 = {-a, 0}; q1 = 1.0; q2 = -1.0;

        ψ = q1/Sqrt[(x - a)^2 + y^2] + q2/Sqrt[(x + a)^2 + y^2];

        field = -D[ψ, x] - i D[ψ, y];
        step = 0.03; r1 = 0.02; r2 = 15; forceline = {};
        Do[
          θ = ϕ; single = {p1};
          Label[ss];
          p = Last[single];
          p = p + step {Cos[θ], Sin[θ]};
          θ = Arg[field /. {x → p[[1]], y → p[[2]]}];
```

```
If[(Norm[p1 - p] > r1) ⋀ (Norm[p2 - p] > r1) ⋀
   (Norm[p] < r2), AppendTo[single, p]; Goto[ss]];
 AppendTo[forceline, single],
 {φ, -π, π, π / 10}]
Show[
 Graphics[{Thickness[0.003], Line /@ forceline}],
 Axes → True, PlotRange → All,
 AspectRatio → Automatic, AxesLabel -> {"x", "y"}]
Clear["Global`*"]
```

Out[24]=
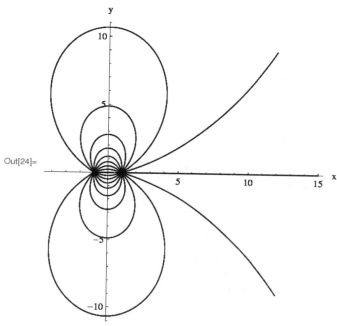

解释一下程序。

（1）为了用求角度的函数 **Arg[]** 求电场强度的方向角，定义了复数 field，它是用电场强度的两个分量作为复数的实部与虚部。

（2）计算一条电场线的过程是在**非固定次数循环 Label[ss]···Goto[ss]** 内进行的，其中 ss 是标记，也可以用其他符号代替。循环条件中的"与"运算符号"⋀"是这样输入的：ESC and ESC。函数 **Last[]** 取表的最后一项。计算终止的条件有三个，即进入了距离每个点电荷为 r_1 的范围或者大于 r_2 的范围。距离的计算采用了函数 **Norm[**$p_1 - p$**]**，它能求向量的长度（又叫做模）。

（3）一条电场线的全部计算点放在 single 中，全部电场线放在 forceline 中。用语句
Show[Graphics[Line@/forceline]]
来显示一个表内的多条折线（显示一条折线用 **Show[Graphics[Line[**single**]]]**）。符号 @/ 表示前面的函数作用在后面表的各个元素上，并重新形成作用之后的表。

正如所料，Out[24] 显示，有的电场线是完整的，有的只计算了一部分。这个结果比上一个程序的结果更多地显示了两个点电荷的电场线分布。

为了进一步检验"折线法"的有效性，下面再**计算三个电荷产生的电场线分布**，三个电荷的

位置用 p_1、p_2、p_3 表示,电荷用 q_1、q_2、q_3 表示。这一次计算是从负电荷 q_2 开始的,因此,弦的方位角加了 π,相当于 step 变成负的。其余部分都没有变。程序如下,可以看到,Out[32]给出的分布像一个"蟠桃"。

```
In[26]:= p1 = {1, 0}; p2 = {-1, 0}; p3 = {3, 1};
         q1 = 1.0; q2 = -2.0; q3 = 5.0; forceline = {};
```

$$\psi = \frac{q1}{\sqrt{(x-1)^2 + y^2}} + \frac{q2}{\sqrt{(x+1)^2 + y^2}} + \frac{q3}{\sqrt{(x-3)^2 + (y-1)^2}};$$

```
         field = -D[ψ, x] - i D[ψ, y];
         step = 0.03; r1 = 0.02; r2 = 15;
         Do[
          θ = ϕ; single = {p2};
          Label[ss];
          p = Last[single]; p = p - step {Cos[θ], Sin[θ]};
          θ = Arg[field /. {x → p[[1]], y → p[[2]]}];
          If[(Norm[p1 - p] > r1) ⋀ (Norm[p2 - p] > r1) ⋀
            (Norm[p3 - p] > r1) ⋀ (Norm[p] < r2),
           AppendTo[single, p]; Goto[ss]];
          AppendTo[forceline, single],
          {ϕ, -π, π, π / 18}]
         Show[
          Graphics[{Thickness[0.003], Line /@ forceline}],
          PlotRange → All, AspectRatio → Automatic,
          AxesLabel -> {"x", "y"}, Axes → True]
         Clear["Global`*"]
```

Out[32]=

5.1.5 电场线计算的"参数方程法"

如果读者要体验改变参数或者改变电荷个数的运算实践,可能会发现,有时候"折线法"是无效的,因为计算的路径可能不收敛,计算会无限期地进行下去,直到内存耗尽为止。有没有可以避免这个"陷阱"的办法呢？我们说，电场线的方程其实是一个简单的一阶微分方程，如果能沿用成熟的求解微分方程的方法来求解电场线，那是最可靠的。下面，把方程(5-4)中的坐标 x、y 看成某个参数 t 的函数，将"y 关于 x 的微分方程"看成"x、y 关于 t 的微分方程"，方程重写如下：

$$\frac{\mathrm{d}y}{\mathrm{d}x} = \frac{\mathrm{d}y}{\mathrm{d}t}\bigg/\frac{\mathrm{d}x}{\mathrm{d}t} = \frac{E_y[x(t),y(t)]}{E_x[x(t),y(t)]}$$

由于参数 t 的含义不确切，不妨把这个参数方程写成两个联立的微分方程，并且令

$$\left.\begin{array}{l}\dfrac{\mathrm{d}x(t)}{\mathrm{d}t} = E_x[x(t),y(t)]\\[2mm]\dfrac{\mathrm{d}y(t)}{\mathrm{d}t} = E_y[x(t),y(t)]\end{array}\right\} \tag{5-5}$$

这样就把由电场强度的两个分量构成的一个方程变成了由单一分量构成的两个方程，在某些情况下这样能够使方程得到简化，若是能顺利求解出 $x(t)$ 和 $y(t)$，则用参数作图就可以画出电场线。这种方法叫做"**参数方程法**"。现在的问题是：①由于不知道 t 的确切含义，在 **NDSolve[]** 中，如何确定 t 的范围？②当电场线接近点电荷时，场函数变为 ∞，此时求解失败，又如何避免这样的情况？

在 Mathematica 6.0 以后的版本中，增加了一个求解微分方程的新功能，即在函数 **NDSolve[]** 中添加一个"**事件探测器**"的选项 Method，其基本格式是

NDSolve[..., Method $\rightarrow$ {"EventLocator","Event"$\rightarrow$expr}]

其中，expr 是由函数、函数的导数以及自变量等构成的表达式，当该表达式的值从非 0 变为 0，或者其逻辑值从 True 变为 False(或者相反)时，就算一个"**事件**"发生了，系统自动停止微分方程的求解，然后用系统定义的一个函数来求出自变量末态的值。由此，就可以在 **NDSolve[]** 中将 t 的求解范围设置到 ∞。这就解决了第一个问题。第二个问题的解决途径也蕴含在 expr 中，我们把电场线接近到电荷附近的某个位置作为 expr 为 0 的条件，求解到此为止。

下面，还是以上面求解三个电荷的电场线为例，写出"参数方程法"的求解程序，其中，为了使用求自变量末端的函数 **InterplolatingFunctionDomain[]**，需要事先读入几个"包文件"，因为该函数存在于"包文件"中。使用读入函数 **Needs["…"]**，被读的"包文件"在系统默认的搜索目录中。这里，读者接触到了 Mathematica 的系统组成的一些知识。Mathematica 除了系统内建的函数以外，还定义了一些扩展函数，它们被放在目录 AddOns 中。这些扩展函数也是很有用的。具体到本例所用的"包文件"和扩展函数，它们被放在了目录 AddOns/ExtraPackages/DifferentialEquations 中。关于包文件及其制作，详见丁大正先生著作的介绍，不再赘述。

```
In[34]:= Needs["DifferentialEquations`NDSolveProblems`"];
         Needs["DifferentialEquations`InterpolatingFunctionAnatomy`"];
         (*........................*)
         p1 = {1, 0}; p2 = {-1, 0}; p3 = {3, 1}; r = 10.0^-3;
         q1 = 1.0; q2 = -2.0; q3 = 5.0; forceline = {};
         ψ = q1/Sqrt[(x-1)^2+y^2] + q2/Sqrt[(x+1)^2+y^2] + q3/Sqrt[(x-3)^2+(y-1)^2];
```

```
ex[t_] := Evaluate[D[ψ, x] /. {x → x[t], y → y[t]}]
ey[t_] := Evaluate[D[ψ, y] /. {x → x[t], y → y[t]}]
equ = {x'[t] == ex[t], y'[t] == ey[t], x[0] == x0, y[0] == y0};
Do[
 {x0, y0} = p2 + r {Cos[φ], Sin[φ]};
 s = NDSolve[equ, {x, y}, {t, 0, ∞},
   Method -> {"EventLocator", "Event" →
       Norm[{x[t], y[t]} - p1] - r ∨
         Norm[{x[t], y[t]} - p3] - r}];
 end = InterpolatingFunctionDomain[First[y /. s]][[1, -1]];
 g = ParametricPlot[
   Evaluate[{x[t], y[t]} /. First[s]],
    {t, 0, end}, PlotStyle → Thickness[0.003]];
 AppendTo[forceline, g],
 {φ, -π, π, π / 18}]
Show[forceline, PlotRange → All,
 AxesLabel -> {"x", "y"}]
Clear["Global`*"]
```

先看程序运行的结果 Out[43]，该图与 5.1.4 节用"折线法"画出的 Out[32]基本是一致的，但若仔细分辨，还是能发现一些细微的差别，"折线法"由于步长不能自动调整，对曲线计算的误差会更大一些，本例的结果应该更精确。

关于"事件"的条件，因为计算是从 p_2 开始的，终点要么是 p_1，要么是 p_3，所以定义了点 $\langle x, y \rangle$ 到这两个点的距离，使用的函数是 **Norm[]**，并与 r 相减(r 是很小的数，代表小圆的半径)，若结果为 0，则表明计算已经进入了小圆以内，可以停止计算了。

5.2 静电场的保角变换解法

在 5.1 节的例子中，电荷的分布是已知的，这时可以用库仑定律及其导出公式直接计算电场分布。然而，这种情况毕竟太少了，当带电体形状比较复杂，或者有几个带电体的情况下，事先知道电荷分布几乎是不可能的。本节研究的几个例子都属于这种情况。在不能应用库仑定律的情况下,人们也发展了多种求解静电场的方法,其中有一个简单的办法:**保角变换法**,可以计算出某些能够用二维空间处理的电场分布。

5.2.1　保角变换

下面先介绍一点复变函数里的"保角变换"的知识,为后面研究电场分布做准备。

复数 z 可以表示如下:

$$z = x + y\mathrm{i}$$

其中,$\mathrm{i}^2 = -1$,$\{x, y\}$ 是平面上一点的坐标。映射 f 将复数 z 映射为复数 w,

$$w = f(z) = \xi + \eta\mathrm{i} = \xi(x, y) + \eta(x, y)\mathrm{i}$$

如果 $f(z)$ 在一个区域内满足所谓"**解析函数**"的要求(即柯西-黎曼方程),并且 $f'(z) \neq 0$,这样的变换可以保证两条曲线的夹角在 z 平面和 w 平面内不变,故称为**保角变换**。可以证明,在保角变换下,静电场的**拉普拉斯方程**

$$\frac{\partial^2 V(x,y)}{\partial x^2} + \frac{\partial^2 V(x,y)}{\partial y^2} = 0$$

在另一个复平面 w 内的相应区域内保持形式不变,亦即

$$\frac{\partial^2 V(\xi,\eta)}{\partial \xi^2} + \frac{\partial^2 V(\xi,\eta)}{\partial \eta^2} = 0 \tag{5-6}$$

这一结论有重要的物理价值,因为,如果找到某个映射 f,**它将 z 平面上不方便求解拉普拉斯方程的区域转化成了 w 平面上容易求解的区域**,则这样的变换就很有用,因为根据方程(5-6)解出了 $V(\xi, \eta)$,就可以转化为 $V(x, y)$,问题就解决了。

关于复数解析函数和保角变换的知识,读者可以参阅钟玉泉的《复变函数论》[①]。应用保角变换法求解静电场分布,关键是找到合适的变换 f,这需要学习和模仿大量的例子来积累经验,才能在遇到新问题的时候构造出恰当的变换来。以下选择了两个静电场的例子,供读者参考。

5.2.2　半无限大带电金属平板周围的电场

如图 5-3 所示,有一半无限大的金属板带了正电,其电位为 V。该金属板位于 xOz 平面上,边界是 Oz 轴。实际的金属板可能没有无限大,但如果观察金属板附近电场的话,还是可以把一块很大的金属板当成无限大的。那么,这样的带电体周围的电场如何来确定呢?

金属板的特征是表面为一等电位体,这不需要再计算。一般来说,金属板上的电荷分布不会是均匀的,而且事先也很难知道,直接计算周围的电场分布有困难。下面就改用保角变换法求解。

图 5-3　半无限大带电金属板

针对本例的问题,先介绍一个**平方变换**

$$w = f(z) = z^2 \tag{5-7}$$

该变换满足解析函数的要求,除了 $z=0$ 外,还处处满足保角的要求。根据理论分析,这个变换能将 z 平面的上半平面($\mathrm{Im}\, z > 0$ 或者辐角 $0 < \mathrm{Arg}[z] < \pi$)变换到 w 平面上除了正实轴以外的全部区域。

为了观察平方变换的效果,这里介绍 Mathematica 里进行复数映射的函数,它使用了参数

---

①　钟玉泉.复变函数论[M].3 版.北京:高等教育出版社,2003.

作图函数 **ParametricPlot**[ ]的特殊形式。在 Mathematica 6.0 以前，映射使用扩展函数 **CartesianMap**[ ]（直角坐标映射）和 **PolarMap**[ ]（极坐标映射），具体用法见联机帮助。现在，映射仍然分为直角坐标映射和极坐标映射两种方式，相应地，在 **ParametricPlot**[ ]中，映射函数需要写成直角坐标形式和极坐标形式，作图区间的写法也对应地改变。注意：通常平面参数作图时只有一个自变量，现在则有两个，表示要画平面的一个区域。函数 **Through**[ ]是保证取得变换函数的实部和虚部，以便组成所需要的格式。现在要把 z 平面 x 轴之上的区域映射到 w 平面，看看它能画出什么样的区域来。程序如下。

```
ParametricPlot[Through[{Re, Im}[(x + i y)²]],
  {x, -2, 2}, {y, 0, 2}, AxesStyle → Thickness[0.003],
  PlotStyle → None, AspectRatio → 1]
ParametricPlot[Through[{Re, Im}[(r Exp[i t])²]],
  {r, 0, 3}, {t, 0, π}, AxesStyle → Thickness[0.003],
  PlotStyle → None]
```

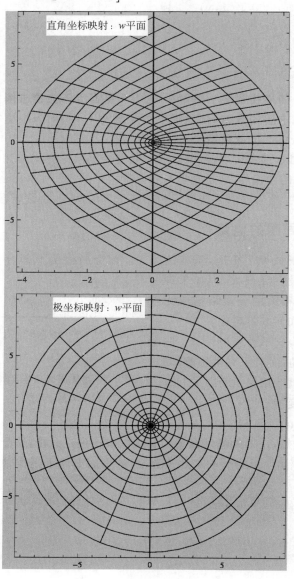

请读者注意 z 平面区域的两种表示方法。从上面的图形可以发现,z 平面的上半平面经平方映射到 w 平面上,4 个象限都有,说明映射成了整个平面,这与理论分析是一致的。若读者将 z 平面上的范围扩大,就能发现 w 平面上的影像越来越像全平面。

好了,知道了平方映射的这个性质,就可以**倒过来使用**:将 z 平面上除去正实轴的区域都映射到 w 的上半平面,这只要采用下列变换即可:

$$w = f(z) = \sqrt{z} = \xi + \eta \cdot i \tag{5-8}$$

该变换除了原点以外都满足解析函数和保角变换的要求。

回到半无限大金属板的电场问题上来。由于对称性,在任何平行于 xOy 平面的平面上,电位的分布都应该相同,因此,这个三维的电场分布问题就简化为 xOy 平面上的二维电场分布问题,金属板就简化成了一条线,它躺在正实轴上,因此,金属板以外的电场区域就是去掉了正实轴的全部区域。若采用开平方的变换式(5-8),就可以将这样的区域变成 w 平面的上半平面的区域,如图 5-4 所示。

在 w 平面上,由于实轴作为边界是等电位的,因此,这里的电位分布具有对称性,即电位分布函数 $V(\xi, \eta)$ 与 ξ 无关,只与 η 有关,拉普拉斯方程(5-6)就简化为

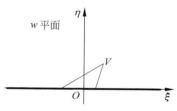

图 5-4 w 平面上电位分布

$$\frac{\partial^2 V(\eta)}{\partial \eta^2} = 0 \tag{5-9}$$

于是,$V(\eta) = c_1 \eta + c_2$,其中 c_1、c_2 是积分常数。

根据此解,等电位的点应该对应 $\eta =$ 常数,因此,根据变换式(5-8),就可以求得等位线的方程;再根据 $f(z)$ 的解析性,w 实部的等值线 $\xi =$ 常数就应该是电场线。这样,问题就"奇迹般"地解决了!

以下程序完成了从 z 平面到 w 平面的变换,并作出了 w 实部和虚部的等值线图,它们分别代表电场线和等位线图。程序中使用了函数 **ComplexExpand[]**,它指定所作用的表达式中所有未赋值的符号都是实数。

```
In[1]:= z = x + i y;
        w[z_] := √z ;
        ξ = ComplexExpand[Re[w[z]]];
        η = ComplexExpand[Im[w[z]]];

        field = ContourPlot[ξ, {x, -2, 2}, {y, -2, 2},
          ContourShading → False, PlotPoints → 100,
          Contours → 15, Axes → True, AxesLabel → {"x", "y"}]

        potential = ContourPlot[η, {x, -2, 2}, {y, -2, 2},
          ContourShading → False, PlotPoints → 100,
          Contours → 15, ContourStyle → Dashing[{0.02, 0.02}],
          Axes → True, AxesLabel → {"x", "y"}]

        Show[{potential, field}]
        Clear["Global`*"]
```

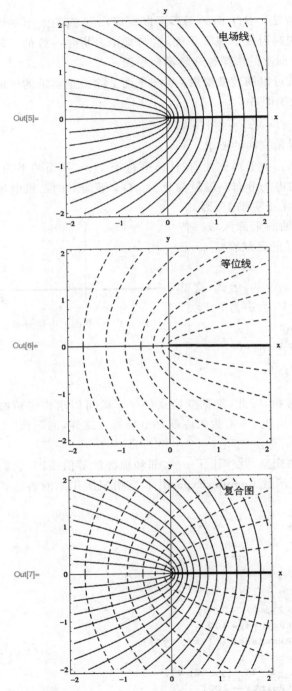

Out[5] 和 Out[6]分别是电场线和等位线分布,Out[7]是把两者合成的结果。可以看到,当把电场线和等位线画到一张图上以后,二者是互相垂直的,这从一个侧面证明了结果的正确。图中的粗线表示金属板。画等位线使用了函数 **ContourPlot[ ]**,这是个重要的函数,它能画函数等高线和代数方程的曲线,其格式为

ContourPlot$\big[f(x,y),\{x,x_1,x_2\},\{y,y_1,y_2\}\big]$

5.2.3 两根平行金属圆直导体周围的电场

设有两根很长的平行金属圆直导体,各自的半径分别为 r_1 和 r_2;一根导体接地(电位为 0),另一根的电位为 V,二者中心相距 d,位置关系如图 5-5 所示。由于导体很长,对于考察导体附近区域的电场分布来讲,可以看成无限长,因此,垂直于导体的任何一个平面上电场的分布相同,这样,一个三维的电场分布问题就转化为垂直于导体平面内的二维问题来处理。

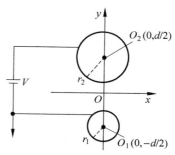

图 5-5　两个圆直导体的截面

我们继续使用保角变换法来求解此题,让读者进一步熟悉这种方法。

根据金属性,导体截面是等势面,它们的电位已经知道,问题是要求出导体之外的空间电位分布。这个问题的特点是用两个等位面来控制其余空间部分的电位分布。这个问题也是看似简单,但真正着手解的时候,却又很难下手,尤其对于没有静电场计算经验的人,难度更大。"静电"问题往往比"动电"问题难解,从此例可见一斑。

下面介绍保角变换法来解此题的技巧。因为牵涉到圆的变换,有一个常见的"**分式线性变换**"可以使用,这个变换的一般形式是

$$w = f(z) = \frac{az+b}{cz+d} \tag{5-10}$$

其中,a、b、c、d 一般是复常数,而且 $ad-bc\neq 0$。**这个变换能将圆变成圆,也能将圆变成直线。**

为了求解本例,还需要介绍另一个数学概念——**圆的一对对称点**:从圆心 z_0 出发引一条射线,在射线上取两点 z_1、z_2,一点在圆内,另一点在圆外。如果这两点到圆心的距离满足

$$|z_0 - z_1| \cdot |z_0 - z_2| = r^2, \quad r \text{ 是圆的半径}$$

则这两个点就称为该圆的一对对称点。分式线性变换有这样的功能:**它在将圆变成圆的同时,也将圆的一对对称点变成新圆的一对对称点,即有保对称点不变性。**

我们利用这一点来设计本例的变换。我们的目标是:将圆 O_1 和 O_2 变成两个同心圆,将 O_1 和 O_2 之外的区域变成两个同心圆之间的区域,这样区域的电场分布是容易求解的。

如何才能做到这一点呢?说起来复杂,做起来简单:借助于图 5-6,用简单的几何步骤可以证明(略),如果以两圆的外公共切线的两个切点之间的距离为直径作一个圆(见图 5-6 中的

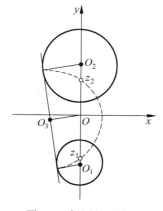

图 5-6　俩圆的对称点

虚线圆,圆心为 O_3),该圆与连接 O_1、O_2 的直线交于两个点 z_1、z_2,则 z_1、z_2 就是两圆的公共对称点,即满足

$$|O_1 - z_1| \cdot |O_1 - z_2| = r_1^2$$
$$|O_2 - z_1| \cdot |O_2 - z_2| = r_2^2$$

前提条件都具备了,下面就要写出本例的变换了:

$$w = k \cdot \frac{z - z_1}{z - z_2}, \quad k \text{ 是待定常数} \tag{5-11}$$

这个变换能将 $z=z_1$ 变成 $w=0$,而将 $z=z_2$ 变成 $w=\infty$,它保证:将圆 O_1 变成圆心在原点的圆,圆 O_1 的内部变成新圆的内部,外部还是变成外部;而将圆 O_2 也变成圆,但 O_2 的内部变成了新圆的外部,而外部却变成了新圆的内部。所以,O_1、O_2 原来的外部

公共区域变成了两个新圆之间所夹的区域,效果如图 5-7 所示。

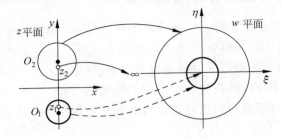

图 5-7　变换式(5-11)产生的效果

剩下的问题就是求出公共对称点 z_1 和 z_2 了。根据图 5-6,圆 O_3 的半径为

$$r_3 = \frac{\sqrt{d^2 - (r_2 - r_1)^2}}{2}$$

其圆心的坐标是

$$-\{\cos\theta, \sin\theta\} \cdot \frac{r_2 + r_1}{2}$$

其中,θ 是 OO_3 与 x 轴负向的夹角,而

$$\sin\theta = \frac{r_2 - r_1}{d}, \quad \cos\theta = \sqrt{1 - \sin^2\theta}$$

所以,圆 O_3 的方程为

$$\left(x + \cos\theta \cdot \frac{r_2 + r_1}{2}\right)^2 + \left(y + \sin\theta \cdot \frac{r_2 + r_1}{2}\right)^2 = r_3^2$$

圆 O_3 与虚轴的交点必定有 $x=0$,代入上式可以解出 y 来,我们让 Mathematica 来求解这个方程。

```
In[9]:= x1 = (r2 - r1) / d; x2 = Sqrt[1 - x1^2]; r3 = Sqrt[d^2 - (r2 - r1)^2] / 2;
        s = Solve[(0 + x2 (r1 + r2) / 2)^2 + (y + x1 (r1 + r2) / 2)^2 == r3^2, y];
        s = s // FullSimplify;
        Print["y1=", y /. s[[1]]]
        Print["y2=", y /. s[[2]]]
        Clear["Global`*"]
```

$$y1 = -\frac{-r1^2 + r2^2 + \sqrt{(d - r1 - r2)(d + r1 - r2)(d - r1 + r2)(d + r1 + r2)}}{2 d}$$

$$y2 = \frac{r1^2 - r2^2 + \sqrt{(d - r1 - r2)(d + r1 - r2)(d - r1 + r2)(d + r1 + r2)}}{2 d}$$

请读者注意所得两个根的符号表达式,它们被排列得非常整齐,如果一开始让人来化简,谁能想到会是这个样子? 根据此结果,两个对称点的复数表示是

$$z_1 = -\mathrm{i} \cdot \frac{r_2^2 - r_1^2 + \sqrt{(d - r_1 - r_2)(d + r_1 - r_2)(d - r_1 + r_2)(d + r_1 + r_2)}}{2d}$$

$$z_2 = -\mathrm{i} \cdot \frac{r_1^2 - r_2^2 + \sqrt{(d - r_1 - r_2)(d + r_1 - r_2)(d - r_1 + r_2)(d + r_1 + r_2)}}{2d}$$

上面这些讨论够抽象的了,我们不再继续抽象下去,来研究一个具体情况:圆 O_1、O_2 的半

径相同。我们指定将圆 O_1 映射到 w 平面上的单位圆($R_1=1$),并将 $z=-(d/2-r_2)\cdot i$ 映射为单位圆上的 $w=1$,则可以得到未定系数 k。

```
In[15]:= r1 = r2 = 2; d = 20;
         t = √((d - r1 - r2) (d + r1 - r2) (d - r1 + r2) (d + r1 + r2)) ;
         z1 = -i (-r1² + r2² + t) / (2 d) ;
         z2 = i (r1² - r2² + t) / (2 d) ;

         z = -i (d / 2 - r1) ;
         Solve[k (z - z1)/(z - z2) == 1, k] // FullSimplify
         Clear["Global`*"]
```

$$Out[20]= \left\{\left\{k \to -5 - 2\sqrt{6}\right\}\right\}$$

$Out[20]$ 给出了变换系数 k,这样就完全确定了分式线性变换。由此进一步,可以求得圆 O_2 映射后的像圆的半径 R_2,办法是求圆 O_2 上的点 $z=(d/2-r_2)\cdot i$ 映射到 w 平面上的点到新原点的距离。

```
In[22]:= r1 = r2 = 2; d = 20;
         t = √((d - r1 - r2) (d + r1 - r2) (d - r1 + r2) (d + r1 + r2)) ;
         z1 = -i (-r1² + r2² + t) / (2 d) ;
         z2 = i (r1² - r2² + t) / (2 d) ;
         w = k (z - z1)/(z - z2) /. k -> -5 - 2 √6 ;
         R2 = Abs[w /. z -> i (d / 2 - r2)]
         Clear["Global`*"]
```

$$Out[27]= \frac{\left(5 + 2\sqrt{6}\right)\left(8 + 4\sqrt{6}\right)}{-8 + 4\sqrt{6}}$$

两个像圆的半径已经知道,像圆上的电位也知道(内圆电位为 0,外圆电位为 V)。根据图 5-7,两个像圆所夹区域的电位分布应该是圆对称的,即电位 $\varphi(r)=\varphi(r)$,采用柱坐标比较方便,拉普拉斯方程为

$$\frac{1}{r}\frac{\mathrm{d}}{\mathrm{d}r}\left(r\frac{\mathrm{d}\varphi}{\mathrm{d}r}\right)=0$$

解之得,$\varphi(r)=c_1 \lg r + c_2$。

利用边界条件可以确定积分常数,得到电位分布为

$$\varphi(r)=\frac{V}{\lg R_2}\cdot \lg r=\frac{V}{\lg R_2}\cdot \lg\sqrt{\xi^2+\eta^2}$$

现在,根据分式线性映射,可以求得 ξ、η 与 x、y 的关系。下面的程序就能完成这个任务,同时还画出了等位线的分布。

```
In[29]:= r1 = r2 = 2; d = 20; V = 10;
         t = √((d - r1 - r2) (d + r1 - r2) (d - r1 + r2) (d + r1 + r2)) ;
         z1 = -i (-r1² + r2² + t) / (2 d) ;
         z2 = i (r1² - r2² + t) / (2 d) ;
```

```
z = x + i y; w = k (z - z1)/(z - z2) /. k → -5 - 2 Sqrt[6];
Print["ξ=", ξ = ComplexExpand[Re[w]] // FullSimplify]
Print["η=", η = ComplexExpand[Im[w]] // FullSimplify]
```

$$r = \sqrt{\xi^2 + \eta^2}; \quad R2 = \frac{\left(5 + 2\sqrt{6}\right)\left(8 + 4\sqrt{6}\right)}{-8 + 4\sqrt{6}};$$

```
φ[x_, y_] := V Log[r] / Log[R2];
ContourPlot[φ[x, y], {x, -d, d}, {y, -d, d},
  PlotPoints → 100, ContourShading → False, Contours → 30,
  Axes → True, AxesLabel -> {"x", "y"}, PlotRange -> {0, V},
  ContourStyle → Thickness[0.003],
  Epilog -> {Thickness[0.01],
    Circle[{0, -d / 2}, r1], Circle[{0, d / 2}, r2]}]
Clear["Global`*"]
```

$$\xi = -\frac{\left(5 + 2\sqrt{6}\right)\left(-96 + x^2 + y^2\right)}{96 + x^2 - 8\sqrt{6}\,y + y^2}$$

$$\eta = -\frac{8\left(12 + 5\sqrt{6}\right)x}{96 + x^2 - 8\sqrt{6}\,y + y^2}$$

Out[38]=

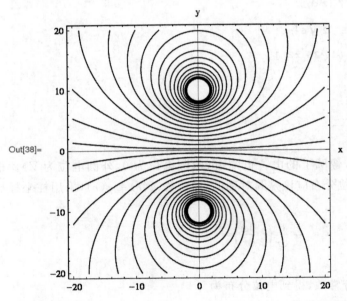

说明三点。

(1) 程序算出了 ξ 和 η 的表达式,它们的等高线分别给出电场线和等位线。

(2) 在画等位线的时候,需要限定电位的范围,即在 **ContourPlot[ ]** 内加 **PlotRange** 选项,否则,将可能画到导体内部去,显然不对了。

(3) 为了显示两个导线的界面在图中的位置,用参数 Epilog 添加了两个圆,即 Out[38]中的两个粗线条的圆。

知道了导体周围的电位分布,下面来求导体表面的电荷密度分布。

根据电磁学,导体表面的电场强度垂直于表面,电荷密度正比于表面电场强度,即

$$\sigma = \varepsilon_0 E = -\varepsilon_0 \frac{\partial \varphi}{\partial n} = -\varepsilon_0 (\nabla \varphi \cdot \boldsymbol{n}) \tag{5-12}$$

其中,$\boldsymbol{n}$ 是指向导体外表面的单位法向量。导体 O_2 表面的坐标可以表示为

$$\{x, y\} = \{0, d/2\} + r_2 \{\cos\theta, \sin\theta\}$$

其中,θ 是从 O_2 看出去的方位角,因此,$\boldsymbol{n} = \{\cos\theta, \sin\theta\}$。

在下面的程序中,计算电荷面密度时略去了系数 ε_0。

```
In[40]:= r1 = r2 = 2; d = 20; V = 10;
t = √((d - r1 - r2) (d + r1 - r2) (d - r1 + r2) (d + r1 + r2)) ;
z1 = -i (-r1² + r2² + t) / (2 d);
z2 = i (r1² - r2² + t) / (2 d);
z = x + i y; w = k (z - z1)/(z - z2) /. k → -5 - 2 √6 ;
ξ = ComplexExpand[Re[w]] // FullSimplify;
η = ComplexExpand[Im[w]] // FullSimplify;
r = √(ξ² + η²) ; R2 = ((5 + 2 √6) (8 + 4 √6))/(-8 + 4 √6) ;
φ[x_, y_] := V Log[r] / Log[R2];
n = {Cos[θ], Sin[θ]}; p = {0, d / 2} + r2 n;
field[x_, y_] := {-D[φ[x, y], x], -D[φ[x, y], y]};
density =
  (field[x, y] /. {x → p[[1]], y → p[[2]]}).n // FullSimplify
Plot[density, {θ, -π, π}, PlotRange → All,
  Ticks -> {{-π, -π / 2, π / 2, π}, Automatic},
  AxesLabel -> {"θ", "σ"}]
Clear["Global`*"]
```

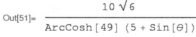

$$Out[51]= \frac{10 \sqrt{6}}{\text{ArcCosh}[49] (5 + \text{Sin}[\theta])}$$

Out[52]=

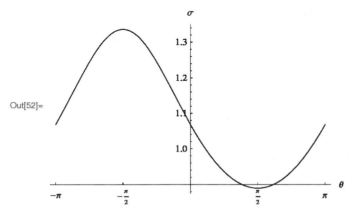

Out[51]和 Out[52]就是所要求的结果,前者是圆 O_2 表面电荷面密度随方位角的变化关系式,后者是它的曲线。方位角是从 x 方向算起的,范围为 $-\pi \sim \pi$。因此,在 $\pi/2$ 的地方,是圆 O_2 背对着圆 O_1 的地方,那里电荷密度最小;相反地,在 $-\pi/2$ 的地方,是圆 O_2 正对着圆 O_1 的地方,那里的电荷密度最大;其余地方的电荷密度介于二者之间。我们注意到,电荷密度没

有等于 0 的地方,导体表面到处都有电荷。

5.3 电位的差分计算

前面所研究的例子,其**电位分布要么有计算的表达式,要么可以用保角变换求出**。有的问题,**电位分布很难用一个表达式写出,只能求助于近似计算**。这样的情况是多数。为此,已经发展了多种计算电位分布的方法,读者可以参考专门的书籍。这里只给出一个例子,用"**差分法**"计算电位分布,该方法能在一些不太复杂的情况下可得到电位分布的近似解。

5.3.1 差分原理与迭代法

"差分法"要计算的是这样的区域:**除了边界面之外,空间没有电荷分布**,因此,电位满足拉普拉斯方程

$$\nabla^2 V(\mathbf{r}) = 0$$

在边界上,电位是已知的,这通常对应由金属导体组成的边界面,上面加有控制电压。为简单起见,我们研究平面电场分布,因此

$$\frac{\partial^2 V}{\partial x^2} + \frac{\partial^2 V}{\partial y^2} = 0 \tag{5-13}$$

把所研究的区域划分成很多个同样大小的正方形格子,如图 5-8 所示。格子的边长为 h。设某点的电位为 V_0,周围 4 个格点的电位分别是 $V_1 \sim V_4$,距离该点 $h/2$ 的 4 个近邻点为 a、b、c、d。现在对方程(5-13)里的二次导数项求中心差分。因为

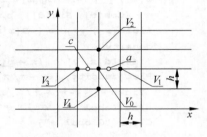

图 5-8 差分格子的划分

$$\left(\frac{\partial^2 V}{\partial x^2}\right)_0 = \frac{\partial}{\partial x}\left(\frac{\partial V}{\partial x}\right)_0 \approx \frac{\left(\frac{\partial V}{\partial x}\right)_a - \left(\frac{\partial V}{\partial x}\right)_c}{h}$$

而

$$\left(\frac{\partial V}{\partial x}\right)_a \approx \frac{V_1 - V_0}{h}, \quad \left(\frac{\partial V}{\partial x}\right)_c \approx \frac{V_0 - V_3}{h}$$

所以

$$\left(\frac{\partial^2 V}{\partial x^2}\right)_0 \approx \frac{V_1 + V_3 - 2V_0}{h^2}$$

同理,

$$\left(\frac{\partial^2 V}{\partial y^2}\right)_0 \approx \frac{V_2 + V_4 - 2V_0}{h^2}$$

将以上两个近似公式代入(5-13),得到

$$\frac{\partial^2 V}{\partial x^2} + \frac{\partial^2 V}{\partial y^2} \approx \frac{V_1 + V_2 + V_3 + V_4 - 4V_0}{h^2} = 0$$

则

$$V_0 \approx \frac{1}{4} \cdot (V_1 + V_2 + V_3 + V_4) \tag{5-14}$$

方程(5-14)是与拉普拉斯方程等价的近似方程,它揭示了:

在微小正方形区域划分的情况下,一点的电位是周围 4 个最近邻格点上电位的平均值,区

域内各点的电位就依这种关系互相连接起来。

在此关系中，V_0是不包括边界点的，边界点的电位需要事先给出。将式(5-14)用到各个适用的点上，建立联系各点的很多个方程，构成自洽的方程组，解之，即得各点的电位 V_i，于是，区域电位的近似解也就找到了。

不过，当区域被划分得很细小的时候，方程组内未知量太多，不方便求解，尤其对没有解过"稀疏方程组"的人，解起来更困难。下面换一个方法，用"迭代法"求之。

所谓"迭代法"，就是按以下步骤进行计算：对各个格点的电位赋予初始值，初始值可以是任意值，它们一般不满足式(5-14)；然后根据式(5-14)计算各个点周围 4 个点的平均值，一遍计算下来，将平均值替代原来位置上电位的值；接着再进行第二次同样的平均计算和替代，如此不断地进行迭代，直到各个点的电位达到这样的程度：当再进行迭代时，各点的电位几乎不发生变化，也就是充分满足了式(5-14)。这时的电位分布就是最后得到的近似解。该方法类似于"摊大饼"，从有面的地方摊到没有面的地方。

5.3.2 聚焦电极内的电场计算

有了这些准备，我们就可以来研究一个技术上有应用背景的例子：**电子显像管里的聚焦电极内的电场分布**。聚焦电极的组成可以用图 5-9 来表示，两个圆筒金属电极口对着口平行放置，两个电极之间加上电压 V_0，不妨设左端的电极电位为 0，右端的电极电位就是 V_0。根据对称性，筒内的电场分布可以用圆筒子午面(最大纵剖面)内的电场分布来表示。

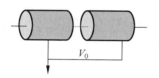

图 5-9　两个金属圆筒电极

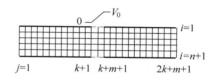

图 5-10　电场区域的正方分割

设两个圆筒的长度都为 a，正对的一端相距为 b，筒的直径为 c，以筒的上下左右 4 个边界围成的矩形区域作为研究对象，将该区域进行正方形分割，正方形的边长为 h，如图 5-10 所示，则有以下关系：

$$a = k \cdot h, \quad b = m \cdot h, \quad c = n \cdot h$$

其中，k、m、n 都是整数。当 a 比 c 长得很多时，可以近似地认为：

(1) 左电极的上下边界以及区域左端边界的电位都是 0。

(2) 右电极的上下边界以及区域右端边界的电位都是 V_0。

至于两个电极之间区域的边界电位，请读者参照本书第一版曾经研究过的双圆环电位分布所得到的结果，近似地认为：

(3) 在两电极之间区域的边界上，电位是线性变化的。

在以上近似条件下，可以写出区域边界上各点的电位 $V(i,j)$。

(1) 第 1 行和第 $n+1$ 行

$$V(i = 1 \text{ 或 } n+1, j) = \begin{cases} 0, & 1 \leqslant j \leqslant k+1 \\ \dfrac{V_0}{m} \cdot (j - k - 1), & k+2 \leqslant j \leqslant k+m+1 \\ V_0, & k+m+2 \leqslant j \leqslant 2k+m+1 \end{cases}$$

(2) 第 1 列和最后一列

$$V(i,j = 1 \text{ 或 } 2k+m+1) = \begin{cases} 0, & 1 \leqslant i \leqslant n+1 \\ V_0, & 1 \leqslant i \leqslant n+1 \end{cases}$$

区域内各点的电位就可以任意赋值了,例如给它们都赋 0,这最简单,但是,因为这种电位分布离实际分布差距太远,迭代收敛会很慢。我们采取另一个方式赋初值;沿区域内部一条水平直线,从左端到右端,电位线性增长。

$$V(i,j) = \frac{V_0}{2k+m} \cdot (j-1), \quad 2 \leqslant j \leqslant 2k+m, \quad 2 \leqslant i \leqslant n$$

在经过了这么复杂的近似处理和赋初值之后,就可以把迭代法的数学方法转化为程序进行计算了。

下面先看看根据它算出的电位等位线的分布图。

```
In[1]:= V0 = 5.0; h = 1.0 × 10⁻³;
       m = 5; k = 50; n = 20;
       col = 2 k + m + 1; row = n + 1;
       V = Table[ V0/(col - 1) (j - 1), {i, row}, {j, col}];
       Do[
        V[[1, j]] = V[[row, j]] = V0 (j - (k + 1)) / m,
        {j, k + 2, k + m + 1}]
       Do[V[[1, j]] = V[[row, j]] = 0, {j, k + 1}]
       Do[V[[1, j]] = V[[row, j]] = V0, {j, k + m + 2, col}]
       Do[V[[j, col]] = V0, {j, row}]
       (*------------------------*)
       Print[Date[], " iterative starts!"]
       є = V0 × 10⁻⁶;
       flag = 0; counter = 0;
       While[flag == 0,
        Vtemp = V;
        Do[
         V[[i, j]] =
          (V[[i, j - 1]] + V[[i - 1, j]]
             + V[[i, j + 1]] + V[[i + 1, j]]) / 4,
         {i, 2, row - 1}, {j, 2, col - 1}];
        counter ++;
        δV = Flatten[Vtemp - V];
        If[Max[Abs[δV]] < є, flag = 1]]
       Print["the iteration number=", counter]
       Print[Date[], " the end of iteration!"]
        (*------------------------*)
       Vtemp = {};
       Do[
         x = (j - (col + 1)/2) h; y = ((row + 1)/2 - i) h;
         AppendTo[Vtemp, {x, y, V[[i, j]]}],
         {i, row}, {j, col}]
```

```
V = Interpolation[Vtemp];
V >> "e:/data/potential";
(*----------------------*)
ContourPlot[V[x, y],
```

$$\left\{x, -\frac{col-1}{2}\frac{h}{2}, \frac{col-1}{2}\frac{h}{2}\right\}, \left\{y, -\frac{row-1}{2}h, \frac{row-1}{2}h\right\},$$

```
ContourShading → False, AspectRatio → Automatic,
Axes → True, ContourStyle → Thickness[0.003],
PlotPoints → 100, Contours → 0.05 V0 × Range[19]]
Clear["Global`*"]
```

{2012, 9, 4, 6, 23, 28.5522276} iterative starts!

the iteration number=606

{2012, 9, 4, 6, 23, 35.0574390} the end of iteration!

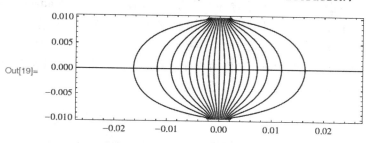

Out[19]=

程序里加了一些分割和注释,以帮助读者看懂程序的流程。

程序中出现的几何参数都是以米(m)为单位的,可以看出,a、b、c 都是毫米(mm)量级的,取 $a=5c$,以满足 a 比 c 大很多的要求。

程序分为 4 段,分别完成格点电位赋初值、迭代运算、对格点间电位插值,以及画出电位的等位线图。

变量 Vtemp 和 V 先后起了不同的作用。在迭代运算时,Vtemp 储存迭代前的电位值,V 储存迭代后的电位值,并在下一次迭代开始时将 V 赋给 Vtemp 暂存。在将 V 转化为实际尺度的二维离散函数时,Vtemp 成了 $3\times(row\times col)$ 的三维矩阵(其中,row 表示格点行数,col 表示格点列数),元素的形式为 $\{x_i, y_j, V_{i,j}\}$。根据这些二维的离散数据点,函数 **Interpolation**[Vtemp] 将它们转化为二维的“插值函数”并赋给 V,接着就将该插值函数保存在磁盘上。

程序输出的 Out[19] 是在第 4 段使用插值函数 $V(x,y)$ 用 **ContourPlot**[] 画出的电位等位线分布,参数 Contours→$0.05V_0$ Range[19] 表示等位线的值依次是 $\{0.25, 0.5, \cdots, 4.75\}$,对应图上从左到右的各条曲线。

对程序,继续解释如下。

(1) 程序第三段在将下标转化为实际尺寸坐标的时候,要注意有这样的关系:区域在 x 方向总的长度为(col−1)·h,因此,x 方向左右端的坐标分别是−(col−1)·$h/2$ 和(col−1)·$h/2$。若要将第一列转化为 x 左端的坐标−(col−1)·$h/2$,则可以设计一个方程

$$(1-j_0)\cdot h = -(col-1)\cdot h/2$$

解出 $j_0=(col+1)/2$。当 $j=$col 时,

$$x=(j-j_0)\cdot h=(col-1)\cdot h/2$$

刚好是区域的右边界。因此,设计 x 的转化公式为

$$x = \left(j - \frac{\text{col} + 1}{2}\right) \cdot h$$

就是正确的。同样可以证明 y 的转化公式也是正确的：

$$y = \left(\frac{\text{row} + 1}{2} - i\right) \cdot h$$

（2）在作迭代运算的时候，采取了一些"技巧"，包括设置迭代精度 ε，迭代结束标志 flag，以及统计迭代次数的计数器 counter。可以看到，迭代精度已经达到百万分之一了，这个精度还是比较高的，这样的差分求解精度是可以接受的。迭代是在不限定迭代次数的循环函数 **While**[]中进行的，这个函数的格式为

While[con, body]

其中，con 是循环条件，当 con＝True 时，执行循环体 body，否则终止循环。在本例程序中，在 body 的最后是 **If**[]函数，它根据格点电位是否达到了迭代精度而改变 flag 的值，而循环条件就是判断 flag 是否为 0。为了能逐个判断迭代前后格点电位的差值，程序使用了函数 **Flatten**[]，它的作用是将一个表格"压平"，以便得到一个一维的表格，方便函数 **Max**[]求最大元素的值。

（3）程序在等高线作图函数 **ContourPlot**[]中使用了多个参数，其中参数 PlotPoints 的值是很关键的，它的取值太小了，曲线会出现褶皱，取值太大了，又会使图形占用空间太多，绘图时间也长。读者可以改变这个值，以积累该参数的使用经验。

5.3.3　轴线上的电场强度

前面已经求出了聚焦电极内的电位分布，并将结果以插值函数的形式保存了起来。现在，我们将它调出来，做第一个运用：计算电极轴线上的电场强度分布，它可以让读者更深入地理解电极内电场分布的特点。计算电场强度，只要对电位分布函数求导数即可完成。下列程序先将电位的插值函数调入，然后就可以按普通函数一样来使用了。

```
In[21]:= << "e:/data/potential";
        V = %; h = 1.0 × 10⁻³;
        m = 5; k = 50; n = 20;
        col = 2 k + m + 1; row = n + 1;
        Ex[x_] := Evaluate[-D[V[x, y], x] /. y → 0];
        Plot[Ex[x], {x, - (col - 1)/2 h, (col - 1)/2 h},
         PlotRange → All, AxesLabel → {"x", "Ex"}]
        Clear["Global`*"]
```

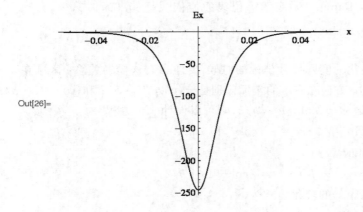

Out[26]=

Out[26]表明：中心线上的电场强度方向是沿 x 轴反方向的，电场强度显著不为 0 的区域其实很小，主要集中在两个电极之间缝隙的附近。

根据电位分布函数绘制电场线的分布图，请读者自己完成。

5.3.4 聚焦电极内电子的运动轨迹

下面讨论电子在聚焦电极内的运动，以证明电极的聚焦作用。设电子起初从左向右水平运动，从电位低的地方走向电位高的地方，电子的速度会越来越快。我们知道，电子"倾向于"逆着电场线运动，因此，在左圆筒内部，因为电场线转向两边的筒壁，电子就逆着电场线向轴线运动，电子束汇聚；当电子进入右边的圆筒内时，电场线是向轴线汇聚的，电子倾向于离开轴线，电子束发散。那么，总的结果，电子束是汇聚还是发散呢？我们说，还是汇聚了，物理上的原因是电子在左边的速度慢，在右边的速度快，使得电子汇聚作用超过了发散作用。这是定性描述，下面就进行定量计算，结果更有启发性。

```mathematica
In[28]:=  << "e:/data/potential";
          V = %; h = 1.0 × 10⁻³;
          m = 5; k = 50; n = 20;
          col = 2 k + m + 1; row = n + 1;
          sc = 1.75631 × 10¹¹; v0 = 10⁶;
          Ex[x_, y_] := Evaluate[D[V[x, y], x]];
          Ey[x_, y_] := Evaluate[D[V[x, y], y]];
          equ = {x''[t] == sc Ex[x[t], y[t]],
             y''[t] == sc Ey[x[t], y[t]],
             x[0] == - (col - 1)/2 h, x'[0] == v0, y[0] == y0,
             y'[0] == 0};
          time = 0.75 (col - 1) h / v0; figure = {};
          Do[
           s = NDSolve[equ, {x, y}, {t, 0, time}];
           {α, β} = {x, y} /. s[[1]];
           g = ParametricPlot[{α[t], β[t]}, {t, 0, time},
              PlotRange → {{- (col - 1)/2 h, (col - 1)/2 h},
                {- (row - 1)/2 h, (row - 1)/2 h}}];
           AppendTo[figure, g],
           {y0, - (row - 1) h / 3, (row - 1) h / 3, h}]
          Show[figure, AxesLabel → {"x", "y"},
           AspectRatio → Automatic]
          Clear["Global`*"]
```

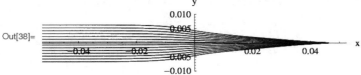

Out[38]=

下面对程序做一些分析。

程序在将电位的插值函数调入以后，计算了两个方向的电场强度，在求导数的时候，没有加负号，因为电子带负电，所以列运动方程的时候，负号就抵消了。

在运动方程中，会出现电子电量与质量的比值即"荷质比"(**specific charge**)，它是一个常数，需要先计算出来(即程序中的 sc)。

电子的初始速度是人为设定的，由此可以估计电子穿越两电极所需要的时间，求解时间 time 要留有余量(例如，取贯穿时间的 0.75 倍)，以保证电子在求解时间内没有跑出所研究的区域。

最后来看 Out[38]，它是一束电子向右运动的轨迹，可以看到，无论电子从上部还是下部进入，其轨迹都倾向于向轴线方向汇聚，电子在左边圆筒内产生了较快的汇聚，进入右边的圆筒后，汇聚作用减小，但总的结果还是使电子汇聚了。我们说，这样的一对电极对电子有聚焦作用。这正是一些显像管内和早期电子显微镜内使用电极聚焦的原因。

如果读者认真研究了本例的程序，可能最吃惊的是：**插值函数 $V(x,y)$ 的具体形式我们不知道，但却能像普通的函数一样将其中的变量作为时间的函数来使用！**

5.4 大型代数方程组的解法

结合电极聚焦问题，介绍一下大型代数方程组的求解问题，重点是介绍迭代解法，这是求解二维静电场分布时的主流解法。

上面对聚焦电极内电位分布的差分计算过程表明，按照方程(5-14)写出方程组是比较容易的，稍微复杂一点的是给边界赋值，然后就是求解方程组。我们顺利地完成了赋值的任务，接着就发现了两个问题：一是这个方程组太大了，手工方法根本不能求解；二是方程组内的变量在编号上也存在一些不方便，因为变量有两个角标，这与通常解方程组的要求也不一致。之前用迭代方式暂时绕过了这些困难。现在要问的问题是：

大型代数方程组有没有可行的严格解法？还有没有其他近似解法呢？

理论上，任何大小的代数方程组都是可以严格求解的，困难在于大型代数方程组求解过程过于复杂和缓慢，严格求解在时间上、经济上都不合算，在计算机内存不够的时候，更是难以完成。仔细分析其中的过程，关键之处是高阶系数矩阵的求逆运算很困难。当然，不排除一些特殊情况下系数矩阵容易求逆，但是，这样的情况通常是可遇而不可求的。所以，发展近似求解方法就成为必要了。

本节将结合 Mathematica 的相关函数功能，介绍严格解法，但重点介绍几种经典的迭代方法求解大型代数方程组，以帮助读者了解求解过程，并认识电磁场计算的复杂性。

5.4.1 代数方程组的整理

若要求解方程组，首先要把方程组整理成**标准形式**，即整理成如下形式：

$$a_{11}x_1 + a_{12}x_2 + \cdots + a_{1n}x_n = b_1$$
$$a_{21}x_1 + a_{22}x_2 + \cdots + a_{2n}x_n = b_2$$
$$\vdots$$
$$a_{n1}x_1 + a_{n2}x_2 + \cdots + a_{nn}x_n = b_n$$

将上述方程组写成矩阵形式：

$$AX = B \qquad (5\text{-}15)$$

其中，A 是系数方阵；B 是常数列矩阵；X 是未知变量列矩阵。

回到电聚焦问题上来，把方程(5-14)改造一下，变成如下形式：

$$4V_0 - V_1 - V_2 - V_3 - V_4 = 0 \qquad (5\text{-}16)$$

当按照方程(5-16)逐个写出各个格点差分方程的时候，可以按含有未知电位的格点行来进行，逐行写下去，方程左端变量 V_0 的序号作为方程的序号，由此得到的系数方阵 A 的主对角元都是 4，其余的元素要么是 0，要么是 -1。

含有未知电位的格点数是

$$n = p \times q = (\mathrm{row} - 2) \times (\mathrm{col} - 2)$$

n 是方程组的阶数。

矩阵 A 的元素的行号 γ 是

$$\gamma = (i - 1)q + j$$

其中，i 是格点行循环变量；j 是格点列循环变量。

矩阵 A 中那些少数为 -1 的元素的列号与所在行的行号的关系是：

$\gamma - 1$，对应左边有未知格点；

$\gamma + 1$，对应右边有未知格点；

$\gamma - q$，对应顶上有未知格点；

$\gamma + q$，对应底下有未知格点。

为了弄清楚已知格点和未知格点的关系，现将求解区域的全部格点画图于图 5-11 中，图中四角星的区域是边界，电位已知，这些点不需要列方程。未知电位区的情况分为三种，一种是图中黑点，4 个角，它们的方程联系两个已知格点和两个未知格点；一种是圆点，4 个边，它们联系一个已知格点和三个未知格点；剩下的是五星格点，联系周围 4 个未知格点。

列矩阵 B 是由所列的每个方程中未知量之外的部分组成的，可以按照以上的分类写出其非 0 的部分，其余皆为 0。

有了清楚的格点分类，就容易写出标准形式的方程组了。以下先写一个演示程序，将系数矩阵 A 的结构直观地展示出来，便于更好地进行分析。

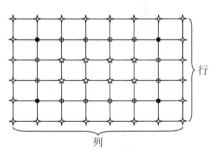

图 5-11　求解区域内格点的分类

```
ln[1]:=  V0 = 5.0; h = 1.0 × 10⁻³;
         k = 3; m = 2; n = 3;
         col = 2 k + m + 1; row = n + 1;
         p = row - 2; q = col - 2;
         V = ConstantArray[0, {row, col}];
         Do[V[[1, j]] = V[[row, j]] = V0 (j - (k + 1)) / m,
          {j, k + 2, k + m + 1}]
```

```
Do[V[[1, j]] = V[[row, j]] = 0, {j, k + 1}]
Do[V[[1, j]] = V[[row, j]] = V0, {j, k + m + 2, col}]
Do[V[[i, 1]] = 0, {i, row}]
Do[V[[j, col]] = V0, {j, row}]
(*--------------------------*)
A = 4 IdentityMatrix[p q];
B = ConstantArray[0, {p q, 1}];
(*--------------------------*)
Do[
 Do[
  γ = (i - 1) q + j;
  Which[
   i == 1 && j == 1, A[[γ, γ + 1]] = A[[γ, γ + q]] = -1,
   i == 1 && j == q, A[[γ, γ - 1]] = A[[γ, γ + q]] = -1,
   i == p && j == 1, A[[γ, γ + 1]] = A[[γ, γ - q]] = -1,
   i == p && j == q, A[[γ, γ - 1]] = A[[γ, γ - q]] = -1,
   i == 1 && j ≠ 1 && j ≠ q,
   A[[γ, γ - 1]] = A[[γ, γ + 1]] = A[[γ, γ + q]] = -1,
   i == p && j ≠ 1 && j ≠ q,
   A[[γ, γ - 1]] = A[[γ, γ + 1]] = A[[γ, γ - q]] = -1,
   j == 1 && i ≠ 1 && i ≠ p,
   A[[γ, γ + 1]] = A[[γ, γ - q]] = A[[γ, γ + q]] = -1,
   j == q && i ≠ 1 && i ≠ p,
   A[[γ, γ - 1]] = A[[γ, γ - q]] = A[[γ, γ + q]] = -1,
   True,
   A[[γ, γ - 1]] = A[[γ, γ + 1]]
     = A[[γ, γ - q]] = A[[γ, γ + q]] = -1],
  {j, q}],
 {i, p}]
A >> "e:/data/a.dat"; Print["A=", A // MatrixForm]
(*--------------------------*)
Do[
 Do[
  γ = (i - 1) q + j;
  Which[
   i == 1 && j == 1, B[[γ, 1]] = V[[1, 2]] + V[[2, 1]],
   i == 1 && j == q, B[[γ, 1]] = V[[1, col - 1]] + V[[2, col]],
   i == p && j == 1, B[[γ, 1]] = V[[row - 1, 1]] + V[[row, 2]],
   i == p && j == q,
   B[[γ, 1]] = V[[row, col - 1]] + V[[row - 1, col]],
   i == 1 && j ≠ 1 && j ≠ q, B[[γ, 1]] = V[[1, j + 1]],
   i == p && j ≠ 1 && j ≠ q, B[[γ, 1]] = V[[row, j + 1]],
   j == 1 && i ≠ 1 && i ≠ p, B[[γ, 1]] = V[[i + 1, 1]],
   j == q && i ≠ 1 && i ≠ p, B[[γ, 1]] = V[[i + 1, col]]],
  {j, q}],
 {i, p}]
B >> "e:/data/b.dat"; Print["B=", B^T // MatrixForm]
Clear["Global`*"]
```

$$A=\begin{pmatrix}
4 & -1 & 0 & 0 & 0 & 0 & 0 & -1 & 0 & 0 & 0 & 0 & 0 & 0 \\
-1 & 4 & -1 & 0 & 0 & 0 & 0 & 0 & -1 & 0 & 0 & 0 & 0 & 0 \\
0 & -1 & 4 & -1 & 0 & 0 & 0 & 0 & 0 & -1 & 0 & 0 & 0 & 0 \\
0 & 0 & -1 & 4 & -1 & 0 & 0 & 0 & 0 & 0 & -1 & 0 & 0 & 0 \\
0 & 0 & 0 & -1 & 4 & -1 & 0 & 0 & 0 & 0 & 0 & -1 & 0 & 0 \\
0 & 0 & 0 & 0 & -1 & 4 & -1 & 0 & 0 & 0 & 0 & 0 & -1 & 0 \\
0 & 0 & 0 & 0 & 0 & -1 & 4 & 0 & 0 & 0 & 0 & 0 & 0 & -1 \\
-1 & 0 & 0 & 0 & 0 & 0 & 0 & 4 & -1 & 0 & 0 & 0 & 0 & 0 \\
0 & -1 & 0 & 0 & 0 & 0 & 0 & -1 & 4 & -1 & 0 & 0 & 0 & 0 \\
0 & 0 & -1 & 0 & 0 & 0 & 0 & 0 & -1 & 4 & -1 & 0 & 0 & 0 \\
0 & 0 & 0 & -1 & 0 & 0 & 0 & 0 & 0 & -1 & 4 & -1 & 0 & 0 \\
0 & 0 & 0 & 0 & -1 & 0 & 0 & 0 & 0 & 0 & -1 & 4 & -1 & 0 \\
0 & 0 & 0 & 0 & 0 & -1 & 0 & 0 & 0 & 0 & 0 & -1 & 4 & -1 \\
0 & 0 & 0 & 0 & 0 & 0 & -1 & 0 & 0 & 0 & 0 & 0 & -1 & 4
\end{pmatrix}$$

$$B=(\,0\quad 0\quad 0\quad 2.5\quad 5.\quad 5.\quad 10.\quad 0\quad 0\quad 0\quad 2.5\quad 5.\quad 5.\quad 10.\,)$$

这个演示程序分为 4 段，第一段主要是给求解区域的边界赋值，不需要给区域内部赋值；第二段是给系数矩阵 A 和常数矩阵 B 赋初值，A 的主对角线元素一定是 4，其余元素先令其为 0，B 的元素先令其为 0；第三段找出 A 的那些为 -1 的元素；第四段找出 B 的非 0 元素。最后显示了 A 和 B 的结果。可以看到，A 是稀疏的方程组，只有少数元素非 0，这些非 0 元素排列很有规律，即主对角线和次对角线，以及从次对角线往右、往下相距为 q 的地方开始的更远的对角线为非 0，而且除了主对角线之外非 0 元素都是 -1。这样的结构还算有规律，方便对 A 求逆，或者进行分解。程序中出现的 p 和 q 是未知电位区域的格点行数和列数。

5.4.2　电极聚焦问题的严格求解

将静电场差分方程组整理成标准形式之后，接下来就是寻求其解法，其中严格地求解当然是最理想的。事实上，如果方程组的阶数不是很高，比如几千阶甚至上万阶，Mathematica 都能直接求解，在目前的计算机技术条件下，速度还相当快，时间能够接受，比如在 PC 为双核、内存为 4GB 的系统下，所需时间为秒级或分钟级。直接求解的关键是求系数矩阵的逆，相应的函数是 **Inverse[ ]**，其格式为

Inverse[A]

A 是系数方阵。

下面，首先改变上述演示程序对求解区域的分割参数 m、n、k 等，运行后产生系数矩阵 A 和常数矩阵 B，接着用直接求逆的方式求解方程(5-15)，程序和结果如下，与迭代结果是一样的。

```
In[18]:= V0 = 5.0; h = 1.0×10⁻³;
    k = 50; m = 5; n = 20;
    col = 2 k + m + 1; row = n + 1;
    p = row - 2; q = col - 2; Print["rank=", p q]
    V = ConstantArray[0, {row, col}];
    Do[V[[1, j]] = V[[row, j]] = V0 (j - (k + 1)) / m,
     {j, k + 2, k + m + 1}]
    Do[V[[1, j]] = V[[row, j]] = 0, {j, k + 1}]
    Do[V[[1, j]] = V[[row, j]] = V0, {j, k + m + 2, col}]
    Do[V[[i, 1]] = 0, {i, row}]
    Do[V[[i, col]] = V0, {i, row}]
```

```
(*.....................*)
<< "e:/data/b.dat";
B = %;
<< "e:/data/a.dat";
A = %;
(*.....................*)
Date[]
A = Inverse[A // N];
X = A.B;
Date[]
(*.....................*)
X = Partition[Flatten[Xᵀ], q];
Do[
 Do[
  V[[i + 1, j + 1]] = X[[i, j]],
  {j, q}],
 {i, p}]
(*.....................*)
temp = {};
Do[
  x = (j - (col + 1)/2) h; y = ((row + 1)/2 - i) h;
  AppendTo[temp, {x, y, V[[i, j]]}],
  {i, row},
  {j, col}]
V = Interpolation[temp];
ContourPlot[V[x, y],
  {x, - (col - 1)/2 h / 2, (col - 1)/2 h / 2},
  {y, - (row - 1)/2 h, (row - 1)/2 h},
  ContourShading → False, AspectRatio → Automatic,
  PlotPoints → 100, Axes → True, Contours → 0.05 V0 Range[19]]
Clear["Global`*"]
```

rank=1976

Out[32]= {2012, 9, 7, 11, 34, 6.3563447}

Out[35]= {2012, 9, 7, 11, 34, 8.1347478}

Out[41]=

　　本例程序分为 5 段,第一段是对分割参数和边界电位赋值;第二段读入已经存在磁盘上的系数矩阵 A 和常数矩阵 B;第三段求解格点电位方程组,仅中间两行是必要的,前后加函数

Date[] 是为了测试方阵求逆所用的时间,见 Out[32] 和 Out[35],总共用时不到 2s,而系数矩阵的阶数却是 1976 阶(读者可以改变分割数,体会阶数不同时求逆运算的时间差异);第四段是将求解后的电位值还原到电位的二维表示;第五段是对电位矩阵插值并绘制等位线的图,它与前面"摊大饼"迭代方法画出的图基本上一致。

涉及方阵求逆运算的第二种方式是利用行化简函数 **RowReduce[]**。关于"**行化简**"的概念,请读者参阅数学教科书,下面仅解释一下它的应用过程。

在数学上,一个可逆矩阵 A 的逆可以这样来求:先将 A 和同阶的单位方阵 I 组成一个新的矩阵 M

$$M = (A \quad I)$$

然后对 M 实施"行化简",将 M 变成下列矩阵:

$$(I \quad C)$$

则矩阵 A 的逆就是 C。其中关键的是"行化简"过程,它可以由函数 **RowReduce[]** 来完成,其格式为

RowReduce[M]

具体的编程段落如下:

```
Date[]
M = Join[Aᵀ, IdentityMatrix[p q]]ᵀ // N;
M = RowReduce[M];
Ai = (Take[Mᵀ, -p q])ᵀ;
X = Ai.B;
Date[]
```

这段程序涉及 4 层意思,一是将系数 A 与单位矩阵 I 连成 M,二是对 M 进行行化简,三是从化简结果里取出 A 的逆,四是用逆矩阵计算方程(5-17)的解。要注意的是:如果 M 矩阵的元素都是精确数,行化简的速度将会很慢,对 A 直接求逆也存在同样的问题,这是因为行化简和求逆的时候会产生分数,要对分数进行存取和运算,速度就慢了。为了提高速度,需要将 M 或者 A 的元素化成实数,办法很简单,就是用求值函数 N 将所有的数都变成近似数。关于这段程序涉及的其他矩阵运算的道理,请读者自行分析。在实际计算的时候,只要读者用本程序段替换上面直接求逆法那段程序的第三段即可,不再赘述。

5.4.3 电极聚焦问题的迭代求解

上面介绍的方法在理论上是严格的,核心是如何求系数方阵的逆,读者还可以针对特殊情况发展特殊的求解方法。另一类更常用的方法是近似方法,即迭代方法,本节就简单地介绍经典迭代法的数学原理和编程实现。

回到方程(5-15),可以对系数矩阵进行三角分解:

$$A = L + D + U$$

其中,L 是**严格下三角矩阵**;D 是由 A 的主对角线元素组成的对角矩阵;U 是**严格上三角矩阵**。例如,如果 A 可以表示为

$$A = \begin{pmatrix} a_{11} & a_{12} & a_{13} & a_{14} \\ a_{21} & a_{22} & a_{23} & a_{24} \\ a_{31} & a_{32} & a_{33} & a_{34} \\ a_{41} & a_{42} & a_{43} & a_{44} \end{pmatrix}$$

则

$$L = \begin{pmatrix} 0 & 0 & 0 & 0 \\ a_{21} & 0 & 0 & 0 \\ a_{31} & a_{32} & 0 & 0 \\ a_{41} & a_{42} & a_{43} & 0 \end{pmatrix},$$

$$D = \begin{pmatrix} a_{11} & 0 & 0 & 0 \\ 0 & a_{22} & 0 & 0 \\ 0 & 0 & a_{33} & 0 \\ 0 & 0 & 0 & a_{44} \end{pmatrix},$$

$$U = \begin{pmatrix} 0 & a_{12} & a_{13} & a_{14} \\ 0 & 0 & a_{23} & a_{24} \\ 0 & 0 & 0 & a_{34} \\ 0 & 0 & 0 & 0 \end{pmatrix}。$$

假定 D 的对角线元素都非 0,则 D 是可逆的,并且

$$D^{-1} = \text{Di} = \begin{pmatrix} a_{11}^{-1} & 0 & 0 & 0 \\ 0 & a_{22}^{-1} & 0 & 0 \\ 0 & 0 & a_{33}^{-1} & 0 \\ 0 & 0 & 0 & a_{44}^{-1} \end{pmatrix}$$

现在,方程(5-15)可以写成

$$DX = -(L+U)X + B$$

则

$$X = -D^{-1}(L+U)X + D^{-1}B \tag{5-17}$$

式(5-17)构成了迭代运算的基础,即可写出

$$X^{(n+1)} = -D^{-1}(L+U)X^{(n)} + D^{-1}B \tag{5-18}$$

式(5-18)的意思是:用第 n 次迭代的值 $X^{(n)}$ 计算第 $n+1$ 次迭代的值 $X^{(n+1)}$,X 的初值可以近似地指定。**迭代结束的条件**是当相继两次迭代差值 $|X^{(n+1)} - X^{(n)}|$ 的最大值小于某个小数 ε。这种迭代方法称为**经典雅可比**(Jacobi)**迭代法**。

雅克比迭代法的收敛条件之一是:如果 A 的主对角线元素占绝对优势,则迭代一定是收敛的。例如,在电极聚焦的例子中,A 的主对角线元素都是 4,其余的元素要么是 -1,要么是 0,对角线元素占绝对优势,因此,雅克比迭代一定是收敛的,不管 X 的初值如何。

使用雅克比方法时,需要拆分系数矩阵 A,在 Mathematica 中有相应的函数来完成,它们分别是:

Diagonal$[A]$,取得矩阵 A 的对角线元素,组成一个一维的列表 list。

DiagonalMatrix$[\text{list}]$,用列表 list 的元素为主对角线元素组成一个对角方阵,其余元素为 0。

LowerTriangularize$[A, -1]$,取得矩阵 A 的严格下三角矩阵。

UpperTriangularize$[A, 1]$,取得矩阵 A 的严格上三角矩阵。

如果后两个函数不带参数 -1 或 1,将是取得 A 的下三角和上三角矩阵。

下面写一个程序段用以说明雅克比迭代法的编程方法。前面已经对电极聚焦问题保存了

A 和 B,本段程序之前假定已经将它们读入了内存。

```
Date[]
d = Diagonal[A]^-1;
Di = DiagonalMatrix[d] // N;
L = LowerTriangularize[A, -1];
U = UpperTriangularize[A, 1];
G = -Di.(L + U);
Q = Di.B;
X = Table[0, {i, p q}, {j, 1}];
n = 1000; ε = 10^-6;
Do[
   X0 = X;
   X = G.X + Q;
   δ = Abs[X - X0];
   If[Max[δ^T] < ε, Print[i]; Break[]], {i, n}];
Date[]
```

本段程序的迭代方程是

$$X = G \cdot X + Q$$

X_0 保存迭代之前的 X。迭代循环总次数是被 n 控制的,这个值可以适当地大一些,当迭代达到设定的精度 $ε$ 时终止循环,并打印实际迭代的次数。

这里顺便告诉读者一个节约内存的方法:如果不使用变量 $δ$ 而改用 X_0,程序也是正确的,这样就节省了存储 $δ$ 的空间,其他情况下,也可能参照此法。

雅克比迭代法可以衍生出**高斯-赛德尔迭代法**(Gauss-Seidel),当 A 的**下三角矩阵 $L+D$** 的逆容易求解时,此法可用,而且速度快,也节约内存。高斯-赛德尔迭代法的数学原理推导如下:

$$(L + D)X = -UX + B$$
$$X = -(L + D)^{-1}UX + (L + D)^{-1}B$$
$$X^{(n+1)} = -(L + D)^{-1}UX^{(n)} + (L + D)^{-1}B \tag{5-19}$$

编程方法与雅克比方法一样,不再赘述。这里只针对 A 的下三角矩阵的求逆问题做一点阐述。关于下三角矩阵的求逆方法,有许多文献介绍,读者可以参阅。下面的程序段是借助于**行化简**方法衍生出的一个比较简单的方法,它仅对单位矩阵进行了相关行化简的操作,就求出了系数矩阵 A 的下三角矩阵的逆 Di,请读者结合 A 的结构,自行分析其中的道理。

```
n = p q;
Di = IdentityMatrix[n] // N;
Do[
 Di[[j]] = Di[[j]] / 4;
 If[Mod[j, q] ≠ 0, Di[[j + 1]] = Di[[j + 1]] + Di[[j]]];
 If[j ≤ n - q, Di[[j + q]] = Di[[j + q]] + Di[[j]]],
 {j, n - 1}]
Di[[n]] = Di[[n]] / 4;
(*...................*)
Date[]
U = UpperTriangularize[A, 1];
G = -Di.U;
Q = Di.B;
```

```
X = ConstantArray[0, {n, 1}];
n = 1000; ε = 10⁻⁶;
Do[
  X0 = X;
  X = G.X + Q;
  X0 = Abs[X - X0];
  If[Max[X0ᵀ] < ε, Print[i]; Break[]],
  {i, n}];
Date[]
```

高斯-赛德尔迭代法又可以衍生出**超松弛迭代法**（SOR），其数学原理如下。将高斯-赛德尔迭代法重写如下：

$$(L + D)X^{(n+1)} = -UX^{(n)} + B$$
$$DX^{(n+1)} = -LX^{(n+1)} - UX^{(n)} + B$$
$$X^{(n+1)} = -D^{-1}LX^{(n+1)} - D^{-1}UX^{(n)} + D^{-1}B$$

可以将迭代的过程看成是每次相加一个修正项 ΔX 的结果：

$$X^{(n+1)} = X^{(n)} + \Delta X$$

现在给修正项添加一个因子 ω，以加速迭代进程，则

$$X^{(n+1)} = X^{(n)} + \omega(X^{(n+1)} - X^{(n)})$$
$$= (1-\omega)X^{(n)} + \omega(-D^{-1}LX^{(n+1)} - D^{-1}UX^{(n)} + D^{-1}B)$$

两边乘以 D，则

$$(D + \omega L)X^{(n+1)} = [(1-\omega)D - \omega U]X^{(n)} + \omega B$$

于是

$$X^{(n+1)} = (D + \omega L)^{-1}[(1-\omega)D - \omega U]X^{(n)} + \omega(D + \omega L)^{-1}B \quad (5\text{-}20)$$

式(5-20)是 SOR 的迭代公式，它要求下三角矩阵 $D+\omega L$ 是可逆的，而且为了得到收敛的结果，要求松弛因子 ω 在1～2之间，具体数值只能由试验决定。

以下程序段展示的是用超松弛迭代法求解聚焦电极电位分布的编程过程，松弛因子取1.8，第一个循环是求下三角矩阵 $D+\omega L$ 的逆，$D=4$**IdentityMatrix**$[n]$，其他部分与前面的程序段类似。

```
n = p q; ω = 1.8;
Di = IdentityMatrix[n] // N;
Do[
 Di[[j]] = Di[[j]] / 4;
 If[Mod[j, q] ≠ 0, Di[[j + 1]] = Di[[j + 1]] + ω Di[[j]]];
 If[j ≤ n - q, Di[[j + q]] = Di[[j + q]] + ω Di[[j]]],
 {j, n - 1}]
Di[[n]] = Di[[n]] / 4;
Date[]
U = UpperTriangularize[A, 1];
L = LowerTriangularize[A, -1];
G = Di.((1 - ω) (4 IdentityMatrix[n]) - ω U);
Q = ω Di.B;
X = ConstantArray[0, {n, 1}];
m = 1000; ε = 10⁻⁶;
```

```
Do[
    X0 = X;
    X = G.X + Q;
    X0 = Abs[X - X0];
    If[Max[X0ᵀ] < ϵ, Print[i]; Break[]],
    {i, m}];
Date[]
```

关于求解高阶方程组的其他迭代方法,请参见周铁先生等编写的《计算方法》一书①。

5.5 电路计算

到目前为止,本章的讨论都是围绕静电学进行的,读者由此具备了研究静电学计算所需要的基本知识,并熟悉了 Mathematica 有关的函数。下面简单地讨论一下"动电"即电路的计算,除了继续体会 Mathematica 在符号运算和作图方面的功能,还要学习电路计算的一个技巧——**用电位代替电压**。

5.5.1 直流电桥

在大学物理实验中,一般都有电桥实验。电桥是利用精密电阻来测量未知电阻的装置。图 5-12 是直流电桥的原理图,4 个电阻 $R_1 \sim R_4$ 组成电桥的 4 个臂,在点 b 和点 c 之间接入灵敏电流计 G,以检验电桥是否进入了"平衡状态"。平衡态的标志是电流计的指示为 0。我们的任务是:在给出电源电压 V、4 个臂上的电阻以及电流计内部电阻 R_g 的情况下,计算该电路上其他未知的物理量,例如流过各个臂的电流 $i_1 \sim i_4$、流过电流计的电流 i_g,以及各个臂上的电压,等等。当然,这里重点关注的还是流过电流计的电流,看看它满足什么条件的时候变为 0。

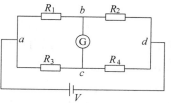

图 5-12 直流电桥原理

为了解题的方便,这里使用"**电位**"作为基本物理量,代替直接使用**电压**。令 d 点的电位为 0,a、b、c 各点的电位分别是 V_a、V_b、V_c,并且 $V_a = V$。这样,R_1 两端的电压就是 $V_a - V_b = V - V_b$,以此类推。根据欧姆定律和电荷守恒定律,可以列出如下方程组:

$$\left. \begin{aligned} V_b - 0 &= i_2 \cdot R_2 \\ V_c - 0 &= i_4 \cdot R_4 \\ V_b - V_c &= i_g \cdot R_g \\ V - V_b &= i_1 \cdot R_1 \\ V - V_c &= i_3 \cdot R_3 \\ i_1 &= i_2 + i_g \\ i_4 &= i_3 + i_g \end{aligned} \right\}$$

该方程组内有 5 个未知电流,两个未知电位,共 7 个未知量,刚好有 7 个方程,因此是可以求解的。下面写出 Mathematica 程序来求解,其中关键的函数是 **Solve[]**,它是求解代数多项

---

① 周铁,等.计算方法[M].北京:清华大学出版社,2006.

式方程组的。

```
In[1]:= equ = {Vb == i2 R2, Vc == i4 R4, Vb - Vc == ig Rg,
        V - Vb == i1 R1, V - Vc == i3 R3, i1 == i2 + ig, i4 == i3 + ig};
    vars = {i1, i2, i3, i4, ig, Vb, Vc};
    Solve[equ, vars] // FullSimplify
    Clear["Global`*"]
```

$$Out[3]= \left\{\left\{i1 \to \frac{(R3\ (R2 + R4) + (R3 + R4)\ Rg)\ V}{R1\ R2\ R3 + R1\ R2\ R4 + R1\ R3\ R4 + R2\ R3\ R4 + (R1 + R2)\ (R3 + R4)\ Rg},\right.\right.$$

$$i2 \to \frac{((R1 + R3)\ R4 + (R3 + R4)\ Rg)\ V}{R1\ R2\ R3 + R1\ R2\ R4 + R1\ R3\ R4 + R2\ R3\ R4 + (R1 + R2)\ (R3 + R4)\ Rg},$$

$$i3 \to \frac{(R2\ Rg + R1\ (R2 + R4 + Rg))\ V}{R1\ R2\ R3 + R1\ R2\ R4 + R1\ R3\ R4 + R2\ R3\ R4 + (R1 + R2)\ (R3 + R4)\ Rg},$$

$$i4 \to \frac{(R1\ (R2 + Rg) + R2\ (R3 + Rg))\ V}{R1\ R2\ R3 + R1\ R2\ R4 + R1\ R3\ R4 + R2\ R3\ R4 + (R1 + R2)\ (R3 + R4)\ Rg},$$

$$ig \to \frac{(R2\ R3 - R1\ R4)\ V}{R1\ R2\ R3 + R1\ R2\ R4 + R1\ R3\ R4 + R2\ R3\ R4 + (R1 + R2)\ (R3 + R4)\ Rg},$$

$$Vb \to \frac{R2\ ((R1 + R3)\ R4 + (R3 + R4)\ Rg)\ V}{R1\ R2\ R3 + R1\ R2\ R4 + R1\ R3\ R4 + R2\ R3\ R4 + (R1 + R2)\ (R3 + R4)\ Rg},$$

$$\left.\left.Vc \to \frac{R4\ (R1\ (R2 + Rg) + R2\ (R3 + Rg))\ V}{R1\ R2\ R3 + R1\ R2\ R4 + R1\ R3\ R4 + R2\ R3\ R4 + (R1 + R2)\ (R3 + R4)\ Rg}\right\}\right\}$$

Out[3]是 7 个待求量的解析表达式,它们都是经过函数 **FullSimplify[]** 化简过的,已经显得很简短了。读者可以自己用笔运算求解这个方程组,体会一下其中的辛苦,结果也不一定能表示成以上简洁的形式。Mathematica 的符号运算能力和化简表达式的能力,应该让读者惊叹。

我们注意到,在 i_g 的表达式中,分子上有一个因子,

$$R_2 R_3 - R_1 R_4$$

当上式为 0 时,i_g 就是 0,电桥达到平衡态,所以,如果观察到电流计的指示为 0,就可以根据

$$R_2 R_3 - R_1 R_4 = 0$$

计算出未知电阻的值。这就是电桥测量电阻的原理。

5.5.2 滤波器

在交流电路中,电路对不同频率信号的响应是人们常常关注的问题,滤波器电路就是典型。本例就拿最简单的电路——串联 RLC 电路为例,计算它的传递函数,研究其滤波特性如何随着电阻参数的改变而改变。

有激励源 U_0 的 RLC 串联电路如图 5-13 所示,电路的输出是电阻 R 上的电压 U_R。该电路的**稳态传递函数**是

$$\eta(\omega) = \frac{U_R}{U_0} = \frac{R}{R + \mathrm{j}(\omega L - 1/\omega C)}$$

其中,j 是复数因子,ω 是信号的圆频率。根据传递函数可知,

$$\eta(0) = 0, \quad \eta(\infty) = 0$$

所以,该电路在滤波性能上相当于一个"**带通滤波器**"。

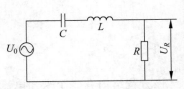

图 5-13 串联 RLC 电路

下面求出传递函数的"**幅频特性**"。所谓幅频特性,就是 $\eta(\omega)$ 的振幅与 ω 的关系,这可以通过取 $\eta(\omega)$ 的模而得到,程序如下。

In[1]:= `ComplexExpand[Abs[R / (R + i (ω L - 1 / (ω C)))]]`

Out[1]= $\dfrac{\sqrt{R^2}}{\sqrt{R^2 + \left(-\dfrac{1}{c\,\omega} + L\,\omega\right)^2}}$

根据 Out[1],传递函数的振幅是小于等于 1 的,当激励源的频率达到 ω_0 时,传递函数最大为 1,其中

$$\omega_0 = 1/\sqrt{LC}$$

该值与电阻 R 无关,仅与 LC 乘积有关。

有了 Out[1],就可以定量地考察幅频特性随 ω 的变化,办法是通过特例研究和对比而加深了解,这有助于该电路使用时对参数的选取。

下面是在具体参数的情况下的幅频特性计算。

In[2]:= `c = 1.0 × 10⁻⁴; L = 1.0 × 10⁻²; ω0 = 1 / √(L c); R = 1;`

$\eta[\omega\_] := \dfrac{R}{\sqrt{R^2 + \left(-\dfrac{1}{c\,\omega} + \omega\,L\right)^2}};$

`Plot[η[ω], {ω, 0, 4 ω0}, PlotRange → All,`
` AxesLabel -> {"ω", "η"}]`
`Clear["Global`*"]`

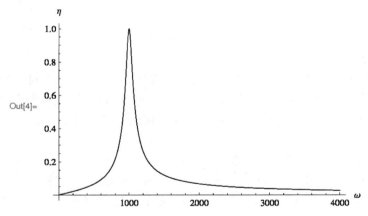

Out[4]=

Out[4] 显示了具体参数下的幅频特性曲线,它是单峰曲线,峰值为 1,两边迅速下降,表示从电阻两端所取的电压随着频率离开 ω_0 而迅速减小。不过,峰值特性随着参数 R 变化很大,需要对比才能看清楚。下面的程序考察了 R 在一个范围内的若干个点上的幅频特性曲线,把它们画在一张图上,更容易看出曲线的变化趋势。

In[6]:= `c = 1.0 × 10⁻⁴; L = 1.0 × 10⁻²; ω0 = 1 / √(L c);`

$\eta[\omega\_] := \dfrac{R}{\sqrt{R^2 + \left(-\dfrac{1}{c\,\omega} + \omega\,L\right)^2}};$

`r = {0.1, 1, 5, 10, 20, 50, 100};`

```
s = Table[
    Plot[η[ω], {ω, 0, 4 ω0}, PlotRange → {-0.1, 1.1}],
    {R, r}];
d = Table[
    Text["R=" <> ToString[R], {2.5 ω0, η[2.5 ω0]}, {-1, 0}],
    {R, r}];
Show[s, AxesLabel -> {"ω", "η"}, Epilog → d,
  Ticks -> {{{ω0, "ω₀"}}, Automatic}]
Clear["Global`*"]
```

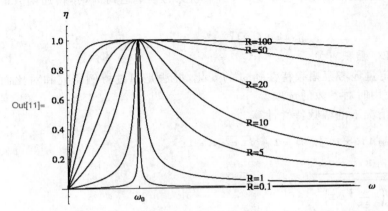

Out[11]表明,随着电阻 R 的增大,幅频特性的单峰从很尖锐变得越来越宽大,最后变成了很宽的平台。由此可以看出,当 R 很小时,该电路可以作为窄带带通滤波器,而当 R 很大时,可以作为宽带带通滤波器。

对程序有以下两点要说明。

(1) 变量 d 是在图形上添加文字的 Text[] 列表,其元素格式是

Text["R="<>**ToString**[R],{x,y},{$-1,0$}]

其中,<>是字符串连接符;**ToString**[R]是要把数值 R 变成字符串;而{x,y}是字符串写下时的坐标,因为后面使用了参数{$-1,0$},表示字符串的左边从{x,y}开始,程序设置各个字符串的 x 都相同,使得这些标注文字都是左对齐的。在函数 **Show**[] 中使用参数 Epilog→d,就将标注文字添加到画面上。

(2) 在函数 **Show**[] 中还使用了参数 Ticks,它指定坐标轴上标注一些点,以使这些点更突出,不再按照默认方式给坐标轴加刻度标签。要注意其格式,它分为两大块,分别标注两个轴上的刻度,可以使用 None 来使某个轴不加标签,也可以使用 Automatic 让某个坐标轴继续按默认方式加标签;对于特别指定的点,要使用如下形式添加标签:

{{x_1,"x1"},{x_2,"x2"},⋯}

其中,"x1"等可以是任何内容。

磁

　　在本章,我们研究静态(以及准静态)磁场的几个问题,包括磁场的描绘以及带电粒子在磁场里的运动。

　　在一般电磁学的教科书里,关于磁场规律的介绍占据了很大篇幅,而对于磁场的描绘、计算以及带电粒子在磁场里的运动只作简单情况的分析(能得到解析结果)或定性描写,还没有把计算机的计算功能作为一个有效的扩展手段结合进来,这对于深入理解磁场的性质和作用是不够的。我们先就一些情况下的磁场分布进行计算和描绘,读者可以从中体会那些“熟悉的”磁场分布图是怎样画出来的,同时对于一些细节的认识更深入,这对于使用这些磁场是有帮助的;然后分析计算一些复杂的磁场分布,从细节上澄清人们对计算方法和磁场特点的误解;最后计算带电粒子在磁场里的运动,认识粒子在磁场作用下呈现的复杂轨迹。这对于理解某些技术基础是必要的。

6.1　载流圆线圈的磁场

　　磁场是由电流产生的,由电流计算磁场是根据毕奥-萨伐尔定律(Biot-Savart)

$$\boldsymbol{B} = \frac{\mu_0}{4\pi} \oint \frac{I\mathrm{d}\boldsymbol{l} \times \hat{\boldsymbol{r}}}{r^2} \tag{6-1}$$

其中,常数 $\mu_0 = 4\pi \times 10^{-7} \mathrm{N/A^2}$;$I$ 是流过线圈的电流强度;$\mathrm{d}\boldsymbol{l}$ 是“**电流元**”,它是线圈上很小的有方向的一段直线,正方向与电流方向一致;$\hat{\boldsymbol{r}}$是从电流元到场点的单位矢量;r 是从电流元到场点的距离。积分遍及整条导线或者整个线圈。

　　磁场是矢量,表示磁场走向,通常用**磁场线**(又称磁力线),其定义为:**磁场线是空间的曲线,其上每一点的切线方向与该点的磁场方向一致。**这个定义与电场线类似,计算方法也类似。

　　以下将根据式(6-1)计算一些情况下的磁场分布,并画出磁场线。

6.1.1　单个载流圆线圈的磁场分布

　　就物理实体而言,单个载流线圈可以用超导体做成。载流线圈的形状如图 6-1 所示,线圈平面放在直角坐标系的 xOy 平面上,z 轴垂直于线圈平面。线圈的半径设为 R。设电流元所在的位置与原点的连线与 x 轴夹角为 φ,该电流元可表示为

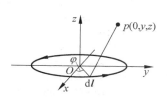

图 6-1　载流圆线圈

$$\mathrm{d}\boldsymbol{l} = R\mathrm{d}\varphi \left\{\cos\left(\varphi + \frac{\pi}{2}\right), \sin\left(\varphi + \frac{\pi}{2}\right), 0\right\} = R\mathrm{d}\varphi\{-\sin\varphi, \cos\varphi, 0\}$$

根据线圈的对称性,磁场的分布应该是关于 z 轴对称的,因此,只要考察 yOz 平面内的磁场分布即可知道全空间的磁场分布。场点 p 取在 yOz 平面内,则场点的位置矢量

$$p = \{0, y, z\}$$

电流元所在的位置为 p_0,其位置矢量为

$$p_0 = \{R\cos\varphi, R\sin\varphi, 0\}$$

从电流元到场点的单位矢量为

$$\hat{r} = \frac{1}{|p - p_0|}(p - p_0) = \frac{1}{r}\{-R\cos\varphi, y - R\sin\varphi, z\}$$

其中,$r = |p - p_0| = \sqrt{z^2 + y^2 + R^2 - 2Ry\sin\varphi}$。

现在就可以用 Mathematica 进行式(6-1)中的叉乘运算了,程序如下。

```
In[1]:= dl = R dφ {-Sin[φ], Cos[φ], 0};
        ur = {-R Cos[φ], y - R Sin[φ], z} / r;
        dl × ur // Simplify
        Clear["Global`*"]

Out[3]= { dφ R z Cos[φ] , dφ R z Sin[φ] , dφ R (R - y Sin[φ]) }
          ─────────────    ─────────────    ─────────────────────
               r                r                    r
```

从 Out[3] 可见,叉乘的结果有三个分量,当代入式(6-1)进行磁场计算的时候,由于对称性,第一分量的积分结果是 0;第二、第三分量的积分结果不是 0,略去常数 $\mu_0/4\pi$ 以及电流强度 I,它们分别是

$$B_y(y, z) = \int_0^{2\pi} \frac{Rz\sin\varphi\,\mathrm{d}\varphi}{r^3}$$

$$B_z(y, z) = \int_0^{2\pi} \frac{R(R - \sin\varphi)\,\mathrm{d}\varphi}{r^3}$$

以上两个磁场分量写成了 y 和 z 的函数,若需要,也可以把它们写成变量 y、z 和 R 的函数。这两个分量是以积分形式来表达的,但却不能积分出来,要知道它们的具体值,只能进行数值计算。

下面的程序将画出两个分量在不同"位置-方向"的曲线,沿着 y 轴或 z 轴等距离地取一些位置,画出过这些位置的垂线方向磁场分布,以便考察线圈磁场的分布特点。程序先用数值积分函数定义了两个分量,以后就可以按正常函数来使用它们。积分过程中可能出现提示,但结果还是对的。

```
In[5]:= R = 1;
        By[y_, z_] :=
          NIntegrate[ ──────── R z Sin[φ] ──────── , {φ, 0, 2 π}];
                       (y² + z² + R² - 2 y R Sin[φ])^(3/2)

        Bz[y_, z_] :=
          NIntegrate[ ──────── R (R - y Sin[φ]) ──────── , {φ, 0, 2 π}];
                       (y² + z² + R² - 2 y R Sin[φ])^(3/2)

        figure = {};
        Do[
          g = Plot[Bz[i R / 4, z], {z, 0, 3 R}, PlotRange → All];
          AppendTo[figure, g],
          {i, 0, 3}]
        Show[figure, AxesLabel → {"z", "Bz"},
          PlotRange → All, AxesOrigin → 0]
```

```
figure = {};
Do[
 g = Plot[Bz[y, i R / 4], {y, 0, 3 R}, PlotRange → All];
 AppendTo[figure, g],
 {i, 4}]
Show[figure, AxesLabel → {"y", "Bz"},
 PlotRange → All, AxesOrigin → 0]
figure = {};
Do[
 g = Plot[By[y, i R / 4], {y, 0, 3 R}, PlotRange → All];
 AppendTo[figure, g],
 {i, 4}]
Show[figure, AxesLabel → {"y", "By"},
 PlotRange → All, AxesOrigin → 0]
Clear["Global`*"]
```

Out[10]=

Out[13]=

Out[16]=

程序输出了 Out[10]、Out[13]和 Out[16],分别说明如下。

Out[10]是过 y 轴不同位置的垂线上 B_z 的分布,循环变量 i 从小到大依次对应 y 的增加, $z=0$ 对应 y 轴的位置,可见,沿着 y 轴,越离开线圈中心,或者越靠近线圈,B_z 越强,但是,之后随着 z 下降的速度也更快,并在接近三个线圈半径的高度,B_z 基本都趋于很小的值。沿着 z 轴,B_z 的分布是个例外,它可以准确地积分出来,结果是

$$B_z(0,z) = \frac{2\pi R^2}{(z^2 + R^2)^{3/2}}$$

读者可以验证该公式是否与 Out[10]上 $i=0$ 的那条曲线重合。

Out[13]是在一系列 z 高度上的 B_z 随着 y 的变化曲线,循环变量 i 从小到大依次对应 z 位置的升高,可以看到,在线圈半径以内,高度越低,B_z 越强,同样地,随着 y 的增加而下降得越快,并在各自不同的 y 位置上变为 0,随后,B_z 改变了符号,方向倒过来了,最终保持这一符号而趋于很小的值。

Out[16]是在上述同样的 z 高度上磁场的另一个分量 B_y 随着 y 的变化规律,这些曲线显示 B_y 都是指向 y 正方向的,并在线圈的上方达到极值,之后单调下降到很小的值。

综合起来,线圈磁场的显著影响范围,包括横向和纵向,都不超过线圈半径的 3 倍,这可以让我们估计磁性原子的磁场范围大概也是原子半径的 3 倍以内。

6.1.2　单个载流圆线圈的磁场线分布

磁场线可以表示磁场的方向性,根据前述定义,可以写出一条磁场线上的点(y,z)满足的方程为

$$\frac{\mathrm{d}z}{\mathrm{d}y} = \frac{B_z(y,z)}{B_y(y,z)} \tag{6-2}$$

方程(6-2)是计算磁场线的基本依据,只要知道了磁场分布,就可以计算磁场线。类似于电场线的计算,可以采用"折线法",也可以采用"参数方程法"。与电场线不同的是,**磁场线是闭合曲线,它的出发点可以是空间的任何一点,且在计算上没有终点的限制,因此,不用像在计算电场线的时候那样非常小心地关照计算的末端**,因为那时候要顾及负电荷的位置。

根据以上原理计算单个载流圆线圈的磁场线分布,采用"折线法"。根据磁场分布的特点,选择 y 轴上$-R\sim R$ 范围内的一些点作为开始计算的点,这些点的位置分布是等间距的。程序如下。

```
In[18]:= By[y_, z_] :=
        NIntegrate[ (R z Sin[φ]) / (y^2 + z^2 + R^2 - 2 y R Sin[φ])^(3/2), {φ, 0, 2 π}];

     Bz[y_, z_] :=
        NIntegrate[ (R (R - y Sin[φ])) / (y^2 + z^2 + R^2 - 2 y R Sin[φ])^(3/2), {φ, 0, 2 π}];

     R = 1.0; r1 = step = 0.005 R; r2 = 4 R; forceline = {};
     Do[
      θ = π / 2; p = {y0, r1}; single = {};
      While[(Abs[p[[2]]] >= r1) ⋀ (Norm[p] < r2),
       AppendTo[single, p];
```

```
  p = p + step {Cos[θ], Sin[θ]};
  θ = Arg[By[p[[1]], p[[2]]] + i Bz[p[[1]], p[[2]]]]];
 AppendTo[forceline, single];
 m = Length[single];
 single = Table[{single[[j, 1]], -single[[j, 2]]}, {j, m}];
 AppendTo[forceline, single],
 {y0, -0.8 R, 0.8 R, 0.05 R}]
Show[
 Graphics[{Thickness[0.003], Line /@ forceline}],
 Axes → True, AxesLabel → {"y", "z"}, AspectRatio → Automatic,
 Epilog -> {PointSize[0.02], Point /@ {{-R, 0}, {R, 0}}}]
Clear["Global`*"]
```

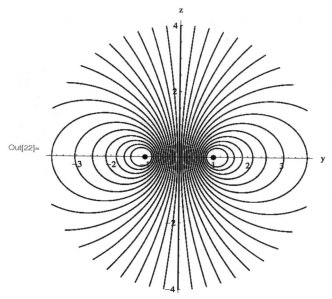

Out[22]=

对程序解释如下。在本例中，**While** 循环进行的条件是下列逻辑值为真。

$$(Abs[p[[2]]] \geq r1) \wedge (Norm[p] < r2)$$

这个条件的意思是：只有场点 p 与坐标原点的距离小于 r_2 并且其 z 坐标（即 p[[2]]）的绝对值不小于 r_1 的情况下，循环才能进行。每条磁场线上的第一个点就是按此要求设计的。当磁场线弯曲折向 y 轴时，条件的第一部分会失效，所以，磁场线的计算只限于上半平面。为了弥补下半平面部分，程序采取了一个"偷懒"的办法，因为磁场线是关于 y 轴对称的，因此，只要把 y 轴上部的一段磁场线的数据中 z 的数值改成负的，就立即得到下面的磁场线数据。这就是 **While** 循环结束后所做的事情：把 single 加入到 forceline 中并将 single 的对称部分也加入了 forceline 中。另外，为了在图上添加两个圆点表示线圈的截面，在函数 **Show[]** 里采取了添加图形元素的方法来解决，即使用选项 Epilog，对于添加的图形元素及图形指示，要用花括号括起来。

Out[22] 是程序画出的载流圆线圈的磁场线分布图，可以看到，磁场线是闭合曲线，每条磁场线都从线圈内穿过，像一个个环子套在线圈上；磁场线分布在广大的区域，但磁场线集中的地方比较小，磁场影响的范围是有限的，结合前面的磁场分布曲线来判断，磁场的影响范围大约在半径为 $3R$ 的球体内；在线圈平面附近，磁场线垂直于线圈平面；在线圈平面的中部，磁场线近乎平行，表示这里磁场接近均匀，印证了 Out[13]。

6.1.3 亥姆霍兹线圈

上面推导出了单个载流圆线圈的磁场分布，重写如下：

$$B_y(y,z) = \int_0^{2\pi} \frac{Rz\ \sin\varphi \mathrm{d}\varphi}{r^3}$$

$$B_z(y,z) = \int_0^{2\pi} \frac{R(R-y\sin\varphi)\mathrm{d}\varphi}{r^3}$$

其中

$$r = \sqrt{z^2 + y^2 + R^2 - 2R\sin\varphi}$$

线圈平面的轴线是 z 轴，线圈半径是 R。

现在，有两个这样的载流线圈平行放置，两个线圈相距为 d，**电流方向相同**，如图 6-2 所示。只要将上述单个载流圆线圈的磁场分布公式分别沿 z 轴向左、向右平移 $d/2$ 即得到图中两个线圈各自产生的磁场；将它们叠加起来，就得到总的磁场。

下面给出线圈半径和线圈间距的值，画出垂直于 y 轴且间隔均匀的几条线上的磁场分布曲线，包括 B_y 和 B_z 随 z 变化的曲线，以便认识这种磁场的特征。

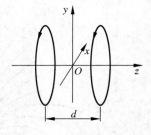

图 6-2　两个载流圆线圈

```
In[24]:= d = R = 1; forceline = {};
     By0[y_, z_] :=
       NIntegrate[
         (R z Sin[φ]) / (z^2 + y^2 + R^2 - 2 R y Sin[φ])^(3/2), {φ, 0, 2 π}];

     Bz0[y_, z_] :=
       NIntegrate[
         (R (R - y Sin[φ])) / (z^2 + y^2 + R^2 - 2 R y Sin[φ])^(3/2), {φ, 0, 2 π}];

     By[y_, z_] := By0[y, z - d / 2] + By0[y, z + d / 2];
     Bz[y_, z_] := Bz0[y, z - d / 2] + Bz0[y, z + d / 2];
     figure = {};
     Do[
       g = Plot[Bz[i R / 8, z], {z, -d, d}, PlotRange -> All];
       AppendTo[figure, g],
       {i, 0, 7}]
     Show[figure, AxesLabel -> {"z", "Bz"},
       PlotRange -> All, AxesOrigin -> 0]
     figure = {};
     Do[
       g = Plot[By[i R / 8, z], {z, -d, d}, PlotRange -> All];
       AppendTo[figure, g],
       {i, 0, 7}]
     Show[figure, AxesLabel -> {"z", "By"},
       PlotRange -> All, AxesOrigin -> 0]
     Clear["Global`*"]
```

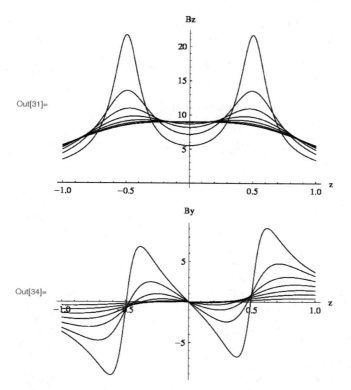

Out[31]=

By

Out[34]=

在程序中,单个线圈产生的磁场用函数 B_{y0} 和 B_{z0} 来定义,两个线圈的合成磁场用 B_y 和 B_z 来表示。由于令 $d=R$,所以,这对线圈就是著名的**亥姆霍兹线圈**,研究它的磁场分布有一定的参考价值。

Out[31]和 Out[34]是过 y 轴的 8 条直线上的磁场分布,这 8 条线在 y 轴上的位置是$\{0,R/8,2R/8,\cdots,7R/8\}$。可以看到,靠近 z 轴的 4 条线上,在中部 z 方向大约 $-d/4\sim d/4$ 范围内,B_y 几乎为 0,而 B_z 几乎没有变化,这表明此区域内磁场较为均匀,方向平行于 z 轴。这正是通常所说的亥姆霍兹线圈的中部区域存在均匀磁场并得到广泛应用的根据所在。在此区域之外,包括 y 方向和 z 方向,磁场都不再均匀。根据 Out[31],B_z 在所画区域内方向不变,而 Out[34]显示 B_y 在 z 轴正负半轴都存在着方向的改变,综合起来,就可以推测磁场线是中部膨胀,线圈平面附近收缩,过了线圈平面又发散。

下面的程序采用"折线法"画出亥姆霍兹线圈的磁场线分布,证实以上推测。

```
In[36]:= By0[y_, z_] :=
            NIntegrate[ (R z Sin[φ])/((z^2 + y^2 + R^2 - 2 R y Sin[φ])^(3/2)), {φ, 0, 2 π}];

         Bz0[y_, z_] :=
            NIntegrate[ (R (R - y Sin[φ]))/((z^2 + y^2 + R^2 - 2 R y Sin[φ])^(3/2)), {φ, 0, 2 π}];

         By[y_, z_] := By0[y, z - d / 2] + By0[y, z + d / 2];
         Bz[y_, z_] := Bz0[y, z - d / 2] + Bz0[y, z + d / 2];
         d = R = 1; r1 = step = 0.005 R; r2 = 2 R; forceline = {};
         Do[
           θ = 0; p = {r1, y0}; single = {};
           While[(Abs[p[[1]]] >= r1) ⋀ (Norm[p] < r2),
             AppendTo[single, p]; p = p + step {Cos[θ], Sin[θ]};
```

```
        θ = Arg[Bz[p[[2]], p[[1]]] + ⅈ By[p[[2]], p[[1]]]]];
    AppendTo[forceline, single];
    m = Length[single];
    single = Table[{-single[[j, 1]], single[[j, 2]]}, {j, m}];
    AppendTo[forceline, single],
    {y0, -R, R, 0.1 R}]
Show[Graphics[{Thickness[0.003], Line /@ forceline}],
 Axes → True, AxesLabel → {"z", "y"}, AspectRatio → Automatic,
 Epilog -> {PointSize[0.02],
    Point /@ {{d / 2, -R}, {d / 2, R}, {-d / 2, R}, {-d / 2, -R}}}]
Clear["Global`*"]
```

Out[42]=

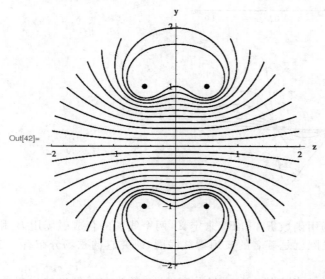

　　在程序中,磁场线的计算是从 y 轴开始的,方向向右,计算的是 y 轴右边的部分,左边的部分是根据对称性"折叠"过去的。从 Out[42]可以看出,磁场线分布确实像一个两头扎紧中间膨胀的口袋;在两线圈之间的中部一块区域,磁场线几乎是平行的,表示这里磁场近似均匀。图中 4 个黑点表示线圈导线的剖面。

　　下面两幅图是线圈的间距 d 改变以后的磁场线分布图。程序就不写了,只需要在上面的程序里改变 d 的值即可,相应的间距已在图上标出。

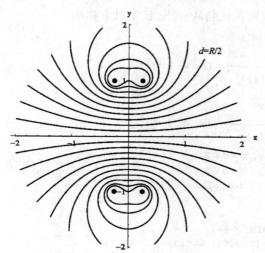

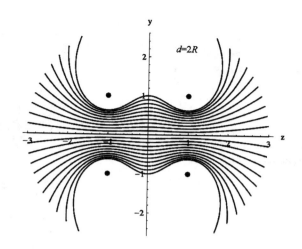

6.1.4　磁阱

在以上所研究的亥姆霍兹线圈中,若两个线圈所通的电流方向相反,则两线圈之间的磁场分布很有特点,就是能形成一个捕获磁性原子的陷阱,简称**磁阱**。这种磁场在现代低温冷却和捕获原子的实验中有重要应用,读者可以参阅有关的文献。下面就分析这种磁场的特点,最后说明它何以能作为磁阱。

设两个线圈半径都是 R,平行共轴放置,两线圈平面相距为 d,令轴线方向为 z 轴(该方向与地球重力方向平行),如图 6-3 所示。将前述单个圆线圈的磁场分布公式沿 z 轴分别向上、向下平移 $d/2$,并将上移线圈的电流反向,然后将这样两个线圈形成的磁场叠加,就形成了磁阱的磁场。鉴于磁场关于 z 轴的对称性,还是取 yOz 平面作为考察平面,用两个分量 B_y 和 B_z 就可以反映磁场的分布。

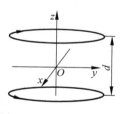

图 6-3　磁阱线圈

以下程序画出了磁阱的磁场 $B_z(y, z)$ 在一些方向的分布。

```
In[44]:= By0[y_, z_] :=
            NIntegrate[ (R z Sin[φ]) / (y^2 + z^2 + R^2 - 2 y R Sin[φ])^(3/2), {φ, 0, 2 π}];
         Bz0[y_, z_] :=
            NIntegrate[ (R (R - y Sin[φ])) / (y^2 + z^2 + R^2 - 2 y R Sin[φ])^(3/2), {φ, 0, 2 π}];
         By[y_, z_] := By0[y, z + d / 2] - By0[y, z - d / 2];
         Bz[y_, z_] := Bz0[y, z + d / 2] - Bz0[y, z - d / 2];
         R = d = 1; fig = {};
         Do[
          g = Plot[Bz[i R / 9, z], {z, -2 d, 2 d}, PlotRange → All,
            PlotStyle → Thickness[0.003]]; AppendTo[fig, g],
          {i, 0, 8}]
         Show[fig, Epilog → {Thickness[0.003],
            Line /@ {{{d / 2, -20}, {d / 2, 20}},
              {{-d / 2, -20}, {-d / 2, 20}}}},
          AxesLabel → {"z", "Bz"}]
```

```
fig = {};
Do[
  g = Plot[Bz[y, i R / 9], {y, -2 R, 2 R}, PlotRange → All,
    PlotStyle → Thickness[0.003]]; AppendTo[fig, g],
  {i, 0, 4}]
Show[fig, AxesLabel → {"y", "Bz"}]
fig = {};
Do[
  g = Plot[Bz[y, -i R / 9], {y, -2 R, 2 R}, PlotRange → All,
    PlotStyle → Thickness[0.003]]; AppendTo[fig, g],
  {i, 0, 4}]
Show[fig, AxesLabel → {"y", "Bz"}]
Clear["Global`*"]
```

Out[50]=

Out[53]=

Out[56]=

对程序的输出做一些解释。Out[50]是在 yOz 平面内过不同 y 位置的垂线上 B_z 随 z 的分布曲线,它们有这样的特点:$z=0$ 处 $B_z=0$;y 轴以上,B_z 为负,y 轴以下,B_z 为正;B_z 的极值出现在线圈平面上,见图上标出的两条竖直线的位置。Out[53]和 Out[56]分别是在 y 轴以上和以下不同高度上 B_z 随 y 的变化曲线,图中曲线离 y 轴越近的表示高度离 y 轴也近。当与线圈位置平齐时,磁场急速翻转。这两张图给我们最深刻的印象是:它们都是对着 y 轴开口的"鼎"状,预计能够"盛"某些东西。

磁阱的特殊磁场分布有多种用途,下面仅就捕获原子的用途加以讨论。

根据量子力学的塞曼效应理论,一个具有磁矩 $\boldsymbol{\mu}$ 的原子与磁场的相互作用能量 ΔE 可以表示为

$$\Delta E = -\boldsymbol{\mu} \cdot \boldsymbol{B} = m g_{\mathrm{L}} \mu_{\mathrm{B}} B_z \qquad (6\text{-}3)$$

其中,μ_{B} 是玻尔磁子常数,是原子磁矩的单位;g_{L} 是由原子状态决定的朗德因子,是正数;m 是原子角动量量子数的第三分量(磁量子数),如果原子角动量是 j,则 $m=-j,-j+1,\cdots,j$,共有 $2j+1$ 可能的取值,例如 $j=1/2$,则 m 只有两个取值,要么是 $-1/2$,要么是 $1/2$。下面讨论的原子就假定是这种情况。此时,原子在磁场中有两个附加能量,原子的总能量可以表示成两分量形式

$$E = \begin{bmatrix} E_1 \\ E_2 \end{bmatrix} = \begin{bmatrix} E_{\mathrm{k}} + Mgz + g_{\mathrm{L}}\mu_{\mathrm{B}}B_z/2 \\ E_{\mathrm{k}} + Mgz - g_{\mathrm{L}}\mu_{\mathrm{B}}B_z/2 \end{bmatrix} \qquad (6\text{-}4)$$

其中,E_{k} 是原子的动能;Mgz 是重力势能;M 是原子的质量;g 是重力加速度。

先讨论能量 E_1。E_1 的势能部分是

$$E_{\mathrm{p}} = Mgz + g_{\mathrm{L}}\mu_{\mathrm{B}}B_z/2 \qquad (6\text{-}5)$$

根据 Out[50],E_{p} 的第二部分在形状上应该与 Out[50]中的曲线一致,在 y 轴以下比 y 轴以上为大,在 y 轴以上,该部分将随着 z 的升高而减小,之后又增大;E_{p} 的第一部分则随着 z 的升高而线性增大,两部分相加的结果,E_{p} 随着 z 的升高先减小后增大,而原子倾向于向着势能低的地方运动,因此,磁阱在 z 方向具有捕获这种状态的原子的能力。再看横向即 y 方向,根据 Out[53]和 Out[56],势阱在横向呈"鼎"状,在 y 轴以上吸引原子,在 y 轴以下排斥原子,原子将被束缚在"鼎"里,不能轻易跑出去。需要留意的是,该势阱在靠近线圈的地方最低,原子更倾向于向"鼎"的底部边缘聚集。

根据以上讨论,磁阱对于另一种能量状态 E_2 的原子是 y 轴以上排斥而 y 轴以下吸引,"鼎"在底部没有"底",因此,磁阱不具有捕获这种原子的能力,磁阱将只捕获 $m=1/2$ 的原子,由此获得原子单态。

磁阱的"鼎"状特点还可以用来给原子降温,使捕获的原子温度更低。其原理是:根据 Out[53],一些速度快动能大的原子将撞向"阱壁",一旦穿越"阱壁",外面的势能将迅速下降,这对原子是一种吸引,原子将不再回来。现在,这个"阱壁"有点高,原子还不能轻易地穿过。不过,可以设计一种**射频信号**照射撞向"阱壁"的这些原子,当达到某一高度时,原子内部两能级的间距满足了量子跃迁的条件

$$g_{\mathrm{L}}\mu_{\mathrm{B}}B_z = h\nu$$

原子将在射频场的扰动下从高能级 E_1 跃迁到低能级 E_2,这时"阱壁"的阻挡作用突然消失了,原子将离开磁阱而飞走,磁阱里只留下能量更低的原子,使原子的温度更低。

最后顺便提一下,磁阱的特点有可能在 z 方向组成线性梯度磁场,例如,将两线圈间距调整为 $d=1.3R$,则可以得到如下的磁场分布曲线,它的中部呈现为线性变化。我们在受迫振动

部分采用过这种磁场,它是可以实现的。

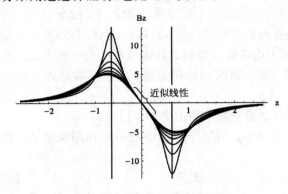

6.2 一些特殊磁场的计算

本节将针对一些特例计算它们的磁场分布,以进一步丰富读者对磁场的认识,并纠正过去在教科书上因模型过于简化而导致的一些误解。我们将研究三相输电线路截面上的磁场分布,研究通电螺线管的磁场分布,以及均匀缠绕在椭球壳上的通电导线产生的磁场,这些磁场有点复杂,但结果很有意思,计算的过程也很有启发性。

6.2.1 载流三相输电导线横截面上的磁场线分布

前面研究的例子,磁场都是静态的,即不随时间而变化。下面这个例子就不是这样,它是三相输电线截面上的磁场分布,因为交流电的电流随时间变化,所以,磁场分布也随时间变化。由于频率低,辐射弱,因而属于准静态问题。下面计算不同时刻的磁场线分布图,以揭示磁场线的动态变化。

因为导线比较长,可以认为它们无限长。设三根导线在横截面上呈正三角分布,如图 6-4 所示的 $p_1 \sim p_3$。总的磁场是每根导线产生磁场的叠加。从教科书上知道,无限长导线产生的磁场是关于导线对称的,磁场线是环绕导线的圆,而磁感应强度大小可表示为

$$B(r) = \frac{\mu_0 I}{2\pi r} \tag{6-6}$$

图 6-4 三相导线的布局

其中,r 是场点到导线的垂直距离;I 是流过导线的电流强度。在下面的计算中,略去常数部分,每根导线产生的磁场大小可以表示为

$$B_j = \frac{i_j}{r_j}, \quad j = 1,2,3$$

其中,i_j 是第 j 根导线的电流强度,而

$$r_j = |\, \boldsymbol{p} - \boldsymbol{p}_j \,| = \sqrt{(x - x_j)^2 + (y - y_j)^2}$$

$p = \{x, y\}$ 是要考察的场点。现在规定:

如果电流是流进纸面的,$i > 0$,反之,$i < 0$。

当这样统一规定后,电流的正或负就与磁场的方向有关了。用右手法则可以证明:如果电流为正,则磁场方向是从导线指向场点的位置矢量顺时针转动 $90°$ 以后的方向。因此,每根导线

产生的磁场可以表示为

$$\frac{\boldsymbol{B}_j}{B_j} = \begin{pmatrix} \cos(-90°) & -\sin(-90°) \\ \sin(-90°) & \cos(-90°) \end{pmatrix} \frac{\boldsymbol{r}_j}{r_j} = \begin{pmatrix} 0 & 1 \\ -1 & 0 \end{pmatrix} \frac{1}{r_j} \begin{bmatrix} x - x_j \\ y - y_j \end{bmatrix}$$

或者

$$\boldsymbol{B}_j = \begin{bmatrix} B_{jx} \\ B_{jy} \end{bmatrix} = \frac{i_j}{r_j^2} \begin{bmatrix} y - y_j \\ x_j - x \end{bmatrix}$$

设每根导线到原点的距离都是 d，则三根导线的位置矢量分别为

$$\boldsymbol{p}_1 = \begin{pmatrix} 0 \\ d \end{pmatrix}, \quad \boldsymbol{p}_2 = \begin{bmatrix} -d\sqrt{3}/2 \\ -d/2 \end{bmatrix}, \quad \boldsymbol{p}_3 = \begin{bmatrix} d\sqrt{3}/2 \\ -d/2 \end{bmatrix}$$

由此求得合成磁场为

$$\left. \begin{aligned} B_x &= \frac{i_1(y-d)}{r_1^2} + \frac{i_2(y+d/2)}{r_2^2} + \frac{i_3(y+d/2)}{r_3^2} \\ B_y &= -\left(\frac{i_1 x}{r_1^2} + \frac{i_2(x+d\sqrt{3}/2)}{r_2^2} + \frac{i_3(x-d\sqrt{3}/2)}{r_3^2} \right) \end{aligned} \right\} \tag{6-7}$$

三根导线中的电流相位互相差了 120°，可以分别设为

$$i_1 = \cos(\omega t), \quad i_2 = \cos(\omega t - 2\pi/3), \quad i_3 = \cos(\omega t - 4\pi/3)$$

所有必要的条件都准备好了，只差设计一个算法把磁场线算出来。可以采用前面几个例子所使用的算法——"折线法"。但是，当遇到复杂磁场时，采用"折线法"可能出现不收敛的情况，这是因为，"折线法"在斜率为 $\pm\infty$ 的地方，其误差就会放大。下面改用在计算电场线时所提出的**"参数方程法"**。在平面磁场的情况下，磁场线满足

$$\frac{\mathrm{d}y}{\mathrm{d}x} = \frac{B_y(x,y)}{B_x(x,y)}$$

设坐标 x、y 都是参数 ξ 的函数，磁场线上的点可以表示为

$$x = x(\xi), \quad y = y(\xi)$$

令

$$\left. \begin{aligned} \frac{\mathrm{d}x}{\mathrm{d}\xi} &= B_x[x(\xi), y(\xi)] \\ \frac{\mathrm{d}y}{\mathrm{d}\xi} &= B_y[x(\xi), y(\xi)] \end{aligned} \right\} \tag{6-8}$$

通过求一阶微分方程组(6-8)的数值解，得到两个坐标随参数 ξ 的变化，然后用参数作图函数 **ParametricPlot[ ]** 绘出磁场线。

其次是如何选择计算的出发点。没有太好的选择，但可以找出几种"明显的"即很容易想到的出发点，如图 6-5 所示，图中的空心圆点就是可选的出发点。

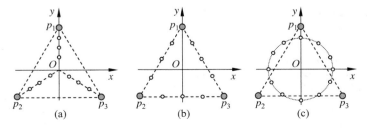

图 6-5 磁力线出发点的几种取法

选择图 6-5(c)的情况来计算,在虚线圆周上均匀取一些点作为计算的出发点。参数 ξ 的取值设定到有限值 ξ_m,不使用"事件探测器",这样可以避免对返回条件的复杂设计。编程如下。

```
d = 1.0; ω = 2 π 50.0; T = 2 π / ω; δT = T / 50; ξm = 2 π;
p1 = {0, d}; p2 = d {-Cos[π / 6], -Sin[π / 6]};
p3 = d {Cos[π / 6], -Sin[π / 6]};
r = 0.8 d; δθ = π / 10.0;
p = Table[r {Cos[θ], Sin[θ]}, {θ, 0, 2 π - δθ, δθ}];
n = Length[p];

Bx[x_, y_] :=
   i1 (y - d)
  ─────────────────── +      i2 (y + d / 2)
  (x - 0)² + (y - d)²    ─────────────────────────── +
                         (x + d √3 / 2)² + (y + d / 2)²
       i3 (y + d / 2)
  ───────────────────────────;
  (x - d √3 / 2)² + (y + d / 2)²
By[x_, y_] :=
  -(      i1 x
   ─────────────────── +      i2 (x + d √3 / 2)
   (x - 0)² + (y - d)²    ─────────────────────────── +
                          (x + d √3 / 2)² + (y + d / 2)²
        i3 (x - d √3 / 2)
   ───────────────────────────);
   (x - d √3 / 2)² + (y + d / 2)²

equ1 = {x'[ξ] == Bx[x[ξ], y[ξ]], y'[ξ] == By[x[ξ], y[ξ]],
   x[0] == x0, y[0] == y0};
equ2 = {x'[ξ] == -Bx[x[ξ], y[ξ]], y'[ξ] == -By[x[ξ], y[ξ]],
   x[0] == x0, y[0] == y0};
Do[
 {i1, i2, i3} =
  {Cos[ω t0], Cos[ω t0 - 2 π / 3], Cos[ω t0 - 4 π / 3]};
 forceline = {};
 Do[
  x0 = p[[j, 1]]; y0 = p[[j, 2]];
  s = NDSolve[equ1, {x, y}, {ξ, 0, ξm}];
  {α, β} = {x, y} /. s[[1]];
  g = ParametricPlot[{α[ξ], β[ξ]}, {ξ, 0, ξm},
    PlotStyle → Thickness[0.003]];
  AppendTo[forceline, g],
  {j, n}];
 g1 = Show[forceline];
 forceline = {};
 Do[
  x0 = p[[j, 1]]; y0 = p[[j, 2]];
  s = NDSolve[equ2, {x, y}, {ξ, 0, ξm}];
  {α, β} = {x, y} /. s[[1]];
```

```
    g = ParametricPlot[{α[ξ], β[ξ]}, {ξ, 0, ξm},
       PlotStyle → Thickness[0.003]];
     AppendTo[forceline, g],
     {j, n}];
   g2 = Show[forceline];
   g = Show[{g1, g2}, PlotRange → All, AxesLabel -> {"x", "y"},
      Epilog → {PointSize[0.02], Point /@ {p1, p2, p3}}];
   Print[g],
   {t0, 0, T, δT}]
Clear["Global`*"]
```

运行上述程序,可以得到 51 幅连续输出的图形,现在选择几个时刻的磁场线分布图排列如下,读者可以一窥三相输电线路截面上的磁场分布和变化。 如果将 51 幅图选中,按 Ctrl+Y 键,就可以形成动画,更能全面观察一个周期内的磁场变化。

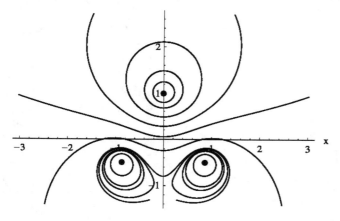

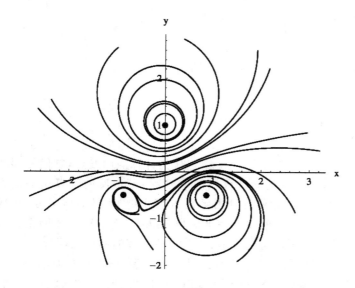

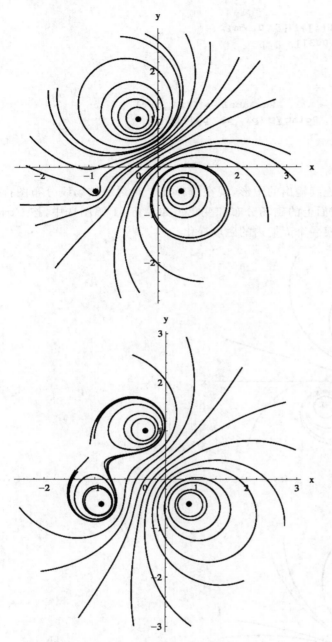

　　对编程解释一下。在半径为 r 的圆周上均匀取了 20 个点作为计算的出发点,它们储存在变量 p 中。计算是向两个方向进行的,磁场线正向计算用的是方程 equ₁,反向计算用的是方程 equ₂,这时要在方程左边加负号。另外,因为要反复用函数 **NDSolve[ ]** 求解微分方程,每次对求解的结果赋给另外的变量 α 和 β,使符号 x 和 y 保持非赋值的状态,下次求解才能正常进行。本例中参数 ξ 的范围取 $0\sim 2\pi$,读者还可以将范围适当扩大,使更多的磁场线闭合。

　　仔细观察这些图形,可以发现,每一时刻,总有两根导线被一些磁场线所包围,而不会有三根导线同时被包围。根据电磁学,**磁场线类似于拉紧的橡皮筋**,如果两根导线被磁场线包围,这两根导线一定互相吸引,没有被磁场线包围的两根导线互相排斥。因此,可以说,三相输电线路中,每一时刻总有两根导线互相吸引,并排斥另外一根导线。磁场线类似于拉紧的橡皮筋,用这个类比理解磁场对电流的作用,非常直观,这是磁场线在表示磁场方向之外的一个有趣用途[①]。

6.2.2　通电螺线管的磁场

我们一般都见过电磁学教科书上通电螺线管的磁场分布表达式,那是对螺线管**轴线**上磁场与位置关系的描写,其他地方的磁场一般是不介绍的。即便如此,**对轴线磁场分布的推导也存在缺陷**,因为**它把导线的螺线形状忽略掉**,将"密绕"假定推广开,认为可以用一个个平行放置的圆线圈来代替有倾斜度的"**螺绕环**"。至于磁场线的分布,照样是不计算的,至多用螺线管吸引铁屑所形成的图样来表示一下,大致看看形状,具体的、定量的分布就见不到了。我们将在下面考虑螺线的形状,研究螺线管的磁场分布。

图 6-6 表示均匀绕制的螺线管,取螺线管的中心作为坐标系原点,z 轴沿螺线管的轴线。这样,可以将螺线管上任意一点 $P_1(x_1,y_1,z_1)$ 用参数方程的形式表示为

$$\begin{cases} x_1 = R\cos(2\pi t) \\ y_1 = R\sin(2\pi t) \\ z_1 = kt \end{cases} \tag{6-9}$$

其中,t 是参数;R 表示螺线管的半径;k 表示螺距。在这样表示的时候,假定绕制螺线管的导线截面积可以忽略。

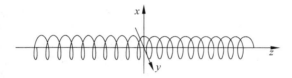

图 6-6　通电螺线管与坐标系

下面推导螺线管磁场分布的表达式。

设空间的任意一点 P 可以表示为

$$P = \{x,y,z\}$$

根据毕奥-萨伐尔公式(6-1),依然略去电流强度 I 和常数 $\mu_0/4\pi$,则

$$B(P) = \int_a^b \frac{\mathrm{d}\boldsymbol{l}_1 \times \boldsymbol{r}_{12}}{r_{12}^2}$$

其中,$\boldsymbol{r}_{12}$ 是由 P_1 指向 P 的单位矢量,P_1 到 P 的距离为

$$r_{12} = \sqrt{(x-x_1)^2 + (y-y_1)^2 + (z-z_1)^2}$$

根据公式(6-9),导线微元 $\mathrm{d}\boldsymbol{l}_1$ 可以由参数 t 的微分来表示,

$$\mathrm{d}\boldsymbol{l}_1 = \mathrm{d}P_1 = \frac{\partial P_1}{\partial t} \cdot \mathrm{d}t = [-2\pi R\sin(2\pi t), 2\pi R\cos(2\pi t), k]\mathrm{d}t$$

而单位矢量

$$\boldsymbol{r}_{12} = (P - P_1)/r_{12}$$

可以用 Mathematica 来进行毕奥-萨伐尔公式里的叉乘运算,程序如下。叉乘运算符号×是这样输入的:⎡ESC⎤ cross ⎡ESC⎤。

---

① Cross R C. 磁力线与橡皮条[J]. 大学物理,1992,11(5):21-23.

200

```
In[1]:= P1 = {R Cos[2 π t], R Sin[2 π t], k t};
        P = {x, y, z}; r12 = P - P1;
        dl1 = D[P1, t];
        cro = dl1 × r12 // FullSimplify
        Clear["Global`*"]
Out[4]= {-k y + 2 π R (-k t + z) Cos[2 π t] + k R Sin[2 π t],
         k x - k R Cos[2 π t] + 2 π R (-k t + z) Sin[2 π t],
         2 π R (R - x Cos[2 π t] - y Sin[2 π t])}
```

在输出结果中没有带微分 dt,并且用矢量 r_{12} 代替了单位矢量 $\hat{r}_{12}$,在后续运算中要注意这一点。

在写出磁场三个分量的计算公式之前,再将距离 r_{12} 的公式做一些化简。下面是化简程序。

```
In[6]:= P1 = {R Cos[2 π t], R Sin[2 π t], k t};
        P = {x, y, z};
        r12 = P - P1;
        Expand[r12.r12] // FullSimplify
        Clear["Global`*"]
Out[9]= R² + x² + y² + (-k t + z)² - 2 R (x Cos[2 π t] + y Sin[2 π t])
```

假定螺线管有 $2m$ 匝,原点左右各有 m 匝。现在,就可以写出磁场分量的公式了。

$$B_x(P) = \int_{-m}^{m} \frac{-ky + 2\pi R(-kt+z)\cos(2\pi t) + kR\sin(2\pi t)}{\{R^2 + x^2 + y^2 + (-kt+z)^2 - 2R[x\cos(2\pi t) + y\sin(2\pi t)]\}^{3/2}} dt$$

$$B_y(P) = \int_{-m}^{m} \frac{kx - kR\cos(2\pi t) + 2\pi R(-kt+z)\sin(2\pi t)}{\{R^2 + x^2 + y^2 + (-kt+z)^2 - 2R[x\cos(2\pi t) + y\sin(2\pi t)]\}^{3/2}} dt$$

$$B_z(P) = \int_{-m}^{m} \frac{2\pi R[R - x\cos(2\pi t) - y\sin(2\pi t)]}{\{R^2 + x^2 + y^2 + (-kt+z)^2 - 2R[x\cos(2\pi t) + y\sin(2\pi t)]\}^{3/2}} dt$$

有了磁场分布的公式,我们准备通过多种画曲线的方式来考察磁场的分布,但不采用画联合分布的立体图,因为立体图不准确,也不直观。

考察磁场分布可以有多种方式,比如:考察轴线上的磁场分布,按照过去的习惯性思维,轴线上只有 z 方向的磁场,其他两个方向的磁场为 0。取线圈 400 匝,线圈半径 1cm,螺距 1mm。程序如下。

```
In[11]:= R = 1; k = 0.1; m = 200;
         Bx[x_, y_, z_] :=
          NIntegrate[
           (-k y + 2 π R (-k t + z) Cos[2 π t] + k R Sin[2 π t]) /
            (R² + x² + y² + (-k t + z)² -
              2 R (x Cos[2 π t] + y Sin[2 π t]))^(3/2), {t, -m, m},
           MaxRecursion → 20];
         By[x_, y_, z_] :=
          NIntegrate[
           (k x - k R Cos[2 π t] + 2 π R (-k t + z) Sin[2 π t]) /
            (R² + x² + y² + (-k t + z)² -
              2 R (x Cos[2 π t] + y Sin[2 π t]))^(3/2), {t, -m, m},
```

```
        MaxRecursion → 20];
Bz[x_, y_, z_] :=
    NIntegrate[(2 π R (R - x Cos[2 π t] - y Sin[2 π t])) /
        (R² + x² + y² + (-k t + z)² -
            2 R (x Cos[2 π t] + y Sin[2 π t]))^(3/2), {t, -m, m},
        MaxRecursion → 20];
Plot[Bx[0, 0, z], {z, -m k, m k}, AxesLabel → {"z", "Bx"}]
Plot[By[0, 0, z], {z, -m k, m k}, AxesLabel → {"z", "By"}]
Plot[Bz[0, 0, z], {z, -m k, m k}, AxesLabel → {"z", "Bz"}]
Clear["Global`*"]
```

Out[15]=

Out[16]=

Out[17]=

从程序输出的三幅图 Out[15]～Out[17]来看,磁场的三个分量分布各有特点,其中 z 方向的磁场分布与教科书上的结果类似,中间显得均匀,两端逐渐减弱,而且若看数值的话,在线圈的端头处磁场下降为中间磁场的 1/2。但 x、y 方向的分布则有些意外,它们在线圈端头附近急剧变化,在中间部分也有不为 0 的值,其中 B_x 小一些,而 B_y 则有比较大的值,若查看具体数值,其值约为 z 方向磁场的 $0.005/125.5=0.00004$ 倍。我们知道,地球磁场的强度大约为 0.5 高斯,如果以通常螺线管能产生的典型磁场值 100Gs 来看,B_y 这个非 0 值大约相当于地球磁场的 1/100,宏观上看来还是比较小的,这就是通常人们忽略 z 方向以外磁场值的原因;但是,它们毕竟不为 0,在要求高精度磁场的场合,还是不能忽略这一点。读者在学习电磁学的时候,可能形成了习惯:根据对称性,x、y 方向的磁场应该为 0,但是,若**考虑线圈有限性的影响**,导线在端头无法对称,这个想当然的结果就不对了。当有了 Mathematica 的计算工具以后,可以对物理模型进行更复杂一些的计算,进行更加逼真的改进,结果就应当与过去高度简化的模型有所不同。

线圈内部 x、y 方向磁场的非 0 结果,可以通过增加线圈匝数得到进一步的减小。读者可以改变程序中 m 的值,计算一下,是不是 x、y 方向中间磁场值与 0 更接近了,而 z 方向磁场均匀范围更大了? 不过,你会发现,端头磁场的陡然变化仍然不能改善。

下面接着考察平行于轴线其他位置的磁场分布,例如在 xOz 平面内平行于 z 轴的不同 x 高度的方向上磁场的分布,以进一步揭示螺线管内磁场分布的特点。

```
In[19]:= R = 1; k = 0.1; m = 200;
        Bx[x_, y_, z_] :=
          NIntegrate[
            (-k y + 2 π R (-k t + z) Cos[2 π t] + k R Sin[2 π t]) /
              (R^2 + x^2 + y^2 + (-k t + z)^2 -
                2 R (x Cos[2 π t] + y Sin[2 π t]))^(3/2), {t, -m, m},
            MaxRecursion → 20];
        By[x_, y_, z_] :=
          NIntegrate[
            (k x - k R Cos[2 π t] + 2 π R (-k t + z) Sin[2 π t]) /
              (R^2 + x^2 + y^2 + (-k t + z)^2 -
                2 R (x Cos[2 π t] + y Sin[2 π t]))^(3/2), {t, -m, m},
            MaxRecursion → 20];
        Bz[x_, y_, z_] :=
          NIntegrate[(2 π R (R - x Cos[2 π t] - y Sin[2 π t])) /
              (R^2 + x^2 + y^2 + (-k t + z)^2 -
                2 R (x Cos[2 π t] + y Sin[2 π t]))^(3/2), {t, -m, m},
            MaxRecursion → 20];
        n = 100; δz = 2 m k / n;
        Date[]
        figure = {};
```

```
Do[
  data = Table[{z, Bx[x, 0, z]}, {z, -m k, m k, δz}];
  g = ListLinePlot[data];
  AppendTo[figure, g],
  {x, 0, 0.9 R, 0.1 R}]
Show[figure, AxesLabel → {"z", "Bx"}]
figure = {};
Do[
  data = Table[{z, By[x, 0, z]}, {z, -m k, m k, δz}];
  g = ListLinePlot[data];
  AppendTo[figure, g],
  {x, 0, 0.9 R, 0.1 R}]
Show[figure, AxesLabel → {"z", "By"}]
figure = {};
Do[
  data = Table[{z, Bz[x, 0, z]}, {z, -m k, m k, δz}];
  g = ListLinePlot[data];
  AppendTo[figure, g],
  {x, 0, 0.9 R, 0.1 R}]
Show[figure, AxesLabel → {"z", "Bz"}]
Date[]
Clear["Global`*"]
```

Out[24]= {2012, 9, 13, 6, 53, 55.2852388}

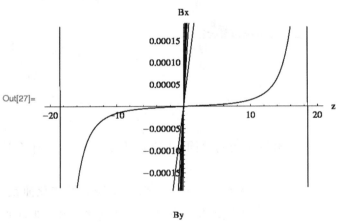

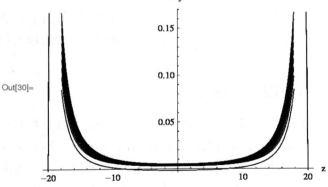

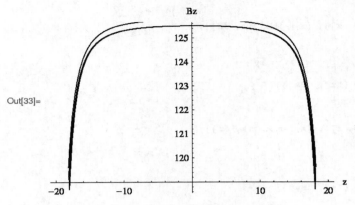

Out[33]=

Out[34]= {2012, 9, 13, 7, 16, 31.6626483}

Out[27]在中部显示不完全,可以用函数 **Show[]** 重新显示如下。

In[36]:= **Show[Out[27], PlotRange → All]**

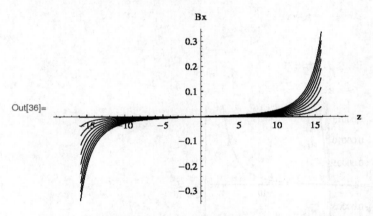

Out[36]=

Out[24]和 Out[34]显示了为计算三幅图所用的时间,请读者计算一下,从中体会计算的辛苦。

Out[30]、Out[33]和 Out[36]是螺线管内磁场的三个分量随着坐标 z 的变化曲线,这些曲线显示,在螺线管的中部,每个分量的大小在不同的横向位置上基本一致,只有很靠近螺线管的地方,曲线才稍微有所分离。z 分量在螺线管两个端头下降是正常的,其他两个分量在端头总是表现为上升的趋势,这里的磁场线开始明显弯曲。因此,螺线管中部磁场的轴向均匀性基本能得到保证。

6.2.3　均匀绕制在椭球壳上的线圈产生的磁场

在《费曼物理学讲义》第二卷中,费曼先生指出了一种产生均匀磁场的方法:在椭球壳上沿轴线方向均匀缠绕上导线(即沿着轴线方向看缠绕的匝数密度相同),通入电流,就会在线圈内部产生均匀磁场①。而关于费曼先生是如何得到这个结论的,并没有见到论述。在中国物理学界,几乎没有人不曾读过《费曼讲义》,但是,究竟有多少人读到这个地方之后停下来研究

---

①　费曼 R P,等.费曼物理学讲义(第二卷)[M].上海:上海科学技术出版社,1981.

一番,以证实这个结论的正确性? 我只见到过一个大学生研究过这个问题,得出的结论与《费曼讲义》一致①。不过,该同学的计算也与其他教科书上的类似计算一样,是把导线的**螺线缠绕性**忽略掉,用圆线圈代替实际倾斜缠绕的导线,这就留下了一些"隐患",不能令人充分放心。下面从头开始研究这个问题,看看考虑了实际缠绕情况下椭球内部的磁场究竟是如何分布的。

　　首先,按照《费曼物理学讲义》的描述,构造出所缠绕导线的轨迹表达式,经过一番摸索,这个表达式应该是下列参数方程:

$$\left.\begin{array}{l} k = 2\pi n \\ z(\theta) = a\cos\theta \\ \phi(\theta) = kz(\theta) \\ x(\theta) = b\sin\theta\cos\phi(\theta) \\ y(\theta) = b\sin\theta\sin\phi(\theta) \end{array}\right\} \tag{6-10}$$

在以上参数方程中,n 是轴线 z 方向单位长度上缠绕的导线匝数;a 是椭球半长轴;b 是半短轴;θ 是导线上某位置 p_1 与 z 轴的夹角;ϕ 是导线从椭球顶点出发旋转到 p_1 点所转过的角度。参数就是 θ。下面写一个程序,画出导线的缠绕轨迹。

```
In[39]:=  a = 2; b = 1.5;
          n = 10; k = 2 π n;
          z[θ_] := a Cos[θ];
          φ[θ_] := k z[θ];
          x[θ_] := b Sin[θ] Cos[φ[θ]];
          y[θ_] := b Sin[θ] Sin[φ[θ]];
          ParametricPlot3D[{x[θ], y[θ], z[θ]}, {θ, 0, π},
           PlotPoints → 200, Axes → False, Boxed → False,
           PlotStyle → Thickness[0.003]]
          Clear["Global`*"]
```

Out[45]=

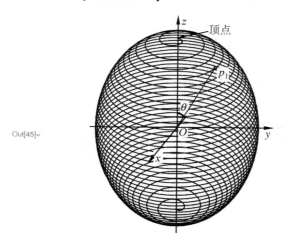

①　张定. 旋转二次曲面线圈轴线上的磁场[J]. 大学物理,2006,25(4):60-63.
　　张定. 二次曲面线圈中的均匀磁场[J]. 大学物理,2008,27(9):51-53.

设椭球内某点为 p_2，$p_2 = \{x, y, z\}$。p_1、p_2 之间的距离为 r_{12}，则 $r_{12} = |p_2 - p_1|$。导线电流产生的磁场依然用毕奥-萨伐尔公式计算。下面依次编程计算毕-萨公式里的有关部分，最后给出 p_2 点磁场三个分量的表达式。

计算位置矢量 r_1 的微分。

```
In[47]:= z[θ_] := a Cos[θ]; φ[θ_] := k z[θ];
         y[θ_] := b Sin[θ] Sin[φ[θ]];
         x[θ_] := b Sin[θ] Cos[φ[θ]];
         r1[θ_] := {x[θ], y[θ], z[θ]};
         D[r1[θ], θ] // Simplify
         Clear["Global`*"]
```

$$Out[51]= \{b (Cos[\theta] Cos[a k Cos[\theta]] + a k Sin[\theta]^2 Sin[a k Cos[\theta]]),$$
$$-a b k Cos[a k Cos[\theta]] Sin[\theta]^2 + b Cos[\theta] Sin[a k Cos[\theta]],$$
$$-a Sin[\theta]\}$$

计算 r_{12} 及 r_{12}^2。

```
In[53]:= z[θ_] := a Cos[θ]; φ[θ_] := k z[θ];
         y[θ_] := b Sin[θ] Sin[φ[θ]];
         x[θ_] := b Sin[θ] Cos[φ[θ]];
         r1[θ_] := {x[θ], y[θ], z[θ]};
         r2 = {x, y, z};
         r12 = r2 - r1[θ]
         r12.r12
         Clear["Global`*"]
```

$$Out[58]= \{x - b Cos[a k Cos[\theta]] Sin[\theta],$$
$$y - b Sin[\theta] Sin[a k Cos[\theta]], z - a Cos[\theta]\}$$

$$Out[59]= (z - a Cos[\theta])^2 + (x - b Cos[a k Cos[\theta]] Sin[\theta])^2$$
$$+ (y - b Sin[\theta] Sin[a k Cos[\theta]])^2$$

计算位置矢量的微分与 r_{12} 的叉乘。

```
In[61]:= {b (Cos[θ] Cos[a k Cos[θ]] + a k Sin[θ]² Sin[a k Cos[θ]]),
         -a b k Cos[a k Cos[θ]] Sin[θ]² + b Cos[θ] Sin[a k Cos[θ]],
         -a Sin[θ]} × {x - b Cos[a k Cos[θ]] Sin[θ],
         y - b Sin[θ] Sin[a k Cos[θ]], z - a Cos[θ]} // FullSimplify
```

$$Out[61]= \{a Sin[\theta] (y + b k (-z + a Cos[\theta]) Cos[a k Cos[\theta]] Sin[\theta])$$
$$+ b (-a + z Cos[\theta]) Sin[a k Cos[\theta]],$$
$$-b z Cos[\theta] Cos[a k Cos[\theta]] + a b Cos[\theta]^2 Cos[a k Cos[\theta]]$$
$$-a x Sin[\theta] + a b Cos[a k Cos[\theta]] Sin[\theta]^2$$
$$+ a b k (-z + a Cos[\theta]) Sin[\theta]^2 Sin[a k Cos[\theta]],$$
$$b (Cos[\theta] (y Cos[a k Cos[\theta]] - x Sin[a k Cos[\theta]]) +$$
$$a k Sin[\theta]^2 (x Cos[a k Cos[\theta]] - b Sin[\theta] + y Sin[a k Cos[\theta]]))\}$$

由此可以写出磁场三个分量的表达式：

$$B_x = \int_\pi^0 \frac{a\sin\theta\,[y + bk\,(-z + a\cos\theta)\cos(ak\cos\theta)\sin\theta] + b(-a + z\cos\theta)\sin(ak\cos\theta)}{\{(z - a\cos\theta)^2 + [x - b\cos(ak\cos\theta)\sin\theta]^2 + [y - b\sin\theta\sin(ak\cos\theta)]^2\}^{3/2}}\,\mathrm{d}\theta$$

$$B_y = \int_\pi^0 \frac{(-bz\cos\theta + ab)\cos(ak\cos\theta) - ax\sin\theta + abk\,(-z + a\cos\theta)\,\sin^2\theta\sin(ak\cos\theta)}{\{(z - a\cos\theta)^2 + [x - b\cos(ak\cos\theta)\sin\theta]^2 + [y - b\sin\theta\sin(ak\cos\theta)]^2\}^{3/2}}\,\mathrm{d}\theta$$

$$B_z = \int_\pi^0 \frac{(by\cos\theta + axk\,\sin^2\theta)\cos(ak\cos\theta) + (ayk\,\sin^2\theta - bx\cos\theta)\sin(ak\cos\theta) - abk\,\sin^3\theta}{\{(z - a\cos\theta)^2 + [x - b\cos(ak\cos\theta)\sin\theta]^2 + [y - b\sin\theta\sin(ak\cos\theta)]^2\}^{3/2}}\,\mathrm{d}\theta$$

现在，可以写程序计算磁场了。首先计算 z 轴上的磁场，程序如下。程序中积分运算的上下限并没有保持上面公式中的 $\pi \sim 0$，而是稍微缩短了一点 $\delta\theta$，这是为实际绕制导线留下的可能余地。

```
In[62]:= a = 3.0; b = 2.0; n = 200; k = 2 π n;
        δθ = π / 100.0;
        Bx[x_, y_, z_] := NIntegrate[
           (a Sin[θ] (y + b k (-z + a Cos[θ]) Cos[a k Cos[θ]] Sin[θ]) +
              b (-a + z Cos[θ]) Sin[a k Cos[θ]]) /
            ((z - a Cos[θ])^2 + (x - b Cos[a k Cos[θ]] Sin[θ])^2 +
               (y - b Sin[θ] Sin[a k Cos[θ]])^2)^(3/2), {θ, π - δθ, δθ},
           MaxRecursion → 20]
        By[x_, y_, z_] := NIntegrate[
           (b (a - z Cos[θ]) Cos[a k Cos[θ]] - a x Sin[θ] +
              a b k (-z + a Cos[θ]) Sin[θ]^2 Sin[a k Cos[θ]]) /
            ((z - a Cos[θ])^2 + (x - b Cos[a k Cos[θ]] Sin[θ])^2 +
               (y - b Sin[θ] Sin[a k Cos[θ]])^2)^(3/2), {θ, π - δθ, δθ},
           MaxRecursion → 20]
        Bz[x_, y_, z_] := NIntegrate[
           (b (Cos[θ] (y Cos[a k Cos[θ]] - x Sin[a k Cos[θ]]) +
              a k Sin[θ]^2 (x Cos[a k Cos[θ]] - b Sin[θ] +
                 y Sin[a k Cos[θ]]))) /
            ((z - a Cos[θ])^2 + (x - b Cos[a k Cos[θ]] Sin[θ])^2 +
               (y - b Sin[θ] Sin[a k Cos[θ]])^2)^(3/2), {θ, π - δθ, δθ},
           MaxRecursion → 20]
        data = {}; δz = a / 50; zp = Range[-a + δz, a - δz, δz];
        Do[AppendTo[data, {z, Bz[0, 0, z]}], {z, zp}];
        ListLinePlot[data, PlotRange → All]
        data = {};
        Do[AppendTo[data, {z, Bx[0, 0, z]}], {z, zp}];
        ListLinePlot[data, PlotRange → All]
        data = {};
        Do[AppendTo[data, {z, By[0, 0, z]}], {z, zp}];
        ListLinePlot[data, PlotRange → All]
        Clear["Global`*"]
```

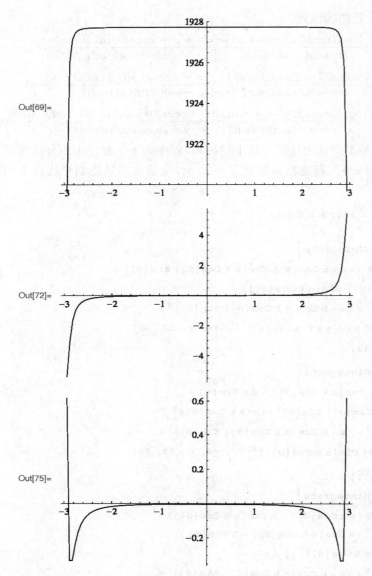

程序输出了 Out[69]、Out[72] 和 Out[75]，它们分别是磁场的 z 分量、x 分量与 y 分量随 z 的变化，可以看出，从椭球的一个顶点到另一个顶点，B_z 并非保持一个常数，它在中部的大部分区域接近一个常数，而在接近顶点附近开始下降，并迅速降低。B_x 和 B_y 除了在原点附近很小之外，离开原点不久就开始偏离 0，在顶点附近偏离得更远。具体变化的数据，请读者检查程序中的变量 data。由此可以推断，**按照《费曼物理学讲义》上的做法绕制椭球线圈，只可能在中部区域得到近似均匀的磁场，而不可能在椭球内部全空间得到均匀一致的磁场**。这对椭球线圈磁场的实际使用是重要的提醒。

下面，顺便做一个计算，探讨 z 轴中心磁场 B_z 与线圈匝数密度 n 的关系。程序用 **Do[]** 循环多次改变 n 的值，计算中心磁场 B_z，并对二者的关系作图和拟合。

```
In[77]:=  a = 3.0; b = 2.0; k = 2 π n; δθ = π / 100.0;
          Bz[x_, y_, z_] := NIntegrate[
```

```
      (b (Cos[θ] (y Cos[a k Cos[θ]] - x Sin[a k Cos[θ]]) +
          a k Sin[θ]² (x Cos[a k Cos[θ]] - b Sin[θ] +
            y Sin[a k Cos[θ]])))) /
      ((z - a Cos[θ])² + (x - b Cos[a k Cos[θ]] Sin[θ])² +
          (y - b Sin[θ] Sin[a k Cos[θ]])²)^(3/2), {θ, π - δθ, δθ},
   MaxRecursion -> 20]
data = {};
Do[AppendTo[data, {n, Bz[0, 0, 0]}], {n, 20, 1000, 20}]
ListLinePlot[data, AxesLabel -> {"n", "Bz"}]
Fit[data, {1, n}, n]
Clear["Global`*"]
```

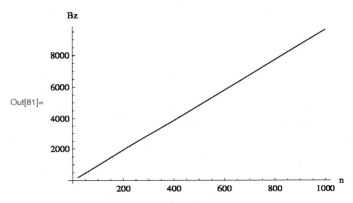

Out[82]= $-5.144879 \times 10^{-13} + 9.6386379\,n$

Out[81]是计算得到的 n 与 B_z 的关系曲线，它是一条很好的直线；Out[82]是 $n - B_z$ 的拟合结果，如果去掉很小的截距，则

$$B_z(0) = 9.6386379n$$

在前面引述的文献中，作者得到了椭球线圈在中心处的磁场 B_{z0} 与椭球偏心率 e 的关系：

$$B_{z0} = \frac{\mu_0}{2} nI \left(\frac{2}{e^2} - \frac{1-e^2}{e^3} \ln \frac{1+e}{1-e} \right)$$

除去 $\mu_0 I/4\pi$，得到与这里能够对照的结果

$$\widetilde{B}_z(0) = \frac{B_{z0}}{\mu_0 I/4\pi} = 2\pi n \left(\frac{2}{e^2} - \frac{1-e^2}{e^3} \ln \frac{1+e}{1-e} \right)$$

请读者利用程序里椭球的参数证明，以上公式在前 6 位有效数字上与我们拟合得到的 n 的系数 9.6386379 是一致的。

为了进一步考察椭球线圈内部的磁场分布情况，我们选择 xOz 平面，考察那些 x 高度不同而平行于 z 轴的直线上磁场是如何变化的。根据前面研究螺线管的经验，程序是容易写的。x 轴在短半轴上，将短半轴进行 $q=10$ 等分，那些平行于 z 轴的直线就经过这些分点。只考察 z 轴作为长轴的一半，长半轴被等分为 50 份，这些分点就是要考察的直线上的点。还要注意一个细节：当 x 轴分点逐渐增高之后，沿着水平直线计算有端点的限制，即不能超过椭球边界 z_0，z_0 的计算详见程序。

```
In[84]:= a = 3.0; b = 2.0; n = 200; k = 2 π n;
        δθ = π / 100.0;
        Bz[x_, y_, z_] := NIntegrate[
          (b (Cos[θ] (y Cos[a k Cos[θ]] - x Sin[a k Cos[θ]]) +
                a k Sin[θ]^2 (x Cos[a k Cos[θ]] - b Sin[θ] +
                  y Sin[a k Cos[θ]]))) /
            ((z - a Cos[θ])^2 + (x - b Cos[a k Cos[θ]] Sin[θ])^2 +
              (y - b Sin[θ] Sin[a k Cos[θ]])^2)^(3/2), {θ, π - δθ, δθ},
          MaxRecursion → 20]
        δz = a / 50; q = 10; δx = b / q;
        figure = {};
        Do[
         pBz = {};
         z0 = a Sqrt[1 - (i δx)^2 / b^2];
         zp = Range[-z0 + δz, z0 - δz, δz];
         Do[
          AppendTo[pBz, {z, Bz[i δx, 0, z]}],
          {z, zp}];
         g = ListLinePlot[pBz, PlotRange → All]; Print[g];
         AppendTo[figure, g],
         {i, 0, q - 1}]
        Show[figure, PlotRange → All]
        Clear["Global`*"]
```

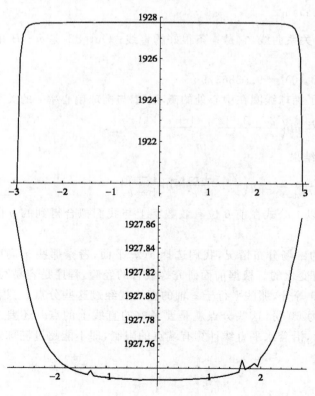

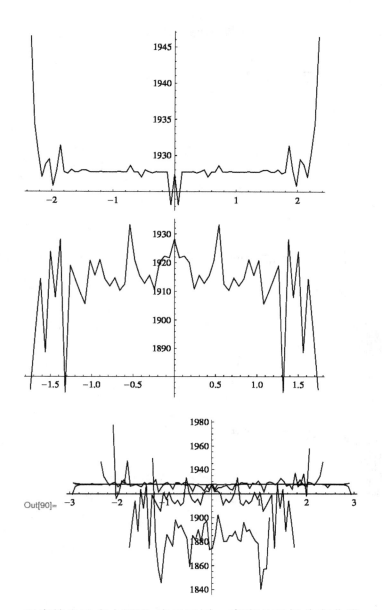

Out[90]=

程序输出了多个图形，表示不同 x 高度的磁场分布曲线，一开始，曲线是光滑的，随后就在光滑的曲线上开始出现"毛刺"，"毛刺"越来越多，以至于完全看不清曲线的真实面目。上面只是选择了部分曲线，Out[90]就是所有曲线合在一起的结果，可见，计算失败了！

从编程思路上看，上述程序应该没有什么问题，但肯定是出了毛病。仔细研究发现，问题出在积分运算上，积分结果不稳定。为什么不稳定呢？因为**被积函数是快速振荡的**。积分运算函数 **NIntegrate[]** 对于快速振荡的函数可能是失效的。

为了让读者相信上面的分析是真的，我们就拿出 B_z 的被积函数，观察它在 x 轴的那些分点上时是如何随着 θ 而改变的。下面是编程计算的部分结果，程序从略，图中水平轴是 θ，纵轴是 B_z 的被积函数 f，从前到后，图形对应的 x 分点位置逐步增高，这些图形显示：第一条曲线是单峰光滑曲线，但接着，被积函数就快速振荡，越到后来，振荡峰值越尖锐，Mathematica 的内部迭代机制无法正确地处理这种尖峰函数的积分。这种快速振荡并带有很多尖峰的函数，一般也是不多见的,实乃巧合,它可以作为今后数学和物理研究的样本。

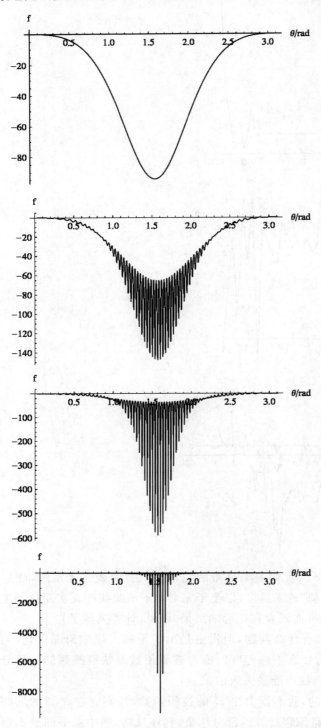

　　知道了这个原因,就要另想办法来完成这个积分。读者有什么好办法吗?我只想到了一个最原始、最笨的办法,那就是"**用求和代替积分**",把对 θ 的积分区间细分得很小很小,把每个小区间的宽度 $\delta\alpha$ 乘以被积函数在该区间的值,然后加起来。下面的程序就来完成这样的积

分,它先定义被积函数 f,通过对 f 的求和来定义磁场 B_z,求和函数是 **Sum[]**,它的格式为

$$\mathbf{Sum}\big[f(x_i),\{i,i_1,i_2,\delta i\}\big]$$

积分区间 $0\sim\pi$ 被分成了 $m=10$ 万份,这个值是试验出来的,m 再大,积分结果也不再改变。这里,还要顺便告诉读者一个计算要点,当遇到要进行求和计算的问题时,如果参与运算的值都是精确数,计算将按符号运算规则进行,运算不但缓慢,而且占用大量内存,若不需要精确的结果,就要使参与运算的量中有近似数,程序中就作了这样的考虑。

```
In[92]:= a = 3.0; b = 2.0; n = 200; k = 2 π n;
        m = 10^5; δα = π / m // N;
        f[x_, y_, z_, θ_] :=
           (b (Cos[θ] (y Cos[a k Cos[θ]] - x Sin[a k Cos[θ]])
                + a k Sin[θ]^2 (x Cos[a k Cos[θ]]
                    - b Sin[θ] + y Sin[a k Cos[θ]])))  /
           ((z - a Cos[θ])^2 + (x - b Cos[a k Cos[θ]] Sin[θ])^2
                + (y - b Sin[θ] Sin[a k Cos[θ]])^2)^(3/2);
        Bz[x_, y_, z_] :=
           -Sum[f[x, y, z, i δα], {i, m / 50, m - m / 50}] × δα;
        q = 10; δx = b / q;
        figure = {};
        Do[
          pBz = {};
          z0 = a Sqrt[1 - (i δx)^2 / b^2];
          δz = z0 / 10;
          zp = Range[0, z0 - 2 δz, δz];
          Do[
           AppendTo[pBz, {z, Bz[i δx, 0, z]}],
           {z, zp}];
          g = ListLinePlot[pBz];
          AppendTo[figure, g],
          {i, 0, q - 3}]
        Show[figure, PlotRange → {1927.70, 1927.78},
          AxesOrigin -> {0, 1927.70}, AxesLabel -> {"z", "Bz"}]
        data = Table[{i, Bz[i δx, 0, 0]}, {i, 0, q - 3}];
        Print["Bz[iδx,0,0]=", data // MatrixForm]
        Clear["Global`*"]
```

$$Bz[i\delta x,0,0]=\begin{pmatrix} 0 & 1927.7235 \\ 1 & 1927.7252 \\ 2 & 1927.727 \\ 3 & 1927.7288 \\ 4 & 1927.7305 \\ 5 & 1927.732 \\ 6 & 1927.7333 \\ 7 & 1927.7344 \end{pmatrix}$$

Out[99]是从 x 轴的若干分点上出发平行于 z 轴的直线上磁场 B_z 随 z 的变化,可以看出,各条直线的 B_z 并非常数,有的随 z 下降,有的随 z 上升。该图下面的数据列表是在 x 轴分点上 B_z 的值,以帮助读者判断 Out[99] 上各条曲线与分点的对应关系。这些数值定量地表示了沿着 x 轴磁场的变化范围,相对变化大约为百万分之五。

关于 B_x 和 B_y 在椭球内部的分布,请读者仿照以上处理方法进行研究,此处从略。

6.3 带电粒子在磁场中的运动

通过前面两节的练习,读者应该学会了如何计算磁场的分布。本节将研究另一个重要问题:带电粒子在磁场中的运动,它是理解一些技术的基础。

这里所说的带电粒子,是指单个的粒子,不是粒子的集体,粒子集体的运动需要考虑粒子之间的相互作用,而在这里只需要考虑粒子与磁场的作用。

粒子与磁场的相互作用力是洛伦兹力,其表达式为

$$f = qv \times B \tag{6-11}$$

其中,q 是粒子所带的电量;v 是粒子的速度;B 是磁感应强度。这个公式是计算带电粒子在磁场中运动的基本公式。根据该公式推论,带电粒子在磁场中一般是作螺旋线运动,由此带来各种各样的物理现象。这里将选择一些有技术背景的例子,计算带电粒子的运动情况,以拓展读者的相关知识。

6.3.1 带电粒子的动量分析器

《费曼物理学讲义》第二卷 362 页上介绍了一种用于核物理实验中分析带电粒子动量分布的方法,所设计的装置简称**动量分析器**,其结构如图 6-7 所示。在该图中,磁场方向沿着 z 轴,带电粒子从原点 O 发射出来,在磁场中向右前方作螺旋运动。对于某一动量大小的粒子,它们从 O 点出射的方向有所分散,但这些粒子的轨迹将在图中 A 点附近汇聚或聚焦;动量不同的粒子,聚焦的位置不同。通过在 A 点放置"窄孔",可以选择对应动量的粒子通过,在探测器 D 上可以测量出这些粒子的数量,从而获得粒子按动量大小的分布。在该图上,纵轴 ρ 是粒子离开 z 轴的距离,图上的曲线并非是粒子的轨迹,也不是粒子轨迹的投影,这是《费曼物理学讲义》疏漏的地方。下面重新研究这个问题,给出粒子运动和速度选择的正确物理图像。

图 6-8 是轴向场式动量分析器磁场分布和带电粒子出射时刻的示意图,磁场是均匀的,磁场方向沿着 z 轴。带电粒子从 O 点出射,出射方向在 xOz 平面内,相对于 z 轴的出射角为 θ,这个角度的发散范围为 $2\Delta\theta$。也可以考虑出射方向对 xOz 平面的发散。我们要计算这些粒子的轨迹,观察它们的聚焦情况。

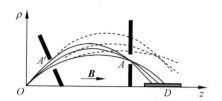

图 6-7　轴向场式动量谱仪图示

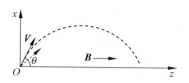

图 6-8　动量谱仪中场与粒子运动

首先一般性地研究这个问题,得出粒子三维运动轨迹的解析表达式,以回应《费曼物理学讲义》的相关内容。程序如下。

```
In[1]:=  V = {x'[t], y'[t], z'[t]}; B = {0, 0, B0};
         f = V×B;
         {vx, vy, vz} = v0 {Sin[θ] Cos[φ], Sin[θ] Sin[φ], Cos[θ]};
         equ = {x''[t] == sc f[[1]], y''[t] == sc f[[2]],
             z''[t] == sc f[[3]], x[0] == 0, y[0] == 0, z[0] == 0,
             x'[0] == vx, y'[0] == vy, z'[0] == vz};
         s = DSolve[equ, {x, y, z}, t];
         s = {x[t], y[t], z[t]} /. s[[1]] // FullSimplify;
         Print["x[t]=", s[[1]]]
         Print["y[t]=", s[[2]]]
         Print["z[t]=", s[[3]]]
         Print["ρ=", FullSimplify[Sqrt[(s[[1]]^2 + s[[2]]^2)] // TrigReduce,
             B0 > 0 && v0 > 0 && sc > 0 && θ > 0 && θ < π/2 && 0 < φ && φ < 2π]]
         Clear["Global`*"]
```

$$x[t] = \frac{v0 \, \text{Sin}[\theta] \, (\text{Sin}[B0 \, sc \, t - \varphi] + \text{Sin}[\varphi])}{B0 \, sc}$$

$$y[t] = \frac{v0 \, (\text{Cos}[B0 \, sc \, t - \varphi] - \text{Cos}[\varphi]) \, \text{Sin}[\theta]}{B0 \, sc}$$

$$z[t] = t \, v0 \, \text{Cos}[\theta]$$

$$\rho = \frac{2 \, v0 \, \sqrt{\text{Sin}\left[\frac{B0 \, sc \, t}{2}\right]^2} \, \text{Sin}[\theta]}{B0 \, sc}$$

解释一下程序。程序中出现的参数 sc 是粒子的荷质比,另一个参数 φ 是出射方向相对于 xOz 平面的角度,加上这个参数更具有一般性,如果出射方向只在 xOz 平面内,则 $\varphi = 0$。v_0 是粒子的出射速率,B_0 是磁感应强度的大小。程序计算了粒子轨迹上的坐标 $\{x(t), y(t), z(t)\}$,并进而计算了轨迹到 z 轴的距离 ρ,它与 φ 无关,是时间 t 的函数,但若换算成 z 的函数,则

$$\rho = \frac{2 v_0 \sin\theta \cdot \left| \sin\left(\frac{B_0 \, sc z}{2 v_0 \cos\theta}\right) \right|}{B_0 \, sc} = a \mid \sin kz \mid \tag{6-12}$$

这就是《费曼物理学讲义》上给出的公式,读者可以据此求出 a 和 k 的表达式(注:《讲义》上在该式后面的关系式可能搞错了)。

其次,进行数值计算,看看不同出射方向的粒子其轨迹之间有什么关系。程序如下。

```
In[12]:= data = {}; sc = 1.60 / 1.67 × 10^8;
        v0 = 10^6; B0 = 1.0; time = 0.8 × 10^-7; n = 50;
        θ0 = 30.0 °; Δθ = 5.0 °;
        V = {x'[t], y'[t], z'[t]}; B = {0, 0, B0};
        f = V × B;
        equ = {x''[t] == sc f[[1]], y''[t] == sc f[[2]],
           z''[t] == sc f[[3]], x[0] == 0, y[0] == 0, z[0] == 0,
           x'[0] == vx, y'[0] == vy, z'[0] == vz};
        Do[
         θ = θ0 + Δθ RandomReal[{-1, 1}]; φ = 0;
         {vx, vy, vz} = v0 {Sin[θ] Cos[φ], Sin[θ] Sin[φ], Cos[θ]};
         s = NDSolve[equ, {x, y, z}, {t, 0, time}, MaxSteps → ∞];
         g = ParametricPlot[{z[t], x[t]} /. s[[1]], {t, 0, time},
            AxesLabel -> {"z", "x"}];
         AppendTo[data, g],
         {i, n}]
        Show[data, PlotRange → All, AspectRatio → Automatic]
        Clear["Global`*"]
```

Out[19]=

程序输出的结果 Out[19]是 $n=50$ 个粒子的轨迹在 xOz 平面内的投影,这些粒子的出射角范围是 $\theta_0-\Delta\theta\sim\theta_0+\Delta\theta$,具体值由产生随机数的函数 **RandomReal**$[\{-1,1\}]$决定,该函数每次调用会产生 $-1\sim1$ 之间的随机数。可以看到,轨迹的投影显示了以下一些特点。

(1) 轨迹要反复跨越 z 轴,随着时间的延续,轨迹的投影越来越分散。

(2) 轨迹在第一次跨越 z 轴之前,有一个汇聚的位置,大约在 $z=0.022$ 的地方;第二次跨越 z 轴之前,也有一个汇聚的位置,大约在 $z=0.046$ 的地方;这两个地方哪里可以放置"窄孔"呢?

为了回答以上问题,需要考察轨迹到 z 轴的距离 ρ 与出射角 θ 的关系曲线,它也许能提供一些线索,毕竟,轨迹的投影与轨迹本身还是有区别的,如果将它们混淆了,结论可能是错的。程序如下。

```
In[21]:= sc = 1.60 / 1.67 × 10^8; v0 = 10^6; B0 = 1.0;
        θ0 = 30.0 °; Δθ = 5.0 °;
        θ1 = θ0 - Δθ; θ2 = θ0 + Δθ;
        ρ[z_, θ_] := (2 v0)/(B0 sc) Sin[θ] Sin[(B0 sc)/(2 v0 Cos[θ]) z]
        z0 = (2 π v0 Cos[θ2])/(B0 sc);
        g1 = Plot[ρ[z, θ2], {z, 0, z0}, PlotRange → All,
           AxesLabel → {"z", "ρ"}];
        z0 = (2 π v0 Cos[θ1])/(B0 sc);
        g2 = Plot[ρ[z, θ1], {z, 0, z0}, PlotRange → All,
           AxesLabel → {"z", "ρ"}];
        Show[g1, g2]
        Clear["Global`*"]
```

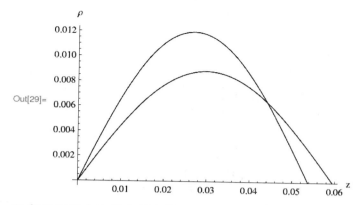

Out[29]=

程序画出两个边缘出射角情况下的 ρ 与 z 的关系曲线，Out[29]表示，两种情况下的离轴距离只有一个相交的位置，大约在 $z=0.044$ 的地方；而在 $z=0.022$ 的地方没有交点，也就是没有汇聚。因此，$z=0.044$ 的地方是值得考察的。为了进一步确定 ρ 曲线汇聚的具体位置，我们考察对应两个边缘出射角的 ρ 曲线相交的位置，程序如下。

```
In[31]:=  sc = 1.60 / 1.67 × 10^8; v0 = 10^6; B0 = 1.0;
          θ0 = 30.0 °; Δθ = 5.0 °; θ1 = θ0 - Δθ; θ2 = θ0 + Δθ;
          Δρ[z_] :=
            Sin[θ2] Sin[ B0 sc / (2 v0 Cos[θ2]) z ] - Sin[θ1] Sin[ B0 sc / (2 v0 Cos[θ1]) z ]
          z0 = 2 π v0 Cos[θ1] / (B0 sc);
          Plot[Δρ[z], {z, 0, z0}, PlotRange → All,
           AxesLabel -> {"z", "Δρ"}]
          FindRoot[Δρ[z] == 0, {z, z0}]
          Clear["Global`*"]
```

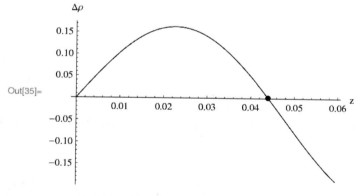

Out[35]=

Out[36]= {z → 0.044074327}

在程序中，$\Delta\rho(z)=\rho(\theta_2,z)-\rho(\theta_1,z)$，略去了常数因子，不影响求其零点。$\rho$ 曲线相交的位置见 Out[35] 中的黑点，Out[36] 是具体数值，可见它就是 Out[19] 上的第二汇聚点。

知道了 ρ 曲线相交的大致位置，就在此位置取垂直于 z 轴的截面，简称**聚焦平面**，观察各条 ρ 曲线与聚焦平面的交点（简称**迹点**），为放置动量限制"窄孔"提供参考。

```
In[38]:= data = {}; sc = 1.60 / 1.67 × 10^8;
        v0 = 10^6; B0 = 1.0; time = 0.8 × 10^-7; n = 50;
        θ0 = 30.0 °; Δθ = 5.0 °; Δφ = 5.0 °;
        V = {x'[t], y'[t], z'[t]}; B = {0, 0, B0};
        f = V × B;
        equ = {x''[t] == sc f[[1]], y''[t] == sc f[[2]],
            z''[t] == sc f[[3]], x[0] == 0, y[0] == 0, z[0] == 0,
            x'[0] == vx, y'[0] == vy, z'[0] == vz};
        Do[
         θ = θ0 + Δθ RandomReal[{-1, 1}]; φ = Δφ RandomReal[{-1, 1}];
         {vx, vy, vz} = v0 {Sin[θ] Cos[φ], Sin[θ] Sin[φ], Cos[θ]};
         s = NDSolve[equ, {x, y, z}, {t, 0, time}, MaxSteps → ∞];
         {α, β, γ} = {x, y, z} /. s[[1]];
         s1 = FindRoot[γ[t] == 0.04407, {t, 0.8 × 10^-7 × 2 / 3}];
         AppendTo[data, {β[t], α[t]} /. s1],
         {i, n}]
        ListPlot[data, AxesOrigin -> {0, 0}, PlotRange → All,
         PlotStyle → {PointSize → Large}, AxesLabel -> {"y", "x"},
         AspectRatio → Automatic]
        Clear["Global`*"]
```

Out[45]=

迹点

本次编程最重要的改变是考虑了粒子的出射方向可以偏离 xOz 平面，这只要将前述程序中 $\varphi=0$ 修改为

$$\varphi = \Delta\varphi \, \text{RandomReal}[\{-1,1\}]$$

即可，其中 $\Delta\varphi$ 是出射方向偏离 xOz 平面的最大角度，例如取 5°。由 Out[45]可见，在粒子聚焦平面上，迹点的排列不是直线，不与 x 轴或者 y 轴平行，而是**一段弥散的弧形**。由此可见，《费曼物理学讲义》上所说的"窄孔"放置位置甚至"窄孔"的形状，都应该先进行模拟计算，然后才好确定，也便于读者理解。根据 Out[45]，"窄孔"不能是直线形的狭缝，也不能是圆孔，而是有一定宽度的圆弧。

接下来探讨不同动量的粒子出射的动量分析问题。先写一个程序，观察不同动量的粒子轨迹投影的情况，程序如下。

```
ln[47]:=  sc = 1.60 / 1.67 × 10^8;
       B0 = 1.0; n = 50; time = 0.9 × 10^-7;
       θ0 = 30.0°; Δθ = 5.0°;
       V = {x'[t], y'[t], z'[t]}; B = {0, 0, B0};
       f = V × B;
       equ = {x''[t] == sc f[[1]], y''[t] == sc f[[2]],
          z''[t] == sc f[[3]], x[0] == 0, y[0] == 0, z[0] == 0,
          x'[0] == vx, y'[0] == vy, z'[0] == vz};
       data = {}; vm = 10^6;
       Do[
        v0 = vm × j;
        Do[
         θ = θ0 + Δθ RandomReal[{-1, 1}]; φ = 0;
         {vx, vy, vz} = v0 {Sin[θ] Cos[φ], Sin[θ] Sin[φ], Cos[θ]};
         s = NDSolve[equ, {x, y, z}, {t, 0, time}, MaxSteps → ∞];
         g = ParametricPlot[{z[t], x[t]} /. s[[1]], {t, 0, time},
           AxesLabel -> {"z", "x"}];
         AppendTo[data, g],
         {i, n}],
        {j, 1, 2, 0.2}]
       Show[data, PlotRange → All, AspectRatio → Automatic]
       Clear["Global`*"]
```

程序中,粒子的速度以 v_m 为基础,每次增加 20%,画出了对应情况下轨迹在 xOz 平面的投影,从 Out[55] 可见,每种情况下的投影都是相似的,只是聚焦位置随着速度的增加而向右移动。

下面再写一个程序,它不仅要计算出不同速度下粒子的聚焦位置 z_0,而且要将每种速度情况下聚焦平面上迹点的分布画在同一幅图上,以便为设计"窄孔"的形状和位置提供依据。

```
ln[57]:=  sc = 1.60 / 1.67 × 10^8;
       θ0 = 30.0°; Δθ = 5.0°; θ1 = θ0 - Δθ; θ2 = θ0 + Δθ;
       Δφ = 5.0°; vm = 10^6; B0 = 1.0; time = 0.8 × 10^-7;
       V = {x'[t], y'[t], z'[t]}; B = {0, 0, B0}; n = 50;
       f = V × B;
       equ = {x''[t] == sc f[[1]], y''[t] == sc f[[2]],
          z''[t] == sc f[[3]], x[0] == 0, y[0] == 0, z[0] == 0,
          x'[0] == vx, y'[0] == vy, z'[0] == vz};
       figure = p = {};
       Do[
        v0 = η vm; data = {};
        Do[
         θ = θ0 + Δθ RandomReal[{-1, 1}]; φ = Δφ RandomReal[{-1, 1}];
         {vx, vy, vz} = v0 {Sin[θ] Cos[φ], Sin[θ] Sin[φ], Cos[θ]};
         s = NDSolve[equ, {x, y, z}, {t, 0, time}, MaxSteps → ∞];
         {α, β, γ} = {x, y, z} /. s[[1]];
```

```
Δρ[z_] :=
  Sin[θ2] Sin[  B0 sc
              ────────── z] - Sin[θ1] Sin[  B0 sc
               2 v0 Cos[θ2]                ────────── z];
                                            2 v0 Cos[θ1]
      2 π v0 Cos[θ]
 z0 = ────────────;
         B0 sc
 s1 = FindRoot[Δρ[z] == 0, {z, z0}];
 z0 = (z /. s1);
 s2 = FindRoot[γ[t] == z0, {t, z0 / (v0 Cos[θ])}];
 AppendTo[data, {β[t], α[t]} /. s2],
 {i, n}];
g = ListPlot[data, AxesOrigin -> {0, 0}, PlotRange → All,
   PlotStyle → {PointSize → Large}, AspectRatio → Automatic]
AppendTo[figure, g];
AppendTo[p, {η, z0}],
{η, 1, 2, 0.2}]
Show[figure, AxesLabel -> {"y", "x"}]
ListLinePlot[p, Mesh → Full, AxesLabel -> {"v0", "z0"}]
Clear["Global`*"]
```

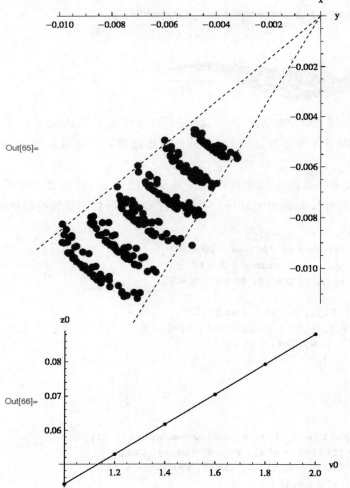

Out[65]=

Out[66]=

先看 Out[66]，它表示"窄孔"在 z 轴上放置的位置与粒子速度的关系，是一种很好的直线关系。Out[65]是不同速度下聚焦平面上迹点的分布，它们都在一个象限里，都是有一定宽度的弧线，弧线宽度变化不大，弧线长度随着速度而线性增加，对 z 轴张开的角度基本不变。选择粒子速度的"窄孔"板就可以根据以上特点进行刻制了。

6.3.2　同步加速器中带电粒子轨道的磁约束

在高能物理的同步加速器中，带电粒子的加速过程是短暂的，随后就需要在环形轨道中运行，以便迎接下一次加速。粒子在运行中，要求轨道保持在预设的管道里，如果偏离严重了，粒子就"开小差"了，脱离了队伍，这对实验是个损失。因此，如何稳定粒子的轨道，就成了同步加速器技术中重要的方面。在实践上，普遍采用"**梯度磁场**"的方法，其原理可以用图 6-9 来说明，该图是提供梯度磁场的磁铁系统，它由励磁线圈、铁芯和磁轭组成，磁轭是约束磁场线防止其发散的。图中 xOy 平面处于磁极正中间，它是粒子的轨道平面，磁场线垂直穿过该平面，在此平面上下附近区域磁场线基本都是 z 方向的，但在径向，磁场强度由里到外是减弱的，也就是磁场有径向的梯度。通过磁极形状的设计，可以近似地做到径向梯度为线性梯度，以下的分析就是按线性梯度进行的。

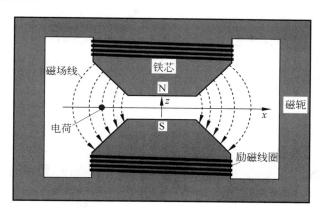

图 6-9　对电荷进行聚焦导向的磁场：外弱内强

图 6-10 表示导向磁场的径向分布曲线，在带电粒子的轨道区，磁场沿着径向是线性减弱的。下面就编程计算这种磁场下带电粒子是如何运动的，以便说明它对粒子轨道的稳定作用。

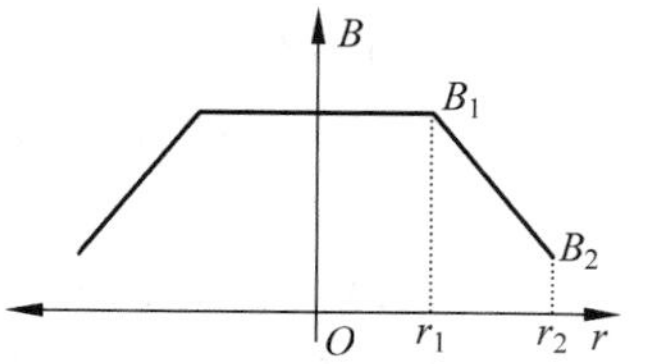

按设计要求，粒子的轨道应保持在磁场线性区的中间，其半径为

$$r_3 = (r_1 + r_2)/2$$

在此位置上，粒子的圆周运动速度 v_3 容易算出：

$$v_3 = qB(r_3)r_3/m$$

图 6-10　导向磁场的径向分布

其中，q 是粒子的电荷；m 是粒子的质量。把 v_3 作为粒子实际轨道运行的参考速度。

粒子的运动假设被限制在 xOy 平面上，粒子在初始时刻是从 y 轴出发的，考察粒子的轨道运动。程序如下。

```
In[1]:= B1 = 0.6; B2 = 0.5; r1 = 0.1; r2 = 0.2;
        k = (B2 - B1) / (r2 - r1);
        q = 1.602 × 10^-19; m = 1.67 × 10^-27; time = 0.5 × 10^-6;
        B0[r_] := If[r ≤ r1 , B1, If[r > r2 , 0, B1 + k (r - r1)]];
        B = {0, 0, B0[r]} /. r → Sqrt[x[t]^2 + y[t]^2];
        v = {x'[t], y'[t], 0};
        f = q v × B;
        r3 = (r1 + r2) / 2; v3 = q B0[r3] r3 / m;
        equ = {m x''[t] == f[[1]], m y''[t] == f[[2]],
            x[0] == 0, x'[0] == v3, y[0] == r3, y'[0] == 0.02 v3};
        s = NDSolve[equ, {x, y}, {t, 0, time}, MaxSteps → ∞];
        {x, y} = {x, y} /. s[[1]];
        ParametricPlot[{x[t], y[t]}, {t, 0, time},
         AxesLabel -> {"x", "y"}, PlotStyle → Thickness[0.003]]
        Clear["Global`*"]
```

Out[12]=

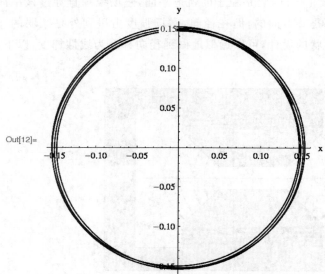

先说说程序运行的结果 Out[12]，曲线表示粒子的轨迹，它虽然在各个周期内不重合，但基本维持在 r_3 附近，远离轨道区的边界 r_1 和 r_2，因此，径向梯度磁场能够稳定粒子的轨道，结论得证。

对于编程，有以下三点说明。

（1）对磁场的径向分布 $B_0(r)$ 采用了分支函数 **If[]** 进行定义，因为涉及三个区域，所以用了 **If[]** 嵌套进行定义。

（2）在磁场矢量 **B** 定义时，将半径 r 替换成了函数 $x(t)$ 和 $y(t)$，这是必需的。

（3）粒子的初速度有两个分量，一个是主要的，另一个稍微对主要方向有所偏离，以使模拟更加逼真。

在同步加速器实践中，对于梯度磁场是有要求的，如果梯度过大，则可能造成粒子轨道不稳定。下面的程序将磁场梯度增大，假设两种稍微不同的初速度，粒子的轨道都将严重偏离设计区域，导致粒子无法储存。

```
In[14]:= B1 = 1.5; B2 = 0.5; r1 = 0.1; r2 = 0.2;
        k = (B2 - B1) / (r2 - r1);
        q = 1.602 × 10⁻¹⁹; m = 1.67 × 10⁻²⁷; time = 0.5 × 10⁻⁶;
        B0[r_] := If[r ≤ r1 , B1, If[r > r2, 0, B1 + k (r - r1)]];
        B = {0, 0, B0[r]} /. r → √(x[t]² + y[t]²) ;
        v = {x'[t], y'[t], 0};
        f = q v × B;
        r3 = (r1 + r2) / 2; v3 = q B0[r3] r3 / m;
        equ = {m x''[t] == f[[1]], m y''[t] == f[[2]],
            x[0] == 0, x'[0] == v3, y[0] == r3, y'[0] == 0};
        s = NDSolve[equ, {x, y}, {t, 0, time}, MaxSteps → ∞];
        {α, β} = {x, y} /. s[[1]];
        ParametricPlot[{α[t], β[t]}, {t, 0, time},
          AxesLabel -> {"x", "y"}, PlotStyle → Thickness[0.003]]
        equ = {m x''[t] == f[[1]], m y''[t] == f[[2]],
            x[0] == 0, x'[0] == v3, y[0] == r3, y'[0] == 0.02 v3};
        s = NDSolve[equ, {x, y}, {t, 0, time}, MaxSteps → ∞];
        {α, β} = {x, y} /. s[[1]];
        ParametricPlot[{α[t], β[t]}, {t, 0, time},
          AxesLabel -> {"x", "y"}, PlotStyle → Thickness[0.003]]
        Clear["Global`*"]
```

Out[25]=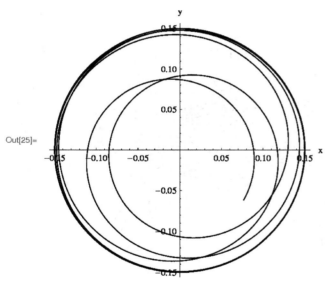

Out[29]=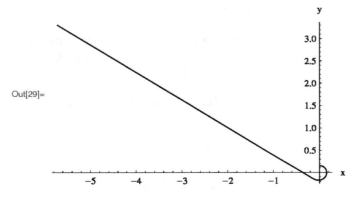

程序已经显著地提高了参数 B_1 的值,导致线性梯度 k 增加了不少。Out[25]是在初速度只有 x 方向分量情况下的粒子轨迹,可见轨道已经大幅度偏离了 r_3 的位置,进入了 r_1 以内,这样的粒子就属于"开小差"了。Out[29]表示在初速度的 y 方向稍微偏离 0 一点,粒子的轨道迅速向设计区域的外缘逼近,当进入 0 磁场区域后,便沿着直线飞走了。综合这两种情况,可以得出结论:**磁场梯度过大,粒子轨道难以稳定**。在《费曼物理学讲义》中曾经给出一个相对梯度的判据,可供读者参阅①。

6.3.3 "磁镜"对带电粒子的磁约束

前面曾经研究了两个平行放置的载流圆线圈的磁场分布,这样的线圈还可以有多个,依次排列,也可以构成环状,组成螺线管。螺线管的磁场可以约束带电粒子的运动,使它们不跑出螺线管的内部,这就是核聚变研究中"**磁约束**"的原理,具有这种功能的磁场被形象地称为**磁镜**。

研究一个长的螺线管的磁场分布和电子的运动是一件很复杂的事情,我们研究两个平行放置的载流圆线圈磁场中电子的运动,如图 6-11 所示,线圈中通入同向电流 I。通过对这种磁场中电子运动的观察,有助于理解电子在螺线管磁场中是如何运动的。

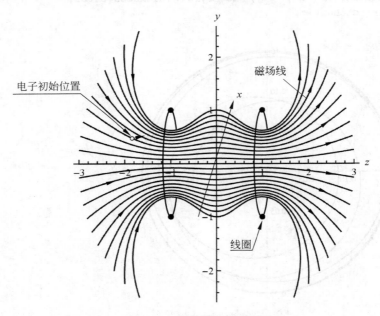

图 6-11　磁镜线圈的磁场

在图 6-11 中标出了磁场线的方向、电子的初始位置及运动方向,同时将磁场由平面分布扩展到三维分布,因为电子不可能局限在 yOz 平面内运动。因此,磁场分布的表达式就需要修改。

参考图 6-1,对一个线圈来讲,如果场点 p 是一般的点,则从电流元到场点的单位矢量要改为

$$\hat{\boldsymbol{r}} = \{x - R\cos\varphi, y - R\sin\varphi, z\}/r$$

① 费曼 R P,等.费曼物理学讲义:第二卷[M].上海:上海科学技术出版社,1981.

其中，

$$r = | \boldsymbol{p} - \boldsymbol{p}_0 | = \sqrt{(x - R\cos\varphi)^2 + (y - R\sin\varphi)^2 + z^2}$$

而电流元矢量仍为 $\mathrm{d}\boldsymbol{l} = R\mathrm{d}\varphi \cdot \{-\sin\varphi, \cos\varphi, 0\}$。电流元在场点处产生的磁场正比于 $\mathrm{d}\boldsymbol{l} \times \hat{\boldsymbol{r}}$，写一个程序来计算这个叉乘。

```
In[1]:=  dl = R dφ {-Sin[φ], Cos[φ], 0};
         p = {x, y, z}; p0 = {R Cos[φ], R Sin[φ], 0};
         FullSimplify[Norm[p - p0], {x, y, z, φ} ∈ Reals && R > 0];
         r = % // ExpandAll;
         ur = (p - p0) / r;
         dl × ur // FullSimplify
         Clear["Global`*"]
```

$$Out[6]= \left\{ \frac{\mathrm{d}\varphi\, R\, z\, \mathrm{Cos}[\varphi]}{\sqrt{R^2 + x^2 + y^2 + z^2 - 2R(x\,\mathrm{Cos}[\varphi] + y\,\mathrm{Sin}[\varphi])}}, \right.$$

$$\frac{\mathrm{d}\varphi\, R\, z\, \mathrm{Sin}[\varphi]}{\sqrt{R^2 + x^2 + y^2 + z^2 - 2R(x\,\mathrm{Cos}[\varphi] + y\,\mathrm{Sin}[\varphi])}},$$

$$\left. \frac{\mathrm{d}\varphi\, R\, (R - x\,\mathrm{Cos}[\varphi] - y\,\mathrm{Sin}[\varphi])}{\sqrt{R^2 + x^2 + y^2 + z^2 - 2R(x\,\mathrm{Cos}[\varphi] + y\,\mathrm{Sin}[\varphi])}} \right\}$$

程序中使用了函数 **ExpandAll[]**，它的作用是对含分数表达式的分子分母都进行展开，而函数 **Expand[]** 只对分子展开。

于是，单个线圈产生磁场的完整三维分布是

$$B_{x0}(x, y, z) = \frac{I\mu_0}{4\pi} \int_0^{2\pi} \frac{Rz\cos\varphi\mathrm{d}\varphi}{(x^2 + y^2 + z^2 + R^2 - 2xR\cos\varphi - 2yR\sin\varphi)^{3/2}}$$

$$B_{y0}(x, y, z) = \frac{I\mu_0}{4\pi} \int_0^{2\pi} \frac{Rz\sin\varphi\mathrm{d}\varphi}{(x^2 + y^2 + z^2 + R^2 - 2xR\cos\varphi - 2yR\sin\varphi)^{3/2}}$$

$$B_{z0}(x, y, z) = \frac{I\mu_0}{4\pi} \int_0^{2\pi} \frac{R(R - x\cos\varphi - y\sin\varphi)\mathrm{d}\varphi}{(x^2 + y^2 + z^2 + R^2 - 2xR\cos\varphi - 2yR\sin\varphi)^{3/2}}$$

对三个分量沿 z 轴方向分别进行 $-d/2$ 和 $d/2$ 的平移，将每个分量平移后的表达式相加，即得每个合成分量的表达式，它们就是两个载流线圈所产生磁场的空间分布。结果当然是复杂的。这三个积分表达式一般也不能积分出来，因此，只能进行数值计算。

在只有磁场存在的情况下，电子受洛伦兹力，其运动方程是

$$m\frac{\mathrm{d}^2\boldsymbol{r}}{\mathrm{d}t^2} = -e\frac{\mathrm{d}\boldsymbol{r}}{\mathrm{d}t} \times \boldsymbol{B} \tag{6-13}$$

其中，m 是电子质量；e 是基本电荷。

研究表明，如果直接将磁场三个分量的积分表达式代入方程(6-13)是不能计算电子运动的，因为方程太复杂了。我们还是采用对磁场离散化，然后再进行插值的方法，将磁场表达式的复杂程度降低，即**用近似的插值函数来代替严格的磁场分布表达式**，将插值函数代入方程(6-13)，就能进行电子轨迹的计算了。

下面看看如何对磁场离散化，如何进行插值，以及对插值结果的使用。将所要离散化的空间限定为

$$x = -1.5R \sim 1.5R, \quad y = -1.5R \sim 1.5R, \quad z = -d \sim d$$

我们约定：**将每个方向的区间都 n 等分，n 是偶数，要求离散化的点不能落在线圈上**，否

则会出现磁场无穷大。因为 x 方向和 y 方向的离散点都可以表示为

$$x_j = \frac{3R}{n} \cdot j, \quad h = -\frac{n}{2} \sim \frac{n}{2}$$

如果某个 j 能使 x_j 落在线圈上,则

$$x_j = \frac{3R}{n} \cdot j = R$$

由此得

$$n = 3j$$

可见,n 必然是 3 的整数倍。所以,避免离散点落在线圈上的办法就是:**取 n 不是 3 的倍数的偶数**,例如 $20, 40$ 等。

为了得到准确的电子运动轨迹,对磁场的离散分割当然越细越好,然而,对于大的分割数 n,离散化过程很漫长。取 $n=50$,对磁场的三个分量进行离散化,然后对磁场分量进行插值,把插值结果存储起来,以备后续计算使用。为了节约篇幅,下面的程序段只列出了 B_x 的离散化过程,其他两个分量的编程与此类似。

```
Bx0[x_, y_, z_] := NIntegrate[R z Cos[φ] /
    (x^2 + y^2 + z^2 + R^2 - 2 x R Cos[φ] - 2 y R Sin[φ])^(3/2),
    {φ, 0, 2 π}, MaxRecursion → 12];
By0[x_, y_, z_] := NIntegrate[R z Sin[φ] /
    (x^2 + y^2 + z^2 + R^2 - 2 x R Cos[φ] - 2 y R Sin[φ])^(3/2),
    {φ, 0, 2 π}, MaxRecursion → 12];
Bz0[x_, y_, z_] := NIntegrate[R (R - x Cos[φ] - y Sin[φ]) /
    (x^2 + y^2 + z^2 + R^2 - 2 x R Cos[φ] - 2 y R Sin[φ])^(3/2),
    {φ, 0, 2 π}, MaxRecursion → 12];
Bx[x_, y_, z_] := Bx0[x, y, z - d / 2] + Bx0[x, y, z + d / 2];
By[x_, y_, z_] := By0[x, y, z - d / 2] + By0[x, y, z + d / 2];
Bz[x_, y_, z_] := Bz0[x, y, z - d / 2] + Bz0[x, y, z + d / 2];
R = 1.0; d = 2 R; n = 50;
data = {};
Do[
 Do[
  Do[AppendTo[data, {3 R/n i, 3 R/n j, 2 d/n k,
     Bx[3 R/n i, 3 R/n j, 2 d/n k]}],
   {i, -n / 2, n / 2}],
  {j, -n / 2, n / 2}],
 {k, -n / 2, n / 2}]
Bx = Interpolation[data];
Bx >> "e:/data/Bx";
Clear["Global`*"]
```

离散化的结果是得到了三个文件 B_x、B_y 和 B_z,下面可以调用这些文件,它们作为磁场的近似描写,用来计算电子等带电粒子的运动。

```
ln[8]:=  R = 1; d = 2 R;
         sc = 1.75851 × 10^11 × 0.35 × 10^-5; time = 50 × 10^-6;
         << "e:/data/Bx";
         Bx = %;
         << "e:/data/By";
         By = %;
         << "e:/data/Bz";
         Bz = %;
         equ = {x''[t] == -sc (y'[t] Bz[x[t], y[t], z[t]] -
                 z'[t] By[x[t], y[t], z[t]]),
             y''[t] == -sc (z'[t] Bx[x[t], y[t], z[t]] -
                 x'[t] Bz[x[t], y[t], z[t]]),
             z''[t] == -sc (x'[t] By[x[t], y[t], z[t]] -
                 y'[t] Bx[x[t], y[t], z[t]]),
             x[0] == 0, x'[0] == 0, y[0] == 0.78 R, y'[0] == 0,
             z[0] == -0.8 d, z'[0] == 0.15 × 10^6};
         s = NDSolve[equ, {x, y, z}, {t, 0, time}, MaxSteps → ∞];
         {x, y, z} = {x, y, z} /. s[[1]];
         ParametricPlot3D[{x[t], y[t], z[t]},
           {t, 0, time}, Ticks → None, AxesLabel → {"x", "y", "z"},
           PlotStyle → Thick, AspectRatio → 2, PlotPoints → 50]
         Clear["Global`*"]
```

Out[19]=

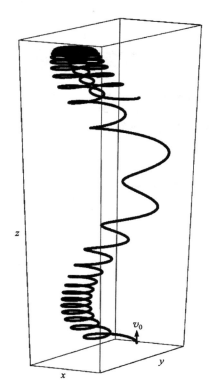

程序中采用的参数是：电子的荷质比 sc，线圈电流 35A，计算时间 50μs，电子初速度为 150km/s，方向沿 z 轴正向，位置在两线圈之外。Out[19]描写了电子运动的轨迹，电子以螺旋轨道上升，到达某个高度之后，又折返往下。这个现象表示电子被限制在两线圈之间，是磁约束的反映。螺旋轨道的轴线是弯曲的,螺旋半径也不相同,反映了"磁镜"磁场的非均匀性,中部磁场弱,回旋半径就大,轴线大体沿着磁场线。

下面的程序将求解时间延长至 $150\mu s$,在求解了电子轨迹之后,将求解时间 100 等分,分别画出电子从初始位置到这些分点时刻的轨迹,然后用 .gif 文件保存起来,成为动画文件,用 ACDSee 等软件播放,动态观察电子的运动,电子被磁场约束的情形便一目了然。通过计算和观察,相信读者能对"磁镜"会约束电子产生深刻印象,为"磁约束"在等离子体技术中的应用以及理解空间等离子体现象打下基础。

```
R = 1; d = 2 R; sc = 1.75851 × 10^11 × 0.35 × 10^-5;
time = 150 × 10^-6; y0 = 0.78 R; z0 = -0.8 d;
confinement = {};
<< "e:/data/Bx";
Bx = %;
<< "e:/data/By";
By = %;
<< "e:/data/Bz";
Bz = %;
equs = {x''[t] == - sc (y'[t] Bz[x[t], y[t], z[t]] -
        z'[t] By[x[t], y[t], z[t]]),
    y''[t] == - sc (z'[t] Bx[x[t], y[t], z[t]] -
        x'[t] Bz[x[t], y[t], z[t]]),
    z''[t] == - sc (x'[t] By[x[t], y[t], z[t]] -
        y'[t] Bx[x[t], y[t], z[t]]),
    x[0] == 0, x'[0] == 0, y[0] == y0, y'[0] == 0,
    z[0] == z0, z'[0] == 0.15 × 10^6};
s = NDSolve[equs, {x, y, z}, {t, 0, time}, MaxSteps → ∞];
{x, y, z} = {x, y, z} /. s[[1]];
Do[
 g = ParametricPlot3D[{x[t], y[t], z[t]}, {t, 0, t1},
    PlotRange → {{-0.3 R, 0.3 R}, {0.3 R, R}, {-d, d}},
    AxesLabel → {"x", "y", "z"}, AspectRatio → 2,
    PlotPoints → 50];
 AppendTo[confinement, g],
 {t1, 0.01 time, time, 0.01 time}]
Export["e:/data/confinement.gif", confinement]
Clear["Global`*"]
```

第 **7** 章

光

光是世界的重要组成部分,它与人类的存在密切相关。光学就是研究光的规律的科学。在中学和大学物理中,读者对光已经有了一定的了解,比如学过"几何光学"和"波动光学",还学过光的量子性,学过光的发射和吸收,等等,光学的内容也是十分丰富的。在这一部分,将通过计算来研究几何光学和波动光学中的一些问题,看看引进计算手段以后能在这两个领域给我们扩展什么内容。

几何光学可能是读者最熟悉的,比如你可能知道透镜能聚光,透镜能放大物体的像,能用来制造望远镜和显微镜,等等。如果让读者解释透镜为什么能起这样的作用,你可能马上拿起笔,在纸上画出光线的路径,说明其中的道理。不错,作为粗浅的近似,你学的通过画线来解释透镜的光学性质是很方便的一种方法,对于加深光学记忆是有好处的;但是,当要详细地考察透镜成像的细节和成像质量的时候,或者当考察光在一般介质中传播特性的时候,你学的这点光学知识就不够了。我们要发展一般的**光路计算**和**光线追迹**的方法,就像通过计算来确定质点的运动轨迹一样,来系统地回答你在以上诸方面的困惑。本章将着重阐述两个方面的问题:**连续折射率介质中光线的传播与折射率跃变介质中光线的传播**,这将把读者带到**光纤光学**和**透镜设计与像差**等更加专业的领域,有助于读者对这些领域的理解。

读者可能有这样的记忆:当晚上透过窗纱或者透过一块带孔的布观看远处灯光的时候,看到的不是一个圆形的发光体,而是一个"十"字光斑,光斑的 4 个方向还有不连续的细节部分。如果你过去没有注意,那就在晚上专门观察一次,相信你会看到这种现象。这就是光的波动性造成的,具体来说,就是光的衍射造成的,用几何光学解释不了。在本章最后,将针对光的衍射发展一套计算方法,来**考察光通过各种不同的带孔平面后的衍射像**,读者将看到各种想象不到的结果。

7.1 几何光学:在连续折射率介质中进行光线追迹

7.1.1 光线方程

在中学物理中,读者学过"光的三大定律":
在均匀介质中光沿着直线传播;光的反射定律;光的折射定律。
现在,要把它们纳入一个公式里,统一表示光的几何传播特性。
光要在一定的介质中传播,介质影响光传播的性质是用"**折射率**"n 来表示的,除此之外,不用再引进其他性质。物理学家已经证明，如果引进一个"**光线方程**"[①]

$$\frac{\mathrm{d}}{\mathrm{d}s}\left[n(\boldsymbol{r})\frac{\mathrm{d}\boldsymbol{r}}{\mathrm{d}s}\right] = \nabla n(\boldsymbol{r}) \tag{7-1}$$

就能通过计算来确定光的传播路径，这样做，可以具有广泛的适应性，不仅能处理均匀介质里光的传播问题，而且能处理任意折射率分布的介质中光的传播问题。光线方程(7-1)就是几何光学里的基本方程，它在几何光学中的地位相当于牛顿第二定律在力学中的地位。

方程(7-1)是一个二阶的微分方程，该方程的待求解函数是光线路径上的位置矢量 $\boldsymbol{r}$，自变量是"**路径的弧长**" s。介质的折射率已经表示为位置的函数

$$n = n(\boldsymbol{r}) \tag{7-2}$$

而 $\nabla n(\boldsymbol{r})$ 就是折射率的梯度，它的展开式为

$$\nabla n(\boldsymbol{r}) = \frac{\partial n}{\partial x}\hat{\boldsymbol{x}} + \frac{\partial n}{\partial y}\hat{\boldsymbol{y}} + \frac{\partial n}{\partial z}\hat{\boldsymbol{z}} \tag{7-3}$$

读者可能从来没有见过这样的微分方程(7-1)：**它的自变量既不是时间，也不是空间坐标，而是路径的弧长**！而这个弧长就是光线曲线路径的长度。有的读者可能迷惑了：**光线的路径本身就是待求解的对象，在路径都还没有确定的情况下，何来路径的长度**？这看起来是一对矛盾，不过，没有关系，方程还是能够求解的，就像在牛顿力学里不知道质点走多远、用了多长时间也能计算质点的运动轨迹一样。在本书第 6 章里计算过磁场线，那里引进的自变量 ξ 虽然到现在也不知道它是什么意思，但并不妨碍我们计算出各种复杂的磁场线。

然而，方程(7-1)毕竟是一个二阶的微分方程，当折射率分布比较复杂的时候，严格求解它也是很难的，通常只能通过数值计算。鉴于上述原因，在许多人还不具备编程计算能力的时候，这个方程就很少露面了。求解方程(7-1)的结果，可以得到光线路径的位置矢量

$$\boldsymbol{r} = \boldsymbol{r}(s) = x(s)\,\hat{\boldsymbol{x}} + y(s)\,\hat{\boldsymbol{y}} + z(s)\,\hat{\boldsymbol{z}} \tag{7-4}$$

既然 s 是弧长，那么 $\mathrm{d}s$ 就是弧长的微分，它与坐标的微分有以下关系

$$\mathrm{d}s^2 = \mathrm{d}x^2 + \mathrm{d}y^2 + \mathrm{d}z^2 \tag{7-5}$$

或者

$$\left(\frac{\mathrm{d}x}{\mathrm{d}s}\right)^2 + \left(\frac{\mathrm{d}y}{\mathrm{d}s}\right)^2 + \left(\frac{\mathrm{d}z}{\mathrm{d}s}\right)^2 = 1$$

有了以上介绍，读者大概对光线方程有所了解了。不过，这个了解还是粗浅的，若真要理解它的作用，还是要通过把它运用到各种场合来解决问题，通过解题的成功来加深理解。

7.1.2　模拟光在大气中的折射

我们知道，光能在大气中发生折射而弯曲，此现象与折射率的非均匀性有关。因为大气的折射率是与大气的密度和温度等因素有关，这些因素都是随时变化的，其真实情况不得而知，所以，我们无法提出关于大气折射率的准确表达式。不过，还是那句老话，**我们研究的是模型，模型是可以设计的**。我们想要定性结论，如果模拟一个类似的大气系统，所得的结论有参考价值，那就令我们满意了，毕竟我们已经前进了一步。

电磁学的研究表明，气体的折射率是随气体密度增加而增加的，而大气的密度是随高度增加而减小的。由此，我们提出这样的大气模型

①　Born M，Wolf E. 光学原理[M].北京：科学出版社，1978.

$$n(x,y,z) = n(y) = n_0 - \alpha y$$

其中，n_0 和 α 是常数，而 y 是离地面的高度，地面被假设为一个很大的平面 xOz。为了进一步简化，我们设光线在 zOy 平面内传播，这样，方程(7-1)就只剩下两个分量的方程需要求解，即

$$\frac{\mathrm{d}}{\mathrm{d}s}\left[n(y(s)) \cdot y'(s)\right] = \frac{\partial n}{\partial y} = -\alpha$$

$$\frac{\mathrm{d}}{\mathrm{d}s}\left[n(y(s)) \cdot z'(s)\right] = \frac{\partial n}{\partial z} = 0$$

再设光线从原点发出，初始的方向角为 $\pi/4$。下面的程序计算了光线的轨迹。

```
In[1]:= n0 = 1.1; α = 0.5×10⁻³; θ = π / 4;
        n[y_] := n0 - α y; sm = 3 × 10³;
        equ = {D[n[y[s]] × y'[s], s] == -α, D[n[y[s]] × z'[s], s] == 0,
          y[0] == 0, y'[0] == Sin[θ], z[0] == 0, z'[0] == Cos[θ]};
        sol = NDSolve[equ, {z, y}, {s, 0, sm}];
        ParametricPlot[{z[s], y[s]} /. sol[[1]],
         {s, 0, sm}, AxesLabel → {"z", "y"}]
        Clear["Global`*"]
```

这个计算在编程上很简单。Out[5]就是光线的轨迹，光线从地面斜向上传播，结果是逐渐弯曲，最后折向下，再返回地面。由此可以得出两个结论：一是通过大气折射，人能看到远方的景物，包括地平线以下的景物，这就是"海市蜃楼"现象产生的根源；二是大气对光线的折射，减少了光线穿透大气的可能，大气将光的能量留在了大气层以内，起到了保温的作用。我们的地球能在寒冷的太空中遨游，本身还能有保持支持生命活动的温度，部分原因就是大气的折光(当然还有吸收光)作用，大气是我们的保护神。

设计一个模型是一件辛苦的事，读者可以进一步研究这个模型还能告诉我们什么信息，例如：如果 n_0 或者 α 改变，对光线的弯曲有什么影响？ 如果把折射率的线性变化改为指数变化，光线的轨迹有多大的变化？ 等等。只有亲自试验了，才能有切实的体会。

通过对这个例子的研究，读者对光线方程有所信任了吗？

7.1.3 在光纤内传播的光

体会光线方程(7-1)作用的另一个合适的场合是在光纤内部。现在，光缆已经进入了千家万户，成为信息时代的重要技术基础。光缆的核心是光纤。但是，有多少人知道光是如何在光纤内传播的呢？ 多数人可能不需要知道，但是，如果你是光学和电子学专业的人，则不可不知道。下面，先介绍光纤的基本知识，然后讨论如何计算光线在其中的传播问题。

图7-1是光缆的结构示意图，它是由光纤、加强芯、保护套等部分组成，其中光纤的结构如图7-2所示，它由4个关键部分组成：纤芯和包层都是玻璃，纤芯的折射率要大于包层折射率，包层的折射率是均一的，而纤芯的折射率可以是均一的，也可以是渐变的；涂覆层是为了防止外部的杂散光线进入光纤；护套层起保护光纤的作用。图上还标出了纤芯和包层直径的

标准数据,后面的计算就要参考这些数据。

光缆实物

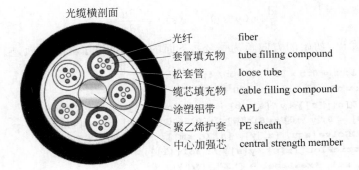

光缆横剖面

光纤	fiber
套管填充物	tube filling compound
松套管	loose tube
缆芯填充物	cable filling compound
涂塑铝带	APL
聚乙烯护套	PE sheath
中心加强芯	central strength member

图 7-1　光缆及其结构(来自网络)

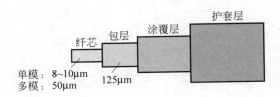

护套层
涂覆层
包层
纤芯

单模: 8~10μm
多模: 50μm
125μm

图 7-2　光纤的结构示意图

　　光纤的纤芯类型对于光线在其中的传播有重要影响。纤芯按折射率的不同分为均一折射率纤芯和渐变折射率纤芯,其中均一折射率纤芯与包层有折射率的突变,光线在二者的界面上反射全反射,光线在纤芯内是折线传播的,这种情况比较简单,这里不做讨论。这里着重讨论的是光在渐变折射率纤芯内的传播,其折射率沿径向分布的模型如图 7-3 所示,其中折射率为 n_2 的区域是包层区域,纤芯的中心折射率为 n_1,从中心往外,折射率是逐步减小的,直到包层边缘达到 n_2,这就是渐变折射率的意思。纤芯的折射率模型用公式描写如下

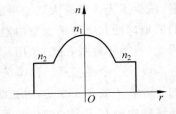

图 7-3　纤芯的渐变折射率模型

$$n(r) = n_1 \left[1 - \beta \left(\frac{r}{a} \right)^m \right]^{1/m}$$

其中,a 是纤芯的半径;m 和 β 分别是某个正整数和正的小数。常用的是 $m=2$ 的纤芯,这时折射率可以写成

$$n(r) = n_1 \left[1 - \delta \left(\frac{r}{a} \right)^2 \right] \tag{7-6}$$

其中

$$\delta = (n_1 - n_2)/n_1$$

是纤芯中心与边缘折射率的相对差值,对单模光纤,通常为 $0.3\%\sim0.6\%$,对多模光纤,通常为 $1\%\sim2\%$。

将折射率公式(7-6)代入光线方程(7-1),可以得到光线路径的解析表达式,请读者参考有关的文献,其结论如下。

(1)光线围绕着纤芯的中心周期性地向前传播,表现为"自聚焦"特性。

(2)光线路径的周期大小与初始入射角有关,不同的光线将不严格聚焦在相同的点上,一个入射的光脉冲将逐渐弥散开来。

对于不擅长求解微分方程的读者来讲,要得到以上结论,有不小的难度。下面换一种方式,用数值方法求解方程(7-1),则以上结论将很容易得到,而且还很直观。编程可以仿照7.1.2节的程序,只计算子午面内的光线路径,以阐明概念为主。所谓子午面,就是通过纤芯中心的平面。将坐标系的 z 轴放在纤芯中心,考察 yOz 子午面内的光迹。计算中,取纤芯的半径为 $25\mu m$,中心折射率 $n_1=1.472$,这是近红外波段的典型数值。

```
In[7]:= n1 = 1.472; δ = 0.02; a = 25;
        n[y_] := n1 (1 - δ (y / a)^2);
        φ[s_] := Evaluate[D[n[y], y] /. y → y[s]];
        s0 = 2000;
        equ = {D[n[y[s]] × y'[s], s] == φ[s],
           D[n[y[s]] × z'[s], s] == 0,
           y[0] == 0, y'[0] == Sin[θ],
           z[0] == 0, z'[0] == Cos[θ]};
        figure = {};
        Do[sol = NDSolve[equ, {z, y}, {s, 0, s0}];
         g = ParametricPlot[{z[s], y[s]} /. sol[[1]],
            {s, 0, s0}, AxesLabel → {"z", "y"}];
          AppendTo[figure, g],
          {θ, {1.0°, 5.0°, 10.0°}}]
        Show[figure, PlotRange → All]
        Clear["Global`*"]
```

Out[14]=

以上程序实际计算了三条光线的轨迹,这三条光线的起始角度分别是 $1°$、$5°$ 和 $10°$,对应Out[14]上三条幅度依次增大的迹线。这个图告诉我们,每条光线都是周期性地越过纤芯的中心 z 轴向前传播,的确表现为"自聚焦"的特性,而且粗略来看,好像不同光线的聚焦点差不多相同。但是,如果将上图放大来看,则可以明显地发现,不同初始条件的光线并不汇聚到一个点上,如下图所示,因此,这种光纤一定存在着对光脉冲的"弥散现象",传播得越远,弥散得越厉害,脉冲拉得越宽。

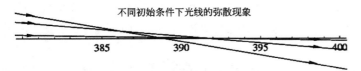
不同初始条件下光线的弥散现象

仔细观察上图可以发现,光线的初始角度越小,它们的焦点位置越接近,因此,可以推论,如果让入射到纤芯的光线**高度平行**于 z 轴,则光线将表现为**高度的**自聚焦特性,这样就可以减少光脉冲的弥散,使脉冲传播更远的距离。下面具体算一算其弥散的程度。根据理论分析[①],

---

① 马晓琳,等. 渐变折射率光纤自聚焦性的数学推导[J].北京广播学院学报,2004,11(2):16-19.

近轴光线的振荡周期为

$$T = \pi a \sqrt{\frac{2}{\delta}}$$

下面的计算就参考这个理论周期。取多模光纤,$\delta = 1\%$,起始角度为 $0.5°$,计算该光线的振荡周期,以及与理论周期的差值,进而推算在一定的传输容量(如 50Mb/s)下通过某段距离时光脉冲的弥散程度。

```
In[16]:= n1 = 1.472; δ = 0.01; a = 25; θ = 0.5 °;
         n[y_] := n1 (1 - δ (y / a)^2);
         φ[s_] := Evaluate[D[n[y], y] /. y → y[s]];
         s0 = 2500;
         equ = {D[n[y[s]] * y'[s], s] == φ[s], D[n[y[s]] * z'[s], s] == 0,
             y[0] == 0, y'[0] == Sin[θ], z[0] == 0, z'[0] == Cos[θ]};
         sol = NDSolve[equ, {z, y}, {s, 0, s0}];
         data = {};
         z0 = {555, 1110, 1660, 2220};
         Do[r = FindRoot[(y[s] /. sol[[1]]) == 0, {s, z0[[i]]}];
          AppendTo[data, (z[s] /. sol[[1]]) /. r], {i, 4}]
         Print["y-zero positions: z= ", data]
         Print["theoretical period= ", √(2 / δ) π a]
         Clear["Global`*"]

y-zero positions: z= {555.34714, 1110.6943, 1666.0414, 2221.3885}

theoretical period= 1110.7207
```

根据计算,这条光线的振荡周期是 $1110.6943\mu m$,近轴光线的理论周期是 $1110.7207\mu m$,由此推算,当光线经过 20km 之后,这条光线与近轴光线的差距是

$$d = \frac{1110.7207 - 1110.6943}{1110.7207} \times 20\text{km} = 0.475\text{m}$$

对于 50Mb/s 的传输容量,1b 的光脉冲在光纤内的长度为

$$l = \frac{2 \times 10^{-8}\text{s} \times 3 \times 10^{8}\text{m/s}}{1.472} = 4.08\text{m}$$

光脉冲在传播了 20km 之后,脉冲向后扩展了约 10%,这大概是接收端甄别相邻脉冲的极限了。因此,这种自聚焦多模光纤只能传输中等容量的信息,并且中继距离不能超过 20km。考虑到光脉冲的频谱有一定的带宽,折射率模型(7-6)就是对该带宽的平均值,光纤对带宽内的光信号有色散,因此,实际的中继距离还要缩短。

在程序中,假定光纤的起始角度是 $0.5°$,如果其他光线的起始角度都小于该角度,则以上结论可以很好地成立。这就要求在光纤的始端入射光线要进行很好的准直。

7.2 几何光学:在折射率跃变介质中进行光线追迹

在读者学过的光学知识中,**折射率跃变**的情况很常见,例如一个透镜,它内部的折射率和外部的折射率就是不同的,在透镜的界面上,折射率发生跃变。在光学助视系统和成像系统中会出现多个透镜,折射率跃变的情况更是频繁。在这种情况下,直接解方程(7-1)是不行的,因为在折射率的不连续点上,折射率的梯度是无穷大,Mathematica 无法正确处理这种情况。

下面,我们费一点工夫,来推导出一个适合于折射率跃变情况的方程组,这是一个在界面上的**代数方程组**,它们将光线在界面两边的传播方向建立了联系,特别适合计算机进行光线追迹。

推导方法分两种,第一种方法是从光线方程(7-1)出发,用积分方法导出方程,该方程是一个近似方程,适合于小入射角的情况,见本书第 1 版第 8 章;第二种方法是从折射定律出发,所导出的方程是严格的,适合于各种折射面。

7.2.1 光线追迹基本方程

光线追迹的基本问题是要在各个界面上根据入射光线的方向计算折射光线或者反射光线的方向,这需要一个普适的方程来联系界面两边光线的方向。设有一个**光滑曲面**,它将两种不同的均匀介质分隔开来,**在曲面的两边,介质的折射率各自为常数**。令曲面方程为

$$f(\boldsymbol{r}) = 0 \tag{7-7}$$

光线从介质 1 进入介质 2,在界面两边,函数 $f(\boldsymbol{r})$ 满足

$$f(\boldsymbol{r}) = \begin{cases} < 0, & \text{在介质 1 内} \\ > 0, & \text{在介质 2 内} \end{cases} \tag{7-8}$$

光线折射的基本依据是 **Snell** 定律,它能从电磁学的基本方程(即 **Maxwell** 方程)推导出来[1],其表达式为

$$n_2 \sin i_2 = n_1 \sin i_1 \tag{7-9}$$

其中,n_1、n_2 分别是介质 1 和介质 2 的折射率;i_1、i_2 分别是入射光线和折射光线相对于**界面法线**的夹角,亦称入射角和折射角。取法线的**单位矢量**为 $\boldsymbol{\Omega}$,其方向垂直于界面,由介质 1 指向介质 2,并规定两种介质中沿着光线方向的**单位矢量**分别是 $\boldsymbol{q}_1$ 和 $\boldsymbol{q}_2$,见图 7-4。

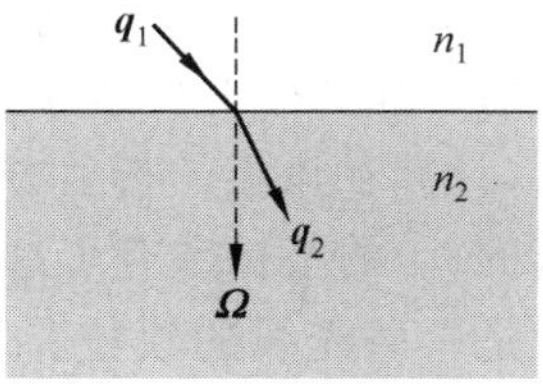

根据 **Snell** 定律(7-9),可以把它写成矢量形式

$$n_2 \boldsymbol{q}_2 \times \boldsymbol{\Omega} = n_1 \boldsymbol{q}_1 \times \boldsymbol{\Omega}$$

令 $\boldsymbol{k} = n\boldsymbol{q}$,则

$$(\boldsymbol{k}_2 - \boldsymbol{k}_1) \times \boldsymbol{\Omega} = \boldsymbol{0}$$

由此可以推论:$\boldsymbol{k}_2 - \boldsymbol{k}_1$ 与 $\boldsymbol{\Omega}$ 平行。因此可以写出如下等式

$$\boldsymbol{k}_2 - \boldsymbol{k}_1 = \lambda \boldsymbol{\Omega}$$

其中,λ 是比例系数,所以

$$\boldsymbol{k}_2 = \boldsymbol{k}_1 + \lambda \boldsymbol{\Omega} \tag{7-10}$$

图 7-4 光在界面上的折射

式(7-10)只是形式上计算出了出射方向 $\boldsymbol{k}_2$,因为 λ 还是未知的。为求 λ,用 $\boldsymbol{\Omega}$ 点乘式(7-10)两边,则

$$\lambda = \boldsymbol{k}_2 \cdot \boldsymbol{\Omega} - \boldsymbol{k}_1 \cdot \boldsymbol{\Omega} \tag{7-11}$$

进一步计算 $\boldsymbol{q}_2 \cdot \boldsymbol{\Omega}$。因为

$$(\boldsymbol{k}_2 \cdot \boldsymbol{\Omega})^2 = (n_2 \cos i_2)^2 = n_2^2(1 - \sin^2 i_2) = n_2^2\left(1 - \frac{n_1^2}{n_2^2}\sin^2 i_1\right)$$
$$= n_2^2 - n_1^2 \sin^2 i_1 = n_2^2 - n_1^2(1 - \cos^2 i_1) = n_2^2 - n_1^2 + n_1^2 \cos^2 i_1$$
$$= n_2^2 - n_1^2 + (\boldsymbol{k}_1 \cdot \boldsymbol{\Omega})^2 \tag{7-12}$$

① 孙景李. 经典电动力学[M]. 北京:高等教育出版社,1987:173.

式(7-12)可以做两种情况的运用,一种是正常折射,则

$$\boldsymbol{k}_2 \cdot \boldsymbol{\Omega} = \sqrt{n_2^2 - n_1^2 + (\boldsymbol{k}_1 \cdot \boldsymbol{\Omega})^2}$$

于是

$$\lambda = \sqrt{n_2^2 - n_1^2 + (\boldsymbol{k}_1 \cdot \boldsymbol{\Omega})^2} - \boldsymbol{k}_1 \cdot \boldsymbol{\Omega} \tag{7-13}$$

另一种是反射,此时令 $n_2 = -n_1$,$i_2 = -i_1$,则

$$\boldsymbol{k}_2 \cdot \boldsymbol{\Omega} = -\boldsymbol{k}_1 \cdot \boldsymbol{\Omega}$$

于是

$$\lambda = -2\boldsymbol{k}_1 \cdot \boldsymbol{\Omega} \tag{7-14}$$

式(7-10)与式(7-13)或者式(7-14)相结合,可以根据入射光线的方向和法线方向计算出折射线或者反射线的方向,是进行光线追迹的基本方程[①]。

7.2.2 球面凸透镜

为了更好地理解上一节所导出的光线追迹方程的作用,下面研究光线经过凸透镜的行为。如图 7-5 所示,凸透镜由 2 个对称球面组成。我们应用式(7-10)和式(7-13),通过编程画出每条光线的走向,观察光束汇聚的情况,以此阐明若干概念。

解题思路是这样的:

光线从点 p_1 发出,在点 p_2 和 p_3 上发生了两次折射,出射线经过点 p_4。指定 p_1 点的坐标及其入射线方向矢量,写出 $p_1 p_2$ 的方程,求出 $p_1 p_2$ 与第一球面的交点 p_2,计算在该点的折射方向;写出折线 $p_2 p_3$ 的方程并求出与第二球面的交点 p_3,计算在该点的折射方向;写出 $p_3 p_4$ 的方程,并求出指定 x 值的 p_4 的坐标。有了这 4 个点的坐标,用直线将它们连起来,就是一条光线的轨迹。本例的讨论限于**子午面内**的光线,即光线始终在经过光轴的某平面内传播。

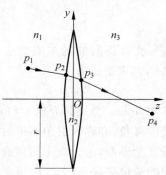

图 7-5 对称球面凸透镜

下面按照以上确定的原理和步骤来计算若干简单情况下的光路,读者可以由此加深对既有的几何光学知识和光学元件性能的认识,也可以学习光线追迹的编程方法。

首先写出组成透镜的左右两个球面的方程。设透镜的厚度为 $2a$,半径为 r,球面半径为 R。在子午面内,满足性质(7-8)的方程分别是

$$f_1(x, y) = R^2 - [y^2 + (x - R + a)^2] = 0$$

和

$$f_2(x, y) = [y^2 + (x + R - a)^2] - R^2 = 0.$$

由此可以计算出透镜的半径 $r = \sqrt{a(2R - a)}$。

其次,还要解决求曲面 f 的法线单位矢量 $\boldsymbol{\Omega}$ 的问题,这个有现成的公式,即

$$\boldsymbol{\Omega} = \frac{\nabla f}{|\nabla f|} \tag{7-15}$$

在 Mathematica 中,求函数梯度是用函数 **D[]** 来完成的,其格式是 **D**[f, {{x, y, z}}]。

所有的条件都具备了，编程计算吧。

1. 平行光束正入射

入射光平行于透镜的光轴，光线相对于 x 轴的倾角为 $\theta = 0°$。正入射光束可分为**细光束**和**粗光束**两种情况来讨论。光束的粗细是相对于凸透镜的半径 r 来说的。先讨论平行于光轴的细光束入射，光束 y 方向宽度为 $-0.1r \sim 0.1r$。程序如下。

```
In[1]:= R = 100.0; a = 5.0; r = √(a (2 R - a)) ;
        n1 = n3 = 1; n2 = 1.52;
        light = {}; θ = 0 °;
        Do[
         p1 = {-0.5 R, y0}; k = n1 {Cos[θ], -Sin[θ]};
         s = FindRoot[{k[[1]] (y - p1[[2]]) == k[[2]] (x - p1[[1]]),
             R^2 - (y^2 + (x - R + a)^2) == 0}, {{x, -a}, {y, y0}}];
         p2 = {x, y} /. s;

         f = R^2 - (y^2 + (x - R + a)^2) ;
         Ω = D[f, {{x, y}}] /. Thread[{x, y} → p2];
         Ω = Ω / Norm[Ω]; G1 = k.Ω; G2 = √(n2^2 - n1^2 + G1^2) ;
         k = k + (G2 - G1) Ω;
         s = FindRoot[{k[[1]] (y - p2[[2]]) == k[[2]] (x - p2[[1]]),
             y^2 + (x + R - a)^2 - R^2 == 0}, {{x, a}, {y, y0}}];
         p3 = {x, y} /. s;

         f = y^2 + (x + R - a)^2 - R^2;
         Ω = D[f, {{x, y}}] /. Thread[{x, y} → p3];
         Ω = Ω / Norm[Ω]; G1 = k.Ω; G2 = √(n3^2 - n2^2 + G1^2) ;
         k = k + (G2 - G1) Ω;

         p4 = {x, k[[2]]/k[[1]] (x - p3[[1]]) + p3[[2]]} /. x → 2 R;
         AppendTo[light, Graphics[Line[{p1, p2, p3, p4}]]],
         {y0, -0.1 r, 0.1 r, 0.05 r}]

        α = ArcSin[r / R];
        Show[light,
         Epilog → {Thick, Circle[{R - a, 0}, R, {π - α, π + α}],
            Circle[{-R + a, 0}, R, {-α, α}]},
         PlotRange -> {{-0.5 R, 1.5 R}, {-r, r}},
         AxesLabel -> {"x", "y"}]

        Clear["Global`*"]
```

Out[6]=

程序给出了唯一的结果 Out[6]，上面画出了透镜的轮廓和 5 条光线，它们似乎汇聚于透镜右边光轴上一点，这个结果符合读者在学习几何光学时所建立的关于透镜聚光的印象，看来大致是对的。

对于编程，介绍几点。

（1）求解直线与球面的交点时，使用的函数是 **FindRoot[]**，没有使用 **NSolve[]**，这样可以在结果处理上得到简化。使用 **FindRoot[]** 求解，需要指定方程中未知变量的近似值，要充分利用可能的信息以接近交点，在不便于估计的情况下，就使用曲面与光轴的交点坐标作为近似值。

（2）程序中出现了两个变量 G_1 和 G_2，一是为计算简化，二是为了公式好看。

（3）**Do[]** 循环变量 y_0 是规定点 p_1 的纵坐标，它的范围反映了光束的宽度。

（4）为了画出透镜的轮廓，计算了透镜一面的圆弧相对于球面中心的半角 α，用图形元素 **Circle[]** 来画圆弧。在函数 **Show[]** 里没有使用参数 Axes，坐标轴并没有显示。

下面的图是把以上程序的参数修改一下画出的**粗光束入射**的情形，入射光束的宽度是 $-0.8r \sim 0.8r$，每条光线的间隔是 $0.1r$。光线折射所画出的美丽射线令人愉悦。不过，如果仔细观察，经过透镜的光线似乎并没有汇聚到同一个点上，在"**细腰**"部分形成的是一个光斑。事实上，若把"细腰"部分放大，即如该图右上角所示。

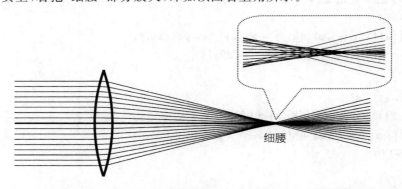

该图告诉我们：距离光轴不同高度的入射光线，经过透镜后一定不相交于同一个点，离轴越远的入射线，折射以后与光轴的交点离透镜越近，可见，透镜没有严格"**焦点**"的概念。这种现象就是像差理论中的"**球差**"。

2. 平行光束斜入射

以上程序只要修改两处就可以画出平行斜入射的光束经过凸透镜时的传播情景，这两处修改是：

（1）将 θ 改为某个角度，例如 $5.0°$；

（2）将 **Do[]** 循环的范围改一下，例如改为 $\{y_0, -0.1r, 0.9r, 0.1r\}$。

其他地方不变，结果见下图。

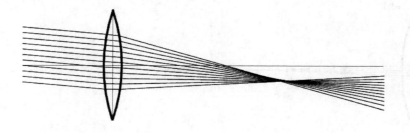

光路依然画得很漂亮,同时注意观察,依然出现"细腰"现象,表明粗光束斜入射也有像差。

3. 轴上点光源发出的光

要画这样的光路也容易,就是对平行正入射光的程序做两点修改:

(1) 将光源 p_1 放在点 $\{-3R,0\}$,同时修改 FindRoot[] 中求解变量的初值;

(2) 删除第三行对 θ 的赋值语句,将循环变量改为 θ,循环范围根据需要设定。例如将循环改为 $\{\theta,-3°,3°,0.5°\}$,则得到如下光路图:

上图表明,大致上,轴上点光源经过透镜之后还是成像在轴上,只是不再是像点,而是一个小的光斑,仔细分辨,像差的主要来源是大角度入射光线造成的,这是普遍现象。

4. 轴外点光源发出的光

修改轴上点光源成像的程序,将光源 p_1 放在点 $\{-3R,r\}$,将循环改为 $\{\theta,3°,10°,0.5°\}$,则得到如下光路图:

5. 求凸透镜的近轴焦点

本节所发展的计算光路的方法,不仅可以画出光路,供我们定性分析,而且可以做定量计算,例如用来求透镜的**近轴焦点**。方法是:用一束平行光正入射透镜,每条光线都要折射后与光轴相交,通过连续计算不同的离轴入射线的折射线与光轴的交点,观察交点的分布,就可以**外推**透镜的近轴焦点,即离轴距离为 0 的入射光线的折射线与光轴的交点。以下是示例程序。

```
In[8]:= R = 100.0; a = 5.0; r = √(a (2 R - a)) ;
        n1 = n3 = 1; n2 = 1.52;
        data = {}; θ = 0 °;
        Do[
         p1 = {-0.5 R, y0}; k = n1 {Cos[θ], -Sin[θ]};
         s = FindRoot[{k[[1]] (y - p1[[2]]) == k[[2]] (x - p1[[1]]),
             R² - (y² + (x - R + a)²) == 0}, {{x, -a}, {y, y0}}];
         p2 = {x, y} /. s;

         f = R² - (y² + (x - R + a)²);
         Ω = D[f, {{x, y}}] /. Thread[{x, y} → p2];

         Ω = Ω / Norm[Ω]; G1 = k.Ω; G2 = √(n2² - n1² + G1²) ;
         k = k + (G2 - G1) Ω;
         s = FindRoot[{k[[1]] (y - p2[[2]]) == k[[2]] (x - p2[[1]]),
             y² + (x + R - a)² - R² == 0}, {{x, a}, {y, y0}}];
         p3 = {x, y} /. s;
```

```
f = y^2 + (x + R - a)^2 - R^2;
Ω = D[f, {{x, y}}] /. Thread[{x, y} → p3];

Ω = Ω / Norm[Ω]; G1 = k.Ω; G2 = √(n3^2 - n2^2 + G1^2);
k = k + (G2 - G1) Ω;

p4 = { k[[1]]/k[[2]] (y - p3[[2]]) + p3[[1]], y} /. y → 0;
AppendTo[data, {y0, p4[[1]]}],
{y0, -0.3 r, 0.3 r, 0.04 r}]
ListLinePlot[data, Mesh → Full, AxesLabel -> {"y0", "f"}]
f = Interpolation[data];
Print["f= ", f[0]]
Clear["Global`*"]
```

Out[12]=

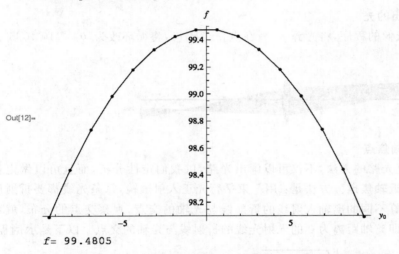

f= 99.4805

本例的计算程序也是在平行正入射光束程序的基础上修改得到的,除了修改循环变量,还有如下修改:

(1) 通过令 $y_4 = 0$ 得到折射光线与光轴的交点 x_4,并把入射光线的离轴距离 y_0 和交点 x_4 一同保存在 data 中,二者的关系见 Out[12],是关于 0 点对称的曲线,与纵轴交点的值就是近轴焦距;

(2) 对 data 中的数据进行插值,取插值函数对应 0 点的值,得到焦距 $f = 99.5$,这是相对于坐标原点(即透镜中心)的值。

需要指出的是,近轴光学也发展了计算"**厚透镜**"焦距的一套公式,我们不妨用它们来计算本例的焦距,以资对照。

根据近轴光学[①],厚透镜的"**形式焦距**"f 的倒数为

$$\frac{1}{f} = (n-1)\left[\frac{1}{r_1} - \frac{1}{r_2} + \frac{\delta(n-1)}{nr_1r_2}\right]$$

其中,$n = n_2$,$n_1 = n_3 = 1$,δ 是透镜厚度,r_1、r_2 分别是两个球面的曲率半径($r_1 > 0$,$r_2 < 0$)。由此可以计算出焦点到透镜右极点的距离

---

① 姚启钧.光学教程[M].北京:高等教育出版社,2002:199.

$$s' = \left(1 - \frac{\delta(n-1)}{nr_1}\right)f$$

还可以进一步换算出焦点到坐标原点的距离,在本例的情况下,$\delta = 2a$,焦点到坐标原点的计算公式为

$$s'' = s' + \delta/2$$

编程计算该焦距。

```
In[16]:= r1 = 100.0; r2 = -r1; a = 5.0; δ = 2 a; n = 1.52;
         f = 1 / ((n - 1) (1 / r1 - 1 / r2 + δ (n - 1) / (n r1 r2)));
         Print["s2= ", (1 - δ (n - 1) / (n r1)) f + δ / 2]
         Clear["Global`*"]

         s2= 99.4805
```

可见,根据焦距公式计算的结果与本例的外推结果一致。但是,记忆一套带有符号规定的公式太费劲,不直观,而且还要区分透镜的"厚"与"薄",因为二者的焦距公式不一样,不如本例外推方法直观,思路简单。

6. 求物点经过凸透镜之后的像距

该类问题也是几何光学中常见的问题,教科书上有常规的解法,自然是套用近轴光学的物像公式,学生们要记住很多公式和复杂的符号规定,否则稍不留意就会弄错。采用本节所发展的计算方法,则不需要这么繁琐,只要看懂程序并适当修改有关参数,就能自动给出结果,而且更直观,信息量更大。

下面所举的例子是姚启钧先生所著的《光学教程》上的例子[①],请读者认真研读姚先生对这个例子的求解过程,然后与我们下面的解法进行对照,体会各自的特点。

例题:组成厚透镜的两个球面的曲率半径分别是 4cm 和 6cm,透镜的厚度为 2cm,折射率为 1.5。一物点放在曲率半径为 4cm 的球面前 8cm 处,求像点的位置。

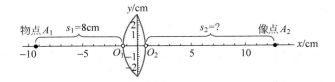

图 7-6　例题示意图

解析:上图是用 Mathematica 根据真实尺寸按比例画出的本问题的示意图,A_1 是光轴上的物点,A_2 是其像点,O_1 和 O_2 分别是曲率半径为 $r_1 = 4\text{cm}$ 和 $r_2 = 6\text{cm}$ 的球面与光轴的交点,$A_1O_1 = s_1 = 8\text{cm}$,$O_1$ 到坐标原点的距离设为 a_1,O_2 到坐标原点的距离设为 a_2,透镜的厚度设为 δ,则

$$\delta = a_1 + a_2 = 2\text{cm}$$

先求出 a_1、a_2 以及透镜的半径 r。两球面方程:

$$\begin{cases} y^2 + (x - r_1 + a_1)^2 = r_1^2 \\ y^2 + (x + r_2 - a_2)^2 = r_2^2 \end{cases}$$

在透镜的边缘,$x = 0$,代入以上方程组,得到

---

① 姚启钧. 光学教程[M]. 北京:高等教育出版社,2002:199.

$$2r_1a_1 - 2r_2a_2 + \delta(a_2 - a_1) = 0$$

联立前面的式子,解出

$$a_1 = \frac{(2r_2 - \delta)\delta}{2(r_1 + r_2 - \delta)}, \quad a_2 = \frac{(2r_1 - \delta)\delta}{2(r_1 + r_2 - \delta)}$$

$$r = y\,|_{x=0} = \sqrt{a_1(2r_1 - a_1)} = \sqrt{a_2(2r_2 - a_2)}$$

　　程序设计思想是这样的:题目本意所要求解像的位置,是按照近轴光学的成像要求来求解的,即入射孔径角趋于 0。程序当然不能用 0° 入射光线进行计算,否则,就不好求折射光线与光轴的交点了,只能用很接近于 0° 孔径角的入射光线进行计算。现在,物点 A_1 位置是确定了,我们沿着 y 轴依次取一些点,这些点离开光轴不远,从这些点到物点 A_1 引直线,作为入射光线,通过计算,求得这些入射光线的折射光线与 x 轴的交点,观察这些交点的变化趋势,通过拟合,外推到无限接近于光轴的入射光线与 x 轴的交点,它就是题目所要求的像点位置了。

　　顺便指出,按照本节所发展的光路计算方法所求解的结果进行外推,总能得到近轴几何光学的结果。

　　程序和结果如下。

```mathematica
In[20]:= r1 = 4.0; r2 = 6.0; δ = 2; s1 = 8;
a1 = (2 r2 - δ) δ / (2 (r1 + r2 - δ)); a2 = (2 r1 - δ) δ / (2 (r1 + r2 - δ));
r = √(a1 (2 r1 - a1)); x0 = a1 + s1;
n1 = n3 = 1; n2 = 1.5; data = {};
Do[
 θ = ArcTan[y0 / x0]; k = n1 {Cos[θ], Sin[θ]};
 p1 = {-x0, 0};
 equ = {k[[1]] (y - p1[[2]]) == k[[2]] (x - p1[[1]]),
    y^2 + (x - r1 + a1)^2 == r1^2};
 s = FindRoot[equ, {{x, -a1}, {y, 0}}];
 p2 = {x, y} /. s;

 f = r1^2 - (y^2 + (x - r1 + a1)^2);
 Ω = D[f, {{x, y}}] /. Thread[{x, y} → p2];

 Ω = Ω / Norm[Ω]; G1 = k.Ω; G2 = √(n2^2 - n1^2 + G1^2);
 k = k + (G2 - G1) Ω;

 equ = {k[[1]] (y - p2[[2]]) == k[[2]] (x - p2[[1]]),
    y^2 + (x + r2 - a2)^2 == r2^2};
 s = FindRoot[equ, {{x, a2}, {y, 0}}];
 p3 = {x, y} /. s;

 f = (y^2 + (x + r2 - a2)^2) - r2^2;
 Ω = D[f, {{x, y}}] /. Thread[{x, y} → p3];

 Ω = Ω / Norm[Ω]; G1 = k.Ω; G2 = √(n3^2 - n2^2 + G1^2);
 k = k + (G2 - G1) Ω;
 p4 = {k[[1]] / k[[2]] (y - p3[[2]]) + p3[[1]], y} /. y → 0;
 AppendTo[data, {y0, p4[[1]] - a2}],
 {y0, 0.01 r, 0.1 r, 0.01 r}]
```

```
g1 = ListPlot[data];
s = Fit[data, {1, y, y², y³}, y]
g2 = Plot[s, {y, 0, 0.1r}];
Show[{g1, g2}, AxesLabel -> {"y/cm", "s₂/cm"}]
Clear["Global`*"]
```

Out[26]= $12. + 0.000518094\,y - 1.23372\,y^2 + 0.0309613\,y^3$

Out[28]=

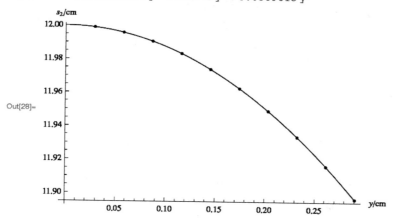

程序中的 p_1 是物点的位置,它是固定的。程序循环变量是沿着 y 轴上取的一些点,它们到 p_1 连线的夹角 θ 作为入射孔径角,这些角度都是很小的。折射光线与 x 轴的交点 x_4 换算成从 O_2 算起的距离 $s_2 = x_4 - a_2$,保存在 data 中。最后用 y 的 3 次函数来拟合 data,根据拟合公式 Out[26],可知外推的像距 $s_2 = 12\text{cm}$,这应该是精确值,姚启钧先生书上的结果做了多步近似,为 11.94cm,二者应该是一致的。Out[28] 是 s_2 随 y 轴上取点的变化趋势图,此图让我们更直观地了解不同孔径角的入射光线像点位置的变化,例如随着孔径角的减小,像点离开透镜越来越远,最后趋向极限位置 12cm。这比用近轴公式单纯地计算"**一个数**"要有意义得多。

最后再说明两点。

(1) 用本节所发展的光路计算方法,不用区分是"厚透镜"还是"薄透镜",计算方法是一样的,而教科书上对此却要严格区分,因为它们的公式系统是不一样的,复杂程度也不一样,这会增加学习困难。

(2) 通过本例和上例的计算,读者应该学会处理几何光学问题的方法,就是设法计算出有关的光路,从光线的精确走向来给出判断,得出定量的结果。所给的程序可作为参考,希望读者认真研读。

7.2.3　三棱镜的偏向角

在光学中,三棱镜是经常涉及的光学元件,起到光折射和色散作用。其中,入射光线与出射光线的**偏向角**问题比较常见,如经常用三棱镜的**最小偏向角**来测量玻璃的折射率等。下面,我们从理论上推出三棱镜的偏向角表达式,研究偏向角与入射线方向的关系,并用光线追迹的方法来再现这一关系,进而讨论折射率测量的问题。

图 7-7 中的三角形表示三棱镜的剖面,一条光线从棱镜左边入射,并从棱镜右边出射。光线在棱镜的左面和右面各发生一次折射,两次折射的偏向角分别是 δ_1 和 δ_2,总的偏向角为 δ,则

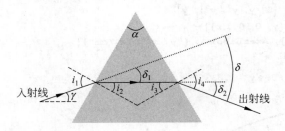

图 7-7　三棱镜偏向角

根据图 7-7,利用几何关系可得

$$i_2 = \arcsin(\sin i_1 / n), \quad \delta_1 = i_1 - i_2, \quad i_3 = \alpha - i_2$$

$$i_4 = \arcsin(n \sin i_3), \quad \delta_2 = i_4 - i_3$$

所以

$$\delta = i_1 - i_2 + i_4 - i_3 = i_1 + \arcsin[n \sin(\alpha - \arcsin(\sin i_1 / n))] - \alpha \tag{7-16}$$

另外,如果 δ 改用入射线与棱镜底面(水平线)的夹角 γ 来表示,则因为

$$i_1 = \gamma + \alpha / 2$$

代入式(7-16)即可。

根据式(7-16)可以用 δ 的导数为 0 证明最小偏向角 δ_m 的存在,此时

$$i_1 = \frac{\alpha + \delta_m}{2}$$

进一步推出

$$n = \frac{\sin i_1}{\sin \frac{\alpha}{2}} = \frac{\sin \frac{\alpha + \delta_m}{2}}{\sin \frac{\alpha}{2}} \tag{7-17}$$

并进而证明

$$i_1 = i_4 \quad 和 \quad i_2 = i_3 = \alpha / 2$$

因此,在最小偏向角时,出射线和入射线关于三棱镜对称,对于一定折射率 n,这个对称位置是唯一的。通常根据式(7-17)用分光计测量折射率。

现在,通过画出 i_1-δ 曲线来考察入射角与三棱镜偏向角之间的关系特点,看看有什么发现。

```
In[1]:= α = 30.0 °; n1 = n3 = 1; n2 = 1.52;
δ = (i + ArcSin[n2 Sin[α - ArcSin[Sin[i] / n2]]] - α);
Plot[δ, {i, 0, π / 2}, AxesLabel -> {"i/rad", "δ/rad"},
  AxesOrigin -> {0, 0.3},
  PlotRange -> {Automatic, {0.25, 0.8}}]
FindMinimum[δ, {i, 0.4}]
Plot[Evaluate[δ /. i → (γ + α / 2)], {γ, 0, π / 2 - α / 2},
  AxesLabel -> {"γ/rad", "δ/rad"}, AxesOrigin -> {0, 0.3},
  PlotRange -> {Automatic, {0.25, 0.8}}, Mesh → Full]
FindMinimum[Evaluate[δ /. i → (γ + α / 2)], {γ, 0.1}]
Clear["Global`*"]
```

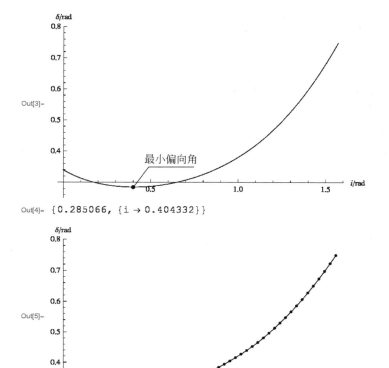

Out[4]= {0.285066, {i → 0.404332}}

Out[6]= {0.285066, {γ → 0.142533}}

　　程序中取棱镜顶角为 30°，折射率为 1.52，Out[3]是偏向角随入射角的变化曲线，该曲线有一个最低点，表明存在最小偏向角，Out[4]给出了最小偏向角及其对应的入射角的数值，单位是 rad。Out[5]和 Out[6]是用入射线的水平角 γ 表示的偏向角曲线及其极值位置。

　　仔细观察 Out[3]，可以发现，在最小偏向角附近，偏向角曲线几乎是平的，表明这里的偏向角对入射角的变动不是太敏感，因此，根据最小偏向角来测量折射率，对棱镜的方位精度要求不是太苛刻，一般学生经过简单练习都可以用此法进行测量。

　　下面改用光线追迹的方法来再现偏向角与入射角的关系，由于模拟了光线行走的全部细节，因此可以研究各种可能的关系，例如可以研究 i_1-i_4 的关系。

```
In[8]:= a = 10.0; b = 5.0; α = 30.0 °; n1 = n3 = 1; n2 = 1.52;
       h = 0.5 a Cot[α / 2]; y0 = h / 10;
       δ = data = {};
       Do[
        p1 = {0, y0};
        k1 = k = n1 {Cos[γ], Sin[γ]};
        s = NSolve[{k[[1]] (y - p1[[2]]) == k[[2]] (x - p1[[1]]),
           -Cot[α / 2] (x - b) + y == 0}, {x, y}];
        p2 = {x, y} /. s[[1]];

        f = Cot[α / 2] (x - b) - y;
        Ω = D[f, {{x, y}}] /. Thread[{x, y} → p2];
```

```
Ω = Ω / Norm[Ω]; G1 = k.Ω; G2 = √(n2² - n1² + G1²) ;
k = k + (G2 - G1) Ω;
i1 = VectorAngle[Ω, k1];

s = NSolve[{k[[1]] (y - p2[[2]]) == k[[2]] (x - p2[[1]]),
   y + Cot[α / 2] (x - a - b) == 0}, {x, y}];
p3 = {x, y} /. s[[1]];

f = y + Cot[α / 2] (x - a - b);
Ω = D[f, {{x, y}}] /. Thread[{x, y} → p3];

Ω = Ω / Norm[Ω]; G1 = k.Ω; G2 = √(n3² - n2² + G1²) ;
k = k + (G2 - G1) Ω;
i4 = VectorAngle[Ω, k];
AppendTo[data, {i1, i4}];

AppendTo[δ, {γ, VectorAngle[k, k1]}],
{γ, 0, 0.99 (π / 2 - α / 2), 1.5°}]

ListLinePlot[δ, AxesLabel -> {"γ/rad", "δ/rad"},
 Mesh → Full, AxesOrigin -> {0, 0.3},
 PlotRange -> {Automatic, {0.25, 0.8}}]
ListLinePlot[data, AxesLabel -> {"i₁/rad", "i₄/rad"},
 Mesh → Full, Epilog → Line[{{0, 0}, {0.6, 0.6}}],
 AspectRatio → Automatic, AxesOrigin -> {0, 0}]
i4 = Interpolation[data];
FindRoot[i4[i] == i, {i, 0.4}]
Clear["Global`*"]
```

Out[12]=

Out[13]=

$i_1 = i_4$

最小偏向角

Out[15]= {i → 0.404332}

Out[12]就是对 Out[5]的准确再现,说明光线追迹方法稳定可靠。Out[13]中由圆点连接起来的部分是计算得到的 i_1-i_4 关系曲线,直线是 $i_1 = i_4$ 的关系曲线,两曲线的交点应该是对应最小偏向角的位置,其横坐标见 Out[15],这与 Out[4]给出的结果是完全一致的,说明当光线处在最小偏向角时入射线与出射线恰好是关于棱镜对称的。不仅如此,从 Out[13]上还能看出更多的信息,最明显的是 i_1-i_4 曲线有一个为 0 的最小值,在该位置,光线垂直于棱镜右边的面入射和出射,而在该位置的两边,出射线分居于法线两侧,即出射线并非总是向右下方偏折,有一部分是向右上方偏折的。

对程序说明如下。

a 是棱镜底面宽度,h 是顶点棱脊的高度,棱镜底面与 x 轴重合,左下方棱脊与原点相距为 b,光线的出发点 p_1 是固定的,光线与 x 轴夹角 γ 在一个范围内变化。每发射一条光线,就由程序进行追迹,计算出在两个折射面的法线方向 $\boldsymbol{\Omega}$ 和折射方向 $\boldsymbol{k}$。在左边折射面,法线 $\boldsymbol{\Omega}$ 与初始光线方向 $\boldsymbol{k}_1$ 的夹角就是入射角 i_1;在右边折射面,法线 $\boldsymbol{\Omega}$ 与出射方向 $\boldsymbol{k}$ 的夹角就是 i_4;而光线总的偏向角是初始光线方向 $\boldsymbol{k}_1$ 与出射方向 $\boldsymbol{k}$ 的夹角。计算两矢量夹角用函数 **VectorAngle[]**。可见,编程思路是很简单的,这套思路之所以能施行,主要是有了光线追迹的一组公式。

7.2.4 模拟白光的色散与色光的合成

白光的色散与色光合成实验是由著名科学家牛顿首次做出来的,他发现了来自太阳的白光原来是不同颜色的光复合而成的,从此开辟了一门新的学科——光谱学。光谱学不仅是研究太阳物理过程与化学组成的学问,也是当代科学技术广泛使用的分析方法。本小节将尝试用光线追迹的方法来模拟白光的色散与色光的合成实验,从理论上研究该实验的若干细节,指导做好该实验。

图 7-8 是白光色散与合成实验的横剖面,扩展的白光光源所发出的光,经过一个狭缝后变成一窄束,经平面镜反射以后投射到两个三棱镜 A 和 B 上,A 对白光进行色散,色散后的各色光又被 B 进行复合,重新变成白光,投射到左边的幕布上。

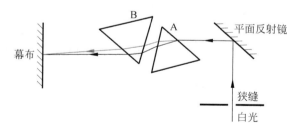

图 7-8 白光的色散与复合实验系统示意图

三棱镜对白光色散的基本原因是:不同颜色(不同频率)的光,其折射率不同,一般情况下,同一种材料,折射率随着频率的增大而增大,二者是复杂的关系。设三棱镜 A 和 B 以同样的玻璃材料 ZF6 制造,其折射率数据与颜色的关系见下表。

波长/Å	4046.6	4339.2	4916.0	5460.7	5893.0	6562.8
颜色	紫色	蓝色	青色	绿色	黄色	红色
折射率	1.806	1.793	1.774	1.762	1.756	1.753

针对该实验系统,我们要问的问题是:

(1) 不同颜色的光真的能重新复合在一起吗?

(2) 如何根据两块三棱镜的相对位置调整接收幕布的位置?

第一个问题的含义是:如果红光与蓝光重合在幕布的一条线上或者一个光带上,能保证绿光等其他颜色的光也同时出现在这条线上或者这条光带上吗?

第二个问题的含义是:两块三棱镜的位置是可以自由移动的,这对于色光的复合位置有影响吗? 如果复合位置太远,这个实验做起来就需要很大的场地,会出现这样的情况吗?

这些基本问题,在没有做实验或者没有进行计算之前,是很难回答的。下面就具体分析其中的一些关系,为编程计算做好准备。

图 7-9 是实验的原理图,两个带颜色的三角形代表两块相同的三棱镜,底边互相平行地放置,这是基本位型。三棱镜以及周围的空气的折射率用 $n_1 \sim n_5$ 表示;三棱镜的四个面分别用 $L_1 \sim L_4$ 表示;$p_1 \sim p_6$ 表示一条光路上的点,p_1 是起始点,高度为 h_2。三棱镜 A 的底边在 x 轴上,高为 h_1;三棱镜 B 的顶点离开 x 轴的距离是 h_3;两块三棱镜顶点之间的水平距离为 d。棱镜的顶角都是 α。

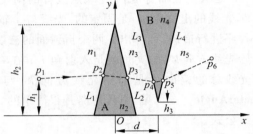

图 7-9 双棱镜对白光的色散与色光
复合实验原理图

应用光线追踪方法需要列出两块三棱镜非水平方向四个面 $L_1 \sim L_4$ 的界面方程,它们要满足界面方程在界面两边的符号要求式(7-8),如下所列。

$$L_1 : \cot \frac{\alpha}{2} \cdot x - y + h_2 = 0$$

$$L_2 : \cot \frac{\alpha}{2} \cdot x + y - h_2 = 0$$

$$L_3 : \cot \frac{\alpha}{2} \cdot (x - d) + y - h_3 = 0$$

$$L_4 : \cot \frac{\alpha}{2} \cdot (x - d) - y + h_3 = 0$$

下面分几个方面,通过计算来探讨三棱镜色散与复合的问题,希望能给出对该实验有益的指导。

1. 单个三棱镜的色散

分为以下两个问题来探讨。

1) 一条白光的色散

假设很细的一束白光照射到一个三棱镜上,把这束光看成一条光线,考察它的色散情况。设白光在棱镜的子午面内。与以前相比,程序只需要处理好两个问题:一是对不同颜色的光,用不同的折射率计算;二是用不同颜色的线画光路。当两条不同颜色的光线相交时,因为交点是一个几何点,交点的混合颜色不突出,不便单独处理颜色,就用光线的原来颜色画直线。这样一来,色光交叠区的颜色就由最后画上去的光线的颜色所决定,这看上去与真实的色散实验效果还是有差别的。先写一个基础程序。

```
In[1]:= data = {{4046.6, 1.806}, {4339.2, 1.793}, {4916.0, 1.774},
        {5460.7, 1.762}, {5893.0, 1.756}, {6562.8, 1.753}};
     n = dataᵀ[[2]];
     c = {Purple, Blue, Cyan, Green, Yellow, Red};
     n1 = n3 = 1.0; h1 = 2; h2 = 10; α = 30.0°;
     γ = 15.0°; x1 = -10; x2 = 20; optics = {};
     Do[
      n2 = n[[i]];
      k = n1 {Cos[γ], Sin[γ]}; p1 = {x1, h1};
      equ = {k[[1]] (y - p1[[2]]) == k[[2]] (x - p1[[1]]),
        Cot[α / 2] x - y + h2 == 0};
      s = NSolve[equ, {x, y}];
      p2 = {x, y} /. s[[1]];

      f = Cot[α / 2] x - y + h2;
      Ω = D[f, {{x, y}}] /. Thread[{x, y} → p2];
      Ω = Ω / Norm[Ω]; G1 = k.Ω; G2 = √(n2² - n1² + G1²) ;
      k = k + (G2 - G1) Ω;

      equ = {k[[1]] (y - p2[[2]]) == k[[2]] (x - p2[[1]]),
        y + Cot[α / 2] x - h2 == 0};
      s = NSolve[equ, {x, y}];
      p3 = {x, y} /. s[[1]];

      f = y + Cot[α / 2] x - h2;
      Ω = D[f, {{x, y}}] /. Thread[{x, y} → p3];
      Ω = Ω / Norm[Ω]; G1 = k.Ω; G2 = √(n3² - n2² + G1²) ;
      k = k + (G2 - G1) Ω;

      p4 = {x, k[[2]]/k[[1]] (x - p3[[1]]) + p3[[2]]} /. {x → x2};
      line = {p1, p2, p3, p4};
      AppendTo[optics, Graphics[{c[[i]], Line[line]}]],
      {i, Length[n]}]

     line = {{0, h2}, {-h2 Tan[α / 2], 0},
        {h2 Tan[α / 2], 0}, {0, h2}};
     Show[optics, Graphics[{Thick, Line[line]}], Axes → True]
     Clear["Global`*"]
```

Out[8]是顶角为 30°的 ZF6 玻璃三棱镜子午面内一条水平倾角 γ 为 15°的白光的准确色散图像，它在今天看来是如此简单地就画出来了，对于教学、对于色散能力的分析，都是有帮助的,而在过去、在很多人那里,要画这个图,是多么费劲啊!只好画个示意图,把红色光线画在上面、紫色光线画在下面,表示色散的角度与折射率的大致关系。相信从今以后,读者再画色散图像的时候,就轻松和自信多了。

　　有了这个基础程序,稍作改动,就可以研究不同的问题,例如研究何种入射角的色散能力最大。为此,先取三棱镜 L_1 面的中间点 p_2 为入射点,以入射白光与水平线的夹角 γ 为循环变量,计算每个入射方向情况下折射率相差最大的两种光线经过棱镜后的夹角 δ, δ 代表棱镜的色散能力,作 $\gamma\text{-}\delta$ 图,观察二者的关系。光线起始点 p_1 的横坐标是 x_1, p_1、p_2 两点的坐标可以写出:

$$p_2 = \left\{-\frac{h_2}{2}\tan\frac{\alpha}{2}, \frac{h_2}{2}\right\}, \quad p_1 = \{x_1, \tan\gamma(x_1 - p_2[[1]]) + p_2[[2]]\}$$

计算程序如下。

```mathematica
In[10]:= data = {{4046.6, 1.806}, {4339.2, 1.793}, {4916.0, 1.774},
        {5460.7, 1.762}, {5893.0, 1.756}, {6562.8, 1.753}};
n = dataᵀ[[2]];
c = {Purple, Blue, Cyan, Green, Yellow, Red};
n1 = n3 = 1.0; h2 = 10; α = 60.0°;
x1 = -10; x2 = 20; angle = {};
Do[
 p2 = {-Tan[α / 2], 1} h2 / 2;
 p1 = {x1, Tan[γ] (x1 - p2[[1]]) + p2[[2]]};
 K = {};
 Do[
  k = n1 {Cos[γ], Sin[γ]};

  f = Cot[α / 2] x - y + h2;
  Ω = D[f, {{x, y}}] /. Thread[{x, y} → p2];
  Ω = Ω / Norm[Ω]; G1 = k.Ω; G2 = √(n2² - n1² + G1²);
  k = k + (G2 - G1) Ω;

  equ = {k[[1]] (y - p2[[2]]) == k[[2]] (x - p2[[1]]),
    y + Cot[α / 2] x - h2 == 0};
  s = NSolve[equ, {x, y}];
  p3 = {x, y} /. s[[1]];

  f = y + Cot[α / 2] x - h2;
  Ω = D[f, {{x, y}}] /. Thread[{x, y} → p3];
  Ω = Ω / Norm[Ω]; G1 = k.Ω; G2 = √(n3² - n2² + G1²);
  k = k + (G2 - G1) Ω;
  AppendTo[K, k],
  {n2, {n[[1]], n[[-1]]}}];

 AppendTo[angle, {γ, VectorAngle[K[[1]], K[[2]]]}],
 {γ, 20.0°, 60.0°, 2.0°}]
```

```
ListLinePlot[angle,
 AxesLabel -> {"γ/rad", "δ/rad"}, Mesh → Full]
Clear["Global`*"]
```

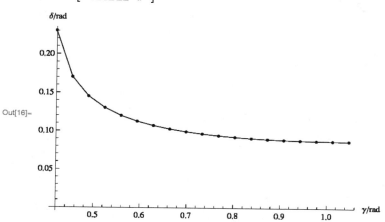

Out[16]=

由 Out[16]可见,三棱镜的色散能力是随着入射光线的角度而变化的,差距有一倍之多,在需要考虑色散能力的时候,就要考虑入射角度。

另外,读者可以改变棱镜的顶角 α,研究色散能力与 α 的关系。

2) 一束白光的色散

现在把一条入射的白光改成有一定宽度的白光束,设想它由若干条白色平行光线组成。考察白光束的色散,有两种方案,一种是计算每条白光的色散,然后将各条光线色散的图依次叠加;另一种是把白光束看成是多种单色光束依次叠加形成的,分别计算单色光束的折射,然后将折射图叠加起来。请读者参考本节程序,画出两种情况下的色散图,此处不再赘述。

2. 两个三棱镜的色散

如果是两个三棱镜的色散实验,就需要考虑光线经过的所有四个折射面 $L_1 \sim L_4$。我们先考察一条白光入射,经过两个三棱镜色散之后,考察不同颜色的光线相交的情况,如果它们都相交于一个点,则说明能合成白光,否则就不能严格合成白光。

先看两个棱镜底面平行的情况。程序如下。

```
In[18]:= data = {{4046.6, 1.806}, {4339.2, 1.793}, {4916.0, 1.774},
    {5460.7, 1.762}, {5893.0, 1.756}, {6562.8, 1.753}};
n = dataᵀ[[2]]; c = {Purple, Blue, Cyan, Green, Yellow, Red};
n1 = n3 = n5 = 1.0; h2 = 10; h1 = 0; h3 = -4; d = 10;
γ = 30.0 °; α = 60.0 °; optics = {}; x1 = -10; x2 = 30;
Do[
 n2 = n4 = n[[i]];
 k = n1 {Cos[γ], Sin[γ]}; p1 = {x1, h1};

 equ = {k[[1]] (y - p1[[2]]) == k[[2]] (x - p1[[1]]),
    Cot[α / 2] x - y + h2 == 0};
 s = NSolve[equ, {x, y}];
 p2 = {x, y} /. s[[1]];
 f = Cot[α / 2] x - y + h2;
 Ω = D[f, {{x, y}}] /. Thread[{x, y} → p2];

 Ω = Ω / Norm[Ω]; G1 = k.Ω; G2 = √(n2² - n1² + G1²);
```

```mathematica
k = k + (G2 - G1) Ω;

equ = {k[[1]] (y - p2[[2]]) == k[[2]] (x - p2[[1]]),
   y + Cot[α / 2] x - h2 == 0};
s = NSolve[equ, {x, y}];
p3 = {x, y} /. s[[1]];
f = y + Cot[α / 2] x - h2;
Ω = D[f, {{x, y}}] /. Thread[{x, y} → p3];

Ω = Ω / Norm[Ω]; G1 = k.Ω; G2 = √(n3^2 - n2^2 + G1^2) ;
k = k + (G2 - G1) Ω;

 equ = {k[[1]] (y - p3[[2]]) == k[[2]] (x - p3[[1]]),
    y + Cot[α / 2] (x - d) - h3 == 0};
 s = NSolve[equ, {x, y}];
 p4 = {x, y} /. s[[1]];
 f = y + Cot[α / 2] (x - d) - h3;
 Ω = D[f, {{x, y}}] /. Thread[{x, y} → p4];

 Ω = Ω / Norm[Ω]; G1 = k.Ω; G2 = √(n4^2 - n3^2 + G1^2) ;
 k = k + (G2 - G1) Ω;

 equ = {k[[1]] (y - p4[[2]]) == k[[2]] (x - p4[[1]]),
   Cot[α / 2] (x - d) - y + h3 == 0};
 s = NSolve[equ, {x, y}];
 p5 = {x, y} /. s[[1]];
 f = Cot[α / 2] (x - d) - y + h3;
 Ω = D[f, {{x, y}}] /. Thread[{x, y} → p5];

 Ω = Ω / Norm[Ω]; G1 = k.Ω; G2 = √(n5^2 - n4^2 + G1^2) ;
 k = k + (G2 - G1) Ω;

 p6 = {x, k[[2]]/k[[1]] (x - p5[[1]]) + p5[[2]]} /. x → x2;
 line1 = {p1, p2, p3, p4, p5, p6};
 AppendTo[optics, Graphics[{c[[i]], Line[line1]}]],
 {i, Length[n]}]

line2 = {{0, h2}, {-h2 Tan[α / 2], 0},
   {h2 Tan[α / 2], 0}, {0, h2}};
line3 = {{d, h3}, {h2 Tan[α / 2] + d, h2 + h3},
   {-h2 Tan[α / 2] + d, h2 + h3}, {d, h3}};
Show[optics, Graphics[{Thick, Line /@ {line2, line3}}],
 AspectRatio → Automatic]
Clear["Global`*"]
```

Out[27]=

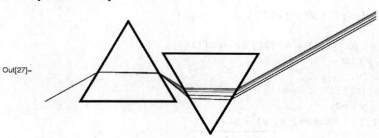

Out[27]是对各条色光的追迹结果,它显示:一束白光经过两个底面平行的棱镜之后,各个不同颜色的光被色散,但是,这些色光的出射方向互相平行,不能汇聚到一点,因此,这样的两块棱镜是不能实现色光复合的。

现在,将右边的棱镜顺时针转一个角度 β,对白光追迹,结果如下图所示,色光发散,也不能合成白光。

再将右边的棱镜逆时针转一个角度 β,再对白光追迹,结果如下图所示,色光汇聚,能合成白光。按照此图操作,接收屏幕应放在距离原点大约 70 的地方即可观察到白光。

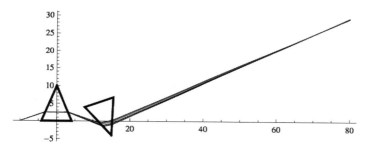

7.2.5 消色差透镜

像差是实际成像系统所成的像与理想的近轴光学系统所成像的差别。

可以从各种角度来评价像差,因而像差也有了不同的分类,例如球差、彗差、像散、场曲、畸变、色差,等等[①]。

像差是光学成像系统需要认真对待的问题,也是很令人头疼的问题,因为处理起来很烦琐,尤其是用传统的折射定律来处理,计算像差更是一件苦差事。像差的讨论对于光学透镜设计非常重要,属于专门的领域,作为入门,我们选择像差的一种形式——**色差**,做简单的讨论,看看如何设计"消色差透镜",这个东西有实际意义。

所谓色差,就是物点发出的不同颜色的光所成像点并不重合,而是在接收平面上形成一个彩色光斑的现象。

研究表明,单个透镜的色差是很难消除的,而**凹凸组合透镜**则可以在一定程度上减小色差,制造所谓"消色差透镜"。消色差透镜中的凹凸透镜一般是用不同的光学玻璃材料制造,经凸透镜引起的色差,又被凹透镜复合,从而起到减小色差的作用。

为了能灵活地画出各种透镜,也为了方便编制仿真消色差透镜的程序,下面首先研究凹凸透镜的画法。研究的透镜,都采用**抛物型表面**,极点在 x 轴上。

---

① 李晓彤. 几何光学·像差·光学设计[M].北京:高等教育出版社,2003.

图 7-10 是由两个抛物面围成的凸透镜的子午剖面,上面标出了剖面的方程和有关的几何参数。在给定的参数下,透镜的半径 r 如何计算呢? 这关系到编程计算的参数范围。下面求透镜半径。

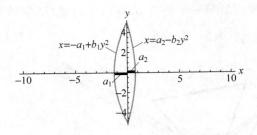

$x=-a_1+b_1y^2$ $x=a_2-b_2y^2$

图 7-10   凸透镜子午剖面及其方程

编程计算两剖面的交点。

In[1]:= **Solve** $\left[\{x == -a1 + b1\,y^2,\ x == a2 - b2\,y^2\},\ \{x,\ y\}\right]$

Out[1]= $\left\{\left\{x \to \dfrac{a2\,b1 - a1\,b2}{b1 + b2},\ y \to -\dfrac{\sqrt{a1 + a2}}{\sqrt{b1 + b2}}\right\},\ \left\{x \to \dfrac{a2\,b1 - a1\,b2}{b1 + b2},\ y \to \dfrac{\sqrt{a1 + a2}}{\sqrt{b1 + b2}}\right\}\right\}$

令 $x=0$ 和 $|y|=r$,则有

$$\begin{cases} a_2 b_1 - a_1 b_2 = 0 \\ \dfrac{\sqrt{a_1 + a_2}}{\sqrt{b_1 + b_2}} = r \end{cases}$$

解出

$$a_2/b_2 = a_1/b_1 = r^2$$

由此,我们提出构造凸透镜的方案:

给出透镜的半径 r,求出 $k=r^2$;

给出透镜的厚度 d,求出 $b_2 + b_1 = d/k$;

给出自由参数 $b_1 = \eta$,求出 $b_2 = d/k - \eta$;

进而求得 $\{a_2, a_1\} = k\{b_2, b_1\}$。

根据此方案,图 7-10 就是用如下程序画出来的:

```
r = 5.0; k = r²; d = 2.0; η = 0.05;
{b2, b1} = {d / k - η, η};
{a2, a1} = k {b2, b1};
ContourPlot [{x == -a1 + b1 y², x == a2 - b2 y²},
  {x, -2 r, 2 r}, {y, -r, r}, Frame → False, Axes → True,
  AxesLabel -> {"x", "y"}, AspectRatio → Automatic,
  ContourStyle → Thick]
Clear["Global`*"]
```

同样,可以画凹透镜的图,见图 7-11,上面标出了组成凹透镜的抛物面方程和有关参数,其中 δ 是透镜的外边缘到纵坐标的距离,也是后面编程的时候距离凸透镜边缘的距离;d_1、d_2 分别是凹透镜中心和边缘的厚度。

根据图 7-11 的方程和参数,我们提出构造凹透镜的方案如下:

给出凹透镜半径 r,求出 $k=r^2$;

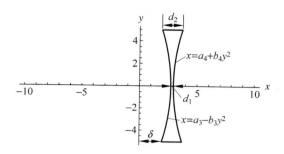

图 7-11 凹透镜子午剖面及其方程

给出凹透镜中心和边缘厚度 d_1 和 d_2，求出 $b_3 + b_4 = (d_2 - d_1)/k$；
给出凹透镜外边缘的位置 δ 和自由参数 $b_3 = \eta$，求出所有的参数：
$\{a_3, b_3\} = \{\delta + \eta k, \eta\}$，$\{a_4, b_4\} = \{d_1 + \delta + \eta k, (d_2 - d_1)/k - \eta\}$。
运行以下程序，就画出了如图 7-11 所示的凹透镜。

```
r = 5; k = r²; η = 0.03; d1 = 0.25; d2 = 1.5; δ = 2;
{a3, b3} = {δ + η k, η}; {a4, b4} = {d1 + δ + η k, (d2 - d1) / k - η};
g1 = ContourPlot[{x == a3 - b3 y², x == a4 + b4 y²},
    {x, -2 r, 2 r}, {y, -r, r}, Frame → False, Axes → True,
    AspectRatio → Automatic, ContourStyle → Thick];
g2 = Plot[{r, -r}, {x, δ, δ + d2}, PlotStyle → Thick];
Show[g1, g2, AxesLabel -> {"x", "y"}]
Clear["Global`*"]
```

有了以上准备，就可以观察透镜的色散现象了。首先看单个凸透镜的色散，用平行光入射，不同颜色光的入射光路相同，计算出射光路。程序如下。

```
In[2]:= data = {{4046.6, 1.806}, {4339.2, 1.793}, {4916.0, 1.774},
        {5460.7, 1.762}, {5893.0, 1.756}, {6562.8, 1.753}};
    n = dataᵀ[[2]]; n1 = n3 = 1.0;
    c = {Purple, Blue, Cyan, Green, Yellow, Red};
    r = 5.0; k = r²; d = 2.0; η = 0.05;
    {b2, b1} = {d / k - η, η}; {a2, a1} = k {b2, b1};
    g = ContourPlot[{x == -a1 + b1 y², x == a2 - b2 y²},
        {x, -2 r, 2 r}, {y, -r, r}, Frame → False, Axes → True,
        AxesLabel -> {"x", "y"}, ContourStyle → Thick];
    optics = {g}; x1 = -10; x2 = 10; γ = 0.0°;
    Do[
     n2 = n[[i]];
     Do[
      k = n1 {Cos[γ], Sin[γ]};
      p1 = {x1, y0};

      equ = {k[[1]] (y - p1[[2]]) == k[[2]] (x - p1[[1]]),
        x + a1 - b1 y² == 0};
      s = FindRoot[equ, {{x, -a1}, {y, 0}}];
      p2 = {x, y} /. s;
      f = x + a1 - b1 y²;
```

```
Ω = D[f, {{x, y}}] /. Thread[{x, y} → p2];

Ω = Ω / Norm[Ω]; G1 = k.Ω; G2 = √(n2² - n1² + G1²) ;
k = k + (G2 - G1) Ω;

equ = {k[[1]] (y - p2[[2]]) == k[[2]] (x - p2[[1]]),
    x - a2 + b2 y² == 0};
s = FindRoot[equ, {{x, a2}, {y, 0}}];
p3 = {x, y} /. s;
f = x - a2 + b2 y²;
Ω = D[f, {{x, y}}] /. Thread[{x, y} → p3];

Ω = Ω / Norm[Ω]; G1 = k.Ω; G2 = √(n3² - n2² + G1²) ;
k = k + (G2 - G1) Ω;

p4 = {x, k[[2]]/k[[1]] (x - p3[[1]]) + p3[[2]]} /. x → x2;

line = {p1, p2, p3, p4};
g = Show[Graphics[{c[[i]], Line[line]}]];
AppendTo[optics, g],
    {y0, -0.5 r, 0.5 r, 0.1 r}],

    {i, Length[n]}]
Show[optics, PlotRange → {{x1, x2}, All}]
Clear["Global`*"]
```

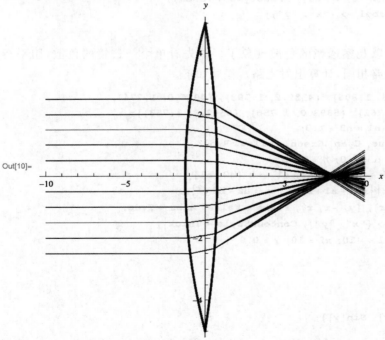

Out[10]显示,经过凸透镜的色散,蓝光的汇聚点离透镜近,而红光的汇聚点离透镜远,造成了色差,不论接收屏幕放在何处,总是接收到一个彩色光斑,而不是一个白色亮点。同一种色光存在球差。

用同样的方法,可以观察单个凹透镜的色差情况,程序如下。

```mathematica
In[12]:= data = {{4046.6, 1.806}, {4339.2, 1.793}, {4916.0, 1.774},
         {5460.7, 1.762}, {5893.0, 1.756}, {6562.8, 1.753}};
n = dataᵀ[[2]]; n3 = n5 = 1.0;
c = {Purple, Blue, Cyan, Green, Yellow, Red};
r = 5; k = r²; η = 0.1; d1 = 1.0; d2 = 3.5; δ = 2;
{a3, b3} = {δ + η k, η}; {a4, b4} = {d1 + δ + η k, (d2 - d1) / k - η};
g1 = ContourPlot[{x == a3 - b3 y², x == a4 + b4 y²},
      {x, -2 r, 2 r}, {y, -r, r}, Frame → False, Axes → True,
      ContourStyle → Thick];
g2 = Plot[{r, -r}, {x, δ, δ + d2}, PlotStyle → Thick];
g = Show[{g1, g2}, AxesLabel -> {"x", "y"}]; optics = {g};
x1 = -3; x2 = 20; γ = 0.0 °;
Do[
  n4 = n[[i]];
  Do[
    k = n3 {Cos[γ], Sin[γ]};
    p1 = {x1, y0};

    equ = {k[[1]] (y - p1[[2]]) == k[[2]] (x - p1[[1]]),
       x - a3 + b3 y² == 0};
    s = FindRoot[equ, {{x, a3}, {y, 0}}];
    p2 = {x, y} /. s;
    f = x - a3 + b3 y²;
    Ω = D[f, {{x, y}}] /. Thread[{x, y} → p2];

    Ω = Ω / Norm[Ω]; G1 = k.Ω; G2 = √(n4² - n3² + G1²);
    k = k + (G2 - G1) Ω;

    equ = {k[[1]] (y - p2[[2]]) == k[[2]] (x - p2[[1]]),
       x - a4 - b4 y² == 0};
    s = FindRoot[equ, {{x, a4}, {y, 0}}];
    p3 = {x, y} /. s;
    f = x - a4 - b4 y²;
    Ω = D[f, {{x, y}}] /. Thread[{x, y} → p3];

    Ω = Ω / Norm[Ω]; G1 = k.Ω; G2 = √(n4² - n3² + G1²);
    k = k + (G2 - G1) Ω;
    p4 = {x, k[[2]]/k[[1]] (x - p3[[1]]) + p3[[2]]} /. x → x2;

    line = {p1, p2, p3, p4};
    g = Show[Graphics[{c[[i]], Line[line]}]];
    AppendTo[optics, g],
    {y0, -0.5 r, 0.5 r, 0.1 r}],

  {i, Length[n]}]
Show[optics, PlotRange → {{x1, x2}, All}]
Clear["Global`*"]
```

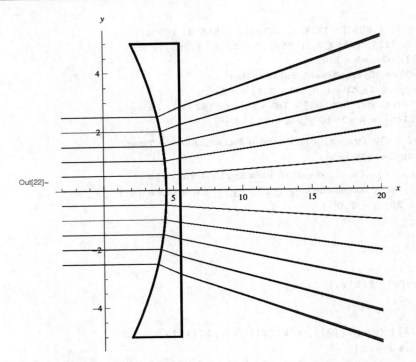

Out[22]=

根据 Out[22]，白光经过凹透镜色散之后，蓝光偏折的角度大，红光偏折角度较小，与凸透镜 Out[10] 显示的色散趋势正好相反。因此，人们提出了如下设想：**将凸透镜和凹透镜组合起来，或许能减小色差**。事实证明，的确如此。下面就研究由冕牌玻璃和重火石玻璃组合透镜的消色差问题，所编写的程序带有多个可调参数，可以仿真研究消色差有关的因素。

```
data1 = {{4046.6, 1.531}, {4339.2, 1.527}, {4916.0, 1.522},
    {5460.7, 1.519}, {5893.0, 1.518}, {6562.8, 1.515}};
n2i = data1ᵀ[[2]];
data2 = {{4046.6, 1.806}, {4339.2, 1.793}, {4916.0, 1.774},
    {5460.7, 1.762}, {5893.0, 1.756}, {6562.8, 1.753}};
n4i = data2ᵀ[[2]];
n1 = n3 = n5 = 1.0;
c = {Purple, Blue, Cyan, Green, Yellow, Red};
r = 5.0; k = r^2; d = 2.0; η1 = 0.05;
{b2, b1} = {d / k - η1, η1};   {a2, a1} = k {b2, b1};
g = ContourPlot[{x == -a1 + b1 y^2, x == a2 - b2 y^2},
    {x, -2 r, 2 r}, {y, -r, r}, Frame → False, Axes → True,
    AxesLabel -> {"x", "y"}, AspectRatio → Automatic,
    ContourStyle → Thick]; optics = {g};
η2 = 0.03; d1 = 0.25; d2 = 1.5; δ = 2;
{a3, b3} = {δ + η2 k, η2};
{a4, b4} = {d1 + δ + η2 k, (d2 - d1) / k - η2};
g1 = ContourPlot[{x == a3 - b3 y^2, x == a4 + b4 y^2},
    {x, -2 r, 2 r}, {y, -r, r}, Frame → False, Axes → True,
    AspectRatio → Automatic, ContourStyle → Thick];
g2 = Plot[{r, -r}, {x, δ, δ + d2}, PlotStyle → Thick];
g = Show[g1, g2, AxesLabel -> {"x", "y"}];
AppendTo[optics, g]; γ = 0.0 °; x1 = -10; x2 = 50;
```

```mathematica
Do[
 n2 = n2i[[i]]; n4 = n4i[[i]];
 Do[
  k = n1 {Cos[γ], Sin[γ]};
  p1 = {x1, y0};

  equ = {k[[1]] (y - p1[[2]]) == k[[2]] (x - p1[[1]]),
    x + a1 - b1 y^2 == 0};
  s = FindRoot[equ, {{x, -a1}, {y, 0}}];
  p2 = {x, y} /. s;
  f = x + a1 - b1 y^2;
  Ω = D[f, {{x, y}}] /. Thread[{x, y} → p2];
  Ω = Ω / Norm[Ω]; G1 = k.Ω; G2 = Sqrt[n2^2 - n1^2 + G1^2];
  k = k + (G2 - G1) Ω;

  equ = {k[[1]] (y - p2[[2]]) == k[[2]] (x - p2[[1]]),
    x - a2 + b2 y^2 == 0};
  s = FindRoot[equ, {{x, a2}, {y, 0}}];
  p3 = {x, y} /. s;
  f = x - a2 + b2 y^2;
  Ω = D[f, {{x, y}}] /. Thread[{x, y} → p3];
  Ω = Ω / Norm[Ω]; G1 = k.Ω; G2 = Sqrt[n3^2 - n2^2 + G1^2];
  k = k + (G2 - G1) Ω;

  equ = {k[[1]] (y - p3[[2]]) == k[[2]] (x - p3[[1]]),
    x - a3 + b3 y^2 == 0};
  s = FindRoot[equ, {{x, a3}, {y, 0}}];
  p4 = {x, y} /. s;
  f = x - a3 + b3 y^2;
  Ω = D[f, {{x, y}}] /. Thread[{x, y} → p4];
  Ω = Ω / Norm[Ω]; G1 = k.Ω; G2 = Sqrt[n4^2 - n3^2 + G1^2];
  k = k + (G2 - G1) Ω;

  equ = {k[[1]] (y - p4[[2]]) == k[[2]] (x - p4[[1]]),
    x - a4 - b4 y^2 == 0};
  s = FindRoot[equ, {{x, a4}, {y, 0}}];
  p5 = {x, y} /. s;
  f = x - a4 - b4 y^2;
  Ω = D[f, {{x, y}}] /. Thread[{x, y} → p5];
  Ω = Ω / Norm[Ω]; G1 = k.Ω; G2 = Sqrt[n4^2 - n3^2 + G1^2];
  k = k + (G2 - G1) Ω;
  p6 = {x, k[[2]]/k[[1]] (x - p5[[1]]) + p5[[2]]} /. x → x2;
  line = {p1, p2, p3, p4, p5, p6};
  g = Graphics[{c[[i]], Line[line]}];
```

```
        AppendTo[optics, g],
        {y0, -0.5r, 0.5r, 0.1r}],
      {i, Length[n2i]}]
    Show[optics, PlotRange → {{x1, x2}, All}]
    Clear["Global`*"]
```

以下是运行该程序或者稍微修改该程序所得到的一些结果,它们的详细情况,需要读者亲自运行程序才能进一步体会。

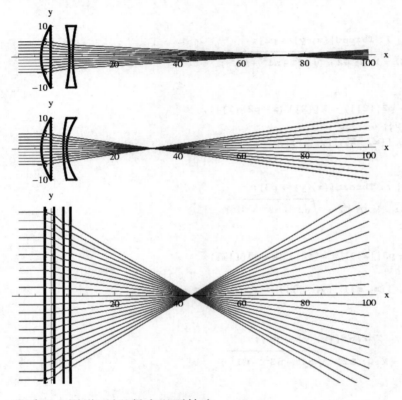

观看以上图形,可以得出以下结论:

组合透镜的色差程度可以通过查看"细腰"部分光线的汇聚程度和右边远离透镜的色光分散程度来评价,以此观之,第一种和第三种情况的消色差效果较好,后者使用的参数是经过仔细调试过的(图在纵向放大了),对红蓝色差消除比较彻底。

7.3　波动光学:光衍射的计算

光的衍射理论是在 19 世纪由菲涅尔和夫琅禾费两个人奠定的,属于标量场的衍射理论;在光的电磁理论发展起来以后,又有新的发展,出现了矢量衍射理论,能处理更复杂的衍射情况。本节只就比较简单的**夫琅禾费衍射**进行一些计算和讨论,以展示光学美丽而有趣的一面。

夫琅禾费衍射装置如图 7-12 所示,平行光正入射到衍射屏上,衍射屏后面放一个凸透镜,在凸透镜的后焦平面上放一个接收屏,所接收的图像就是衍射光在无限远处形成的干涉图样(的微缩版)。

图 7-13 是衍射屏坐标与衍射角坐标的示意图。根据夫琅禾费衍射理论，**衍射场的振幅分布为**

$$U(\alpha,\beta) = \iint\limits_{\Sigma} u(x,y)\mathrm{e}^{2\pi i(x\sin\alpha + y\sin\beta)/\lambda}\,\mathrm{d}x\mathrm{d}y \tag{7-18}$$

其中，$u(x,y)$ 是**衍射屏的透射函数**，而 α 和 β 是**方向角坐标**，λ 是光的波长。积分遍及整个衍射屏 Σ。

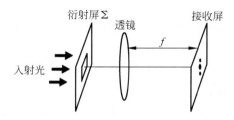
图 7-12 夫琅禾费衍射装置

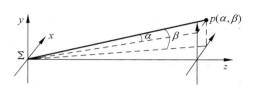
图 7-13 衍射的角坐标示意图

衍射强度的分布为

$$I(\alpha,\beta) = |U(\alpha,\beta)|^2 \tag{7-19}$$

我们后面就利用方程(7-18)和方程(7-19)来计算若干情况下的衍射图，设计针对性的算法，并探讨结果的含义。

要计算积分(7-18)，在简单情况下可以得到解析的结果，但我们不准备进行解析结果的探求，而是发展数值计算法，以求各种情况下衍射强度的分布。为此，需要把 $U(\alpha,\beta)$ 分成实部和虚部来计算：

$$U(\alpha,\beta) = U_1(\alpha,\beta) + \mathrm{i}U_2(\alpha,\beta)$$

两个部分分别为

$$U_1(\alpha,\beta) = \iint\limits_{\Sigma} u(x,y)\cos[2\pi(x\sin\alpha + y\sin\beta)/\lambda]\mathrm{d}x\mathrm{d}y \tag{7-20}$$

$$U_2(\alpha,\beta) = \iint\limits_{\Sigma} u(x,y)\sin[2\pi(x\sin\alpha + y\sin\beta)/\lambda]\mathrm{d}x\mathrm{d}y \tag{7-21}$$

从理论上讲，按以上两个积分公式计算 U_1、U_2 是没有问题的，因为积分函数 **NIntergrate[]** 可以进行二重积分。但是，实际计算却发现，直接积分速度太慢。如果能在具体情况下把积分化简，例如将二重积分化为单重积分，或者把积分改为求和，速度可能比直接积分要快许多。把积分改为求和的表达式为

$$U_1(\alpha,\beta) = \sum_j \sum_k u(x_j,y_k)\cos[2\pi(x_j\sin\alpha + y_k\sin\beta)/\lambda]$$

$$U_2(\alpha,\beta) = \sum_j \sum_k u(x_j,y_k)\sin[2\pi(x_j\sin\alpha + y_k\sin\beta)/\lambda]$$

剩下的就是设计衍射屏的透射函数。我们后面采用的衍射屏就是一些孔，有圆的、三角形的、矩形的或者多个孔。在此情况下，透射函数将选取简单的形式

$$u(x_j,y_k) = \begin{cases} 1, & \{x_j,y_k\}\ \text{在孔内} \\ 0, & \{x_j,y_k\}\ \text{在他处} \end{cases} \tag{7-22}$$

从 U_1、U_2 的表达式中可以看出，它们都是 α、β 的函数，而在实际接收的衍射图上，用直角

坐标表示衍射强度比较方便,我们就将衍射强度改为接收屏上的直角坐标 x'、y' 来表示。设在图 7-13 中透镜的焦距 $f=1$,则不难证明

$$x' = \frac{\sin\alpha}{\sqrt{1-\sin^2\alpha-\sin^2\beta}}, \quad y' = \frac{\sin\beta}{\sqrt{1-\sin^2\alpha-\sin^2\beta}}$$

有了这些准备,接下来将具体计算几种情况下光衍射的分布。

7.3.1 单个圆孔的衍射

我们先计算圆孔的衍射,以说明衍射计算的一般问题。设圆孔半径为 r,圆心坐标为 $\{x_0, y_0\}$,圆孔之外的光是被挡住的,因此透过函数为

$$u(x,y) = \text{UnitStep}[r^2 - (x-x_0)^2 - (y-y_0)^2]$$

其中,单位阶跃函数 **UnitStep**[]已在几何光学中介绍过。

为简化计算,在衍射平面的极坐标系里对式(7-20)和式(7-21)的径向部分积分而留下角向部分于程序循环内积分。例如对 U_1 积分

$$\int_0^r \int_0^{2\pi} \cos[2\pi(x_0+\rho\cos\varphi)\sin\alpha/\lambda + 2\pi(y_0+\rho\sin\varphi)\sin\beta/\lambda]\rho\,\mathrm{d}\rho\,\mathrm{d}\varphi$$

$$= \int_0^{2\pi} \mathrm{d}\varphi \int_0^r \mathrm{d}\rho\,\rho\cos[\varphi + \rho\phi]$$

其中,

$$\phi = 2\pi(x_0\sin\alpha + y_0\sin\beta)/\lambda$$
$$\psi = 2\pi(\cos\varphi\sin\alpha + \sin\varphi\sin\beta)/\lambda$$

对 ρ 积分的结果是

$$\frac{-\cos\phi + \cos(\phi + r\psi) + r\psi\sin(\phi + r\psi)}{\psi^2}$$

对上式的分子做如下整理:

$$\cos\phi[\cos(r\psi) + r\psi\sin(r\psi) - 1] + \sin\phi[r\psi\cos(r\psi) - \sin(r\psi)]$$

就将圆心的坐标部分分离出来。

同样,对 U_2 部分积分的结果,其分子为

$$\sin\phi[\cos(r\psi) + r\psi\sin(r\psi) - 1] - \cos\phi[r\psi\cos(r\psi) - \sin(r\psi)]$$

这些结果对于计算由多个圆孔形成的衍射很有用。

取光的波长 $\lambda=0.6\mu m$,圆半径 $r=3.0\mu m$,圆心取在原点 $\{0,0\}$,衍射角的范围是 $\pm18°$。计算单个圆孔衍射的程序如下。

```
r = 3.0; λ = 0.6; q = 2 π / λ;
α0 = β0 = π / 10.0; n = 100; data = {};
ψ[φ_] := q1 Cos[φ] + q2 Sin[φ];
u1[φ_] := (Cos[r ψ[φ]] + r ψ[φ] Sin[r ψ[φ]] - 1) / ψ[φ]^2;
u2[φ_] := - (r ψ[φ] Cos[r ψ[φ]] - Sin[r ψ[φ]]) / ψ[φ]^2;
Do[
 q2 = q Sin[β];
 Do[
  q1 = q Sin[α];
```

```
λ1 = NIntegrate[u1[φ], {φ, 0, 2 π}];
λ2 = NIntegrate[u2[φ], {φ, 0, 2 π}];
AppendTo[data,
```

$$\left\{\frac{Sin[\alpha]}{\sqrt{1-Sin[\alpha]^2-Sin[\beta]^2}}, \frac{Sin[\beta]}{\sqrt{1-Sin[\alpha]^2-Sin[\beta]^2}},\right.$$

```
        λ1² + λ2²}],
    {α, -α0, α0, α0 / n}],
  {β, -β0, β0, β0 / n}]
ListDensityPlot[data, Mesh → False]
Export["e:/data/singlehole.dat", data];
Clear["Global`*"]
```

运行该程序,将得到如下方所示的一幅衍射图和一个数据文件 singlehole. dat,该文件记录的是衍射图的强度分布数据。

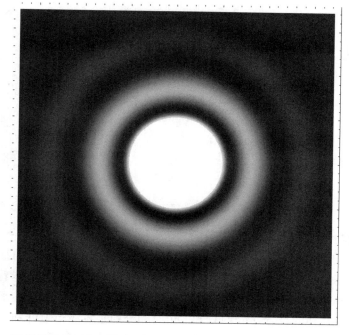

衍射图形显示:单个圆孔的衍射图是一个中心为圆形的亮斑,周围有明暗相间的条纹,亮条纹的亮度往外迅速减弱。光强的这种分布特点与光的直线传播特性有很大差距,是助视光学仪器分辨能力受到限制的根源。

我们可以定量地研究衍射强度的分布,方法是:因为衍射强度是中心对称的,可以抽取过圆心的一条直线上的强度分布作为代表。程序如下。

```
ln[1]:= n = 100; α0 = β0 = π / 10.0;
```

$$m = \frac{Sin[\alpha 0]}{\sqrt{1-Sin[\alpha 0]^2-Sin[\beta 0]^2}};$$

```
       d = Import["e:/data/singlehole.dat"];
```

```
d = Partition[d, 2 n + 1];
d = Table[d[[i, n + 1]], {i, 2 n + 1}];
d = Table[Take[d[[i]], -2], {i, 2 n + 1}];
d = Join[Take[d, n], Take[d, -n]];
f = Interpolation[d]
Plot[f[x], {x, -m, m}, PlotRange → All]
FindRoot[f[x] == 0, {x, 0.12}]
i0 = FindMaximum[{f[x], Abs[x] < 0.01}, {x, 0}]
i1 = FindMaximum[{f[x], 0.12 < Abs[x] && Abs[x] < 0.2},
     {x, 0.14}]
i0[[1]] / i1[[1]]
Clear["Global`*"]
```

Out[8]= InterpolatingFunction[{{-0.3249197, 0.3249197}}, <>]

Out[9]=
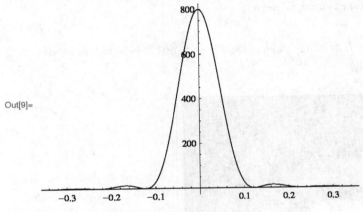

Out[10]= {x → 0.12284444}

Out[11]= $\left\{799.43, \left\{x → -2.5468739 × 10^{-11}\right\}\right\}$

Out[12]= {13.988308, {x → 0.1656964}}

Out[13]= 57.14987

程序给出了几个结果,需要仔细分辨。

Out[9]表示,经过抽取通过衍射中心线上的强度数据,对该数据进行插值,所得到的插值函数曲线,是中心对称、两边振荡衰减的函数,对应衍射图的亮环和暗环;从该图上还能看出在衍射屏上的坐标宽度。衍射中心的峰值很高,中心斑亮度很大。Out[10]是用求根函数 **FindRoot[]** 找到的离开中心的第一暗环的位置,Out[11]和Out[12]分别是零级衍射峰和一级衍射峰的峰值(零级衍射峰峰值的角位置本该为0,但因为计算误差,它与0有了10^{-11}的偏差),Out[13]是二者的比值,可见,二者相差了50多倍,衍射能量主要集中在中心峰值内。

根据传统光学理论[①],第一暗环的角位置 α 应满足

$$\sin\alpha = 0.61\lambda/r$$

在靠近中心的地方,衍射角约等于衍射屏上的距离,于是

$$\sin\alpha \approx \alpha \approx 0.1228$$

请读者将程序所采用的波长和孔的半径数据代入,则

$$0.61 × 0.6/3 = 0.122$$

---

① Born M,Wolf E. 光学原理[M].北京:科学出版社,1978.

证明理论与数值计算吻合得很好。

在用 **FindRoot**[] 求暗环位置的时候，事先要观察 Out[9]，以确定暗环的近似位置。因此，所给的程序是已经调试成功的最后结果。

最后说一说程序设计的技巧。

如果读者用记事本程序打开文件 singlehole. dat，可以发现，其数据结构是

$$\{\{x_1, y_1, I_1\}, \{x_2, y_2, I_2\}, \cdots\}$$

根据产生 singlehole. dat 的那段程序的逻辑，β 每取一个值，对应 α 要取 $2n+1$ 个值，其中第 $n+1$ 个值是 0，该处对应衍射图的中心线。因此，在读得了数据之后，就用函数 **Partition**[] 将其按 $2n+1$ 个为一组重新组织数据，数据的格式变为

$$d = \{\{\{x_1, y_1, I_1\}, \{x_2, y_2, I_2\}, \cdots, \{x_{2n+1}, y_{2n+1}, I_{2n+1}\}\}, \{\cdots\}, \cdots\}$$

而

$$\textbf{Table}[d[[i, n+1]], \{i, 2n+1\}]$$

就是从中挑选出中心线上的数据点，其格式为

$$\{\{x_{n+1}, y_{n+1}, I_{n+1}\}, \{\cdots\}, \cdots\}$$

这时候，若查看数据，读者会发现，x_{n+1} 已经是 0，或者非常接近于 0，我们要取的就是 $\{y_{n+1}, I_{n+1}\}$，这就是函数 **Take**[d[[i]], -2] 的作用，它取表中末尾两个元素组成新的表。经过第二个函数 **Table**[] 的作用，数据已经是

$$\{\{y_{n+1}, I_{n+1}\}, \cdots\}$$

它正好能用来进行一维插值。但是，因为中心的数据对应 $\alpha = \beta = 0$，相当于上一个程序中的 $\psi = 0$，它出现在分母上，导致计算的数据不正常，所以，在插值之前，将这个数据剔除，这就是 **Join**[] 函数的作用。

本例程序可以改变的参数很多，例如圆孔的半径、波长、观察屏的范围，等等，请读者自己尝试计算，看看衍射图有什么变化。

7.3.2 单个矩形孔的衍射

按照与单个圆孔类似的方法，可以对单个矩形孔的衍射进行预处理。设矩形孔的中心坐标为 $\{x_0, y_0\}$，孔的横边和纵边长度分别为 d_1 和 d_2，则 U_1 和 U_2 积分分别为

$$U_1 = \frac{4\sin\dfrac{q_1 d_1}{2}\sin\dfrac{q_2 d_2}{2}\cos\phi}{q_1 q_2}, \quad U_2 = \frac{4\sin\dfrac{q_1 d_1}{2}\sin\dfrac{q_2 d_2}{2}\sin\phi}{q_1 q_2}$$

其中

$$q_1 = (2\pi/\lambda)\sin\alpha, \quad q_2 = (2\pi/\lambda)\sin\beta, \quad \phi = q_1 x_0 + q_2 y_0$$

由此可见，对于中心在原点的单个矩形孔，$\phi = 0$，$U_2 = 0$，只有第一部分。

以下写出程序，画出方孔衍射的图形来，通过参数修改可以看到其他衍射图形，请读者自己练习。程序后面的输出图形很"经典"，对称、丰满、圆润而美丽，展示了光学艺术价值的一面。通过考察各种衍射屏的衍射图样，读者可以得到各种罕见美丽的图形。

```
d1 = d2 = 10.0; λ = 0.6; q = 2π / λ;
α0 = β0 = π / 15.0; n = 100; data = {};
Do[
  q2 = q Sin[β];
```

```
Do[
  q1 = q Sin[α];
```
$$u = \frac{4 \, Sin\left[\frac{d1\, q1}{2}\right] \, Sin\left[\frac{d2\, q2}{2}\right]}{q1\, q2};$$
```
  AppendTo[data,
```
$$\left\{\frac{Sin[α]}{\sqrt{1 - Sin[α]^2 - Sin[β]^2}}, \frac{Sin[β]}{\sqrt{1 - Sin[α]^2 - Sin[β]^2}},\right.$$
```
    u^2}],
  {α, -α0, α0, α0 / n}],
  {β, -β0, β0, β0 / n}]
ListDensityPlot[data, Mesh → False]
Export["e:/data/hole5.dat", data];
Clear["Global`*"]
```

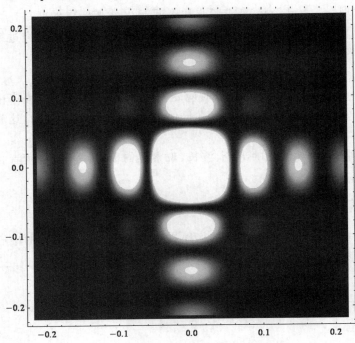

7.3.3 三角形孔的衍射

下面计算由**单个正三角形的孔**所形成的衍射图,孔的形状如图 7-14 所示,三角形的边长为 r,孔的中心到任一顶点的距离为 r_1。

本例求解的关键是如何设计三角形孔的透过函数。我们采用这样的方法:写出三个边的直线方程,形式为 $y - kx - b = 0$。按逆时针方向看,规定位于第二、三象限的边为"①号边",位于第三、四象限的边为"②号边",位于第四、一象限的边为"③号边"。位于三角形区域内的点 $\{x, y\}$ 应该同时满足下列条件。

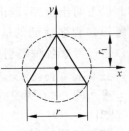

图 7-14　三角形孔

$$y - k_1 x - b_1 < 0 \quad 对 ① 号边$$
$$y - k_2 x - b_2 > 0 \quad 对 ② 号边$$
$$y - k_3 x - b_3 < 0 \quad 对 ③ 号边$$

根据这些条件,就容易设计透过函数了。写出程序并画出衍射图。

```
λ = 0.6; q = 2 π / λ; r = 10.0; r1 = √3 r / 3;
α0 = β0 = π / 15.0;
p = Table[{r1 Cos[π / 2 + 2 π j / 3], r1 Sin[π / 2 + 2 π j / 3]},
    {j, 0, 2}];
AppendTo[p, p[[1]]];
k = Table[ (p[[i, 2]] - p[[i + 1, 2]]) / (p[[i, 1]] - p[[i + 1, 1]]), {i, 3}];
L = Table[(y - p[[i, 2]] - k[[i]] (x - p[[i, 1]])), {i, 3}];
u[x_, y_] := If[(L[[1]] < 0) ∧ (L[[2]] > 0) ∧ (L[[3]] < 0), 1, 0];
u1[t_, x_, y_] := u[x, y] Cos[t];
u2[t_, x_, y_] := u[x, y] Sin[t];
n = 100; m = 20; δx = δy = r / m; data = {};
Do[
 q2 = q Sin[β];
 Do[
  q1 = q Sin[α]; t = q1 x + q2 y;
  U1 = Sum[u1[t, x, y], {x, -r / 2, r / 2, δx},
     {y, -√3 r / 6, √3 r / 3, δy}];
  U2 = Sum[u2[t, x, y], {x, -r / 2, r / 2, δx},
     {y, -√3 r / 6, √3 r / 3, δy}];
  AppendTo[data,
   { Sin[α] / √(1 - Sin[α]^2 - Sin[β]^2) , Sin[β] / √(1 - Sin[α]^2 - Sin[β]^2) ,
    U1^2 + U2^2}],
  {α, -α0, α0, α0 / n}],
 {β, -β0, β0, β0 / n}]
ListDensityPlot[data, Mesh → False]
Clear["Global`*"]
```

对程序解释如下。

(1) 变量 p 储存了三角形的三个顶点坐标,为了满足写出三个边方程的需要,将第一个点复制一份追加到 p 的末尾,p 包含 4 个点。

(2) 衍射屏的形状取的是矩形,宽为 r,高度从底边到三角形的顶点。这样,就有一部分是不透光的,需要判断透光的部分在哪里,这正是 $u(x, y)$ 函数的功能。

(3) 变量 L 储存了三条边的方程表达式,它的元素为 $y - kx - b$。

程序运行的结果见上图,衍射图是六角结构,内部有个亮度突变的边界,外罩一个朦胧的虚边,图形美丽又魔幻。

7.3.4 多个矩形孔的衍射

多个矩形孔的衍射屏如图 7-15 所示,它是由 $m_1 \times m_2$ 个孔排成的矩形阵列,为了编程方便,常取 m_1、m_2 为奇数。

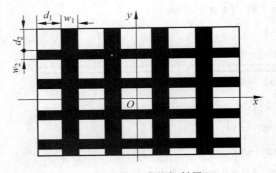

图 7-15   由矩形孔组成的衍射屏

多个矩形孔的衍射就是将各个单个矩形孔的衍射振幅叠加起来,求其合成的强度分布。前面在处理单个矩形孔衍射的时候,已经为此做了准备,即附加了单个矩形孔的中心坐标。现在要做的是确定多个孔的中心坐标,在振幅求和的时候,只要计算下列式子即可:

$$U_1 = \frac{4\sin\dfrac{q_1 d_1}{2}\sin\dfrac{q_2 d_2}{2}}{q_1 q_2}\sum_{i=1}^{m}\cos\phi_i, \quad U_2 = \frac{4\sin\dfrac{q_1 d_1}{2}\sin\dfrac{q_2 d_2}{2}}{q_1 q_2}\sum_{i=1}^{m}\sin\phi_i$$

其中,$\phi_i = q_1 x_{i0} + q_2 y_{i0}$,$m = m_1 m_2$。

根据图 7-15,各个孔的中心坐标很容易写出:

$$\{x_0, y_0\} = \{(d_1 + w_1)i, (d_2 + w_2)j\}, \quad i, j = 0, \pm 1, \pm 2, \cdots$$

写出计算程序如下。

```
λ = 0.6; q = 2 π / λ; d1 = d2 = 800.0; w1 = w2 = 80.0;
m1 = m2 = 15; n = 200; α0 = β0 = π / 10.0; data = {};
Do[
  q2 = q Sin[β];
  Do[
    q1 = q Sin[α];
    s1 = Sum[Cos[q1 (d1 + w1) i + q2 (d2 + w2) j],
      {i, -(m1 - 1) / 2, (m1 - 1) / 2}, {j, -(m2 - 1) / 2, (m2 - 1) / 2}];
    u1 = (4 s1 Sin[d1 q1 / 2] Sin[d2 q2 / 2]) / (q1 q2);
    s2 = Sum[Sin[q1 (d1 + w1) i + q2 (d2 + w2) j],
      {i, -(m1 - 1) / 2, (m1 - 1) / 2}, {j, -(m2 - 1) / 2, (m2 - 1) / 2}];
    u2 = (4 s2 Sin[d1 q1 / 2] Sin[d2 q2 / 2]) / (q1 q2);
    AppendTo[data,
      {Sin[α] / Sqrt[1 - Sin[α]^2 - Sin[β]^2], Sin[β] / Sqrt[1 - Sin[α]^2 - Sin[β]^2],
       u1^2 + u2^2}],
    {α, -α0, α0, α0 / n}],
  {β, -β0, β0, β0 / n}]
ListDensityPlot[data, Mesh → False]
Clear["Global`*"]
```

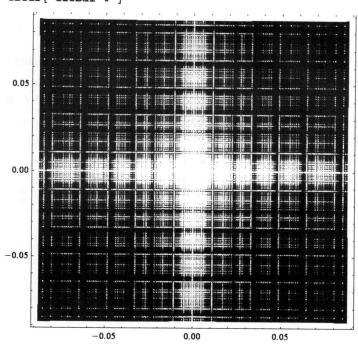

　　程序运行结果见上图,该图的主要结构是中间较粗的十字线形状,旁边还有一些较细的横的与竖的亮线,这些亮线在交叉的地方亮度增大。同时还要注意到,图上的横线和竖线都有些向着中心弯曲,并非平直的线。当然,读者也可以认为那不是线,而是一些分立的点,只不过这些点的排列沿着线罢了。该图与人透过布或者窗纱观察远处的灯光看到的结果很相似,图 7-16 是在楼上透过纱窗拍摄的远处灯光的衍射像,与本次计算的结果是相像的。多孔布可以显示衍射现象便得到证明。

图 7-16　透过纱窗拍摄的远处灯光衍射的像

7.3.5　由随机分布的孔形成的衍射

　　这是本书第 1 版留下的一个思考题,笔者决定在此给出一种解法,作为一个比较复杂的衍射例子,供读者参考。

　　回到单个圆孔的衍射分析,将衍射积分对径向部分的积分结果引述如下。首先是两个关键的中间变量 ϕ 和 ψ,它们的定义是:

$$\phi = q_1 x_0 + q_2 y_0, \quad \psi = q_1 \cos\varphi + q_2 \sin\varphi$$

其中,$q_1 = (2\pi/\lambda)\sin\alpha$;$q_2 = (2\pi/\lambda)\sin\beta$。

　　其次是实部 U_1 和虚部 U_2 对径向部分的积分结果,分别是:

$$\frac{-\cos\phi + \cos(\phi + r\psi) + r\psi\sin(\phi + r\psi)}{\psi^2}$$

$$\frac{-\sin\phi + \sin(\phi + r\psi) - r\psi\cos(\phi + r\psi)}{\psi^2}$$

对以上两式的分子做如下整理:

$$\cos\phi[\cos(r\psi) + r\psi\sin(r\psi) - 1] + \sin\phi[r\psi\cos(r\psi) - \sin(r\psi)]$$

$$\sin\phi[\cos(r\psi) + r\psi\sin(r\psi) - 1] - \cos\phi[r\psi\cos(r\psi) - \sin(r\psi)]$$

将圆心的坐标部分 $\sin\phi$、$\cos\phi$ 分离出来,便于单独对其求和。剩下的**对角向部分的积分**不能求出,放到程序里进行数值积分。

　　我们要研究的衍射屏,类似于打靶时靶标的穿孔,弹孔随机地分布其上。这种分布类型可以假设,例如正态分布或者均匀分布。下面就以正态分布为例,算一算衍射图形是什么样的。

　　先试验一个显示正态随机分布的小程序,其中用到的正态分布的引用方式详见第 2 章。程序先将坐标的绝对值大于 300 的点舍去,因为在此之外能够出现的点已经很少了;然后又将所产生点的坐标放大了 10 倍,以便于显示,这是在 **Union[]** 运算中完成的,该函数的使用还为了剔除重复的点,重复的点在计算中是不该出现的。

```
In[1]:= dis = NormalDistribution[0, 1];
        a = 100; n = 1000; points = {};
        Do[
         {x, y} = a {RandomReal[dis], RandomReal[dis]};
         If[Abs[x] > 300 \/ Abs[y] > 300, Continue[],
          AppendTo[points, {Round[x], Round[y]}]],
         {i, n}]
        points = 10 Union[points];
```

```
ListPlot[points, PlotStyle → Thick,
 AspectRatio → Automatic]
Clear["Global`*"]
```

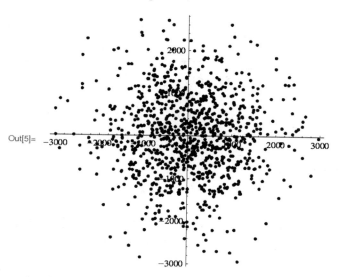

Out[5]=

Out[5]给出的是正态分布的一般表示,程序每运行一次,都产生不一样的分布图,在后续的计算程序中,也存在同样的问题。

先看程序,然后解释。

```
r = 3.0; λ = 0.6; q = 2 π / λ; α0 = β0 = π / 10.0;
dis = NormalDistribution[0, 1];
a = 100; n1 = 100; n2 = 1000; points = data = {};

Do[
 x = a RandomReal[dis]; y = a RandomReal[dis];
 If[Abs[x] > 300 ⋁ Abs[y] > 300, Continue[],
  AppendTo[points, {Round[x], Round[y]}]],
 {i, n2}]
points = 10 Union[points];
m = Length[points];

ψ[φ_] := q1 Cos[φ] + q2 Sin[φ];
u1[φ_] := cosϕ (Cos[r ψ[φ]] + r ψ[φ] Sin[r ψ[φ]] - 1)
 + sinϕ (r ψ[φ] Cos[r ψ[φ]] - Sin[r ψ[φ]]);
u2[φ_] := sinϕ (Cos[r ψ[φ]] + r ψ[φ] Sin[r ψ[φ]] - 1)
 - cosϕ (r ψ[φ] Cos[r ψ[φ]] - Sin[r ψ[φ]]);

Do[
 q2 = q Sin[β];
 Do[
  q1 = q Sin[α];
  cosϕ = Sum[{x0, y0} = points[[i]];
   ϕ = q1 x0 + q2 y0; Cos[ϕ], {i, m}];
```

```
sinϕ = Sum[{x0, y0} = points[[i]];
    ϕ = q1 x0 + q2 y0; Sin[ϕ], {i, m}];
λ1 = NIntegrate[u1[φ] / ψ[φ]², {φ, 0, 2 π}];
λ2 = NIntegrate[u2[φ] / ψ[φ]², {φ, 0, 2 π}];
AppendTo[data,
    {      Sin[α]      ,      Sin[β]      ,
     √(1 - Sin[α]² - Sin[β]²)   √(1 - Sin[α]² - Sin[β]²)
     λ1² + λ2²}],
    {α, -α0, α0, α0 / n1}],
    {β, -β0, β0, β0 / n1}]
ListDensityPlot[data, Mesh → False]
Export["e:/data/randomhole.dat", data];
Clear["Global`*"]
```

程序已经用空行进行了分段,请读者自己逐段阅读,应该能看得懂。要注意小写的 $\cos\phi$ 和 $\sin\phi$ 是两个变量,不是 Mathematica 中的函数,它们的值是在 **Sum[]** 中确定的,这样写是方便阅读。程序运行所产生的图形见下图。

对照前面单个圆孔的衍射图形,可以看出,随机分布圆孔的衍射图形的主体结构是单个圆孔的衍射图,只是每个衍射"亮环"不再是连续的光环,而是由许多短线形的点子组成,在坐标轴的 4 个方向上好像有什么东西往外"流淌",还出现了 4 个短箭头。这些奇怪的特点,请读者慢慢品味吧。

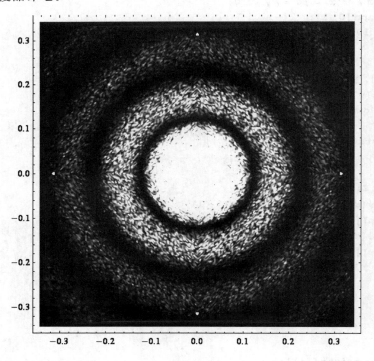

第 8 章

量　　子

对于学习大学物理的人来讲,大都把量子物理看得很难学,原因是:理解量子物理需要量子力学,而量子力学的方程是比较难求解的,除了个别的模型,大都不能得到解析结果,这当然就谈不上理解了。本章将结合量子物理的典型问题——束缚态本征值问题、微扰论、散射、周期势场中的能带问题,通过理论分析与数值计算相结合的方式来得到各种问题的解,从而深入阐明量子物理的一些重要概念和计算方法,这将对读者学好量子物理是一个有力的帮助。量子物理中一些基本概念,例如定态、跃迁,它们从产生到现在,尽管有不少人进行过探讨,但在理解上进展不大,对于初学者,不可将太多精力放在企图更深刻地理解上,而是以学会使用它们为重点,有闲暇的时候再琢磨这些概念的含义。本章的"亮点"仍然是计算方法,不仅是在必要的关键时刻用 **Mathematica**"解围",而且像本征值与束缚态的数值计算、散射问题的数值计算等还发展了全新的理论方案,将极大地方便读者对相关问题的求解。

下面将对量子力学的基本概念做一概述,作为后面解题的依据。

量子问题的答案隐藏在量子力学的基本方程——薛定谔方程里

$$i\hbar\frac{\partial\psi(\boldsymbol{r},t)}{\partial t} = \hat{H}\psi(\boldsymbol{r},t) \tag{8-1}$$

其中,i 是虚数因子;$\hbar=1.0546\times10^{-34}$ J·s,是约化普朗克常数;$\psi(\boldsymbol{r},t)$ 是**波函数**;$\hat{H}$ 是**哈密顿算符**,对于单粒子系统,$\hat{H}$ 的定义为

$$\hat{H} = -\frac{\hbar^2}{2m}\nabla^2 + V(\boldsymbol{r}) = -\frac{\hbar^2}{2m}\left(\frac{\partial^2}{\partial x^2} + \frac{\partial^2}{\partial y^2} + \frac{\partial^2}{\partial z^2}\right) + V(\boldsymbol{r})$$

其中,m 是粒子的质量;$V(\boldsymbol{r})$ 是粒子与环境相互作用的势函数。

决定一个量子系统特征的是它的"**定态**",其中"**束缚态**"就是一种,另一种定态方式是"**散射态**"。定态是这样的态:**势函数不显含时间,波函数取时间部分与空间部分乘积的形式**

$$\psi(\boldsymbol{r},t) = \phi(\boldsymbol{r})e^{-iEt/\hbar} \tag{8-2}$$

这时,波函数的空间部分满足**定态方程**(又叫**本征值方程**)

$$\hat{H}\phi(\boldsymbol{r}) = E\phi(\boldsymbol{r}) \tag{8-3}$$

其中,E 是定态能量,又称为**能量本征值**,在束缚态下,它取分立的(不连续的)值 E_n,如果是散射态,能量就不是分立的,而是连续的。与本征值对应的波函数叫**本征波函数**,通常用 $\phi(\boldsymbol{r})$ 或者 $\varphi(\boldsymbol{r})$ 表示。

在量子物理中,很多情况下就是解方程(8-3)来得到答案。该方程的哈密顿算符是要事

先给定的(根据问题的具体特点设计出来)。薛定谔方程是二阶的微分方程,其中含有未知的能量参数 E,如果没有这个未知参数,则求解方程(8-3)就是"小菜一碟",我们在前面求解过太多的二阶微分方程了;但是,因为有未知参数的存在,难度就增大了一些,解题的过程也稍微复杂了一些,因为需要同时解出能量和波函数,亦即在求解波函数的过程中应用波函数满足的边界条件确定能量,然后解出波函数。

波函数 $\psi(\boldsymbol{r},t)$ 被认为是系统状态的完整描述,它的含义是**状态分布的几率幅**,$|\psi(\boldsymbol{r},t)|^2$ 是几率密度,满足归一化条件

$$\iiint_\Omega \psi(\boldsymbol{r},t)^*\,\psi(\boldsymbol{r},t)\mathrm{d}x\mathrm{d}y\mathrm{d}z = 1 \tag{8-4}$$

根据波函数的统计含义,波函数应该满足一些条件,即**波函数在全空间连续**;对于束缚态,波函数是局域化的,在远离中心的区域,波函数单调趋于 0;波函数的一阶导数可以不连续,但多数情况下还是连续的,除非遇到势函数有无穷大跃变的情况。

波函数一般是不可能测量的,它的作用有两个:一是直接作用,显示粒子的空间或时间分布几率;二是间接作用,用来计算其他物理量,例如某个力学量 $\hat{F}$ 在状态 $\psi(\boldsymbol{r},t)$ 的平均值是这样计算的:

$$\bar{F} = \int \psi^*(\boldsymbol{r},t)\,\hat{F}\psi(\boldsymbol{r},t)\mathrm{d}^3x$$

有了以上准备,下面就开始具体例子的研究,通过具体来理解抽象。学习量子物理就要抱定这样的信念:循序渐进,急躁不得,用解决一个个问题的成功来坚定信心和加深理解。

8.1 束缚态

量子物理的特征首先是在束缚态问题上呈现出来的,微观粒子在束缚状态下会出现能量的不连续性,由此拉开了量子物理的序幕。简单地讲,量子性是"空间有限性"造成的,经典物理中的弦振动和管乐器中的驻波现象,都是例子。好比一个被禁闭的人,他的活动方式就只能采取有限的几种。

下面先从一维势阱的例子开始介绍 Mathematica 是如何成功地帮助解决量子问题的。在这些例子中,有一些推导过程,也使用了"**数学物理方程**"和"**特殊函数**",但是,推导并不难,而在难的地方,Mathematica 就及时帮上忙。

8.1.1 一维有限深方势阱

1. 宇称态与能量方程

一维方势阱模型是能够用普通的微积分完整处理的例子。无限深势阱最简单,这里不去求解它,而是求解有限深势阱的情况,这种情况更符合实际;同时,如果不借助于数值计算,还难以得到最后的答案。因此,它是展示量子物理和数值方法有效结合的典型案例。

一维有限深方势阱的模型如图 8-1 所示,如果用公式来表示势函数,则有

$$V(x) = \begin{cases} 0, & |x| > a \\ -V_0, & |x| \leqslant a \end{cases}$$

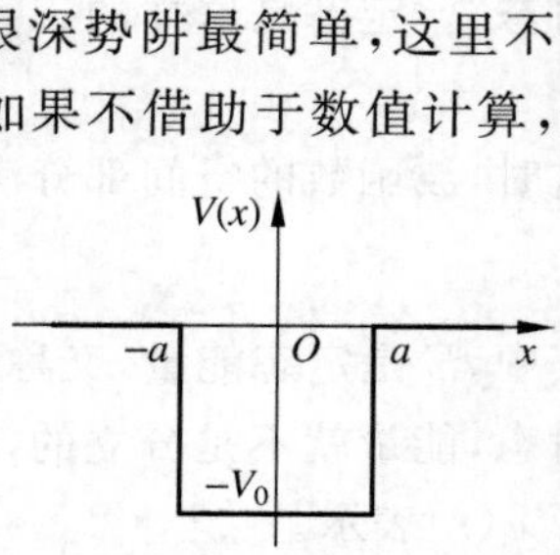

图 8-1 有限深势阱模型

我们要计算的是粒子的本征束缚态,要求其能量本征值 E 满足

$$-V_0 \leqslant E \leqslant 0$$

在势阱内部,方程(8-3)可写为

$$-\frac{\hbar^2}{2m}\frac{\mathrm{d}^2\varphi(x)}{\mathrm{d}x^2} - V_0\varphi(x) = E\varphi(x) \qquad (8\text{-}5)$$

在势阱以外的区域,方程(8-3)可写为

$$-\frac{\hbar^2}{2m}\frac{\mathrm{d}^2\varphi(x)}{\mathrm{d}x^2} = E\varphi(x) \qquad (8\text{-}6)$$

联合方程(8-5)和方程(8-6)就可以求得问题的解。不过,我们要讲究一点方法,就是把问题的**对称性**考虑进来,这对于理论分析和数值计算都是非常必要的,因为**势函数是偶对称的**,因此,本征态有确定的"**宇称**",或者是"奇宇称",或者是"偶宇称",用公式表示为

$$\varphi(-x) = -\varphi(x)(奇宇称)$$

或者

$$\varphi(-x) = \varphi(x)(偶宇称)$$

下面分别讨论这两种状态的求解。

1) 奇宇称态

根据微分方程理论,方程(8-5)的一般解是

$$\varphi_1(x) = b_1\cos\omega x + b_2\sin\omega x$$

其中,$\omega = \sqrt{2m(E+V_0)}/\hbar$。为了满足奇宇称的要求,系数 b_1 应该为 0。因此

$$\varphi_1(x) = b_2\sin\omega x$$

同样,方程(8-6)的一般解是

$$\varphi_2(x) = c_1\mathrm{e}^{-\beta x} + c_2\mathrm{e}^{\beta x}$$

其中,$\beta = \sqrt{-2mE}/\hbar$。考虑到 $|x|\to\infty$ 时波函数要为 0,因此,在 $x>a$ 的区域应该取

$$\varphi_2(x) = c_1\mathrm{e}^{-\beta x}$$

而在 $x<-a$ 的区域,为满足宇称要求,应该取

$$\varphi_2(x) = -c_1\mathrm{e}^{\beta x}$$

剩下的问题就是处理边界条件:在 $x=\pm a$ 处,波函数要连续,波函数的导数也连续。因为对称性的原因,只要处理一个边界即可。把两个连续条件合写在一起,就是

$$\frac{\mathrm{d}}{\mathrm{d}x}\ln\varphi_2(x)\Big|_{x=a^+} = \frac{\mathrm{d}}{\mathrm{d}x}\ln\varphi_1(x)\Big|_{x=a^-}$$

这样写的好处是可以自动去掉波函数前面的系数,结果是

$$-\beta = \omega\cot(\omega a)$$

如果引入无量纲的参数 ξ 和 η,它们的定义为

$$\xi \equiv \omega a, \quad \eta \equiv \beta a$$

则

$$-\eta = \xi\cot\xi \qquad (8\text{-}7)$$

同时,利用 ω 和 β 的定义,可以得到

$$\xi^2 + \eta^2 = \frac{2ma^2V_0}{\hbar^2} \qquad (8\text{-}8)$$

方程(8-7)和方程(8-8)是关于 ξ 和 η 的方程组,解出它们,就能得到能量,进而也知道了波函数。其中方程(8-7)是决定性的,它是根据波函数的边界条件得到的。所以,**能量本征值和本征波函数由边界条件决定**。这是一个普遍的结论,反映了量子性的来源,量子性不是局域性问题。

但是,方程(8-7)是一个超越方程,因此不能得到解析的结果,只能进行数值计算,才能找到方程组的解。这样的方程组一般有多个解。为了知道解的大致位置,可以将方程(8-7)和方程(8-8)的曲线同时画在一个平面坐标系里,观察它们交点的情况。Mathematica 画这样的图是很容易的,那就是使用隐函数作图函数 **ContourPlot[]**,在前面曾经使用过它,一般读者,包括中学教师,都应该熟悉这个函数。

2) 偶宇称态

偶宇称态的讨论与奇宇称态的讨论是完全平行的。在 $a \geqslant |x|$ 区域,

$$\varphi_1(x) = b_1 \cos\omega x$$

在 $x > a$ 的区域,取

$$\varphi_2(x) = c_1 e^{-\beta x}$$

而在 $x < -a$ 的区域,取

$$\varphi_2(x) = c_1 e^{\beta x}$$

应用"波函数对数的导数连续"的条件,得到

$$\beta = \omega\tan(\omega a)$$

因此,无量纲的方程就是

$$\xi = \eta\tan\eta \tag{8-9}$$

该方程与式(8-8)联立,就可以解出所要的结果。

2. 能级与波函数计算

以上这些分析在一般量子力学的教科书上都能找到。我们要做的是解出所有的能量和波函数。以电子为例,给定一些参数,例如

$$a = 10\text{Å} = 10^{-9}\,\text{m}, \quad V_0 = 2\text{eV} = 2 \times 1.602 \times 10^{-19}\,\text{J}$$

方程(8-8)右边的值可以计算如下。

```
In[1]:= Print["r=", (2 × 9.109 × 10^-31 × 10^-18 × 2 × 1.602 × 10^-19)/(1.0546 × 10^-34)^2]
```

r=52.4829

先画图观察奇宇称态能量解的大致位置。

```
In[2]:= r = 52.4829;
ContourPlot[{η + ξ Cot[ξ] == 0, η^2 + ξ^2 == r},
  {ξ, 0.1, √r}, {η, 0.1, √r},
  PlotPoints → 100, FrameLabel -> {"ξ", "η"},
  ContourStyle → Thickness[0.003]]
Clear["Global`*"]
```

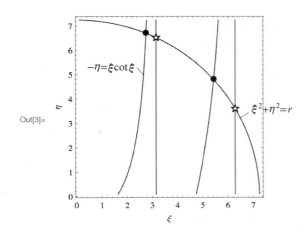

Out[3]=

本程序使用等高线作图函数 **ContourPlot[]** 来画隐函数的图线,可同时画多个隐函数的曲线,大大方便了曲线交点的观察。

在 Out[3] 上标出了两个曲线的方程,以及曲线的交点。要注意:图中加黑点 • 的地方才是方程的解,而加星号 ☆ 的地方不是解(这些标记都是后来加上去的),因为竖线是余切函数从 $+\infty$ 到 $-\infty$ 的转换线。可以看到,在给定的参数范围内,奇宇称态有两个解,大致出现在 $\xi=$ 2.5 和 $\xi=5.5$ 的地方,具体的值可以用 **FindRoot[]** 来求。

```
In[5]:= r = 52.4829;
        FindRoot[{η + ξ Cot[ξ] == 0, η² + ξ² == r}, {ξ, 2.5}, {η, 6.8}]
        FindRoot[{η + ξ Cot[ξ] == 0, η² + ξ² == r}, {ξ, 5.5}, {η, 4.8}]
        Clear["Global`*"]
```

Out[6]= $\{\xi \to 2.75194, \eta \to 6.70147\}$

Out[7]= $\{\xi \to 5.43482, \eta \to 4.79016\}$

在求得参数 ξ 和 η 的情况下,就可以计算能量和波函数了。先看能量与 η 的关系
$$E = -\hbar^2\eta^2/(2ma^2) = -3.81077 \times 10^{-2}\eta^2\,(\text{eV})$$

若能量用 eV 为单位,长度以 Å 为单位,则有关量的数值就比较容易表示,好看好读,这需要对薛定谔方程进行系数变换:
$$\frac{\mathrm{d}^2}{\mathrm{d}x^2}\varphi(x) - \frac{2m\cdot e\cdot 10^{-20}}{\hbar^2}[V(x)-E]\varphi(x) = 0$$

其中,系数 $2m\cdot e\cdot 10^{-20}/\hbar^2=0.262713$(无量纲)。计算波函数的程序如下。

```
In[9]:= η = 6.70147; energy = -3.81077 × 10⁻² × η²;
        txt = "E=" <> ToString[SetPrecision[energy, 4]] <> "eV";
        a = 10; V0 = 2; x1 = -1.5 a; x2 = 1.5 a;
        V[x_] := If[Abs[x] ≤ a, -V0, 0]
        s = NDSolve[{φ''[x] + 0.262713 × (energy - V[x]) φ[x] == 0,
            φ[0] == 0, φ'[0] == 1}, φ, {x, x1, x2}];
        total = NIntegrate[φ[x]² /. First[s], {x, x1, x2}];
```

```
Plot[(φ[x] /. First[s]) / √total , {x, x1, x2},
  Ticks → {{{-a, "-a"}, {a, "a"}}, Automatic},
  PlotRange → All, AxesLabel → {"x", "φ"},
    Epilog → Text[txt, {-0.8 a, 0.2}]]
  Clear["Global`*"]
```

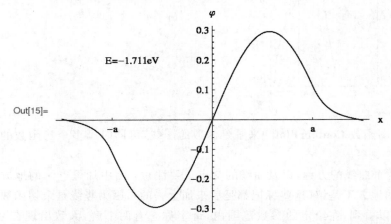

在上面的程序里,只要把 η 的第二个解代入,并适当扩大求解范围,即可算得对应的能量和波函数曲线,结果如下图。

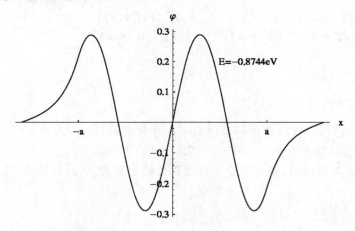

对以上程序解释如下。

(1) 在计算波函数数值解的句子里,因为波函数是奇函数,在中心点($x=0$)必然为 0,而波函数在 $x=0$ 的导数可以任意取(程序中取 1),这样算出的波函数一般不是归一化的,所以,接下来的句子就是求归一化系数的,所画出的波函数曲线已经是归一化的。

(2) 解算范围 $-1.5a \sim 1.5a$ 是试验后的取值,波函数数值在此区域外已经很小,可以忽略。读者可以试着对此范围稍加扩展以后再计算,观察结果。

综观波函数曲线,两个奇宇称态的波函数都再现了奇对称的特性,波函数的主要部分在 $-a \sim a$ 的范围内,电子的局域性得到保证。

对于本题偶宇称态的解,请读者仿照奇宇称态的求解过程自己完成,这里只列出能量方程的三个 η 解:$7.112, 5.96631, 2.80266$。与最大 η 对应的能量和波函数的计算如下。该程序是把奇宇称态对应的程序复制过来的,改动的地方是波函数的初始值,因为是偶对称,所以在 $x=0$ 的波函数导数必然为 0,而波函数本身可取任意值(程序中取 1),然后再对波函数进行归一化。

```
In[25]:= η = 7.112; energy = -3.81077 × 10⁻² × η²;
        txt = "E=" <> ToString[SetPrecision[energy, 4]] <> "eV";
        a = 10; V0 = 2; x1 = -1.4 a; x2 = 1.4 a;
        V[x_] := If[Abs[x] ≤ a, -V0, 0]
        s = NDSolve[{φ''[x] + 0.262713 × (energy - V[x]) φ[x] == 0,
            φ[0] == 1, φ'[0] == 0}, φ, {x, x1, x2}];
        total = NIntegrate[φ[x]² /. First[s], {x, x1, x2}];
        Plot[(φ[x] /. First[s]) / √total , {x, x1, x2},
         Ticks → {{{-a, "-a"}, {a, "a"}}, Automatic},
         PlotRange → All, AxesLabel → {"x", "φ"},
         Epilog → Text[txt, {a, 0.2}]]
        Clear["Global`*"]
```

Out[31]=

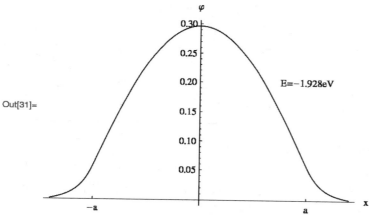

Out[31]是本题的基态波函数。当 η 取另外的两个值时,可算得其余的能量和波函数,见下图,能量已经标在波函数的图上。

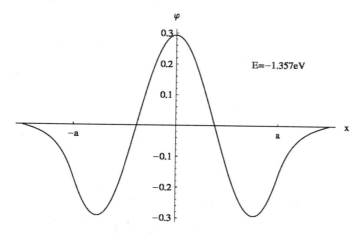

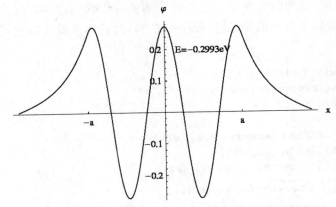

总结一下三个波函数的求解结果。可以看到,三个偶宇称态的波函数都正确地显示了它们的宇称性,即关于纵轴对称;波函数主要局域在$-a \sim a$的范围内,在此之外,所占的份额就很小了。另外,能量越大的态,波函数振荡的次数越多,波的频率越高,波长越短。这与物质波的含义是一致的,因为能量高对应的动量就大,扩展范围也大。

归纳一下能量和宇称的计算结果,将它们列入下表。

能量/eV	宇称	能量/eV	宇称
-1.928	偶	-0.8744	奇
-1.711	奇	-0.2993	偶
-1.357	偶		

可见,宇称态在能量上是奇偶交替的,基态是偶宇称。

把能量从低到高排列起来,画出能级图,观察能级的分布情况,见 Out[34]。由图可见,能级不是均匀分布的,越往能量高处,能级间距越大。这是方势阱的结果,其他形式的势函数给出的能级分布显示另外的特性,本例的结论不具有一般性。

```
In[33]:= data = {-0.2993, -0.8744, -1.357, -1.711, -1.928};
Plot[data, {x, 0, 1}, AxesOrigin -> {0, -2}, AxesStyle → Thick,
  Ticks -> {None, data}, AxesLabel -> {None, "E/eV"}]
Clear["Global`*"]
```

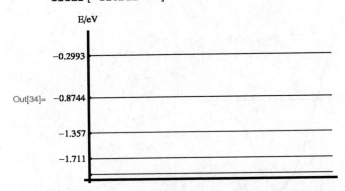

回顾前面的分析,本例的各个状态其实都有严格的解析解,只是能量不能最后求出来,需要数值求解,而一旦得到能量的解,波函数就由简单的(正弦或指数)函数来表示。读者可以试一下,将能量代回去,求得解析波函数,经过归一化,画出它们的图,看看能否与数值解画出的

图一致？

3. 波函数计算的误差

在前面各个态的波函数计算，大家看到结果都很好；但是，若将计算范围扩大，就会看到，在远离中心的两边，在波函数本来应该趋于 0 的地方，其值却反常地增大起来。下面以基态波函数的计算为例，将求解范围扩大为 $-2.0a \sim 2.0a$，结果如下。

```
In[36]:= η = 7.112; energy = -3.81077 × 10⁻² × η²;
        a = 10; V0 = 2; x1 = -2.0 a; x2 = 2.0 a;
        V[x_] := If[Abs[x] ≤ a, -V0, 0]
        s = NDSolve[{φ''[x] + 0.262713 × (energy - V[x]) φ[x] == 0,
            φ[0] == 1, φ'[0] == 0}, φ, {x, x1, x2}];
        total = NIntegrate[φ[x]² /. First[s], {x, x1, x2}];
        Plot[(φ[x] /. First[s]) / √total, {x, x1, x2},
         Ticks → {{{-a, "-a"}, {a, "a"}}, Automatic},
         PlotRange → All, AxesLabel → {"x", "φ"}]
        Clear["Global`*"]
```

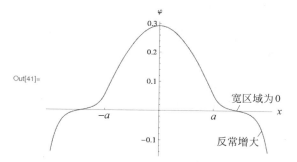

Out[41]清楚地显示，在波函数存在的主要区域（$-1.5a \sim 1.5a$），计算结果是正常的，波函数向外扩展，逐渐趋于 0；但是，没过多久，波函数离开 0 值又开始增大，而且，如果把范围再扩大，读者将会看到，这种增大是非常迅速地向无穷大逼近，不是振荡，更不会再回到 0 值上来。这种计算特性在后续的其他场合也是存在的，它是计算误差的累积造成的，在宽区域函数为 0 或者斜率为 ∞ 的地方，常常出现这种情况，值得读者注意。

8.1.2 量子态的叠加与新能级的形成

有了方势阱模型的计算作为基础，下面来讨论一个别样的问题：**势阱函数是中心对称的，但中间有一个势垒**，这样的量子系统将导致能级数增多，增多的原因，可以用物质波的叠加来理解。这也是量子力学特性的体现。同时，我们也用**微扰论**的办法给出近似解，比较它们与精确解的差别。

本例的势函数可以用图 8-2 表示，电子被两边无穷高的势垒所阻挡，只能局限在 $-a < x < a$ 范围内运动。在 $-b < x < b$ 范围内有一个有限高度的势垒，高度为 V_0；其余地方，势能为 0。我们要求 $0 < E < V_0$ 的本征态。该问题的严格解将放在后面。我们现在来考虑这样的问题：在 $-a < x < -b$ 以及 $b < x < a$ 两个区域，其实也可以分别看做单独的势阱，

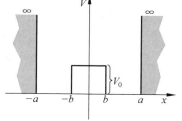

图 8-2 内有势垒的势阱

电子受两边势垒的阻挡,情形与方势阱有所相似,电子的波函数主要局限在势阱里,向原点方向扩散的不多。因此,电子在如图 8-2 所示的势场中的能量应该与电子局限在一边势阱内的能量接近,但波函数应该与电子在两边势阱内波函数的叠加接近。

1. 微扰论计算

我们来检验以上的估计。设想电子分别处在如图 8-3(a)和(b)所示的势场中,分别来求解它们的基态能量和波函数,后面称它们为**单态**。

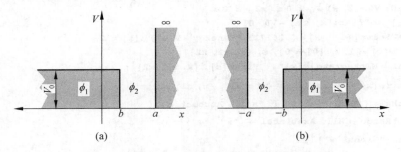

图 8-3 将内部具有势垒的势阱拆分成两种模型

下面直接用程序写出处理过程,其中 ϕ_1 和 ϕ_2 分别表示图 8-3 上两个区域内的波函数,a_1、b_1、b_2 是波函数内的系数。在无穷势垒区波函数为 0。

1)(a)种情形

应用 a、b 两处边界条件,得到两个方程,见 Out[3]~Out[4]。

```
In[1]:= φ1 = a1 e^(β x);
        φ2 = b1 Cos[ω x] + b2 Sin[ω x];
        (φ2 /. x → a) == 0
        (D[Log[φ1], x] /. x → b) == D[Log[φ2], x] /. x → b
        Clear[φ1, φ2]

Out[3]= b1 Cos[a ω] + b2 Sin[a ω] == 0
```

$$Out[4]= \beta == \frac{b2\, \omega\, Cos[b\, \omega] - b1\, \omega\, Sin[b\, \omega]}{b1\, Cos[b\, \omega] + b2\, Sin[b\, \omega]}$$

其中

$$\omega^2 = \frac{2mE}{\hbar^2}, \quad \beta^2 = \frac{2m(V_0 - E)}{\hbar^2}, \quad \xi = a\omega, \quad \eta = a\beta, \quad \xi^2 + \eta^2 = \frac{2ma^2V_0}{\hbar^2}$$

处理这两个边界方程,得到

$$k = b_1/b_2 = -\tan\xi, \quad \eta = \frac{\xi\cos(b\xi/a) - k\xi\sin(b\xi/a)}{k\cos(b\xi/a) + \sin(b\xi/a)}$$

写程序观察能量方程解的位置,令 $a = 5\text{Å}, b = 1\text{Å}, V_0 = 3.5\text{eV}$。

```
In[6]:= a = 5; b = 1; V0 = 3.5;

        r = (2 × 9.109 × 10^(-31) × a^2 × 10^(-20) × V0 × 1.602 × 10^(-19)) / (1.0546 × 10^(-34))^2;

        ContourPlot[{ξ^2 + η^2 == r,
```

$$\eta == \left(\frac{\xi \, \text{Cos}[b\,\xi\,/\,a] - k\,\xi\,\text{Sin}[b\,\xi\,/\,a]}{k\,\text{Cos}[b\,\xi\,/\,a] + \text{Sin}[b\,\xi\,/\,a]} \,/. \, k \to - \text{Tan}[\xi] \right) \right\},$$

$$\left\{ \xi, \, 0.1, \, \sqrt{r} \right\}, \, \left\{ \eta, \, 0.1, \, \sqrt{r} \right\}, \, \text{FrameLabel} \to \{ "\xi", \, "\eta" \} \right]$$

```
Clear["Global`*"]
```

Out[8]=
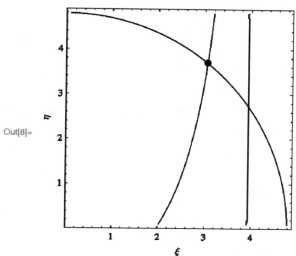

Out[8]显示,能量只有一个解,对应图中黑点 · ,用函数 **FindRoot[]** 求之,得 $\xi = 3.06086$。
根据能量与 ξ 的关系

$$E = \hbar^2 \xi^2 / (2ma^2)$$

可得在小势阱内唯一一束缚态的能量为 1.42811eV。

继续求波函数,暂不归一化。令 ϕ_1 表达式中指数函数的系数 $a_1 = 1$,求系数 b_1 和 b_2。

```
In[10]:= a = 5; b = 1; ξ = 3.06086; η = 3.68678;
        φ1 = e^(η x/a);
        φ2 = b1 Cos[ξ x / a] + b2 Sin[ξ x / a];
        equ1 = ((φ1 /. x → b) == φ2 /. x → b);
        equ2 = (b1 / b2 == -Tan[ξ]);
        s = Solve[{equ1, equ2}, {b1, b2}]
        Clear["Global`*"]
```

Out[15]= {{b1 → 0.263912, b2 → 3.26186}}

根据求得的系数,构造波函数,并画出其波形,见下面的 Out[21]。

```
In[17]:= a = 5; b = 1; ξ = 3.06086; η = 3.68678;
        φ1[x_] := e^(η x/a);
        φ2[x_] := ((b1 Cos[ξ x / a] + b2 Sin[ξ x / a]) /.
            {b1 → 0.263912, b2 → 3.26186});
        ψ1[x_] := Which[x < b, φ1[x], b ≤ x ≤ a, φ2[x]];
        Plot[ψ1[x], {x, -a, a}, PlotRange → {0, 4},
         AxesLabel → {"x", "ψ1"}]
        Clear["Global`*"]
```

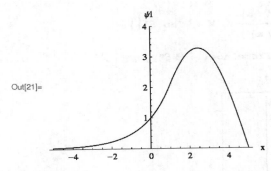

Out[21]=

2）（b)种情形

根据基态的偶对称特性,可以从(a)情形的解求出(b)情形下的能量与波函数。能量是相同的,波函数可以根据偶对称性而求得,见下面的结果：

$$\psi_2(x) = \psi_1(x)$$

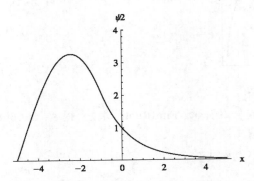

到此,**电子单独在两边势阱内的解都已得到。**

现在转到图 8-2 上的势模型上来。从 Out[21]等图形可以看出,电子的波函数并没有完全局限在左边或右边的势阱里,而是分别向对方有所扩展,可以预计,它们在中部势垒内有交叠,这将导致什么结果呢？根据量子力学,叠加态的能量将与单独一个态的能量有所不同,而且随着叠加方式的不同,能量也不一样。例如,两个波函数 ψ_1 和 ψ_2 将有两种常见的叠加方式,从而得到两个新态

$$\varphi_1 = \psi_1 + \psi_2, \quad \varphi_2 = \psi_1 - \psi_2$$

用程序画出这两个波函数的图形,一窥其特性。

```
In[25]:= a = 5; b = 1; ξ = 3.06086; η = 3.68678;
        φ1[x_] := e^(η x/a);
        φ2[x_] := ((b1 Cos[ξ x / a] + b2 Sin[ξ x / a]) /.
            {b1 → 0.263912, b2 → 3.26186});
        ψ1[x_] := Which[x < b, φ1[x], b ≤ x ≤ a, φ2[x]];
        ψ2[x_] := ψ1[-x];
        Plot[ψ1[x] + ψ2[x], {x, -a, a}, PlotRange → {0, 4},
         AxesLabel → {"x", "φ1"}]
        Plot[ψ1[x] - ψ2[x], {x, -a, a}, PlotRange → {-4, 4},
         AxesLabel → {"x", "φ2"}]
        Clear["Global`*"]
```

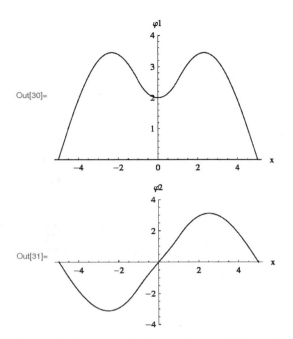

Out[30]=

Out[31]=

从 Out[30] 和 Out[31] 这两个新态的分布来看，它们分别具有偶对称和奇对称，因此，它们应该是两个具有意义的状态。

假设状态 φ_1 和 φ_2 为如图 8-2 所示模型的近似本征态，即满足

$$\hat{H}\varphi_{1,2} = E_{1,2}\varphi_{1,2}$$

其中，$\hat{H}$ 是哈密顿量算符。这样做是秉承了量子力学中**微扰论**的基本思想，用一些已知函数构造近似本征函数，其近似程度与波函数的交叠程度有关。据此可以计算本征能量

$$E_{1,2} = \frac{\langle \varphi_{1,2} \mid \hat{H} \mid \varphi_{1,2} \rangle}{\langle \varphi_{1,2} \mid \varphi_{1,2} \rangle}$$

为表示简单起见，用到了态函数的左矢和右矢表示。下面计算这两个能量，要注意物理量的单位一致。

```
In[33]:=  ξ = 3.06086; η = 3.68678;
          a = 5; b = 1; V0 = 3.5 × 1.602 × 10⁻¹⁹;
          ℏ = 1.0546 × 10⁻³⁴; m = 9.109 × 10⁻³¹; e = 1.602 × 10⁻¹⁹;
          ϕ1[x_] := e^(η x/a);
          ϕ2[x_] := ((b1 Cos[ξ x / a] + b2 Sin[ξ x / a]) /.
              {b1 → 0.263912, b2 → 3.26186});
          ψ1[x_] := Which[x < b, ϕ1[x], b ≤ x ≤ a, ϕ2[x]];
          ψ2[x_] := ψ1[-x];
          V[x_] := Which[Abs[x] < b, V0, b <= Abs[x] ≤ a, 0];
          φ1[x_] := ψ1[x] + ψ2[x]; φ2[x_] := ψ1[x] - ψ2[x];
          Hφ1[x_] := - ℏ²/(2 m × 10⁻²⁰) D[φ1[x], {x, 2}] + V[x] φ1[x];

          Hφ2[x_] := - ℏ²/(2 m × 10⁻²⁰) D[φ2[x], {x, 2}] + V[x] φ2[x];
```

```
E1 = (NIntegrate[φ1[x] Hφ1[x], {x, -a, a}]) /
     (NIntegrate[φ1[x]², {x, -a, a}]) / e;
E2 = (NIntegrate[φ2[x] Hφ2[x], {x, -a, a}]) /
     (NIntegrate[φ2[x]², {x, -a, a}]) / e;
Print["E(φ1) = ", E1, " eV", ",", "  ", "E(φ2) = ", E2, " eV"]
Clear["Global`*"]
```

$\text{E}(φ1) = 1.241265447 \text{ eV}, \quad \text{E}(φ2) = 1.653677634 \text{ eV}$

可见,两个状态的能量是明显不同的。注意到在叠加以前单态的能量是 1.42912eV,所以,叠加态的能量之中一个比单态能量高,另一个比单态能量低,似乎是单态的分裂。

2. 精确解

那么,微扰计算得到的这两个态是真实的态吗? 也就是说,图 8-2 那样的势模型,真的会出现能量近似为 1.24127eV 和 1.65368eV 两个态吗? 若真的存在,就表明微扰论是有道理的,可以坚定我们对量子态特性的认识。下面来严格地求解图 8-2 模型对应的量子态,请读者顺序读完下面的程序,程序也分成了对偶态的计算与奇态的计算。

求偶态的边界条件。

```
In[1]:= φ1 = a1 (e^(-β x) + e^(β x));
        φ2 = b1 Cos[ω x] + b2 Sin[ω x];
        (φ2 /. x → a) == 0
        (D[Log[φ1], x] /. x → b) == D[Log[φ2], x] /. x → b
        Clear[φ1, φ2]
```

$\text{Out[3]= } b1 \cos[a\,ω] + b2 \sin[a\,ω] == 0$

$$\text{Out[4]= } \frac{-e^{-b\beta}\,\beta + e^{b\beta}\,\beta}{e^{-b\beta} + e^{b\beta}} == \frac{b2\,ω\cos[b\,ω] - b1\,ω\sin[b\,ω]}{b1\cos[b\,ω] + b2\sin[b\,ω]}$$

变量替换。

```
k == -Tan[ξ]
```

$$\frac{-e^{-b\eta/a}\,\eta + e^{b\eta/a}\,\eta}{e^{-b\eta/a} + e^{b\eta/a}} == \frac{ξ\cos[b\,ξ/a] - k\,ξ\sin[b\,ξ]}{k\cos[b\,ξ/a] + \sin[b\,ξ/a]} \,/.\, k → -Tan[ξ]$$

观察偶态能量解的近似位置,求解偶态的能量。

```
In[6]:= a = 5; b = 1; V0 = 3.5;
```

$$r = \frac{2 \times 9.109 \times 10^{-31} \times a^2 \times 10^{-20} \times V0 \times 1.602 \times 10^{-19}}{(1.0546 \times 10^{-34})^2};$$

$$equ = \left\{ ξ^2 + \eta^2 == r, \frac{-e^{-b\eta/a}\,\eta + e^{b\eta/a}\,\eta}{e^{-b\eta/a} + e^{b\eta/a}} \right.$$

$$\left. == \frac{ξ\cos[b\,ξ/a] - k\,ξ\sin[b\,ξ/a]}{k\cos[b\,ξ/a] + \sin[b\,ξ/a]} \,/.\, k → -Tan[ξ]\right\};$$

```
s = FindRoot[equ, {ξ, 2.5}, {η, 4}]
```

```
Print["E(even) = ", (ξ² V0/r /. s), " eV"]
Clear["Global`*"]
```

Out[9]= {ξ → 2.858347795, η → 3.845921025}

E(even) = 1.245381638 eV

根据能量求偶态波函数。

```
In[12]:= a = 5; b = 1; V0 = 3.5; ξ = 1.24538;
    V[x_] := Which[Abs[x] ≤ b, V0, b < Abs[x] ≤ a, 0];
    equ = {φ''[x] - 0.262713 (V[x] - ξ) φ[x] == 0,
        φ[0] == 1, φ'[0] == 0};
    s = NDSolve[equ, φ, {x, -a, a}];
    Plot[φ[x] /. s[[1]], {x, -a, a}, AxesLabel → {"x", "φ"}]
    Clear["Global`*"]
```

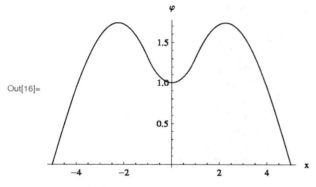

如法炮制，可以计算奇态的能量与波函数。

```
In[18]:= a = 5; b = 1; V0 = 3.5;
    r = (2 × 9.109 × 10⁻³¹ × a² × 10⁻²⁰ × V0 × 1.602 × 10⁻¹⁹)/(1.0546 × 10⁻³⁴)²;
    equ = {ξ² + η² == r, (-e^(-b η/a) η - e^(b η/a) η)/(e^(-b η/a) - e^(b η/a))
        == (ξ Cos[b ξ/a] - k ξ Sin[b ξ/a])/(k Cos[b ξ/a] + Sin[b ξ/a]) /. k → -Tan[ξ]};
    s = FindRoot[equ, {ξ, 3.2}, {η, 3.5}]
    Print["E(odd) = ", (ξ = ξ² V0/r /. s), " eV"]
    V[x_] := Which[Abs[x] ≤ b, V0, b < Abs[x] ≤ a, 0];
    equ = {φ''[x] - 0.262713 (V[x] - ξ) φ[x] == 0,
        φ[0] == 0, φ'[0] == 1};
    s = NDSolve[equ, φ, {x, -a, a}];
    Plot[φ[x] /. s[[1]], {x, -a, a}, AxesLabel → {"x", "φ"}]
    Clear["Global`*"]
```

Out[21]= {ξ → 3.282125286, η → 3.491262559}

E(odd)= 1.642035817 eV

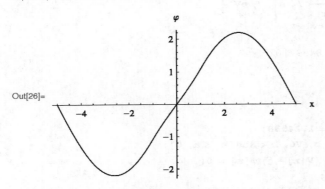

Out[26]=

最后,将单态的能量、微扰论的能量与严格解的能量画在同一能级图上,可以将它们之间的关系和近似程度看得更清楚。

```
In[28]:= energy1 = {1.42811}; energy2 = {1.24127, 1.65368};
energy3 = {1.24538, 1.64206};
energy = Union[energy1, energy2, energy3];
g1 = Plot[Evaluate[energy1], {x, 0, 1},
    PlotStyle → {Dashing[{0.02, 0.02}]}];
g2 = Plot[Evaluate[energy2], {x, 0, 1},
    PlotStyle → {Thickness[0.003]}];
g3 = Plot[Evaluate[energy3], {x, 0, 1},
    PlotStyle → {Thickness[0.005]}];
Show[{g1, g2, g3}, PlotRange → {1.2, 1.7},
 AxesOrigin → {0, 1.0}, Ticks → {None, energy},
 AxesLabel → {None, "E/eV"}]
Clear["Global`*"]
```

Out[34]=

可以总结一下本例的"战果"。

第一,从数值上看,严格解给出的能量与微扰论给出的能量很接近,波函数也非常相似,这表明了微扰论方法有一定的可取之处,若用得好,可以简化对问题的求解。读者应该通过这个可以进行定量对比的例子来坚定对该方法的信心。第二,两个具有局域性的态,它们只要有交叠,就会导致出现新的状态,随着量子态叠加方式的不同,叠加态也不一样,这就导致单态的"分裂"。这种情况在分子里广泛存在,例如氨分子,它是四面体结构,氮原子在三个氢原子组成的平面上方或者下方。如果仅考虑单独一种位型,就是前面说的单态;但两个单态通过中间的势垒有交叠,从而导致氨分子基态的分裂,这个结果被用来制造氨分子激射器。

8.1.3　量子围栏

在这一节中,我们来求解一个二维的量子问题,即**量子围栏**。

在表面物理学的技术发展中,已经可以造成用一圈原子来围堵一个电子的结构,电子在"原子圈"内沿固体表面做二维的运动。图 8-4 是一幅著名的图,它是扫描隧道显微镜将 48 个铁原子搬运到铜晶体的表面围成一个圆,然后对这样的表面进行 STM 成像的结果[①]。图中既有铁原子内电子成的像,也有围栏之内"自由运动"的电子所成的像,电子的密度呈现中心对称的振荡波。下面要研究的就是围栏内电子的量子态问题,并由此认识 Mathematica 中的一些特殊函数。

这个问题的势函数模型可以用图 8-5 表示,围栏的半径设为 a,则

$$V(x,y) = \begin{cases} 0, & \sqrt{x^2+y^2} \leqslant a \\ V_0, & \sqrt{x^2+y^2} > a \end{cases}$$

势阱高度 V_0 可以是有限的,也可以是无限的。

图 8-4　48 个铁原子在铜表面形成围栏的 STM 像

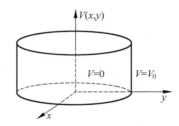

图 8-5　量子围栏的势函数模型

1. 分离变量法

我们求解电子在被围栏束缚情况下的能量和波函数。根据势函数的对称性,可以取平面极坐标系来求解。定态薛定谔方程是

$$-\frac{\hbar^2}{2m}\left[\frac{1}{r}\frac{\partial}{\partial r}\left(r\frac{\partial}{\partial r}\right) + \frac{1}{r^2}\frac{\partial^2}{\partial\theta^2}\right]\psi(r,\theta) + V(r)\psi(r,\theta) = E\psi(r,\theta)$$

采用分离变量法,设波函数可写为径向部分和角向部分的乘积

$$\psi(r,\theta) = \varphi(r)\,\phi(\theta)$$

代入定态方程,然后两边同时除以 ψ,得

$$\frac{r}{\varphi(r)}\frac{\mathrm{d}}{\mathrm{d}r}\left[r\frac{\mathrm{d}\varphi(r)}{\mathrm{d}r}\right] + \frac{1}{\phi(\theta)}\frac{\mathrm{d}^2\phi(\theta)}{\mathrm{d}\theta^2} - \frac{2mr^2}{\hbar^2}[V(r) - E] = 0$$

可见,径向部分和角向部分是分离的,如果设

$$\frac{1}{\phi(\theta)}\frac{\mathrm{d}^2\phi(\theta)}{\mathrm{d}\theta^2} = -n^2 \quad (n \text{ 是引进的参数})$$

则能得到两个分立的方程

$$\phi''(\theta) + n^2\phi(\theta) = 0 \tag{8-10}$$

$$r^2\varphi''(r) + r\varphi'(r) - \left\{n^2 + \frac{2mr^2}{\hbar^2}[V(r) - E]\right\}\varphi(r) = 0 \tag{8-11}$$

---

① 来自网络资料。

方程(8-10)的解为

$$\phi(\theta) = \phi_0 \cos(n\theta + \theta_0)$$

根据波函数的单值性,$\phi(\theta)$应该是θ以2π为周期的函数,因此要求

$$n = 整数(0, \pm 1, \pm 2, \cdots)$$

熟悉量子力学的读者知道,n代表电子的轨道角动量,是绕中心运动量子化的反映。

在已知n为整数的情况下,我们对方程(8-11)分两种情况来讨论:势阱壁无限高和势阱壁有限高。

1) 无限深势阱

在势阱外,$\varphi(r) = 0$。

在势阱内,式(8-11)又写为

$$r^2 \varphi''(r) + r\varphi'(r) - (n^2 - k^2 r^2)\varphi(r) = 0$$

其中,$k^2 = 2mE/\hbar^2$。若令$\rho = kr$,则

$$\rho^2 \varphi''(\rho) + \rho\varphi'(\rho) - (n^2 - \rho^2)\varphi(\rho) = 0 \tag{8-12}$$

这是标准的**整数贝塞尔方程**,有两种独立形式的解,即**第一类贝塞尔函数**和**诺伊曼函数**,它们在 Mathematica 里都有,分别是 **BesselJ**$[n, \rho]$函数和 **BesselY**$[n, \rho]$函数。但是,这两种函数在$\rho = 0$附近的行为是不同的,前者取有限值,而后者趋于∞,不满足波函数有限的要求,举例如下。

```
In[1]:= Plot[BesselJ[3, x], {x, 0, 5}, AxesLabel → {"x", "BJ"}]
        Plot[BesselY[3, x], {x, 0, 5}, AxesLabel → {"x", "BY"}]
```

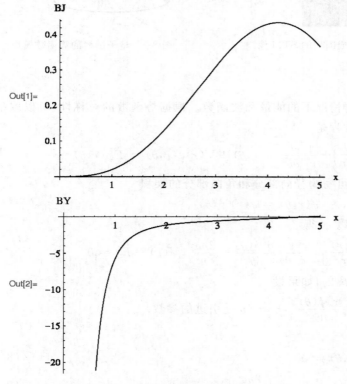

因此,可能的解是n阶的第一类贝塞尔函数,即

$$\varphi_1(\rho) = c_1 \cdot J_n(\rho), \quad \rho \leqslant ka, \quad c_1 是待定常数$$

根据波函数在边界上连续性的要求,应该有

$$J_n(ka) = 0 \tag{8-13}$$

满足 $J_n(x_{np}) = 0$ 的 x_{np} 称为 **J_n 的零点**，其值与 n 的值有关，为了让读者有具体的印象，先画出前几个贝塞尔函数的曲线，观察一下它们零点的大致情况。

In[3]:= `Plot[BesselJ[0, x], {x, 0, 10}, AxesLabel → {"x", "J0"}]`
`Plot[BesselJ[1, x], {x, 0, 10}, AxesLabel → {"x", "J1"}]`
`Plot[BesselJ[2, x], {x, 0, 10}, AxesLabel → {"x", "J2"}]`
`Plot[BesselJ[3, x], {x, 0, 10}, AxesLabel → {"x", "J3"}]`

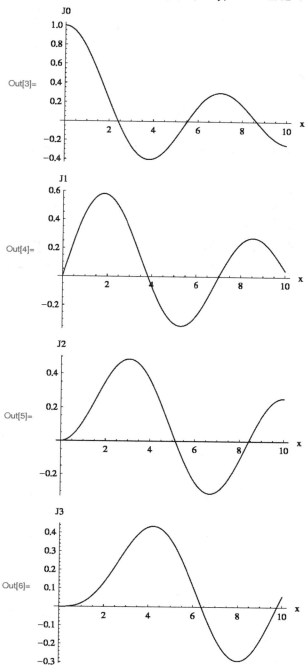

根据观察,读者可以大致确定某函数的零点,例如 0 阶贝塞尔函数的零点大概是

$$2.4, 5.5, 8.6, \cdots$$

零点有无限多个。它们更准确的值要通过函数 **FindRoot[]** 来求,例如

```
In[7]:= FindRoot[BesselJ[0, x], {x, 2.4}]
        FindRoot[BesselJ[0, x], {x, 5.5}]
        FindRoot[BesselJ[0, x], {x, 8.6}]
```

Out[7]= $\{x \to 2.40483\}$

Out[8]= $\{x \to 5.52008\}$

Out[9]= $\{x \to 8.65373\}$

有了这些函数零点的值,就可以根据方程

$$ka = x_{np}$$

求得 k,进而确定能量。读者可以自行练习,这里就不赘述了。

2)有限深势阱

这时,波函数在势阱内外都有不为 0 的值。在势阱内,依然满足方程(8-12),其解仍然是 $J_n(\rho)$;但在势阱之外,则满足方程

$$r^2 \varphi''(r) + r \varphi'(r) - (n^2 + \kappa^2 r^2) \varphi(r) = 0$$

其中,$\kappa^2 = 2m(V_0 - E)/\hbar^2 > 0$。若令 $\rho = \kappa r$,则

$$\rho^2 \varphi''(\rho) + \rho \varphi'(\rho) - (n^2 + \rho^2) \varphi(\rho) = 0 \tag{8-14}$$

方程(8-14)的解是所谓**修正的贝塞尔函数**,在 Mathematcia 里有它们的表示,分别是 **BesselK**$[n, \rho]$ 和 **BesselI**$[n, \rho]$。同样,若考察它们在远处的行为,就会发现后者在远处趋于 ∞,而前者趋于 0,前者符合要求。例如 0 阶的函数图像如下:

```
In[10]:= Plot[BesselK[0, x], {x, 0, 10}, AxesLabel → {"x", "BK"}]
         Plot[BesselI[0, x], {x, 0, 10}, AxesLabel → {"x", "BI"}]
```

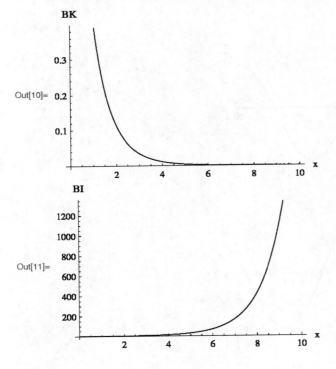

所以,在势阱外,方程(8-14)的解为

$$\varphi_2(\rho) = c_2 \cdot K_n(\rho), \quad \rho \geqslant \kappa a, \quad c_2 \text{ 是待定系数}$$

在势阱的边界上,需要满足波函数相等及波函数的一次导数相等,使用关系

$$\frac{\mathrm{d}}{\mathrm{d}x}\lg\varphi_1(x)\bigg|_{x=a+} = \frac{\mathrm{d}}{\mathrm{d}x}\lg\varphi_2(x)\bigg|_{x=a-}$$

则可以方便地去掉待定的系数,得到

$$\frac{kJ'_n(ka)}{J_n(ka)} = \frac{\kappa K'_n(\kappa a)}{K_n(\kappa a)} \tag{8-15}$$

为了能从方程(8-15)中解出能级的值,我们来做一些数值上的组合。取长度以埃为单位,能量以电子伏特(eV)为单位,那么,宗量 ka、κa 就是无量纲的量。改换单位后,其中要出现一个系数 b:

$$b = \sqrt{2m \cdot e} \times 10^{-10} / \hbar = 0.512264$$

于是式(8-15)变成了

$$\frac{\sqrt{E}J'_n(ab\sqrt{E})}{J_n(ab\sqrt{E})} - \frac{\sqrt{V_0-E}K'_n(ab\sqrt{V_0-E})}{K_n(ab\sqrt{V_0-E})} = 0 \tag{8-16}$$

取量子围栏的参数如下(有点随意性):

$$a = 10\text{Å}, \quad V_0 = 30\text{eV}$$

先观察方程(8-16)成立的能量的大致位置。以 $n=0$ 为例,能量用 x 表示,d(x)表示方程(8-16)左边的两项之差,观察程序如下。

```
In[12]:= b = 0.512264; V0 = 30; a = 10;
         d[x_] := (x D[BesselJ[0, x], x] / . x -> (a b Sqrt[x]) ) -
                   ----------------------------
                        BesselJ[0, x]

                  (x D[BesselK[0, x], x] / . x -> (a b Sqrt[V0 - x]) );
                   ----------------------------
                        BesselK[0, x]
         d[x]
         Plot[Evaluate[d[x]], {x, 0, V0},
          PlotPoints -> 200, PlotRange -> 100]
         Clear["Global`*"]
```

$$Out[14]= -\frac{5.12264\sqrt{x}\,\text{BesselJ}[1, 5.12264\sqrt{x}]}{\text{BesselJ}[0, 5.12264\sqrt{x}]}$$

$$+ \frac{5.12264\sqrt{30-x}\,\text{BesselK}[1, 5.12264\sqrt{30-x}]}{\text{BesselK}[0, 5.12264\sqrt{30-x}]}$$

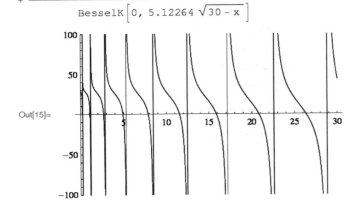

Out[15]=

Out[14]给出了方程(8-16)左边的两项之差,里面含有一阶 J 函数。Out[15]是差函数随能量变化的图线,其中有多个过零点的地方,那些地方的能量就是要求的本征能量,而竖直的线是函数从 $-\infty$ 到 $+\infty$ 的转换线,它们与水平轴的交点不是问题的解。我们可以把水平轴放大,确定在小于 V_0 的范围内各个 0 点的**大致位置**,然后用下列程序求解更精确的 0 点。

```
In[17]:= b = 0.512264; V0 = 30; a = 10; result = {};
        d[x_] := Evaluate[
          (x D[BesselJ[0, x], x] / . x → (a b √x)) -
          ──────────────────────
               BesselJ[0, x]
          (x D[BesselK[0, x], x] / . x → (a b √(V0 - x)))];
          ──────────────────────
               BesselK[0, x]
        xapp = {0.2, 1.1, 2.6, 5.0, 7.9, 11.6, 16, 20.8, 26};
        Do[c = FindRoot[d[x], {x, xapp[[i]]}];
         AppendTo[result, x / . c[[1]]], {i, Length[xapp]}]
        Partition[result, 3] // TableForm
        Clear["Global`*"]
Out[21]//TableForm=
        0.205459   1.08218   2.6579
        4.93001    7.89352   11.5401
        15.8552    20.8091   26.3192
```

Out[21]就是本例的电子能量本征值 $\{e_i\}$,共有 9 个能级。能量差值随能级的升高越来越大,与一维有限深势阱的情况很相似。不过,这仅仅是 0 阶函数的情况,全部能量的排序需要把所有阶的本征能级都求出来才行。读者可以仿照上面的方法计算全部的本征能级,观察一下有什么规律?

2. 波函数计算

有了能量,就可以求出波函数。还是以 0 阶的贝塞尔函数为例,波函数的定义为

$$\varphi(r) = \begin{cases} c_1 J_0(b\sqrt{e_i}\,r), & r < a \\ c_2 K_0(b\sqrt{V_0 - e_i}\,r), & r \geqslant a \end{cases}$$

在势阱的边缘,两部分应该相等,由此得出两个待定系数的比值

$$k = c_2/c_1 = J_0(ab\sqrt{e_i})/K_0(ab\sqrt{V_0 - e_i})$$

因此,没有归一化的波函数可以写成

$$\varphi(r) = \begin{cases} J_0(b\sqrt{e_i} \cdot r), & r < a \\ kK_0(b\sqrt{V_0 - e_i} \cdot r), & r \geqslant a \end{cases}$$

然后再归一化,就避免了求解代数方程组的麻烦。下面画出 9 个归一化的径向波函数。

```
In[23]:= b = 0.512264; V0 = 30; a = 10; K = {}; fig = {};
        e = {0.205459, 1.08218, 2.6579, 4.93001, 7.89352,
            11.5401, 15.8552, 20.8094, 26.3192};
        len = Length[e];
        Do[k = (BesselJ[0, x] / . x → (a b √(e[[i]]))) /
            (BesselK[0, x] / . x → (a b √(V0 - e[[i]])));
         AppendTo[K, k], {i, len}]
        Array[φ, len];
```

```
Do[φ[i][r_] := If[r < a, BesselJ[0, b √(e[[i]]) r],
   K[[i]] BesselK[0, b √(V0 - e[[i]]) r]], {i, len}]
Do[total = NIntegrate[φ[i][r]^2, {r, 0, 1.2 a}];
 g = Plot[φ[i][r] / √total, {r, 0, 1.2 a},
   PlotRange → {-0.5, 1}, Ticks → {{0.5 a, a}, {0.5, 1}}];
 AppendTo[fig, g], {i, len}]
fig = Partition[fig, 3]; Show[GraphicsArray[fig]]
Clear["Global`*"]
```

Out[30]=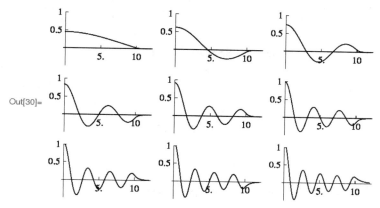

对于 Out[30]，应该从左到右，再从上到下，一行一行地看，才符合波函数的排列顺序。可以看到，随着能量的升高，波函数振荡加剧，电子透过阱壁进入到阱外的几率越来越大；对于基态，波函数几乎就局限在势阱里；任何情况下，电子在原点的几率都是最大的。

除了利用已知贝塞尔函数来画波函数，还可以通过数值计算求出波函数，就是数值解微分方程(8-11)的问题。下面研究波函数的数值计算。

对于 0 阶函数的情况，将方程(8-11)改造一下，得

$$r^2 \varphi''(r) + r\varphi'(r) - \beta(r)\varphi(r) = 0 \qquad (8-17)$$

其中

$$\beta(r) = \begin{cases} -de_i r^2, & r < a \\ d(V_0 - e_i)r^2, & r \geqslant a \end{cases}$$

无量纲参数 d 在前面计算过，这里重写如下

$$d = 2m \cdot e \cdot 10^{-20} / \hbar^2 = 0.262713$$

同时还须注意一点：0 阶贝塞尔函数在原点的值是 1，其一阶导数在原点的值是 0，读者很容易写程序证明这一点。

有了这么多准备，应该能够计算波函数了吧？事实表明，Mathematica 在用 **NDSolve[ ]** 求方程(8-17)数值解的时候，如果把原点作为出发点，会导致计算失败。下面写出的程序稍微做了一点改动：将计算的出发点从原点移到 $r = 10^{-6}$ 的位置，在该位置，波函数仍取 1，其导数仍取 0，这样做，计算就能进行下去了，结果是正确的。

```
In[32]:= V0 = 30; a = 10; d = 0.262713; fig = {};
   e = {0.205459, 1.08218, 2.6579, 4.93001, 7.89352,
```

```
                11.5401, 15.8552, 20.8094, 26.3192};
len = Length[e];
Do[
 β[r_] := d r² If[r < a, -e[[i]], V0 - e[[i]]];
 equ = {r² φ''[r] + r φ'[r] - β[r] φ[r] == 0,
     φ[10⁻⁶] == 1, φ'[10⁻⁶] == 0};
 s = NDSolve[equ, φ, {r, 10⁻⁶, 1.2 a}]; ϕ = φ /. s[[1]];
 total = NIntegrate[ϕ[r]², {r, 10⁻⁶, 1.2 a}];
 g = Plot[ϕ[r] / √total , {r, 10⁻⁶, 1.2 a},
     PlotRange → {-0.5, 1}, Ticks → {{0.5 a, a}, {0.5, 1}}];
 AppendTo[fig, g], {i, len}]
fig = Partition[fig, 3]; Show[GraphicsArray[fig]]
Clear["Global`*"]
```

Out[36]=

如果把结果 Out[36] 与前面用贝塞尔函数画出的结果对比,可以发现,二者在势阱之内几乎完全一致,在势阱之外有所差别,这是波函数在宽范围为 0 时计算的累积误差所致,在波函数"翘"起来的地方,其值实际上已经为 0。这说明,虽然在 0 点附近对初始条件做了近似处理,但这种近似程度是相当好的。读者可以把这种经验推广到其他计算实践中去,尝试选取初始条件,通过结果来检验其近似程度的好坏。

对于阶数 n 大于 0 的情况,请读者试用数值方法求波函数,看看会存在什么问题?

8.2　散射

量子散射是量子物理的重要部分。在这一节里,专门研究**一维散射问题**,它对于阐述量子散射的基本概念是重要的,也有实际的科学价值,由此发展的计算方法很有效,也很有启发性。

微观粒子的"散射态"属于量子定态的一种,求解的过程与求解束缚态类似,也是通过求解定态薛定谔方程来获得反射和透射状态,并计算反射几率与透射几率,它们与散射中心的势函数分布有密切关系。

8.2.1　一维量子散射数值计算的理论

量子散射问题,通常有一个有限尺度的**散射中心**,在此尺度范围内,粒子与散射中心有相互作用,一旦远离这个区域,粒子就是自由的。

图 8-6 是一维单粒子散射模型的势函数分布示意图,粒子流从散射中心左边入射并被反射,从右边透射出去。

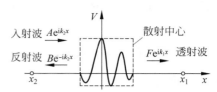

图 8-6 一维散射模型

下面,**我们详细阐述量子散射的"倒算法",这是一种新方法,与传统的计算方法不同**,例如分区求解薛定谔方程方法,"散射矩阵法"和"转移矩阵法"等[1]。

在散射问题中,波函数必须用复数来描写,而且不能归一化,这是区别于一维束缚态波函数的。例如,在右边远离势垒的区域,粒子用平面波描写

$$\phi(x) = F\mathrm{e}^{\mathrm{i}k_1 x}, \qquad x \gg 0$$

其中,$k_1 = \sqrt{\alpha[E - V(x_1)]}$,$\alpha = 2m/\hbar^2$,$E$ 是粒子的能量,x_1 是右边开始计算的起点,$V(x)$ 在 x_1 附近已经接近常数。我们采取的方式是:**计算是从散射中心右边往左边进行的**,与通常计算顺序倒过来,这是因为右边是单纯的透射波函数,便于表示。为进一步简化,我们令 $F=1$。

设波函数的一般表达式为

$$\phi(x) = \phi_1(x) + \mathrm{i}\,\phi_2(x)$$

其中,$\phi_1(x)$ 和 $\phi_2(x)$ 分别是波函数的实部与虚部,则在 x_1 处

$$\phi_1(x_1) = \cos(k_1 x_1), \qquad \phi_2(x_1) = \sin(k_1 x_1)$$

因为在右边

$$\phi'(x) = \mathrm{i}k_1 \phi(x)$$

所以

$$\phi_1'(x_1) = -k_1 \sin(k_1 x_1), \qquad \phi_2'(x_1) = k_1 \cos(k_1 x_1)$$

这样就找到了**计算的初始条件**,这当然是个近似条件,只是近似程度相当好。

$\phi_1(x)$ 和 $\phi_2(x)$ 与 $\phi(x)$ 遵从同样的薛定谔方程

$$\phi_{1,2}'' + \alpha(E - V)\,\phi_{1,2} = 0$$

这是联立的方程组,数值求解该方程组的计算从右边 x_1 一直求解到左边某个点 x_2,远离散射中心,这里的波函数可以表示成入射波与反射波的叠加

$$\phi(x) = A\mathrm{e}^{\mathrm{i}k_2 x} + B\mathrm{e}^{-\mathrm{i}k_2 x}$$

右边第一项表示入射波,第二项表示反射波。常数 A、B 一般是复数,把它们写成"模"与"辐角"的形式

$$A = A_0 \mathrm{e}^{\mathrm{i}\theta_1}, \qquad B = B_0 \mathrm{e}^{\mathrm{i}\theta_2}$$

A_0 和 B_0 是正的实数,且 $A_0 \geqslant B_0$。于是在左边 x_2 附近的一段区域

$$A_0 \mathrm{e}^{\mathrm{i}(k_2 x + \theta_1)} + B_0 \mathrm{e}^{-\mathrm{i}(k_2 x - \theta_2)} = \phi_1(x) + \mathrm{i}\,\phi_2(x)$$

将上式分别写成实部与虚部,则

$$A_0 \cos(k_2 x + \theta_1) + B_0 \cos(k_2 x - \theta_2) = \phi_1(x)$$

$$A_0 \sin(k_2 x + \theta_1) - B_0 \sin(k_2 x - \theta_2) = \phi_2(x)$$

上面两式平方相加,得到

$$A_0^2 + B_0^2 + 2A_0 B_0 \cos(2k_2 x + \theta_1 - \theta_2) = \phi_1^2(x) + \phi_2^2(x)$$

① 卢卯旺. 粒子在任意势垒中的隧穿-转移矩阵法[J]. 零陵学院学报,2004,25(6):4-7.

用一个新函数 $\psi(x)$ 表示上式右边的部分

$$\psi(x) \equiv \phi_1^2(x) + \phi_2^2(x)$$

该函数是左边的概率密度；由此可得 $\psi(x)$ 的两个极值：

$$\psi_{\max} = A_0^2 + B_0^2 + 2A_0B_0$$
$$\psi_{\min} = A_0^2 + B_0^2 - 2A_0B_0$$

解出

$$A_0 = \frac{\sqrt{\psi_{\max}} + \sqrt{\psi_{\min}}}{2}, \quad B_0 = \frac{\sqrt{\psi_{\max}} - \sqrt{\psi_{\min}}}{2}$$

则反射系数

$$R = \left|\frac{B}{A}\right|^2 = \left|\frac{B_0}{A_0}\right|^2 = \left(\frac{\sqrt{\psi_{\max}} - \sqrt{\psi_{\min}}}{\sqrt{\psi_{\max}} + \sqrt{\psi_{\min}}}\right)^2$$

透射系数

$$T = \left|\frac{F}{A}\right|^2 = \left|\frac{1}{A_0}\right|^2 = \left(\frac{2}{\sqrt{\psi_{\max}} + \sqrt{\psi_{\min}}}\right)^2$$

我们要求

$$R + T = 1$$

这是检验计算过程是否正确的标准。

8.2.2　方势阱散射模型

为了检验以上的计算方案是否正确，以教科书上的方势阱散射模型为例，计算透射率与反射率，研究其编程问题。

方势阱模型的势函数为

$$V(x) = \begin{cases} -V_0, & 0 \leqslant x \leqslant a \\ 0, & \text{其他} \end{cases}$$

入射粒子(电子)的能量 $E > 0$。取 $E = 1.0\text{eV}$，长度单位取 Å，该问题的计算程序如下。

```
In[1]:= a = 2.0; V0 = -5.0; E0 = 1.0;
        V[x_] := Which[0 ≤ x && x ≤ a, V0, True, 0];
        x0 = 25 a; x1 = x0; x2 = -x0;
        α = 0.262713; k1 = √(α (E0 - V[x1])) ;
        φ10 = Cos[k1 x1]; φ20 = Sin[k1 x1];
        equ = {φ1''[x] + α × (E0 - V[x]) × φ1[x] == 0,
          φ2''[x] + α × (E0 - V[x]) × φ2[x] == 0,
          φ1[x1] == φ10, φ1'[x1] == -k1 × φ20,
          φ2[x1] == φ20, φ2'[x1] == k1 × φ10};
        s = NDSolve[equ, {φ1, φ2}, {x, x1, x2}];
        {φ1, φ2} = {φ1, φ2} /. s[[1]];
        Plot[{φ1[x], φ2[x]}, {x, x1, x2},
         PlotRange → All, AxesLabel -> {"x", "φ1/φ2"}]
        ψ[x_] := If[x < 0, φ1[x]^2 + φ2[x]^2]
        Plot[ψ[x], {x, x1, x2}, AxesLabel -> {"x", "ψ"}]
        NMaximize[{ψ[x], x < x2 / 2}, x];
        ψmax = %[[1]];
```

```
NMinimize[{ψ[x], x < x2 / 2}, x];
ψmin = %[[1]];
```

$$\text{Print}\left["R=", R = \left(\frac{\sqrt{\psi max} - \sqrt{\psi min}}{\sqrt{\psi max} + \sqrt{\psi min}}\right)^2\right]$$

$$\text{Print}\left["T=", T = \left(\frac{2}{\sqrt{\psi max} + \sqrt{\psi min}}\right)^2\right]$$

```
Print["R+T=", R + T]

Clear["Global`*"]
```

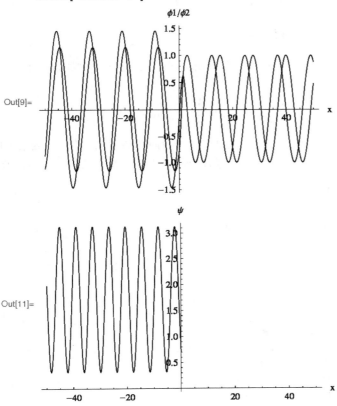

```
R=0.265863

T=0.734137

R+T=0.999999
```

下面对上述程序做详细解释,以便读者明白其中的数学与编程原理。

(1) 函数 $\psi(x)$ 因为只需要在入射进来的一方有定义,所以定义到 $x<0$,而在求"最值"的时候,还进一步限制在 $x<x_2/2$ 的区域,$\psi(x)$ 就更接近于一个周期性函数。

(2) 函数 **NMaximize[]** 和 **NMinimize[]** 是求某个函数在一个区域内近似的最大值与最小值的,是特别有用的函数。试想,当 $\psi(x)$ 是周期性函数时,它的最大值与局部的某个极大值是一致的,最小值与局部的某个极小值也是一致的。但是,我们知道,求局部极大值和极小值要用函数 **FindMaximum[]** 和 **FindMinimum[]**,在函数内需要指定极大值和极小值的近似位置,在本例情况下显然是不方便的,不如用求"最值"的函数简单。

（3）Out[9]表示波函数的实部与虚部曲线,它们在远离散射中心的地方,都是周期性函数,在原点右边二者还是等振幅的,但在原点左边振幅就不再相等,而且都比右边的振幅大;在散射中心区域,二者的形状发生畸变,形成了左右区域的过渡状态。Out[11]是$\psi(x)$的波形,它在右边没有定义,即使作图范围扩展到了右边也不会画右边的图形。

（4）程序还输出了反射率R和透射率T的值,这是本程序期待的结果;更令我们期待的是,二者之和$R+T$应该为1,最后的输出是$0.999999\cdots$对于数值计算来说,能有如此高的期待精度,已经算不错了。

通过本例的编程计算,我们验证了一维量子散射问题数值计算理论方案的正确性,而且还详细研究了编程方法,读者要认真研读本例,为后面的计算做好准备。

8.2.3　方势阱散射模型的进一步研究

方势阱散射模型在一般的量子力学教科书上都有研究[1],为了进一步检验以上算法,可以引用其透射率公式

$$T(E)^{-1} = 1 + \frac{V_0^2}{4E(E+V_0)} \sin^2\left(\frac{a}{\hbar}\sqrt{2m(E+V_0)}\right) \tag{8-18}$$

我们将验证公式(8-18)的正确性,办法是:改造8.2.2节的程序,使能量E在一定范围内取值,计算对应的透射率T,作E-T曲线,与公式(8-18)的曲线对比。在正式计算之前,我们先看一次试验,体验一下编程中的问题。

```
In[20]:= a = 2.0; V0 = 20.0;
        V[x_] := Which[0 ≤ x && x ≤ a, -V0, True, 0];
        x0 = 25 a; x1 = x0; x2 = -x0;
        α = 0.262713; n = 100; δ = V0 / n;
        data1 = {}; data2 = {};
        Do[
         k1 = √(α (E0 - V[x1])) ;
         φ10 = Cos[k1 x1]; φ20 = Sin[k1 x1];
         equ = {φ1''[x] + α × (E0 - V[x]) × φ1[x] == 0,
           φ2''[x] + α × (E0 - V[x]) × φ2[x] == 0,
           φ1[x1] == φ10, φ1'[x1] == -k1 × φ20,
           φ2[x1] == φ20, φ2'[x1] == k1 × φ10};
         s = NDSolve[equ, {φ1, φ2}, {x, x1, x2}];
         {φ1, φ2} = {φ1, φ2} /. s[[1]];
         ψ[x_] := φ1[x]^2 + φ2[x]^2;
         s1 = NMaximize[{ψ[x], x < x2 / 2}, x];
         ψmax = s1[[1]];
         s2 = NMinimize[{ψ[x], x < x2 / 2}, x];
         ψmin = s2[[1]];
         R = (√ψmax - √ψmin)/(√ψmax + √ψmin))^2 ; T = (2/(√ψmax + √ψmin))^2 ;
```

① 曾谨言. 量子力学[M]. 北京:科学出版社,1981.

```
        AppendTo[data1, {E0, T}];
        AppendTo[data2, {E0, R + T}],
        {E0, δ, 2 V0, δ}]
ListLinePlot[data1, PlotRange → {0, 1.2}, Mesh → Full,
 AxesOrigin -> {0, 0}, AxesLabel -> {"E/eV", "T"}]
ListLinePlot[data2, PlotRange → {0, 1.2}, Mesh → Full,
 AxesOrigin -> {0, 0}, AxesLabel -> {"E/eV", "R+T"}]
Clear["Global`*"]
```

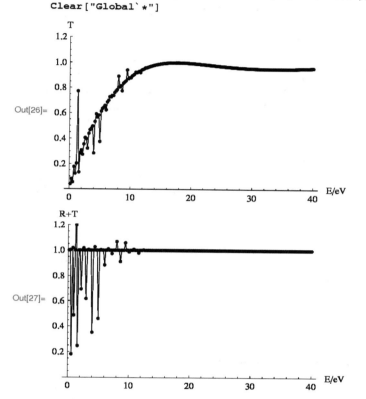

Out[26]是透射率与能量的关系曲线,若从走势上看,这条曲线是对的,但是,曲线的上升段出现了多次的无规则振荡,相应地,在 Out[27]上出现了 $R+T$ 对 1 的大幅度偏离。这表明,虽然总的看程序是对的,但存在着内在的不稳定性。这是怎么回事呢?研究表明,模型和算法都没有问题,问题出在求"最值"函数的使用上。虽然程序里对 **NMaximize[]** 和 **NMinimize[]** 搜寻"最值"的区间进行了高端的限制即 $x < x_2/2$,但却没有进行低端的限制,即没有添加 $x > x_2$,而 $\psi(x)$ 是个插值函数,它能够向着低端延拓,从而越过了它的使用范围,在延拓部分找到的"最值",当然有可能是不正确的。下面改正这一缺点,并同时将公式(8-18)的关系曲线与计算出的 E-T 曲线画在同一张图上,以进行对比。

```
In[29]:= a = 2.0; V0 = 20.0;
        V[x_] := Which[0 ≤ x && x ≤ a, -V0, True, 0];
        x0 = 25 a; x1 = x0; x2 = -x0;
        α = 0.262713; n = 20; δ = V0 / n;
        data1 = {}; data2 = {};
        Do[
          k1 = √(α (E0 - V[x1])) ;
```

```
φ10 = Cos[k1 x1]; φ20 = Sin[k1 x1];
equ = {φ1''[x] + α × (E0 - V[x]) × φ1[x] == 0,
    φ2''[x] + α × (E0 - V[x]) × φ2[x] == 0,
    φ1[x1] == φ10, φ1'[x1] == -k1 × φ20,
    φ2[x1] == φ20, φ2'[x1] == k1 × φ10};
s = NDSolve[equ, {φ1, φ2}, {x, x1, x2}];
{φ1, φ2} = {φ1, φ2} /. s[[1]];
ψ[x_] := φ1[x]^2 + φ2[x]^2;
s1 = NMaximize[{ψ[x], x2 < x && x < x2 / 2}, x];
ψmax = s1[[1]];
s2 = NMinimize[{ψ[x], x2 < x && x < x2 / 2}, x];
ψmin = s2[[1]];
```

$$R = \left(\frac{\sqrt{\psi max} - \sqrt{\psi min}}{\sqrt{\psi max} + \sqrt{\psi min}}\right)^2; \quad T = \left(\frac{2}{\sqrt{\psi max} + \sqrt{\psi min}}\right)^2;$$

```
AppendTo[data1, {E0, T}];
AppendTo[data2, {E0, R + T}],
{E0, δ, 10 V0, δ}]
g1 = ListPlot[data1, PlotRange → {0, 1.2},
    AxesOrigin -> {0, 0}, AxesLabel -> {"E/eV", "T"}];
```

$$t[e\_] := \frac{1}{1 + \frac{V0^2}{4 e (e+V0)} Sin\left[a \sqrt{α (e+V0)}\right]^2};$$

```
g2 = Plot[t[x], {x, 0, 10 V0}, PlotRange → {0, 1.2}];
Show[g1, g2]
ListPlot[data2, PlotRange → {0, 1.2},
 AxesOrigin -> {0, 0}, AxesLabel -> {"E/eV", "R+T"}]
Clear["Global`*"]
```

Out[38]和 Out[39]清楚地表明,这一次计算过程很稳定,E-T 曲线与理论曲线完全重合,R+T 稳定地等于 1。透射率曲线显示,透射率不是一个常数,它随着能量的增加从 0 开始增加,迅速从 0 上升到 1,然后开始小幅度的缓慢振荡,最后平稳地趋于 1。

对于电子被**势垒**的散射过程,读者只要在程序里对势函数的定义作出相应的修改,其余不动,运行程序即得结果,请读者自行尝试。

8.2.4 共振隧道穿透

应用本节发展的散射计算法,可以很容易计算电子被多个势垒或者势阱所散射的情形,从而发现一种叫做**共振隧道穿透**(简称共振隧穿)的现象。

为了与实际情形更靠近,我们将"方势垒"改造成"**正弦势垒**",即势函数在 x 轴之上的非零部分是半个正弦波,势垒的上升和下降不再那么突然。以两个势垒的散射情况为例,模型如图 8-7 所示,计算透射率的程序如下。

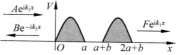

图 8-7 双势垒散射模型

程序输出 Out[49]显示,在双势垒散射模型中,透射率与能量的关系不是单调的关系,在能量的某些点上,透射率反常地增大到接近于 1,表明电子几乎完全透射过势垒,没有任何阻碍。这就是共振隧穿现象。这种情况下,电子的迁移率将变得很大,导电性能显著增强。由于分子束和超晶格制备技术的发展,人工制造各种微观结构已经不是难事,制作多个势垒或者势阱,既有特殊的功能,又在导电性上可以设计和控制,使得微电子技术能够制造出具有神奇功能的器件。

作为练习,请读者研究双势垒散射中透射率反常增大的位置是由什么决定的?

```
In[41]:= a = 3.0; b = 2.0; V0 = 10.0;
         V[x_] := Which[0 ≤ x && x ≤ a, V0 Sin[π x / a],
            a + b ≤ x && x ≤ 2 a + b, V0 Sin[π x / a], True, 0];
         x0 = 25 a; x1 = x0; x2 = -x0;
         α = 0.262713; n = 500; δ = V0 / n;
         data = {};
         Do[
          k1 = Sqrt[α (E0 - V[x1])] ;
          φ10 = Cos[k1 x1]; φ20 = Sin[k1 x1];
          equ = {φ1''[x] + α × (E0 - V[x]) × φ1[x] == 0,
            φ2''[x] + α × (E0 - V[x]) × φ2[x] == 0,
            φ1[x1] == φ10, φ1'[x1] == -k1 × φ20,
            φ2[x1] == φ20, φ2'[x1] == k1 × φ10};
          s = NDSolve[equ, {φ1, φ2}, {x, x1, x2}];
          {φ1, φ2} = {φ1, φ2} /. s[[1]];
          ψ[x_] := φ1[x]^2 + φ2[x]^2;
          s1 = NMaximize[{ψ[x], x2 < x && x < x2 / 2}, x];
          ψmax = s1[[1]];
          s2 = NMinimize[{ψ[x], x2 < x && x < x2 / 2}, x];
          ψmin = s2[[1]];
          T = (2 / (Sqrt[ψmax] + Sqrt[ψmin]))^2 ; AppendTo[data, {E0, T}],
```

```
                {E0, δ, 3 V0, δ}]
    g1 = ListLinePlot[data, PlotRange → {0, 1.2}, Mesh → Full,
        AxesOrigin -> {0, 0}, AxesLabel -> {"E", "T"}];
    g2 = Plot[1, {x, 0, 3 V0}, PlotStyle → Dashing[{0.01, 0.01}]];
    Show[g1, g2]
    Clear["Global`*"]
```

Out[49]=

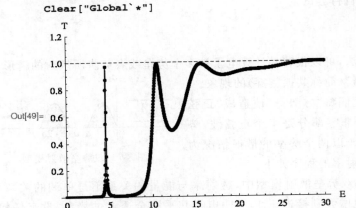

8.3 束缚态的边值计算法

Mathematica 有一个功能,就是能从事"**边值计算**",完成此项功能的函数仍然是求解微分方程数值解的函数 **NDSolve[]**,它可以这样求解薛定谔方程:

NDSolve[{Hϕ[x] == Eϕ[x], ϕ[a] == ϕ1, ϕ[b] == ϕ2}, ϕ, {x, x1, x2}]

其中,a、b 是 x 轴上的两个点,波函数 $\phi(x)$ 在这两个点上的值是已知的,或者假定的,由此,该函数就可以计算出 $x_1 \sim x_2$ 范围内的波函数,当然,前提是能量 E 要知道,才能进行数值求解。问题也恰恰难在这里:求束缚态问题就是求本征值问题,本征能量 E 本来就是未知的,它也是求解的对象,在 E 未知的情况下,如何还能求波函数呢?

破解此难题的办法也是在有了计算机和计算软件之后才能找到,那就是"猜能量"!

我们猜能量,不是瞎猜,而是让程序在一定能量范围内"挨个猜",总会猜到正确的值。

问题是:怎样判断所猜到的能量值是正确的本征值呢?

答案是:薛定谔方程的本征值具有这样的特性,它对应的本征函数具有局域性,只在一个有限的区域内显著不为 0,在此区域之外,尤其是无穷远处,波函数连续下降为 0。

那么,程序能对所计算出的波函数进行这样性质的判断吗?

研究表明,如果势函数具有对称性,可以在程序里设置某些判断条件,来遴选相关的波函数,然后再辅助一些人工判断,能很快地求出本征能量和本征波函数,不失为一种有效的方法。

本节以谐振子束缚态的求解为例,介绍此方法。

谐振子模型的哈密顿量为

$$\hat{H} = -\frac{\hbar^2}{2m}\frac{\mathrm{d}^2}{\mathrm{d}x^2} + \frac{1}{2}m\omega_0^2 x^2$$

对长度和能量进行"无量纲化"处理:

$$\xi = \alpha x, \quad \sigma = \sqrt{m\omega_0/\hbar}, \quad \lambda = E/\left(\frac{1}{2}\hbar\omega_0\right)$$

则薛定谔方程变成了

$$\phi''(\xi) + (\lambda - \xi^2)\,\phi(\xi) = 0 \qquad (8\text{-}19)$$

我们猜测 λ，然后用边值计算求解(8-19)，看看求得的波函数是否符合束缚态的特点，以决定取舍。

8.3.1　薛定谔方程总有解

如果读者不进行大量实际的计算，可能不相信薛定谔方程一般对于任意 λ 都有解。下面就写一个程序，加深读者的体会，并观察各种波函数的特点。

由于谐振子的势函数是偶对称的，也就是空间反演对称，因而本征波函数应该有确定的字称，要么偶字称，要么奇字称，或者叫偶对称或奇对称。因此，如果 ξ_1 和 ξ_2 是 ξ 轴上关于原点对称的两点，则波函数应该有这样的关系：

$$\phi(\xi_1) = \varepsilon, \qquad \phi(\xi_2) = \varepsilon$$

或者

$$\phi(\xi_1) = \varepsilon, \qquad \phi(\xi_2) = -\varepsilon$$

其中，ε 是任意指定的实数。适当放宽 ξ_1 和 ξ_2，在此范围内显示波函数的主要部分，以帮助判断是否符合束缚态波函数的特点。

以下是具体程序，猜测的能量范围是 $0\sim\lambda_m$，对每一个猜测的能量，都计算了偶字称波函数和奇字称波函数，并将 λ 标注在波函数图上。

```
In[1]:= δλ = 1 / 4; λm = 3 / 2;
        ξ1 = -3; ξ2 = 3; ε = 10⁻³;
        equ1 = {φ''[ξ] + (λ - ξ²) φ[ξ] == 0, φ[ξ1] == ε, φ[ξ2] == ε};
        equ2 = {φ''[ξ] + (λ - ξ²) φ[ξ] == 0, φ[ξ1] == ε, φ[ξ2] == -ε};
        Do[
         s = NDSolve[equ1, φ, {ξ, ξ1, ξ2}];
         φ = φ /. s[[1]];
         total = NIntegrate[φ[ξ]², {ξ, ξ1, ξ2}];
         φm = NMaximize[{φ[ξ] / √total , ξ1 ≤ ξ && ξ ≤ ξ2}, ξ][[1]];
         g = Plot[φ[ξ] / √total , {ξ, ξ1, ξ2},
            PlotRange → All, AxesLabel -> {"ξ", "φ"},
            Epilog → Text["λ=" <> ToString[λ, InputForm],
             {ξ2 / 2, φm / 2}]];
         Print[g];
         s = NDSolve[equ2, φ, {ξ, ξ1, ξ2}];
         φ = φ /. s[[1]];
         total = NIntegrate[φ[ξ]², {ξ, ξ1, ξ2}];
         φm = NMaximize[{φ[ξ] / √total , ξ1 ≤ ξ && ξ ≤ ξ2}, ξ][[1]];
         g = Plot[φ[ξ] / √total , {ξ, ξ1, ξ2},
            PlotRange → All, AxesLabel -> {"ξ", "φ"},
            Epilog → Text["λ=" <> ToString[λ, InputForm],
             {ξ2 / 2, φm / 2}]];
         Print[g],
         {λ, 0, λm, δλ}]
        Clear["Global`*"]
```

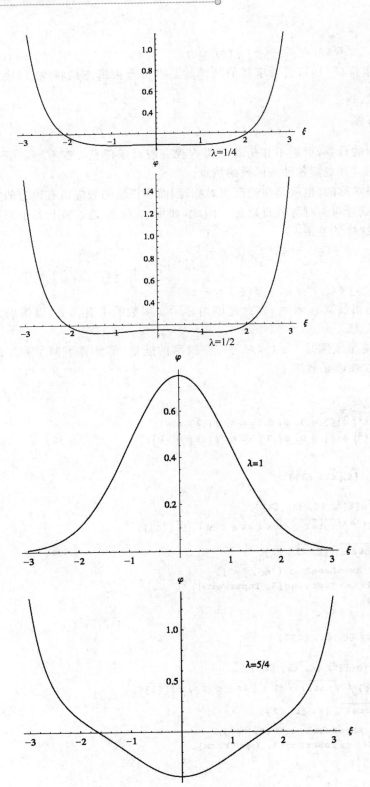

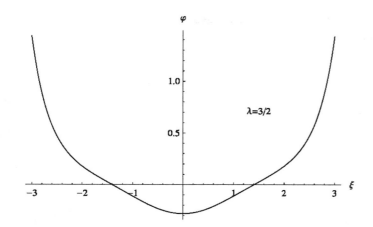

　　程序输出的图形很多,以上只保留了 5 幅,以说明概念。每一幅图都是薛定谔方程(8-19)的偶对称解。仔细分辨,只有对应 $\lambda=1$ 的波函数才符合束缚态的特点,波函数主要集中在中部,向两边扩展的部分逐渐趋于 0,而其他波函数则是趋于快速增长,事实上是趋于∞,不符合波函数的物理要求,因而都不是合格的波函数。

8.3.2　计算谐振子的本征态

　　根据对 8.3.1 节输出波函数的辨认,那些不是物理上的束缚态波函数,其边界值都趋于增大,尤其大于未归一化之前所假定的很小的数 ϵ,因此可以推断,对应这些情况的归一化积分值 total 一定是小于 1 的;而物理上的束缚态边界值都趋于 0,因而对应的积分 total 是大于 1 的。这一结论很重要,下面就据此写出程序,计算谐振子的本征能量和对应的波函数。

```
In[7]:= δλ = 1 / 4; λm = 10; ∈ = 10⁻³;
    equ1 = {φ''[ξ] + (λ - ξ²) φ[ξ] == 0, φ[ξ1] == ∈, φ[ξ2] == ∈};
    equ2 = {φ''[ξ] + (λ - ξ²) φ[ξ] == 0, φ[ξ1] == ∈, φ[ξ2] == -∈};
    Do[
     ξ0 = 4 + Log[λ]; ξ1 = -ξ0; ξ2 = ξ0;
     s = NDSolve[equ1, φ, {ξ, ξ1, ξ2}];
     φ = φ /. s[[1]];
     total = NIntegrate[φ[ξ]², {ξ, ξ1, ξ2}];
     If[total > 1,
      g = Plot[φ[ξ] / √total, {ξ, ξ1, ξ2},
        PlotRange → All, AxesLabel -> {"ξ", "φ"},
        Epilog → Text["λ=" <> ToString[λ, InputForm],
         {ξ2 / 2, 0.3}]];
      Print[g]];
     s = NDSolve[equ2, φ, {ξ, ξ1, ξ2}];
     φ = φ /. s[[1]];
     total = NIntegrate[φ[ξ]², {ξ, ξ1, ξ2}];
     If[total > 1,
      g = Plot[φ[ξ] / √total, {ξ, ξ1, ξ2},
        PlotRange → All, AxesLabel -> {"ξ", "φ"},
```

```
        Epilog → Text["λ=" <> ToString[λ, InputForm],
          {ξ2 / 2, 0.3}]];
      Print[g]],
    {λ, δλ, λm, δλ}]
  Clear["Global`*"]
```

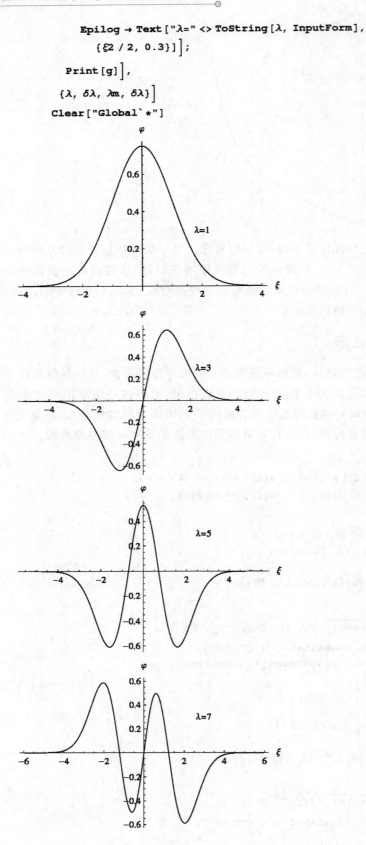

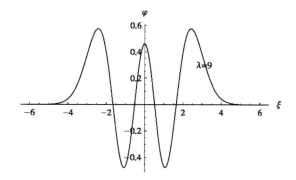

对程序和输出结果有以下 5 点说明。

（1）为了适应能量增加波函数要适当扩展的需要，设计了求解边界值的经验函数

$$\xi_0 = 4 + \ln(\lambda)$$

读者如果在扩展能量范围之后发现本征函数出现了畸变，可能就是波函数边界值的公式不再合适，可以在上式的基础上进行修改。

（2）计算证明，波函数是奇偶对称交替出现的，基态是偶对称态。

（3）从每张图上标记的数字可以看出，式(8-19)的本征能量对应 λ 是奇数，即

$$\lambda = 2n + 1, \quad n = 0, 1, 2, \cdots$$

因此，谐振子的本征能量为

$$E_n = \hbar\omega_0(2n + 1), \quad n = 0, 1, 2, \cdots$$

这正是教科书上的结果。

（4）所输出的波函数曲线都是经过归一化的。

（5）为了在波函数曲线图上显示分数，在函数 **ToString**[ ]中使用了参数 InputForm，若不使用参数，输出的分数将不正常。

另外还要注意一点，以上程序中 $\delta\lambda$ 还是比较大的，而且 λ 取值中正好有本征能量，它附近的波函数与本征波函数在边界特性上有明显的区别，所以，遴选条件就很简单，即 total>1。如果循环步长很小，且循环变量没有经过精确的本征能量，则在本征波函数附近的波函数，就可能与本征波函数相似，这时再用 total>1 就不合适了，或者选出了更多的波函数，遴选并不唯一了。这种可能性虽然不一定每次试验都出现，但还是要提防为好。建议读者围绕某个精确的本征值附近猜测能量，依次观察相应的波函数尤其是边界值的特征，就可以更具体地检验以上分析，并获得更多的经验。

除了谐振子，读者可以用以上方法研究电子在单个方势阱模型里的本征态，如图 8-8 所示，参数为 $a = 3.0\text{Å}, V_0 = 3.0\text{eV}$。这个模型的结果将作为后续研究周期性势函数模型下能级分裂为能带的参考，它有唯一的束缚态，能量为 1.264eV。在作此计算的时候，将求解边界放宽到 $\pm 2.5a$ 以上，并适当提高 ε 的值，例如 10^{-2}；为了减少输出不需要的结果，还可以在遴选条件里加上在 x_2 处波函数导数的符号要求，例如偶宇称时导数为负，奇宇称时导数为正。

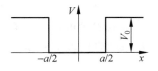

图 8-8 单个势阱模型

8.4 一维定态薛定谔方程的初值解法

一般情况下量子束缚态问题是难以求解的，原因是不知道波函数的初始条件和本征能量。8.3 节采用的"猜"能量的方法，结合 Mathematica 的边值求解功能，虽然能求一些情况下的近

似解,但是,**假设一点的波函数值是容易的,要知道两点的波函数值,还是比较困难的**,在有对称性的情况下还好办一些,若没有对称性,就不知道怎么设定了。

下面介绍作者发展的一种"**打靶法**",它将边值问题成功地转化为近似的初值问题,对于一维的量子定态问题数值求解很有效,并可以推广到高维量子问题径向本征方程的求解,是求解束缚态的统一方法,值得读者参考。

8.4.1 Sturm 定理

我们知道,束缚态模型的势函数形状具有"阱"状的性质,粒子被束缚在"阱"内,波函数从"阱"的中心向外逐步衰减,直到远处为 0。波函数的这种性质可以依据薛定谔方程进行定性讨论。一维定态薛定谔方程可以写成

$$\phi'' + \alpha(E-V)\,\phi = 0 \quad (\alpha = 2m/\hbar^2)$$

波函数 ϕ 一般不是归一化的。在远离势函数中心的地方(即经典禁区)

$$\alpha(E-V) < 0 \qquad \text{或者} \qquad -\alpha(E-V) > 0$$

因此,若取 $\phi > 0$,则

$$\phi'' = -\alpha(E-V)\,\phi > 0$$

若取 $\phi < 0$,则

$$\phi'' = -\alpha(E-V)\,\phi < 0$$

下面分区进行讨论。

1. 左边的性质

在进行波函数数值计算的时候,一般是从远离中心的区域由左边往右边计算,不妨假设计算起点处 $\phi > 0$,则根据以上分析,$\phi'' > 0$,ϕ' 总是在增加的。若设 $\phi' > 0$,则波函数随 x 增加而增大,波函数偏离 x 轴上翘,或者反方向看,波函数趋近 x 轴而为 0。这是一种正常情况,后面的计算都是采用这样的初始符号约定。

2. 右边的性质

右边是波函数计算的终点。若设 $\phi > 0$ 并且 $\phi' > 0$,则波函数上翘,不趋近 x 轴,不可能是合格的波函数;若设 $\phi > 0$ 并且 $\phi' < 0$,则波函数随 x 增加而减小,波函数趋近 x 轴而为 0,可能是合格的波函数;或者 $\phi < 0$ 和 $\phi'' < 0$,只有 $\phi' > 0$ 才可能使波函数趋近 x 轴而为 0,相反的情况将使波函数远离 x 轴,不是合格的波函数。

以上这些定性分析属于 Sturm 定理的一部分[①]。

8.4.2 两个引理

下面研究**波函数导数与波函数比值**的问题,它对于数值计算束缚态很重要,因为**波函数在远处某点的值可以任意假设,如果再知道波函数导数的值,即确定了薛定谔方程的初始条件,则其余地方的波函数就可以用 NDSolve[] 计算了**。在求出波函数之后,再行归一化。

1. 第一引理

因为

$$\left(\frac{\phi'}{\phi}\right)' = \frac{\phi''\phi - \phi'^2}{\phi^2} = \frac{\phi''}{\phi} - \left(\frac{\phi'}{\phi}\right)^2 = -\alpha(E-V) - \left(\frac{\phi'}{\phi}\right)^2$$

---

① 曾谨言. 量子力学(上)[M]. 北京:科学出版社,1981.

令 $\lambda = \phi'/\phi$，则

$$\lambda' = -\alpha(E-V) - \lambda^2$$

或者

$$\lambda' + \lambda^2 = -\alpha(E-V) > 0 \text{（经典禁区）} \tag{引理 A}$$

根据引理 A，如果 λ 是变化缓慢的函数，$\lambda' \approx 0$，或者 $|\lambda'| \ll \lambda^2$，则得出如下推论：

$$\lambda = \phi'/\phi \approx \pm\sqrt{-\alpha(E-V)} \tag{1}$$

在远离中心的地方，束缚态波函数一般下降得比较快，通常近似于指数下降，上式成立的条件可以较好地满足。

2. 第二引理

因为

$$\frac{\mathrm{d}\phi'}{\mathrm{d}\phi} = \frac{\phi''}{\phi'} = \frac{\phi''/\phi}{\phi'/\phi} = \frac{-\alpha(E-V)}{\phi'/\phi}$$

$$\frac{\phi'}{\phi} \cdot \frac{\mathrm{d}\phi'}{\mathrm{d}\phi} = -\alpha(E-V)$$

所以

$$\frac{\mathrm{d}(\phi')^2}{\mathrm{d}(\phi)^2} = -\alpha(E-V) > 0 \text{（经典禁区）} \tag{引理 B}$$

引理 B 说明，**在经典禁区，波函数导数的绝对值随波函数的绝对值增加而增加，波函数从左往右向着中心上升得比较快**。

因为对于束缚态

$$\phi|_{x\to\infty} = 0, \quad \phi'|_{x\to\infty} = 0$$

在离中心足够远的地方，令波函数与波函数的导数都为 0，则在该点附近的地方

$$|\phi'| \approx \sqrt{-\alpha(E-V)}\,|\phi|$$

于是得到第二个推论：

$$\phi' \approx \pm\sqrt{-\alpha(E-V)}\,\phi \tag{2}$$

这样，两个引理得出了共同的推论。

由此，综合两个引理，可以得到数值计算束缚态波函数的初始条件选择方法：

任给波函数的初始值 ϕ_0，根据推论（1）可以近似地知道波函数导数的初始值 ϕ_0'。

可以把引理 A 推广。在中心力场的高维模型中，经常出现如下形式的径向本征方程

$$\phi'' + \sigma\phi' + \kappa\phi = 0$$

仿照以上分析，不难证明

$$\lambda' + \sigma\lambda + \lambda^2 + \kappa = 0$$

如果在远离中心的地方 $\lambda' \approx 0$（即相对很小），则

$$\lambda^2 + \sigma\lambda + \kappa \approx 0$$

就可以解出 λ，从而解决了波函数计算的初始值问题。

8.4.3　推论（1）对方势阱的应用——$E\text{-}\phi(x_2)$ 曲线

方势阱模型是量子束缚态问题的标准模型，任何求解方法都要先拿该模型试验，现在把推

论(1)应用到方势阱模型,看看效果如何。

　　根据 8.1 节的解析讨论,若一个电子被限制在势阱中,将势阱深度修改为 -3.0eV,宽度修改为 4.0Å,则容易求得该模型只有两个本征态,能量本征值分别为 -2.0793eV 和 -0.0930eV,波函数图形分别如图 8-9(a)和(b)所示,能级越高,波函数扩展范围越大。这个有确定结果的模型可以用来检验上面所发展的方法。

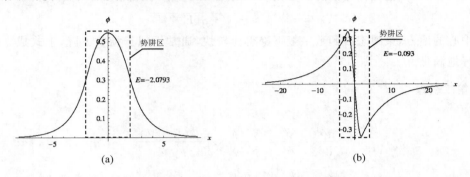

图 8-9　方势阱模型的基态和激发态的波函数分布

　　分析表明,只有推论(1)还不足以顺利地求解一维束缚态问题,还需要知道波函数在能量本征值附近的一些性质,以便找出进一步的求解策略。下面以上述方势阱模型基态为例,看看波函数在本征态附近的行为。

```mathematica
In[1]:=  V0 = 3.0; a = 2.0; α = 0.262713; ϕ0 = 1.0;
         x0 = 4.5 a; x1 = -x0; x2 = x0;
         n = 100; δ = 0.02 / n;
         V[x_] := Which[Abs[x] <= a, -V0, True, 0]
         data = {}; txt = {};
         Do[
          equ = {ϕ''[x] + α × (energy - V[x]) ϕ[x] == 0,
             ϕ[x1] == ϕ0, ϕ'[x1] == Sqrt[α × (V[x1] - energy)] × ϕ0};
          s = NDSolve[equ, ϕ, {x, x1, x2}];
          φ = ϕ /. s[[1]];
          total = NIntegrate[φ[x]^2, {x, x1, x2}];
          g = Plot[φ[x] / Sqrt[total], {x, x1, x2},
             PlotRange -> {{x1, 1.3 x2}, All}];
          AppendTo[data, g];
          AppendTo[txt,
           Text[ToString[energy], {1.13 x2, φ[x2] / Sqrt[total]}]],
          {energy, -2.0811, -2.078, δ}]
         Show[data, Graphics[txt],
          AxesOrigin -> {0, 0}, AxesLabel -> {"x", "ϕ"}]
         Clear["Global`*"]
```

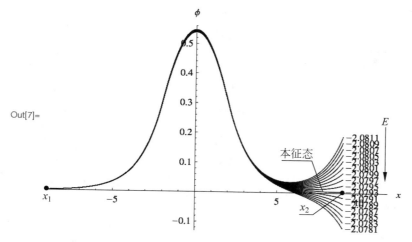

Out[7]=

上述程序围绕能量$-2.0811\sim-2.0781\text{eV}$计算了对应的波函数,计算起点是$x_1$,终点是$x_2$,波函数初值$\phi_0$取为1,求解结束后进行了归一化,Out[7]是这些波函数的曲线。图上标出了每条曲线对应的能量,可见,只有对应本征值-2.0793eV的波函数才能在末端逐步趋近x轴而为0,其他能量下的波函数都是背离x轴而发散的,按照能量从低到高的顺序,波函数由发散到趋于0再到发散,要经过0点。这个特征俗称"**摇尾巴现象**",一些求解计算就抓住这个特点,用"打靶法"试探可能的能量本征值,不过,正如前述谐振子求解过程所揭示的,要用输出很多波函数图形以比较的方法,很不方便。还是借用本书 2.3.6 节所介绍的针对单摆和无限深方势阱边值模型画ω-$\theta(x_2)$曲线和E-$\psi(x_2)$曲线的方法,把它改造之后加以推广,以发挥它更大的价值。通过画 E-ϕ (x_2)**曲线**,可以直观地显示能量本征值,这是到目前为止最好的方法。下面就编程使用这种方法,然后再给予解释。

```
In[9]:= V0 = -3.0; a = 2.0; α = 0.262713; φ0 = 1.0 × 10⁻³; x0 = 2 a;
        V[x_] := Which[Abs[x] <= a, V0, True, 0]
        f[e_ ?NumberQ] :=
         Block[{φ, x, x1 = -x0, x2 = x0},
          First[φ[x2] /.
            NDSolve[{φ''[x] + α × (e - V[x]) φ[x] == 0,
              φ[x1] == φ0, φ'[x1] == √(α × (V[x1] - e)) × φ0},
             φ, {x, x1, x2}]]]
        Plot[{f[e], φ0, -φ0}, {e, V0, 0},
         PlotRange → {{-2.5, 0.2}, {3 φ0, -10 φ0}},
         AxesLabel -> {"E/eV", "φ(x₂)"},
         Epilog -> {Text["φ₀", {0.1, φ0}], Text["-φ₀", {0.1, -φ0}]},
         PlotStyle → Black, PlotPoints → 100]
        FindRoot[f[e] == φ0, {e, -2.2, -2.0}]
        FindRoot[f[e] == -φ0, {e, -0.2, 0}]
        Clear["Global`*"]
```

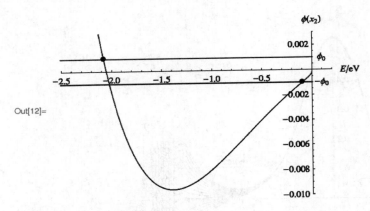

Out[13]= {e → −2.079272534}

Out[14]= {e → −0.09302132202}

程序用块结构 **Block[]** 定义了函数 $f(e)$，它是对应能量 e 时的末端波函数值 $\phi(x_2)$，波函数的初值 ϕ_0 取得很小，求解之后，波函数并未进行归一化。真正计算 $f(e)$ 是在函数 **Plot[]** 中，为了曲线画得细致，增大了作图点数 **PlotPoints** 的值。Out[12] 就是 $f(e)$，即 $E\text{-}\phi(x_2)$ 曲线，计算的能量范围是 $V_0\sim0$，作图时能量范围略有缩小，并在纵轴上进行了放大，还用水平线标注了 $\pm\phi_0$ 的位置，从而看清曲线的局部结构。要注意图上的两个黑点，它们是 $E\text{-}\phi(x_2)$ 曲线与 $\pm\phi_0$ 的交点，这些位置对应的能量应该就是本征值，因为方势阱模型具有对称性，波函数要么偶对称，要么奇对称。基态是偶对称的，此时

$$\phi(x_2) = \phi(x_1) = \phi_0$$

而激发态是奇对称的，

$$\phi(x_2) = -\phi(x_1) = -\phi_0$$

所以，左边的交点对应基态能级，右边的交点对应激发态能级。程序中用两个 **FindRoot[]** 语句求解了这两个交点的能量，结果见 Out[13] 和 Out[14]，精确再现了理论值，这说明 $E\text{-}\phi(x_2)$ 曲线画得很精确，对称性的考虑也是必要的，不能笼统地用

$$\phi(x_2) = 0$$

来确定能量位置，读者可以修改 **FindRoot[]** 中的相关数值来证明这一点，尤其是激发态的位置，本程序没有计算到正能量，曲线画到与 $\phi(x_2)$ 轴相交就截止了，从图上看，此处附近曲线并未与水平轴相交，无法求解 $\phi(x_2)=0$。只有在没有对称性可供参考，并且波函数初值 ϕ_0 取得更小，$E\text{-}\phi(x_2)$ 曲线确实与能量轴相交的情况下，才能通过 $\phi(x_2)=0$ 来近似地确定能级位置。

8.4.4 推论(1)对氢原子的应用

三维氢原子模型是中心力场的典型模型，在量子力学教科书上都有解，读者应该有印象，那就是：如果径向波函数变换不当，如果不懂得在径向区间的两端探索波函数的极限形式，或者没有耐心进行波函数系的递推和截断，是不可能得到解析解的，它的求解过程展示了量子力学问题求解的复杂性。个案的复杂性使得本征值问题的求解似乎没有一般方法可循，这使量子力学的教学难度大增，也使得很多学习量子力学的学生望而止步，因为他们的数学技巧和演算能力还没有达到与此相适应的水平。现在，我们改用计算 $E\text{-}\phi(x_2)$ 曲线，就可以一般地显示能级的存在，把寻求量子束缚态问题的一般解法向前推进了一步，用于求解多维问题的径向本征方程。

三维氢原子的波函数可以写成径向部分 $R_{nl}(r)$ 与角向部分 $Y_{lm}(\theta,\varphi)$ 的乘积。角向部分是球谐函数,它是已知的;径向部分满足的方程是

$$\frac{1}{r^2}\frac{\mathrm{d}}{\mathrm{d}r}\left(r^2\frac{\mathrm{d}R}{\mathrm{d}r}\right)+\left[\alpha(E-V(r))-\frac{l(l+1)}{r^2}\right]R=0 \qquad (8\text{-}20)$$

其中,l 是轨道量子数,而势函数

$$V(r)=-\frac{1}{4\pi\varepsilon_0}\frac{\mathrm{e}^2}{r}$$

若引入变换

$$\phi(r)=rR(r)$$

则方程(8-20)消除了径向波函数的一阶导数而变成了

$$\phi''(r)+\left[\alpha(E-V(r))-\frac{l(l+1)}{r^2}\right]\phi(r)=0 \qquad (8\text{-}21)$$

$\phi(r)$ 与 $R(r)$ 在远离坐标原点的行为是相同的,即 $\phi(\infty)=R(\infty)=0$,且都满足前述推论(1);在 $r=0$ 处,$\phi(0)=0$,这比 $R(0)$ 更加确定,因为后者有时可能不为 0。因此,方程(8-21)适合用"打靶法"求解,计算的起点选在远离原点的 x_1 处,初始条件的选择根据推论(1),初始波函数取很小的值,例如 $\phi_0=10^{-6}$;终点选在非常靠近原点的 x_2 处,例如取 $x_2=10^{-6}$。为了满足波函数扩展范围随着能量增大而增大的事实,在能量逐步增大的过程中,应该适当地扩大求解的范围 $\{x_1,x_2\}$,也就是增大 x_1。经过简单的运算可以知道,若长度单位为 Å,能量单位为 eV,则只须将势函数变为

$$V(r)=-\frac{14.3996}{r}$$

方程(8-21)的形式保持不变。

计算 $E\text{-}\phi(x_2)$ 曲线时,能量范围取 $-15\sim0$,计算程序就不写了,请读者自己完成。图 8-10(a)是 $l=0$ 时 $E\text{-}\phi(x_2)$ 曲线的全貌,图 8-10(b)是其纵向放大图,从箭头标记的地方可以看出,在 $E=-13.5,-3.4,-1.5,-0.8,-0.5,-0.4$ 这些位置附近,曲线过零点,因而存在本征值。详细计算这些过零点,得到如下表所示的能量,该表同时还对照列出了氢原子本征能量的理论值,可见所计算出的本征能量很接近理论值。

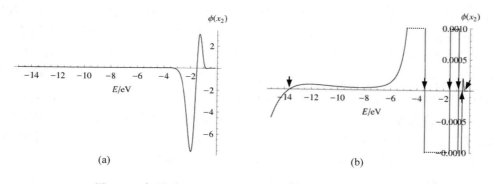

图 8-10　氢原子 $l=0$ 的径向 $E\text{-}\phi(x_2)$ 曲线及其纵向放大图

本征态序号 n	1	2	3	4	5	6
能级(计算值)/eV	-13.6128	-3.4045	-1.5131	-0.8511	-0.5447	-0.3779
能级(理论值)/eV	-13.6057	-3.4014	-1.5117	-0.8503	-0.5442	-0.3779

当 $l \neq 0$ 时,计算表明,$E\text{-}\phi(x_2)$曲线第一个过零点的位置不再是-13.6,随着 l 的增大,第一个过零点的位置依次右移。图 8-11 是 $l=1$ 时的 $E\text{-}\phi(x_2)$ 曲线,仔细计算发现,但凡出现过零点的位置都与上表中的对应位置相同,表明能级的序号是与 l 有关的,经过归纳,不难得出

$$n = l + 1 + n_r$$

其中,$n_r \geqslant 0$ 的整数。

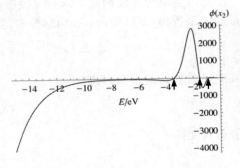

图 8-11　氢原子 $l=1$ 的径向 $E\text{-}\phi(x_2)$曲线

8.5　周期性势函数与能带的形成

对于学习固体物理的读者来讲,基本的一点是要记住电子的能级呈带状分布,形成**能带**。"**能带论**"、"**能带工程**",这些名词已经成了固体物理领域里的流行语,它们对于推进固体电子特性的理解和应用有十分重要的意义。然而,对于很多读者来讲,结论好记,但这些结论是怎么来的,却并非清楚,尽管固体物理的教科书上也尽力解释,但终究没有展开过计算,因此,固体的那些能带(包括超晶格里的**微带**)是怎么来的,学生并没有直接经验。本节就以连续排列的有限个数方势阱模型为例,逐个计算不同势阱个数情况下电子的能级,把它们画在一张图上,直观地显示能带是怎样形成的。

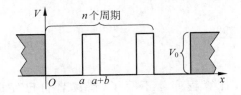

图 8-12　由势阱和势垒交替组成的周期性势场

图 8-12 是由 n 个势垒与 $n+1$ 个势阱交替组成的周期性势场模型示意图,势垒的高度与无限延伸的边界的高度都是 V_0,势阱的宽度为 a,势垒的宽度是 b。

在周期性势场模型中,势函数的构造需要一点编程技巧,就是要指出哪些区域是 0,哪些区域是 V_0,这放到程序里去看,不难明白。

计算这样一个周期性势场里电子的能态,可以使用前面发展的边值计算法,也可以用初值计算法,下面选择后者。为此,就需要精心设计波函数的求解边界和左边界的初始值,以及在右边界对合理波函数的判断条件。波函数的求解边界 x_1 和 x_2 要根据能量的增大而适当扩展,经过试验,已经反映在程序里。对波函数是否合理的判断是这样进行的:当在远离势阱的左边 x_1 取适当大的初始波函数值ϕ_0,在求解完成后对波函数进行归一化,如果波函数是合理的,则在 x_1 处的归一化波函数值应该更小,因此,归一化积分 total 应该大于 1;在计算的末端 x_2 处,因为势场的对称性,波函数 $\varphi(x_2)$ 应该接近 $\pm\phi_0$,考虑到初值的近似性和计算误差,围绕 $\pm\phi_0$ 划定一个范围,落在此范围内的波函数才是可能的波函数。

给定势垒个数 n,写出计算能级的程序,经调试可以给出正确的能级个数之后,成为通用的程序。n 从 1 到 10,程序依次输出所找到的可能的能量本征值,其个数一般比 $n+1$ 要多,需要事后将每组相近的能量进行平均,作为一个能级的位置,人工辅助是必不可少的。

```
V0 = 3.0; a = 3.0; b = 2.0; n = 1;
s = V0 UnitStep[-x] + V0 UnitStep[x - ((a + b) n + a)];
Do[
  s = s + V0 UnitStep[(x - ((a + b) (i - 1) + a)) ((a + b) i - x)],
  {i, n}]
V[x_] := Evaluate[s]
m = 3 × 10^3; δ = V0 / m; e1 = 1.0; e2 = 1.6;
α = 0.262713; φ0 = 0.1; data = {};
Do[
  x1 = -(0.5 a + 0.11 + 0.61 energy);
  x2 = (a + b) n + 1.5 a + 0.11 + 0.61 energy;
  equ = {φ''[x] + α x (energy - V[x]) φ[x] == 0,
     φ[x1] == φ0, φ'[x1] == Sqrt[α x (V[x1] - energy)] x φ0};
  s = NDSolve[equ, φ, {x, x1, x2}];
  φ = φ /. s[[1]];
  total = NIntegrate[φ[x]^2, {x, x1, x2}];
  If[
    (total > 1) && (Abs[φ[x2]] < 1.03 φ0) && (Abs[φ[x2]] > 0.97 φ0),
    AppendTo[data, energy]],
  {energy, e1, e2, δ}]
data
Clear["Global`*"]
```

关于程序，需要指出以下两点。

（1）对于程序给出的参数，8.3.2 节的末尾已经证明，单个势阱只有一个本征能量，这个模型就很简单，只需关注这一个能级随着势场周期单元数的增加而发生分裂形成能带的过程。

（2）n 的每次改变，都需要适当调整能级分裂的范围 $e_1 \sim e_2$，同时调整 $φ(x_2)$ 的范围，以便尽可能地降低计算的时间，并减少相似能量的输出个数。

在求得了 10 组能级分裂的数据之后，画一个能级演变的图，就能明白周期性势场中能带是如何形成的了。程序如下，其中的数据是作者运行上述程序后收集到的。

```
In[1]:= data[1] = {1.100, 1.487};
    data[2] = {1.036, 1.271, 1.584};
    data[3] = {0.998, 1.156, 1.390, 1.638};
    data[4] = {0.980, 1.092, 1.264, 1.474, 1.671};
    data[5] = {0.971, 1.052, 1.180, 1.345, 1.532, 1.692};
    data[6] = {0.963, 1.026, 1.127, 1.262, 1.415, 1.576, 1.706};
    data[7] = {0.959, 1.009, 1.087, 1.194, 1.325, 1.467, 1.607,
        1.716};
    data[8] = {0.956, 0.996, 1.061, 1.149, 1.260, 1.383, 1.512,
        1.632, 1.724};
    data[9] = {0.954, 0.986, 1.040, 1.114, 1.206, 1.313, 1.427,
        1.545, 1.652, 1.731};
    data[10] = {0.952, 0.979, 1.024, 1.086, 1.163, 1.254, 1.356,
        1.465, 1.572, 1.667, 1.734};
    e0 = 1.26474; figure = {};
    Do[
      g = Plot[data[i], {x, i, i + 1}];
```

```
  AppendTo[figure, g], {i, 10}]
g = Plot[e0, {x, 0, 11}, PlotStyle → Dashing[{0.01, 0.01}]];
AppendTo[figure, g];
tic = Table[{0.5 + i, i}, {i, 10}];
Show[figure, PlotRange → All, AxesOrigin -> {0, 0},
 Ticks -> {tic, Automatic}, AxesLabel -> {"n", "E/eV"}]
Clear["Global`*"]
```

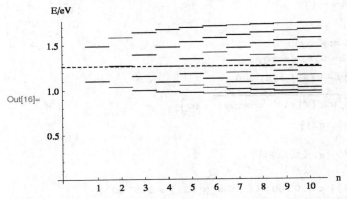

Out[16]=

在 Out[16]中,水平虚线代表单个势阱中唯一的能级位置,在势垒的个数依次增加之后,这个能级开始分裂,n 个势垒会使能级分裂成 $n+1$ 个能级,这些能级的间隔越来越小,总的能级裂距宽度随 n 的增加而增长缓慢,其中密集的能级形成一个条带,形象地称之为"**能带**"。可见,能带是周期性势场的必然结果,当原子聚集起来形成固体时,原子中的电子原来是被局域在原子范围内的,现在却是处在所有原子形成的周期性势场中,原子的能级被分裂成能带,有多少能级,就形成多少能带。所以,固体中电子的基本能级结构是带状的,这是理解固体电子行为的基础。

第 9 章

概率与随机运动

到目前为止,专门给物理学专业的学生开设"概率统计"课程的学校还不多,物理学与相近专业的大学生普遍缺乏概率统计方面的知识,这无论对于深入学习物理学还是对于解决实际问题,都是很不利的,因为,物理学在理论上要处理大数量的统计问题,或者实验上要处理观测数据,都需要概率统计的知识。为此,在本章前一部分先介绍一点概率统计的知识,不求系统,但希望以此引起读者的兴趣和注意,有意识地去学习它,并把它更多地用于物理问题的研究上来。

为开阔读者思路,先浏览一下哪些领域需要概率统计的知识。

我们知道,人的身高是不一样的,根据测算,身高的分布是服从正态分布(又叫高斯分布)的,其分布律为

$$f(x)\mathrm{d}x = \frac{1}{\sigma\sqrt{2\pi}}\mathrm{e}^{-\frac{(x-\mu)^2}{2\sigma^2}}\mathrm{d}x$$

其中,μ 是平均身高;σ 是标准偏差。由于人群又分了很多类,例如男人、女人、亚洲人、欧洲人,等等,这个分布规律要对不同类型的人分别写出。这个规律有什么用吗?服装、鞋帽的制造者,要考虑人的身高;公安部门破案,要考虑人的身高;甚至房屋门的设计也要考虑人的身高。所以,身高的概率知识是有用的。

科学实验、工业生产、环境监测、技术监督和日常生活中,要进行各种各样的测量。测量,就是要对未知的物理量求得其值。这个未知的值是多少?具有随机性。因此,所测量的量值也就有一定的概率分布。这样的概率分布知识有用吗?有用。比如,在一定条件下反复测量某个物理量,其值按正态分布,其平均值也按正态分布,但平均值的标准差要小得多。如果所测量的"成对数据"$\{x_i, y_i\}$理论上满足函数关系

$$y = g(x)$$

要通过所测量的数据拟合来求 $g(x)$ 中的参数,一般要假定数据$\{x_i, y_i\}$的误差服从高斯分布,这符合多数情况。所以,当利用某个软件的拟合功能进行曲线拟合的时候,这里面一定有概率的知识在起作用。

统计物理处理的对象是大数量的微观粒子,我们面对的就是大数量微观粒子的平均作用效果。这里,概率统计的知识是绝对必要的。比如,要计算气体的压强,就要考虑各种动量分布的粒子对器壁的碰撞效果;要计算粒子的动量分布,就要根据对称性来确定概率分布的性质,从而进一步从理论上导出概率的具体分布。探求某个物理量的概率分布,是统计物理的核心工作,有了概率分布,其他物理量的统计特性也好计算了。

总之,概率统计的知识已经在物理学和其他学科得到广泛应用,它已经是众多学科的基础。以下各节的例子,能具体说明这一点。

9.1 概率统计基础

概率论要处理的是概率事件,又叫**随机事件**。所谓随机事件,就是事先不能预知的事件,一次实验中,可能出现的事件(或结果)不只一个,哪个事件出现? 只能靠实验来确定。但是,有一类事件具有这样的性质:虽然每次实验出现哪个事件不能事先确定,但是,当进行了大量的这种实验以后,每个事件出现的**比率**却是确定的。这种具有稳定比率出现的各种事件,就是概率论研究的对象。我们把稳定的比率称为某个事件的**概率**。

从理论上讲,事件的概率要靠多次重复实验来确定,概率论的"大数定理"也证明了这样做的正确性。这一点是进行**概率模拟**的基础。不过,概率论的"功夫"要是仅限于这一点,它的作用就很有限了。事实上,概率论还提供了一些定理和公式,能够帮助人们**从一些概率计算出另一些概率**,从而延伸对概率问题的研究。下面将简要地给出概率论的一些结果,应用这些结果,可以解决很多问题。

9.1.1 概率的公理化定义

在一次实验中,各种可能出现的事件 $\{A_i\}$ 组成一个**样本空间 Ω**,某个事件 B 的概率 $P(B)$ 是与 B 有关的一个非负的数,满足

(1) $P(B) \geqslant 0$

(2) $P(\Omega) = 1$

(3) 对于互相排斥的事件 $B_1, B_2, \cdots, B_n$,它们"并"的概率等于各个事件概率之和,表示为

$$P(B_1 \bigcup B_2 \bigcup \cdots \bigcup B_n) = \sum_{i=1}^{n} P(B_i)$$

例如事件 A 与其"余"或者补集 $\overline{A}$ 就构成了一对互相排斥的事件,而且由它们组成了 Ω,因此

$$P(A) + P(\overline{A}) = 1$$

两个事件 A 和 B 的"交"是由既属于 A 又属于 B 的那些事件组成的事件。可以用图 9-1 中的三个图来表示事件的"并"、"交"和排斥的关系,其中,互斥事件的"交"是空集(空事件)$\varnothing$,$\varnothing$ 的概率为 0。

$$P(\varnothing) = 0$$

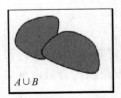
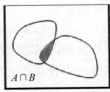
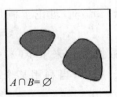

图 9-1 事件的"并"、"交"和互斥的关系

9.1.2 重要的概率公式

在概率定义的基础上,可以证明以下概率公式是成立的。

（1）两个事件"并"的一般公式
$$P(A \bigcup B) = P(A) + P(B) - P(A \bigcap B)$$

（2）独立事件的概率公式
$$P(A \bigcap B) = P(A) \cdot P(B)$$

（3）条件概率
$$P(A \mid B) = \frac{P(A \bigcap B)}{P(B)}$$

条件概率是在样本空间上定义的新概率,在事件 B 确定不变的情况下,条件概率满足概率的所有性质。

（4）全概率公式
$$P(A) = \sum_{i=1}^{n} P(B_i) \cdot P(A \mid B_i)$$

（5）贝叶斯公式
$$P(B_i \mid A) = \frac{P(B_i) \cdot P(A \mid B_i)}{\sum_{j=1}^{n} P(B_j) \cdot P(A \mid B_j)}$$

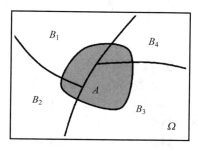

图 9-2　　$n = 4$ 时 Ω 的一个分割

在以上两公式中,$\Omega = \bigcup_{i=1}^{n} B_i$,也就是说,$\{B_i\}$ 将 Ω 进行了一个分割,同时,事件 A 也被分割成了 $\{A \bigcap B_i\}$,这种关系如图 9-2 所示。

9.1.3　概率计算的例子

对于一些比较简单的概率问题,例如所谓古典概率类型,样本空间的基本事件是等概率的,这样的**概率是根据事件的对称性来确定**。典型的是投掷均匀的硬币,事件{正面朝上}和{反面朝上}出现的概率相等,都是 1/2。另有一些事件,它们的**概率就是估计**出来的。下面的几个例子可以说明这一点。

例1：选择题难度设计

考试时,每个选择题有 4 个答案,其中只有一个是正确的。当学生不会做时可以随机猜测。现从卷面上看该题答对了,求此学生确实会做该题的概率。

解析：令事件 $A =$ {学生答对该题},$B =$ {学生会做该题}。若设
$$P(B) = p, \quad 则 \ P(\bar{B}) = 1 - p$$
根据问题的含义和对称性,可以做如下估计：
$$P(A \mid B) = 1, \quad P(A \mid \bar{B}) = 1/4 = 0.25$$
应用全概率公式,得到"答对而真会做"的概率：
$$P(B \mid A) = \frac{P(B)P(A \mid B)}{P(B)P(A \mid B) + P(\bar{B})P(A \mid \bar{B})} = \frac{p}{0.75p + 0.25}$$

读者不难用 Mathematica 作图来考察此概率随 p 的变化,如图 9-3 所示。图中的直线是参考线,表示 $P(B \mid A) = p$。根据这种对比关系,学生卷面答对而实际上会做该题的概率,始终要高于真正会做该题的概率,这就是说,用选择题来考察学生的真实成绩是有高估的风险。仔细观察图 9-3,这种差别在 p 区间的中部为大,在两端小一些,因此可以推论：选择题对于鉴别那些真正会做和真正不会做的学生是有效的,这只要把难度减小或者增加即可。

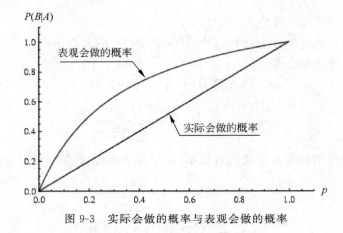

图 9-3　实际会做的概率与表观会做的概率

作为一种平常情况,学生会做与不会做的估计概率相等,即 $p=0.5$,则

$$P(B \mid A) = \frac{0.5}{0.5 \times 0.75 + 0.25} = 0.8$$

例 2:染病概率

设 1 号、2 号、3 号三个地区爆发了某种流行病,三个地区的染病概率分别是 1/6、1/4 和 1/5。某人来自上述三地区,问:此人染病的概率有多大? 如果该人已经染病,他来自 2 号地区的概率有多大?

解析:设 $B=\{$某人染病$\}$,$C_i=\{$来自 i 号地区$\}$,$i=1,2,3$。如果不能确认某人来自哪里,可以设想他来自三个地区的概率相等,都是 1/3,即

$$P(C_i) = 1/3, \quad i = 1,2,3$$

并且 $\Omega = \bigcup_{i=1}^{3} C_i$。根据题意,

$$P(B \mid C_1) = 1/6, \quad P(B \mid C_2) = 1/4, \quad P(B \mid C_3) = 1/5$$

根据全概率公式

$$P(B) = \sum_{i=1}^{3} P(C_i) P(B \mid C_i) = \frac{37}{180} \approx \frac{1}{5}$$

在确认其已经染病的情况下,又不知道他来自哪一地区,可以按贝叶斯公式估计他来自 2 号地区的概率

$$P(C_2 \mid B) = \frac{P(C_2)P(B \mid C_2)}{P(B)} \approx \frac{5}{12} > \frac{1}{3} = P(C_2)$$

可见,在已经染病的情况下,估计他来自 2 号地区的概率有所增加。

9.1.4　随机变量

以上两个例子,意在引起读者对概率分析的兴趣。其实,在概率分析中,更多情况下要引进"**随机变量**"这个概念,更便于分析。所谓随机变量,就是与每个随机事件都相伴随的一个数,随机实验的结果不确定,表现在随机变量的值不能事先确定。随机变量的每个值又伴随一个概率,这是随机变量与数学上其他变量不同的地方。用公式来表达,某个定义在样本空间 Ω 上的随机变量 X,它取某个值 x 的概率为

$$P(X = x) = p_x$$

如果 X 取连续的值,它取值 $x \sim x+\mathrm{d}x$ 之间的概率就要用**概率密度函数** $p(x)$ 来表示,则

$$P(x \sim x + \mathrm{d}x) = p(x)\mathrm{d}x$$

可以定义 $\{X \leqslant x\}$ 作为一个事件的概率,它被称为随机变量的**分布函数**,用 $F(x)$ 表示

$$F(x) = P(X \leqslant x) = \int_{-\infty}^{x} p(\xi)\mathrm{d}\xi$$

或者反过来

$$p(x) = \frac{\mathrm{d}F(x)}{\mathrm{d}x}$$

这样,对于事件 $\{x_1 < X < x_2\}$,其概率可以按下式计算:

$$P(x_1 < X < x_2) = \int_{x_1}^{x_2} p(x)\mathrm{d}x$$

概率密度 $p(x)$ 和分布函数 $F(x)$ 有如下的性质。

(1) $p(x) > 0$。

(2) $\int_{-\infty}^{\infty} p(x)\mathrm{d}x = 1$。

(3) 当 $x_1 < x_2$ 时,$F(x_1) \leqslant F(x_2)$,即分布函数是单调增函数。

(4) $F(-\infty) = 0$,$F(\infty) = 1$。

对于随机变量取离散值的情况,只要将积分改为求和即可。

9.1.5　平均值与方差

以连续性随机变量为例。随机变量 X 的**平均值**定义为

$$\langle X \rangle = \int_{-\infty}^{\infty} xp(x)\mathrm{d}x$$

方差定义为

$$\sigma^2 = \langle (X - \langle X \rangle)^2 \rangle = \int_{-\infty}^{\infty} (x - \langle X \rangle)^2 p(x)\mathrm{d}x = \langle X^2 \rangle - \langle X \rangle^2$$

方差的平方根称为**标准差** σ,它反映随机变量取值相对于平均值的分散程度。

类似地,如果某个变量 Y 是随机变量 X 的函数,有关系式 $y = y(x)$,则 Y 也成了随机变量,其平均值按下式计算:

$$\langle Y \rangle = \int_{-\infty}^{\infty} y(x)p(x)\mathrm{d}x$$

按同样的办法可以定义 Y 的方差。

例3：均匀分布的平均值与方差计算

设有随机变量 X,它在区间 $[a, b]$ 上均匀分布,其概率密度为

$$p(x) = \begin{cases} 0, & x < a \\ \dfrac{1}{b-a}, & a \leqslant x < b \\ 0, & x \geqslant b \end{cases}$$

概率密度分布如图 9-4 所示。由此可以计算出其分布函数为

$$F(x) = \begin{cases} 0, & x < a \\ \dfrac{x-a}{b-a}, & a \leqslant x < b \\ 1, & x \geqslant b \end{cases}$$

分布函数的图像如图 9-5 所示。该曲线大致上代表了一般分布函数曲线的轮廓,即在 x 的低端,分布函数接近于 0;在高端,分布函数接近于 1;在中间段,分布函数单调上升。不同的分

布,这个中间段的形状不同罢了。

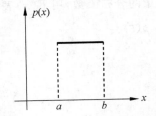

图9-4　均匀分布的概率密度

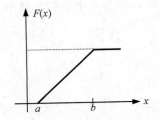

图9-5　均匀分布的分布函数

根据所求得的密度函数,可以计算 X 的平均值和方差,结果如下。

$$\langle X \rangle = \int_a^b x \cdot \frac{1}{b-a} \mathrm{d}x = \frac{a+b}{2}$$

$$\sigma^2 = \int_a^b (x - \langle X \rangle)^2 \cdot \frac{1}{b-a} \mathrm{d}x = \frac{(b-a)^2}{12}$$

9.1.6　二项分布及其特殊情况

随机变量有各种类型,其概率分布也是各种各样。下面就以应用很广的**二项分布**为例,介绍这种分布的性质,并介绍它的两种近似类型——**高斯分布**和**泊松分布**,它们也是非常有用的分布。

1. 二项分布

二项分布处理的是伯努利实验,在该实验中,可能出现的结果只有两种:A 或者 B。可以定义随机变量 X,它的取值可以根据不同的情况而自由设定,例如取值为 $+1$ 和 -1,对应关系为

$$P(X = +1) = P(A) = p$$
$$P(X = -1) = P(B) = q = 1 - p$$

在 N 次实验中,事件 A 出现 k 次的概率为

$$P_N(k) = C_N^k p^k q^{N-k}$$

其中,$C_N^k = \dfrac{N!}{(N-k)! \cdot k!}$ 是从 N 个元素中取 k 个的组合数。

由于不能事先预测 N 次实验中 k 的取值,所以,k 也成了随机变量。读者可以费一点工夫计算一下,k 的平均值为

$$\langle k \rangle = pN$$

同样可以计算 k 的方差为

$$\sigma^2 = \langle k^2 \rangle - \langle k \rangle^2 = Npq$$

二项分布是有极值的。下面以 $N = 10$,$p = 1/3$ 为例,画出 k 的概率分布图,如图9-6所示,极值出现在 $k = 3$ 处。

2. 高斯分布

当 N 很大而 p 并不很小时,二项分布可以近似地表示为高斯分布,其概率为

$$P_N(k) \approx \frac{1}{\sigma \sqrt{2\pi}} e^{-\frac{(k - \langle k \rangle)^2}{2\sigma^2}}$$

高斯分布曲线是以均值为中心两边对称分布的钟形曲线,如图9-7所示。

3. 泊松分布

当 N 很大而 p 很小,但 $\lambda = pN$ 是有限值时,二项分布近似地表示为泊松分布:

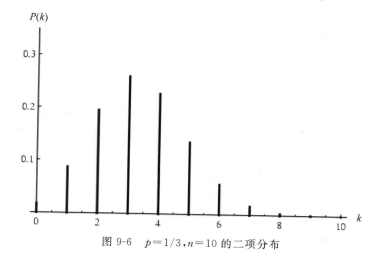

图 9-6 $p=1/3, n=10$ 的二项分布

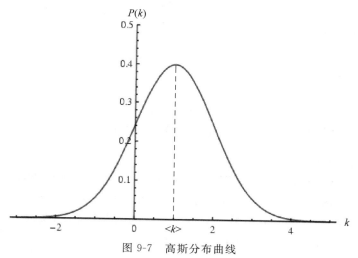

图 9-7 高斯分布曲线

$$P_N(k) \approx \frac{\lambda^k}{k!} \cdot e^{-\lambda}$$

图 9-8 是 $\lambda=10/3$ 的泊松分布,读者可以一窥其分布的一般特点。

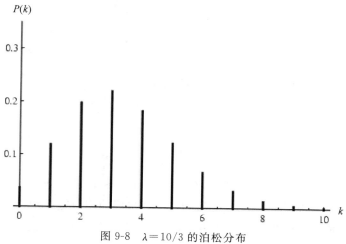

图 9-8 $\lambda=10/3$ 的泊松分布

9.1.7 概率用于物理计算

前面已经介绍了不少概率知识了,现在就把它们拿来研究几个物理问题。

例4：中子轰击原子核

一片薄的金箔被一束中子轰击,中子束流均匀地照射到箔的任何部位,假定有足够多的中子打上去,使每个原子核平均被击中两次。求未被击中的原子核比例是多少? 被击中两次的比例是多少?

解析：中子轰击原子核的概率是很小的,它每次要么击中,要么未击中。设击中的概率为 p,中子的数量为 N,N 是一个很大的数。根据题意,

$$\lambda = pN = 2$$

此题可用泊松分布来求解,被击中 k 次的原子核所占的比例为

$$r(k) = \frac{\lambda^k}{k!}e^{-\lambda}$$

因此,未被击中的比例为

$$r(0) = e^{-\lambda} = 0.135$$

被击中两次的比例为

$$r(2) = \frac{\lambda^2}{2!}e^{-\lambda} = 0.271$$

以此类推,读者可以计算其他被轰击 k 次的原子核所占的比例。

例5：盒子内的气体分子数

有一个大盒子,其体积为 V_t,盒子内有 N_t 个分子,每个分子都等可能地处在盒子中的任何位置。现观测盒子内一个小体积 V 内的分子数。求 V 内的平均分子数,以及分子数的标准差;当 $V=V_t/2$ 和 $V=10^{-6}V_t$,分别画出 V 内分子数的概率分布图,假定 $N_t=10^{23}$。

解析：根据均匀性,一个分子出现在 V 内的概率是

$$p = \frac{V}{V_t}$$

这是一个典型的二项分布问题,V 内的平均分子数为

$$\langle k \rangle = pN_t = \frac{V}{V_t} \cdot N_t = \frac{N_t}{V_t} \cdot V$$

分子数的标准差为

$$\sigma = \sqrt{N_t p(1-p)} = \frac{\sqrt{N_t V(V_t - V)}}{V_t}$$

当 $p=V/V_t=1/2$ 时,可以用高斯分布来近似二项分布,其中

$$\langle k \rangle = 5 \times 10^{22}, \quad \sigma = 1.58 \times 10^{11}$$

于是

$$P_N(k) = \frac{1}{3.96 \times 10^{11}} \cdot e^{-\frac{(k-5\times10^{22})^2}{5\times10^{22}}}$$

其概率分布如图 9-9 所示。这是在 k 区间 $5 \times 10^{22} - 10^{12} \sim 5 \times 10^{22} + 10^{12}$ 内画出的分布曲线,可见,分子数主要分布在平均值 5×10^{22} 很近的区间内,峰的相对宽度约为 10^{-9}。

当 $p=10^{-6}$ 时,依然近似用高斯分布表示,k 的平均值和标准差分别是

$$\langle k \rangle = 10^{17}, \quad \sigma = 3.16 \times 10^8$$

分子数的分布变成了

$$P_N(k) = \frac{1}{7.93 \times 10^8} \cdot e^{-(k-10^{17})^2/(2 \times 10^{17})}$$

其概率分布如图 9-10 所示。该图是在 $k = 10^{17} - 10^{10} \sim 10^{17} + 10^{10}$ 区间内画出来的,峰的相对宽度约为 10^{-8}。

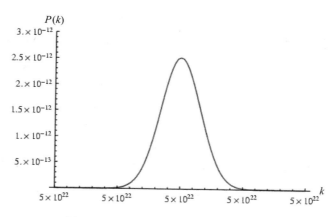

图 9-9 $p = 0.5$ 时盒子内分子数的分布

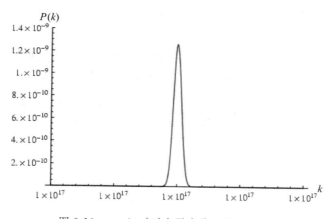

图 9-10 $p = 10^{-6}$ 时盒子内分子数的分布

通过对比图 9-9 和图 9-10,除了注意它们的峰值宽度都很窄之外,还要注意峰值概率数值的差别,图 9-10 的峰值概率大约是图 9-9 的 10^3 倍。这表示什么意思?就是当分子数很大时,分子体系的总的状态数就很大,某一宏观状态尽管可能是概率最大的(**最可几的**),但在总的状态分布中所占概率很小。相反,如果分子数较少,分子体系的最可几状态的概率就比较大。

例 6:无规行走

考虑一个粒子,其运动被限制在一条直线上,它向右走一步的概率与向左走一步的概率都是 $p = 1/2$。设粒子走了 N 步,每一步都独立于以前的各步。求粒子的净位移的概率分布。

解析:令 n_1 代表向右走的步数,n_2 代表向左走的步数,则 $N = n_1 + n_2$。净步数 $m = n_1 - n_2 = 2n_1 - N$。当 N 很大时,n_1 是服从高斯分布的,其分布为

$$P_N(n_1) = \frac{1}{\sigma\sqrt{2\pi}} \cdot e^{-(n_1-\langle n_1\rangle)^2/(2\sigma^2)}$$

其中，$\langle n_1\rangle = pN = N/2$；$\sigma = \sqrt{Np(1-p)} = \sqrt{N}/2$。

我们要将随机变量 n_1 变换到 m，根据正态分布的线性变换性质(读者自己证明)，m 也是正态分布的，其均值变为 $\langle m\rangle = 2\langle n_1\rangle - N = 0$，方差变为 $\sigma_m^2 = 4\sigma^2 = N$，于是得到 m 的分布为

$$P_N(m) = \frac{1}{\sqrt{2\pi}\,\sigma_m} e^{-m^2/2\sigma_m^2} = \frac{1}{\sqrt{2\pi N}} \cdot e^{-m^2/(2N)}$$

设粒子每一步的长度为 l，则净位移 $x = ml$。考虑比 l 大得多的区间 Δx，N 步以后粒子处在区间 $x \sim x+\Delta x$ 的概率满足

$$P_N(x)\Delta x = P_N(m)\Delta m = P_N(m)\Delta x/l$$

于是

$$P_N(x) = \frac{1}{\sqrt{2\pi N l^2}} \cdot e^{-x^2/(2Nl^2)}$$

又设单位时间内粒子走 n 步，$N = nt$，则 t 时刻粒子处在 $x \sim x+\Delta x$ 内的概率为

$$P_N(x,t)\Delta x = \frac{1}{\sqrt{2\pi n t l^2}} \cdot e^{-x^2/(2ntl^2)}\Delta x$$

若令 $D = \frac{1}{2}nl^2$，则

$$P_N(x,t)\Delta x = \frac{1}{2\sqrt{\pi Dt}} \cdot e^{-x^2/(4Dt)}\Delta x$$

参数 D 称为**扩散系数**。根据该概率分布公式，这是一条随着时间不断扩散的钟形曲线，"钟"的高度逐步降低。这正好表示原来处在原点的粒子，在无规行走的假定下，它们随机地向两边扩散，随着时间的延续，扩散范围越来越大，相应地，处在原点附近的粒子数就越来越少。这种扩散问题，我们在后面模拟布朗运动的时候，还会进一步研究。

9.2　在概率指导下

在上面介绍概率基础的时候，曾计算了若干情况下的概率，这已经让我们知道了以前所不知道的信息。不过，我们不能满足这种"被动的"概率计算，而要采取一些"主动的"行动，以便让读者体会概率的强大功能。以下所研究的例子，范围很广，不限于物理学，目的还是开阔读者的概率视野，以便喜欢概率这个概念。

例1：谁先打第一枪？

有甲、乙两名射手比赛射击，各人轮流射击同一目标，比赛规定：谁先命中谁获胜。问：谁先开第一枪？对胜负有影响吗？

解析：设甲、乙命中目标的概率分别是 α 和 β。令事件 $A_i = \{$第 i 次命中目标$\}$($i=1$, $2,\cdots$)。下面计算甲先开枪情况下甲、乙各自获胜的概率有多大。

事件$\{$甲先开枪并获胜$\}$，可以表示为

$$A_1 \cup \overline{A_1}\overline{A_2}A_3 \cup \overline{A_1}\overline{A_2}\overline{A_3}A_4 A_5 \cup \cdots$$

这些"并"起来的事件是互斥的，因此，甲先开枪并获胜的概率为

$$P(甲获胜) = P(A_1) + P(\overline{A}_1 \overline{A}_2 A_3) + P(\overline{A}_1 \overline{A}_2 \overline{A}_3 \overline{A}_4 A_5) + \cdots$$
$$= \alpha + (1-\alpha)(1-\beta)\alpha + (1-\alpha)^2 (1-\beta)^2 \alpha + \cdots$$
$$= \sum_{i=0}^{\infty} (1-\alpha)^i (1-\beta)^i \alpha = \frac{\alpha}{1-(1-\alpha)(1-\beta)}$$

按同样的办法,可以计算{甲先开枪但乙获胜}的概率,不过可以更简单,即

$$P(乙获胜) = 1 - P(甲获胜) = \frac{\beta(1-\alpha)}{1-(1-\alpha)(1-\beta)}$$

给定 α 和 β,就可以比较甲、乙获胜的概率哪个大。现在看一种可能的情况,就是 $\alpha = \beta = p$,因为 $1-\alpha < 1$,所以 $\alpha > \beta(1-\alpha)$,甲获胜的概率大。可见,开枪的顺序与获胜的概率是有关的,为了体现公平,最合理的办法是让二者抽签决定谁先开枪。不过,这比赛的已经不是枪法,而是运气了。

例 2:抽签原理

设袋中放有黑球和白球各若干,这些球除了颜色不同,其他方面没有差别。现依次把球一个一个取出,问:第 k 次取得白球的概率是多大?

解析:设袋中有 a 个黑球和 b 个白球。我们知道,如果采取"抽样后放回"的抽签方式,则第 k 次抽取到白球的概率与 k 无关,为

$$P(k) = \frac{b}{a+b}$$

现在改为"抽样后不放回"的抽样办法,我们把每次抽出的球按顺序排成一条直线,所得到的结果共有 $(a+b)!$ 种。第 k 次抽到白球,就是将一个白球放到 k 位置上,抽取白球的方法有 b 种,其余的位置共有的抽取方法还有 $(a+b-1)!$ 种,于是

$$P(k) = \frac{b(a+b-1)!}{(a+b)!} = \frac{b}{a+b}$$

可见,无论抽样后是否放回,第 k 次抽到白球的概率是一样的,并且与 k 无关。因此,如果把抽到白球看成某种命运或者机会的安排,则这样的抽签将是公平的,与第一个人谁来抽签无关。那些到庙堂去抽签许愿的人,大可以放心地去测算自己的运气了。

例 3:公共汽车的门

公共汽车门的高度是按照男子与车门碰头的机会在 0.01 以下设计的。据统计,男子身高(单位为 cm)服从高斯分布,分布参数是

$$\langle h \rangle = 170, \quad \sigma = 19$$

问:车门应该设计多高?

解析:男子身高的分布函数是

$$p(h)\mathrm{d}h = \frac{1}{\sigma \sqrt{2\pi}} \mathrm{e}^{-\frac{(h-\langle h \rangle)^2}{2\sigma^2}} \mathrm{d}h$$

按题意,身高大于车门高度 H 的男子比例应该小于 0.01,即

$$\int_H^\infty p(h)\mathrm{d}h \leqslant 0.01$$

根据上式就可以解出车门高度 H。下面用 Mathematica 来求解。因为

$$\int_H^\infty p(h)\mathrm{d}h = 1 - \int_{-\infty}^H p(h)\mathrm{d}h = 1 - F(H)$$

所以,$F(H) = 1 - 0.01 = 0.99$。

通过求分位数的函数 **Quantile[]** 就可以很容易地求出 H。程序如下。

```
In[1]:= μ = 170.0; σ = 19.0; p = 0.01;
        dis = NormalDistribution[μ, σ];
        H = Quantile[dis, 1 - p]
        Clear["Global`*"]
```

Out[3]= 214.201

车门的高度应该在 214cm。这就是人的身高统计数据的一个用处。

这里涉及一个概念：**分位数**。"q 的分位数"是这样定义的：与分布函数 $F(x) = q$ 所对应的 x 的值。

例 4：粗大测量数据的剔除

已知一组测量数据应该服从某种分布，例如高斯分布。由于某种原因，测量数据中出现了一些异常大或异常小的值，明显偏离正常测量应该出现的范围。但是，这样的数据也可能是正常数据的极端情形。我们不考虑后一种情况。那么，如何判断并剔除这样的粗大数据呢？

解析：回答这个问题，需要考察**测量列的残差**分布。假设对某物理量 X 进行了 n 次测量，所得测量列为 $x_1, x_2, \cdots, x_n$，其平均值为 $\langle x \rangle$，测量列的残差为 $\{x_i - \langle x \rangle\}$。有两种方法挑选出最大残差，一个是挑选最大代数残差；另一个是挑选最大绝对值残差。我们采取后者。这样，每次测量 n 个数，都可以挑选出一个最大绝对值残差，该残差就是一个随着抽样而改变的随机量。为了方便，我们定义所考察的随机量为

$$r = \text{Max}\left(\frac{|x_i - \langle x \rangle|}{s} \right)$$

其中，s 是标准差，它的定义为

$$s = \sqrt{\frac{\sum_{i=1}^{n} (x_i - \langle x \rangle)^2}{n-1}}$$

下面用编程方法模拟 n_1 次抽样，每次抽样产生 n_2 个服从某种分布的数据，计算其最大绝对残差，最后对所形成的 n_1 个残差进行统计，设定一个**决定粗大数据的限度**。假定数据服从高斯分布，通过模拟计算可以证明，模拟结果与高斯分布的参数无关，因此，取标准正态分布即可。

这里，先要介绍"**经验分布函数**"的概念。对于一个比较长的数据列，可以按从小到大的顺序对 $x_1, x_2, \cdots, x_n$ 排序，得到 $x(1), x(2), \cdots, x(n)$，其中 $x(i) \leqslant x(i+1)$。定义经验分布函数

$$F_n(x) = \begin{cases} 0, & x \leqslant x(1) \\ \vdots \\ k/n, & x(k) < x \leqslant x(k+1) \\ \vdots \\ 1, & x > x(n) \end{cases}$$

它是对严格分布函数的一个近似。我们要对统计量 r 求其 F_n，下面先列出程序，在程序后面做进一步解释。

```
In[5]:=  dis = NormalDistribution[0, 1];
         n1 = 2000; n2 = 30; α = 0.05; r = {};
         Do[
           data = RandomReal[dis, n2];
           m = Mean[data];
           s = √Variance[data] ;
           mx = Max[Abs[data - m]];
            AppendTo[r, mx / s], {i, n1}];
         c = Tally[Sort[r]];
         fn = Accumulate[c] / n1 // N;
         Fn = Table[{c[[i, 1]], fn[[i, 2]]}, {i, Length[c]}];
         ListLinePlot[Fn,
          PlotStyle -> {Black, Thickness[0.003]},
          PlotRange -> {0, 1.2}, AxesLabel -> {"r", "Fn"}]
         s = Select[Fn, #[[2]] ≥ 1 - α &, 1];
         Print["α = ", α, ", Critical Value = ", s[[1, 1]]]
         Clear["Global`*"]
```

Out[11]=

```
α = 0.05, Critical Value = 2.90074
```

Mathematica 有多种内置的统计分布,这在第 2 章中介绍过。要使用某种分布,只要调用该分布函数的名字,并输入对应的参数即可。本程序就调用了标准正态分布函数 **NormalDistribution**$[0,1]$,它表示均值为 0,方差为 1 的正态分布。程序中 n_1 是 **Do**[] 循环的次数,也就是模拟了 n_1 次抽样,每次产生 n_2 个服从高斯分布的数据(n_2 不大,考虑到重复测量次数不会很多)。利用这些数据,计算出统计量 r。总共产生了 n_1 个 r。在接下来的一段程序是计算 F_n 并对其作图,就是 Out[11],它看上去与一般的分布函数很相似。函数 **Sort**[] 是将数据按升序排列,而函数 **Tally**[] 是对排序后的数据元素进行**频次统计**,所得结果 c 是一个两列的表,表的第一列是不重复的元素,第二列代表该元素出现的频次。函数 **Accumulate**[] 是对两列分别进行**逐次累加**,有意义的当然是第二列,该列的每个元素除以 n_1 就是分布函数 F_n 的值了。为了给分布函数 F_n 带上自变量,还需要 c 的第一列。

程序中的 α 是给定的**置信水平**,函数 **Select**[] 挑选出第一个使 F_n 大于 $1-\alpha$ 的 r 的值(也可以用函数 **Quantile**[] 求解),它就是剔除粗大数据的限度。这个限度与抽样的大小 n_2 有关,对于 $n_2 = 30$,它约为 2.90。这个值如何使用呢? 就是当你面对测量数据 $x_1, x_2, \cdots, x_n$,求出其标

准偏差 s 和最大绝对值残差 $\mathrm{Max}|x_i - \langle x \rangle|$ 以后,如果

$$\frac{|x_i - \langle x \rangle|}{s} \geqslant 2.90$$

那么,数据 x_i 就是粗大数据,应予以剔除。

由于粗大限度与 n_2 有关,所以,上面的模拟程序要针对具体的测量数据长度 n_2 来进行。粗大限度还与置信水平 α 有关,**这个值反映的是实验者对"何为粗大数据"的谨慎程度**。还要注意:不同的原始分布类型,对应的粗大限度也不一样,所以,事先要对所测量的数据服从何种分布进行鉴别,具体方法请参考本书第 1 版附录 D。

例 5:热处理效果对比

为了提高振动板的硬度,热处理车间选择两种淬火温度 T_1 和 T_2 进行试验,测得振动板的硬度数据如下。

T_1:85.6,85.9,85.7,85.8,85.7,86.0,85.5,85.4。

T_2:86.2,85.7,86.5,85.7,85.8,86.3,86.0,85.8。

设两种淬火温度下振动板的硬度都服从正态分布,问:

(1) 两种淬火温度下振动板硬度是否有显著差别?

(2) 两种淬火温度下振动板硬度的方差是否有显著差异?

解析:这类问题在数理统计里很常见,这里把它引进来,目的在于帮助初学者了解技术上一种重要的数据分析方法——统计推断。

标准教科书上已经对这类统计推断给出了处理方法,请读者参阅有关数理统计的书籍。这里要介绍另一种不同的方法,而且要引进一种与计算机技术密切相关的方法——**Bootstrap** 法,也称"自举法"。

假设测量数据 $x_1, x_2, \cdots, x_n$ 具有代表性,我们把这列数据看成随机变量 X 的"近似总体",然后对该"近似总体"进行 m 次抽样,可以得到 m 个样本,每个样本容量都是 n。对抽样定义某个统计量,例如均值,就可以统计均值的分布,从而得知均值的分布性质,并由此计算某些特征量,例如均值的置信区间。这样做的好处是不需要对原数据列 $x_1, x_2, \cdots, x_n$ 服从何种分布进行假定。此方法就叫做 **Bootstrap** 法,该名称来自一个典故,说的是一个人沉到了海底,靠自己靴子上的一根带子把自己吊起而得救,不依靠外部的力量。

本题有两组数据,要进行两组数据的均值和方差的比较。按说,只要把两组数据的均值和方差求出来,对比一下不就看出来了?这固然可以做,不过,**统计推断是在一定的置信水平下肯定地说某一组数据的均值要比另一组的均值大**,这比拿一次抽样的均值来比较,要严格多了。怎么做呢?我们采用 **Bootstrap** 法,从两组数据中反复重抽样,用每次抽样的均值之差作为一个统计量,用方差之差作为另一个统计量,即

$$\Delta \mu = \mu_1 - \mu_2, \quad \Delta \sigma^2 = \sigma_1^2 - \sigma_2^2$$

通过观察这两个统计量的分布,来判断哪个均值为大,哪个方差为大。以下就是模拟程序,分别计算了 $\Delta \mu$、$\Delta \sigma^2$ 的分布函数,从所作的图上,读者可以直观地得出推断结论。

```
In[15]:= data1 = {85.6, 85.9, 85.7, 85.8, 85.7, 86.0, 85.5, 85.4};
         data2 = {86.2, 85.7, 86.5, 85.7, 85.8, 86.3, 86.0, 85.8};
         n1 = Length[data1]; n2 = Length[data2];
         m = 2000; Δμ = {}; Δd2 = {};
         Do[
          s1 = RandomChoice[data1, n1];
```

```
    s2 = RandomChoice[data2, n2];
    AppendTo[Δμ, Mean[s1] - Mean[s2]];
    AppendTo[Δσ2 ,
     Variance[s1] - Variance[s2]],
    {i, m}]
Δμ = Tally[Sort[Δμ]];
fn = Accumulate[Δμ] / m;
FnΔμ = Table[{Δμ[[i, 1]], fn[[i, 2]]}, {i, Length[Δμ]}];
ListLinePlot[FnΔμ,
 PlotRange -> {{-0.8, 0.2}, {0, 1.2}},
 AxesLabel -> {"Δμ", "Fn"}]
Δσ2 = Tally[Sort[Δσ2]];
fn = Accumulate[Δσ2] / m;
FnΔσ = Table[{Δσ2 [[i, 1]], fn[[i, 2]]}, {i, Length[Δσ2]}];
ListLinePlot[FnΔσ,
 PlotRange -> {{-0.2, 0.1}, {0, 1.2}},
 AxesLabel -> {"Δσ²", "Fn"}]
Clear["Global`*"]
```

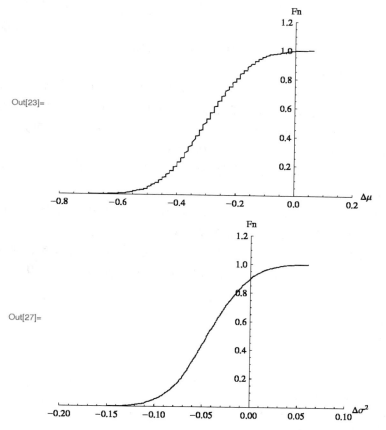

Out[23]=

Out[27]=

先说结果。Out[23]是均值之差的分布函数,可以看到,$\Delta\mu < 0$ 的概率几乎是 100%,因此可以肯定地说,温度 T_1 下的硬度一定比 T_2 下的硬度小,T_2 下的热处理有利于提高硬度。再看 Out[27],它是方差之差的分布函数,从图中可见,$\Delta\sigma^2 < 0$ 的概率比 90% 多一点,说明温度 T_2 下硬度的方差要比 T_1 下的方差为大,但大的不太多。如果读者利用 data$_1$ 和 data$_2$ 的数据直接

计算 $\Delta\mu$ 和 $\Delta\sigma^2$，结果与这个结论相同，但那是一次抽样的结果比较，由于一次抽样有偶然性，所以，结论是不可靠的。现在，模拟计算产生多次抽样，从大量的 $\Delta\mu$ 和 $\Delta\sigma^2$ 的统计上得出结论，更加可靠。这就是统计推断的意义所在。读者若是从事实验工作，应该学习这种方法。

再对程序简单交代一下。程序中，**Bootstrap** 法是在 **Do[]** 循环中实现的，随机抽样是通过函数 **RandomChoice[]** 进行的，该函数在程序中的形式表示它从 $data_1$ 中一次随机抽出 n_1 个数据，这些抽样数据中，一般有重复的，仿真了实验测量有的数据可能比较接近。这不影响统计结果。

例6：疾病普查

在一个人数较大的团体中普查某种疾病，为此要抽验 n 个人的血，现有以下两种方案。

方案一：逐个化验，需验血 n 次。

方案二：将 k 个人并为一组，把从 k 个人抽来的血混合在一起进行化验。若混合血液呈阴性反应，则 k 个人只需化验一次；若呈阳性，再对这 k 个人逐一化验，该组共需化验 $k+1$ 次。

假设每个人化验呈阳性的概率为 p，且这些人的实验反应是相互独立的。问哪一种方案更好？

解析：这个普查方案的本意是想节省验血的次数，最后，凡是验血次数比 n 小的方案，都是可取的。显然，方案二是更好的。然而，我们可以在概率指导下对此方案进行优化，以确定最合理的 k，它能使总的验血次数最少。这个最优化的方案需要借助于计算机模拟技术，而且与 **Bootstrap** 法一样，没有计算机是完不成的。

我们这样设想某人是否染病：若没有染病，用 0 代表；若已染病，用 1 代表。在一定的染病概率下，用特殊的二项分布来产生这些符合概率为 p 的人群抽样。这个特殊的二项分布是 **BinomialDistribution**$[1,p]$，它与函数 **RandomInteger**$[dis,n]$ 相结合，可以产生 0-1 序列，其中 1 出现的概率是 p。可以说，若没有这个特殊的分布，还真不好办。

把 n 个人以 k 为一组，分成 n/k 组，由于人数较大，而且是普查，如果 n/k 不是整数，就取其整数部分，在模拟中，丢下几个人也无妨。

对分组检验是否有阳性患者，办法就是求组内元素之和，如果之和为 0，该组就只需检验一次；如果不为 0，就需要检验 $k+1$ 次。对所有的分组统计需要检验的总次数。

为了增加模拟统计的可靠性，可以在一个分组方案 k 的情况下，多次抽样，例如抽样 m 次，取检验次数的平均值 S_k，作为对应 k 的检验次数。最后，作出 S_k-k 的关系曲线，从中选定最佳方案。程序如下。

```
In[29]:= p = 0.02; n = 500; m = 100; ss = {};
    dis = BinomialDistribution [1, p];
    Do[
     sm = {};
     Do[
      data = RandomInteger [dis, n];
      data = Partition [data, k]; s = 0;
      Do[If[Total[data[[i]]] == 0,
        s = s + 1, s = s + k + 1], {i, Length[data]}];
      AppendTo[sm, s],
      {j, m}];
```

```
Sk = Ceiling[Mean[sm]]; AppendTo[ss, {k, Sk}],
 {k, 2, 20}]
ListLinePlot[ss, PlotStyle → Thick,
 PlotMarkers → Automatic, AxesOrigin -> {0, 0},
 AxesLabel -> {"k", "Sk"}, PlotRange -> {0, 0.6 n}]
Clear["Global`*"]
```

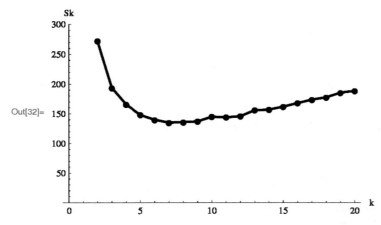

Out[32]=

程序模拟了染病概率为 2% 的情况下的各种检验方案,k 从 $2 \sim 20$,求出了对应需要检验的平均次数。根据 $\mathrm{Out}[32]$,每次要检验的次数都小于人数 $n = 500$。通过对比,可以发现,$k \approx 8$ 的时候检验次数达到最小,以后便缓慢上升。这个最小值为 135 左右,比 500 要小很多了。这就是在概率指导下所设计的普查方案,它更加科学高效。

读者可以改变染病概率 p 的值,来考察其他情况下最佳的 k 值。

例 7:确定进货量

设商店里某种商品每周的需求量 X 是服从区间 $[10, 30]$ 上均匀分布的随机变量,而经销商店进货数量为区间 $[10, 30]$ 内的某一整数,商店每销售一单位商品可获利 500 元;若供大于求则削价处理,每处理一单位商品亏损 100 元;若供不应求,则可从外部调剂供应,此时每单位商品仅获利 300 元。为使商店所获利润期望值达到最大,试确定进货量。

解析:这个例子虽然过于简化,但也很有趣,说明概率的考虑会让经商赚到更多的钱,经商也有规律可循。

根据题意,设商店的进货量为 a,由此获利为 Y,则

$$Y = y(X) = \begin{cases} 500X - 100(a - X), & 10 \leqslant X \leqslant a \\ 500a + 300(X - a), & a < X \leqslant 30 \end{cases}$$

需求量 X 是均匀分布的整型随机变量,其概率分布为

$$p(X = i) = p(i) = 1/21, \quad i \in [10, 30]$$

由此可以计算出每一进货量 a 下 Y 的平均值为

$$\langle Y \rangle = \sum_{i=10}^{30} y(i)\, p(i)$$

也可以计算 Y^2 的平均值:

$$\langle Y^2 \rangle = \sum_{i=10}^{30} y(i)^2\, p(i)$$

从而可以计算获利的标准差：

$$\sigma = \sqrt{\langle Y^2 \rangle - \langle Y \rangle^2}$$

以下程序计算了获利的平均值和标准差随 a 的分布，作图显示了分布的规律，方便商家对进货方案的选择。

```
In[34]:=  μ = σ = {}; p = 1 / 21.0;
      y[x_] := Which[10 ≤ x <= a, 500 x - 100 (a - x),
        a < x ≤ 30, 500 a + 300 (x - a)];
      Do[
                  30
        ym = ∑ y[x] p; AppendTo[μ, {a, ym}];
               x=10

                   30
        y2m = ∑ y[x]² p; AppendTo[σ, {a, √(y2m - ym²)}],
                x=10

        {a, 10, 30}]
      ListLinePlot[μ, PlotStyle → Thick,
        PlotMarkers → Automatic,
        PlotRange → {{10, 32}, {8000, 9500}},
        AxesLabel -> {"a", "μ"}]
      ListLinePlot[σ, PlotStyle → Thick,
        PlotMarkers → Automatic,
        PlotRange -> {{10, 32}, {1000, 4000}},
        AxesLabel -> {"a", "σ"}]
      Clear["Global`*"]
```

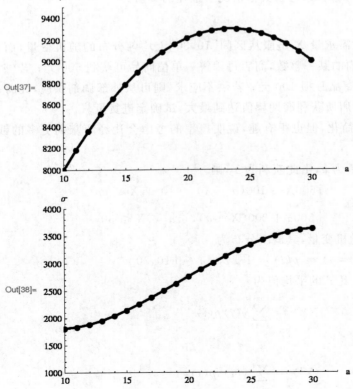

Out[37]是获利平均值的分布,Out[38]是获利标准差的分布。可以看到,获利曲线呈现钟形,峰值在 $a=23$ 附近,说明进货量为 23 时,平均获利最大。而获利标准差曲线告诉我们,进货量越大,标准差越大,标准差是一个单调上升的函数。标准差表示获利的起伏和风险大小。商家应该在获利与风险之间权衡,对于倾向于冒险的商家,最可能的是选择进货量为 23;而保守性强的商家,可能选择进货量在 10 附近,因为这里虽然获利少了 1000 多,但风险减少了一半。

读者可以改变算法,用产生均匀分布随机数的办法,模拟需求量 X,进而计算出获利量,统计获利量及其标准差的分布,也可以得到相同的结论。

9.3　模拟理想气体分子的热运动

从这一节开始,我们稍微细致地考察一些表观上无规则运动的示例,包括分子的热运动、布朗运动,甚至宏观的树叶运动,探寻这些随机运动的内在规律性。学过大学物理的读者都知道,这些运动的规律大都被研究过,有一些成果可以参考。我们借助于 Mathematica 这个工具,再一次来关注它们,仿真它们,就像曾经关注单摆一样,可以从中揭示一些过去不曾认真研究过甚至意识不到的方面,使我们对这些运动有更深入的认识。

在本节,我们先考察一个非常熟悉的对象——理想气体的热运动,读者很快就能从教科书上查到有关的结论,例如理想气体的速度分布律、理想气体的状态方程等。要是再追问一句:**速度分布律是怎么来的？器壁对气体究竟起了什么作用？**一些读者可能就回答不上来,至少没有信心地给出肯定的回答。如果是这种情况,就应该认真地把本节读完,它从物理和模拟技术方面对上述问题给出了有根据的解答。

9.3.1　引言

自从计算机技术诞生以后,科学家们努力尝试着从基本的力学过程来模拟分子的热运动特性,这方面的成果是很多的,读者可以调查有关的文章。但是,这些模拟计算太复杂了,因为它们往往要假设分子之间力的模型,还要追踪分子的位置,以及对是否碰撞给出判据,所推导出来的碰撞之后分子的速度表示也十分复杂;对于分子与器壁的碰撞,要么没有涉及,要么假定分子撞击器壁之后以原能量返回,器壁的温度作用体现不出来。这样的工作,能揭示的信息不多,不太容易被大学生所接受。其实,若不太追求细节的完美,还可以采取更简单的模拟方法,同样可以达到了解热运动特性的效果。本节将介绍作者发现的一种方法,它不对作用力的细节进行假定,只关注分子碰撞的结果,同时可以考虑分子与器壁的碰撞,将器壁温度对气体能量的控制作用体现出来,能多方面考察分子热运动特性,是一种不错的模拟方案。该方案的简洁性得益于对分子碰撞之后动量分配公式的新表述,并恰当地引入了随机因素。下面就先推导动量分配公式,然后利用其随机性模拟分子碰撞问题。

9.3.2　同种分子碰撞的理论

不考虑碰撞细节,只考虑碰撞前后分子的状态。设两分子碰撞前的动量分别是 P_1 和 P_2,碰撞后的动量分别是 q 和 r,**碰撞为弹性碰撞**,则

$$K = P_1 + P_2 = q + r：\text{动量守恒} \tag{9-1}$$

$$P_1^2 + P_2^2 = q^2 + r^2：\text{动能守恒} \tag{9-2}$$

式(9-1)^2－式(9-2)得

$$Q = P_1 \cdot P_2 = q \cdot r \tag{9-3}$$

由方程(9-1)得

$$r = K - q \tag{9-4}$$

代入公式(9-3)得

$$q^2 - q \cdot K + Q = 0 \tag{9-5}$$

对方程(9-5)配方

$$\left(q - \frac{K}{2} \right)^2 = \frac{K^2}{4} - Q$$

可以证明：$\frac{K^2}{4} - Q \geqslant 0$。于是，令一个**随机抽取的单位矢量**

$$n = \langle \sin\theta\sin\psi, \sin\theta\cos\psi, \cos\theta \rangle \tag{9-6}$$

其中，$\theta = 0 \sim \pi$ 和 $\psi = 0 \sim 2\pi$ 是两个随机取值的角度，于是得到一个分子碰撞后的动量

$$q = \frac{K}{2} + \sqrt{\frac{K^2}{4} - Q} \cdot n \tag{9-7}$$

另一个分子的动量按公式(9-4)计算。

  以上是两个分子的碰撞理论，在以下模拟中，不考虑超过两个分子的碰撞，虽然多分子碰撞也是存在的，但机会比较少。在后面的模拟结果中可以证明这一点。

9.3.3   器壁的作用

  分子与器壁的碰撞远比分子之间的碰撞复杂，它不仅是不同种类的分子(原子)之间的碰撞，而且碰撞过程的能量交换还与温度有关。可以考虑一个简化的模型：分子与器壁的碰撞，使得分子丧失了原来的动量和能量，结果，分子以一个随机的动量和能量被反弹或散射。考虑到器壁的温度，可以设散射分子的动量有一个上限 p_0，这个上限与温度有关，根据固体热运动理论，动量的这个上限的平方应该与温度成正比。

9.3.4   模拟方案

  设分子数为 N。考虑有 N 个位置，每个位置上被安排了一个分子的动量。随机地选出两个位置，表示这两个分子要发生碰撞，按上述碰撞理论来计算碰撞后的分子动量。另外假设：若两个位置序号中的任何一个是 10 的倍数，则表示分子要与器壁碰撞，就令其中一个分子的动量被随机地改变了。

  这是一个基本的模拟方案。在此基础上，可以做各种修改。可以随机地赋予分子动量初始值。为了显示通过碰撞而达到热平衡的过程，可以只令一个分子具有非零的动量，其余分子的动量为零。按模拟方案演化下去，可以计算分子系统的平均能量随碰撞过程或者时间的变化，观察从非平衡到平衡的演化过程，当达到热平衡时，平均能量达到稳定值。在热平衡状态，可以考察分子按动量的分布，根据经典物理的分子热运动理论，在平衡状态下，分子按动量 p 的分布律是

$$f(p)\,\mathrm{d}p = \frac{4\beta^{3/2}}{\sqrt{\pi}}\,p^2\,\mathrm{e}^{-\beta p^2}\,\mathrm{d}p \tag{9-8}$$

其中，$f(p)$ 表示概率密度；β 是常数，与分子的质量和温度有关。

9.3.5　一些模拟结果

1. 器壁的温度一定，分子初始动量较小

这时候，分子要从器壁获得能量，系统的总能量和平均能量都要随着碰撞次数的增多而增大，最后达到与器壁的热平衡，其标志就是分子的平均能量趋于稳定。分子的数目可以任意假定，例如取 $n = 1000$。对模拟程序中使用的一些变量说明如下。

n：分子数；m：碰撞次数；p_t：一个分子的初始动量；p_0：器壁给予分子的最大动量；moment：分子的三维动量列表，元素是三维向量；position：预备抽取进行碰撞的分子序号；energy：某一瞬间各个分子的能量列表；em：所关注的各个瞬间分子能量平均值列表，并不是每次碰撞后都统计能量，而是每隔 50 次碰撞统计一次，这个次数可以依模拟分子的多少、碰撞次数的多少等情况而改变。

碰撞次数应该与时间有关，所以，在作平均能量演化图的时候，横轴用的直接就是时间。以下是模拟程序。

```
In[1]:= n = 1000; m = 10^5; pt = 3.0; p0 = 10.0;
    moment = ConstantArray[0, {n - 1, 3}];
    moment = AppendTo[moment, {pt, 0, 0}];
    position = Range[n]; em = {};
    Do[
      s = RandomSample[position, 2];
      If[Mod[s[[1]], 10] != 0 ⋀ Mod[s[[2]], 10] != 0,
        {θ, ψ} = {π RandomReal[], 2 π RandomReal[]};
        u = {Sin[θ] Sin[ψ], Sin[θ] Cos[ψ], Cos[θ]};
        Q = moment[[s[[1]]]].moment[[s[[2]]]];
        K = moment[[s[[1]]]] + moment[[s[[2]]]];
        q = K / 2 + Sqrt[K.K / 4 - Q] u; r = K - q;
        moment[[s[[1]]]] = q; moment[[s[[2]]]] = r];
      If[Mod[s[[1]], 10] == 0 ⋁ Mod[s[[2]], 10] == 0,
        {p, θ, ψ} =
          {p0 RandomReal[], π RandomReal[], 2 π RandomReal[]};
        moment[[s[[1]]]] =
          p {Sin[θ] Sin[ψ], Sin[θ] Cos[ψ], Cos[θ]}];
      moment = RandomSample[moment];
      If[Mod[j, 50] == 0,
        energy = Table[moment[[i]].moment[[i]], {i, n}];
        AppendTo[em, Mean[energy]]],
      {j, m}]
```

```
ListPlot[em, PlotRange → {0, 45},
 AxesOrigin -> {0, 0}, AxesLabel -> {"t", "E"}]
Print["E̅ₖ=", Mean[Drop[em, 1000]]]
Clear["Global`*"]
```

Out[6]=

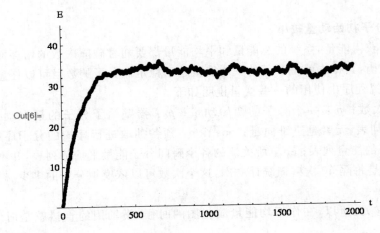

E̅ₖ=32.9968

　　Out[6]告诉我们,在气体分子初始动量较小的情况下,分子要从器壁吸收能量,分子的平均能量要随时间增大,表现为能量曲线是上升的。经过与器壁的充分碰撞,气体分子最终与器壁达到能量平衡,能量曲线就达到水平状态,但有一些涨落。这时,分子的平均能量为 33 左右。

　　程序中使用了函数 **RandomSample**[ ],它在程序中使用了两次,第一次的使用方式是 **RandomSample**[position,2],表示要从 position 列表中随机选出两个位子,作为要考察的两个分子;第二次的使用方式是 moment＝**RandomSample**[moment],就是将 moment 进行一次随机排列,表示分子在空间随机地运动,position 对应的分子已经改变。

　　在进行能量统计的时候,能量是按照"动量的平方"进行计算的,程序中统一使用了能量的这种定义方式,就是略去常系数,这不改变我们要得到的结论。

　　函数 **Drop**[ ]是从列表中去掉一些元素,本程序就去掉了前 1000 个被统计的能量,只用平衡态下的微观态能量来计算平衡态的平均能量。

　　函数 **ConstantArray**[ ]用来构造一个常数列表,本程序用它来构造初始动量为 0 的列表,然后追加一个非零的动量。

2. 器壁温度一定,分子初始动量较大

　　这时候,气体分子系统的能量要传递给器壁,分子的总能量和平均能量都要随着碰撞次数的增多而降低,最后达到与器壁的热平衡。模拟程序与上面一样,要改变的是参数 p_t,取 p_t＝300,而维持 p_0＝10 不变,表示器壁温度不变。为了更形象地显示趋向平衡的过程,可以将分子数减少,例如取为 300,同时将总的碰撞次数减少一个量级,所得结果见下图。与前图 Out[6] 对照,在器壁温度相同的情况下,分子系统达到热平衡的平均能量是一样的,这个平均能量就是器壁温度的一种表示。

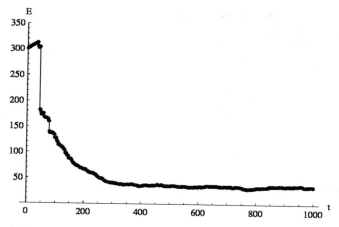

仔细观察上图,可以看到很多细节。在开始的一段时间内,能量高的气体分子并没有与器壁碰撞,其他能量小的分子反而从与器壁的碰撞中获得了能量,因而分子系统的平均能量是升高的;但是,当一个能量高的气体分子与器壁碰撞,丧失了自己的高能量,系统的平均能量就突然降低了。这样的过程,随后还发生了多次,使分子系统的平均能量出现了几个跳跃式的下降,这样可以更快地趋于热平衡。

3. 不考虑分子与器壁的碰撞,模拟平衡态分子按动量的分布律

这只能是个理想情况,而且有逻辑矛盾,但是,为了能与考虑了分子与器壁碰撞的情况相对照,这个模拟还是要进行的。模拟程序是在上述程序中去掉与器壁有关的语句,增设按动量区间对分子数进行统计的语句 **BinCount**[],在程序中它的形式是

$$\text{BinCount}[\text{moment},\{0,p_m,\delta\}]/n$$

p_m 是动量的最大值,它被分割成 50 份,每份是 δ,动量空间 $0\sim p_m$ 被分割成 50 个区间,上述语句就是统计每个区间内的分子数,然后被 n 相除即得概率,接着除以 δ,就近似成了动量概率密度 $f(p_i)$。在给 $f(p_i)$ 配动量值以便作模拟动量分布图的时候,取的是区间中心 $\delta(i-1/2)$。动量分布的拟合公式是式(9-8),拟合时,添加了参数 Method→NMinimize,以使拟合函数 **FindFit**[]按残差全局最小的方式给出拟合参数的值。

```
In[9]:= n = 2000; m = 2×10^5; pt = 300.0;
        moment = ConstantArray[0, {n - 1, 3}];
        moment = AppendTo[moment, {pt, 0, 0}];
        position = Range[n];
        Do[
          s = RandomSample[position, 2];
          {θ, ψ} = {π RandomReal[], 2 π RandomReal[]};
          u = {Sin[θ] Sin[ψ], Sin[θ] Cos[ψ], Cos[θ]};
          Q = moment[[s[[1]]]].moment[[s[[2]]]];
          K = moment[[s[[1]]]] + moment[[s[[2]]]];
          q = K / 2 + Sqrt[K.K / 4 - Q] u; r = K - q;
          moment[[s[[1]]]] = q; moment[[s[[2]]]] = r;
          moment = RandomSample[moment],
          {j, m}]
```

```
moment = Map[Norm, moment]; pm = Max[moment]; δ = pm / 50;
fs = BinCounts[moment, {0, pm, δ}] / n;
f = Table[{δ (i - 1 / 2), fs[[i]] / δ}, {i, Length[fs]}];
g1 = ListPlot[f, PlotStyle → PointSize[0.015]];

s = FindFit[f, {\frac{4 β^{3/2}}{\sqrt{π}} p^2 e^{-β p^2}, β > 0}, {β}, P,

   Method → NMinimize]

g2 = Plot[\frac{4 β^{3/2}}{\sqrt{π}} p^2 e^{-β p^2} /. s, {p, 0, pm}];

Show[{g1, g2}, PlotRange → All, AxesLabel -> {"p", "f(p)"}]
Clear["Global`*"]
```

Out[18]= {β → 0.0344185}

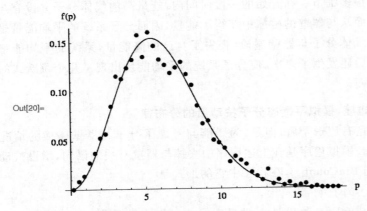

Out[20]=

Out[18]是最佳拟合参数 $β$ 的值，Out[20]是模拟动量分布与拟合曲线的对照图，可见二者在量值和趋势上都是吻合的，热平衡状态下分子按动量分布律就是公式(9-8)，得到验证。公式(9-8)就是 Maxwell 分布，这说明，Maxwell 分布是仅考虑分子之间碰撞就可以得出来的结果，动力学与随机性的结合，导致统计物理。

4. 考虑分子与器壁之间碰撞的情况下，模拟平衡态分子按动量的分布律

考虑了分子与器壁之间的碰撞，预计情况会有所改变，因为分子的总能量不再守恒，能量的起伏必然引起分子动量的起伏，动量的分布律应该有所不同。下面给出模拟程序，并考察模拟动量分布与公式(9-8)是否还吻合。

```
In[22]:= n = 2000; m = 2 × 10^5; pt = 3.0; p0 = 10.0;
moment = ConstantArray[0, {n - 1, 3}];
moment = AppendTo[moment, {pt, 0, 0}];
position = Range[n];
Do[
 s = RandomSample[position, 2];
 If[Mod[s[[1]], 10] != 0 ∧ Mod[s[[2]], 10] != 0,
  {θ, ψ} = {π RandomReal[], 2 π RandomReal[]};
  u = {Sin[θ] Sin[ψ], Sin[θ] Cos[ψ], Cos[θ]};
  Q = moment[[s[[1]]]].moment[[s[[2]]]];
  K = moment[[s[[1]]]] + moment[[s[[2]]]];
```

```
 q = K / 2 + √(K.K / 4 - Q) u; r = K - q;

  moment[[s[[1]]]] = q; moment[[s[[2]]]] = r];
If[Mod[s[[1]], 10] == 0 ∨ Mod[s[[2]], 10] == 0,
  {p, θ, ψ} =
   {p0 RandomReal[], π RandomReal[], 2 π RandomReal[]};
  moment[[s[[1]]]] =
   p {Sin[θ] Sin[ψ], Sin[θ] Cos[ψ], Cos[θ]}];
 moment = RandomSample[moment],
 {j, m}]
moment = Map[Norm, moment]; pm = Max[moment]; δ = pm / 50;
fs = BinCounts[moment, {0, pm, δ}] / n;
f = Table[{δ (i - 1 / 2), fs[[i]] / δ}, {i, Length[fs]}];
g1 = ListPlot[f, PlotStyle → PointSize[0.015]];
s = FindFit[f, {4 β^(3/2)/√π x^2 e^(-β x^2), β > 0}, {β}, x,

   Method → NMinimize]

g2 = Plot[4 β^(3/2)/√π x^2 e^(-β x^2) /. s, {x, 0, pm}];

Show[{g1, g2}, PlotRange → All, AxesLabel -> {"p", "f(p)"}]
Clear["Global`*"]
```

Out[31]= {β → 0.0440124}

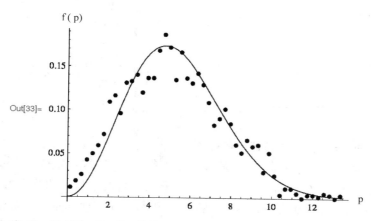

Out[33]=

将 Out[33] 与 Out[20] 对照，可以看出以下两个特点。

（1）模拟动量分布在峰点附近以及峰点右侧，起伏比较大。

（2）模拟动量在峰点右侧与公式（9-8）比较吻合，而在峰点左侧则存在系统性的偏离，具体来说是偏高，即小动量的分子数增多。

这两个特点不是偶然一次模拟的结果，而是每次模拟运算都是如此，这应该是考虑了分子与器壁碰撞之后的必然结果，即分子的动量被器壁扰动，起伏不定，不会保持一个稳恒的分布，而且涨落较大。由此可以得到一个结论：被装在一个容器内的分子，其动量分布与 Maxwell 分布并不相同，尤其是在动量的低端差别明显。这个结论似乎有些意外。这个例子表明，器壁看起来是静止的，但与气体分子动量和能量的交换却是时时刻刻在进行，这种交换对分子热平衡的动量和能量分布其实是有影响的，完全不考虑这种影响而套用 Maxwell 分布是不正确的。

细心的读者可能提出这样的疑问:"在以上两个模拟程序中,所选取的分子数只有两千,碰撞数只有 20 万,这会不会太少了点? 由此导致的曲线 Out[20] 和 Out[33] 会不会偏离平衡态曲线? 这样所得出的结论可靠吗?"

其实,我跟读者一样对此有疑问,好在现在有了通用程序,改变一下参数,就可以有答案,不至于将问题悬起来成为空想,这就是掌握计算软件的好处。现在,把分子数改为 1 万,碰撞数改为 2000 万,每个程序运行三个小时,结果见下面的两幅图,模拟动量分布除了起伏有所减少之外,基本趋势与上面的结论一致,但这次更突出了峰点附近与 Maxwell 分布的偏离。

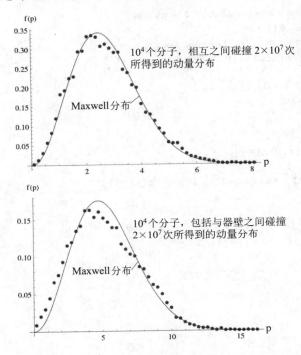

5. 不考虑分子之间的碰撞,只考虑分子与器壁的碰撞

此例对应高真空的情况,模拟起来比较简单,就是每个分子都与器壁碰撞,获得一个任意的动量,然后对分子按动量进行统计,结果如下,该图显示,分子几乎是按动量平均分布的,严重偏离 Maxwell 分布。读者可能知道,在真空技术中,温度、气压和气体密度都是套用常温常压下的公式,这些公式都是在气体动量分布满足 Maxwell 分布的情况下导出的,它们在高真空情况下能不能用? 还是个疑问。

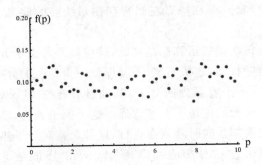

6. 器壁温度与气体分子热平衡状态平均能量的关系

前面说过,器壁的温度体现在器壁与分子碰撞时分子所获得的动量上限 p_0 上,p_0^2 应该与器壁的温度成正比。给出不同的 p_0,分别计算对应的热平衡状态下分子的平均能量 E_{ave},观察二者的关系。模拟程序就不给出了,请读者自己编一下,结果见下图中的圆点,E_{ave} 是随着 p_0 增大而单调上升的。通过拟合,可以发现这些数据点非常好地符合 p_0 平方律,见图中的曲线。

根据热平衡理论,气体的温度与分子平均能量成正比,因此,该图显示的就是器壁的温度与气体的温度成正比,若取比例系数为 1,则二者温度相等,这就是器壁与气体分子系统的热平衡。

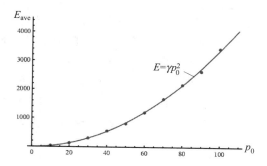

这里,读者可能疑问:如何判断热平衡?这可以得到一个经验的回答。根据本节的 Out[6],在一千个分子的情况下,碰撞数在两万次以上,分子的平均能量就开始在某个值附近起伏,10 万次碰撞后,肯定达到热平衡。其他情况下也是取模拟计算的最后状态作为热平衡态。

9.3.6 小结

我们在本节中首先导出了三维空间里理想气体分子碰撞的动量分配理论,在此基础上所设计的模拟方法,把器壁与分子的动量交换成功地考虑进来,用计算机模拟了气体分子系统趋向热平衡的过程,证明了分子之间的碰撞是导致分子动量分布的根本原因,并验证了分子按动量的分布律很好地符合经典分布律。器壁的温度与分子系统的温度最后要达到一致,这种细致的平衡也是碰撞的结果。不过,模拟发现,器壁对分子动量分布有影响,导致对 Maxwell 分布的偏离,这是需要重新认识的。本模拟方法的理论简单,图像清楚,抓住了分子运动和碰撞的主要特征,对读者认识分子运动理论有很好的参考作用。同时也要看到,该方法是基于计算机模拟技术的,需要对计算软件有比较熟悉的掌握,才能想到这种模拟方法,它是物理思想与计算机编程技术密切结合的产物。

关于随机运动的模拟,还要进行以下说明。

随机运动,就是从外观看来很乱的运动,与经典的确定性运动(如单摆的单调摆动、落体的垂直下落、行星的椭圆运动等)相对。随机运动的例子比比皆是。你留意过旗子和树叶的摇摆吗?它们随风飘荡,你不可能知道下一时刻它们将出现在什么位置,呈现什么状态。你留意过马路上的车子吗?它们时快时慢,时而超越,时而转向,你不可能知道下一时刻它们的状态。如果你在高空驻足往下看,那大大小小的车辆就像蚂蚁一样到处乱窜。同样地,如果你随身带一个精确的 GPS 接收器,让它记录你每天的活动轨迹,然后在屏幕上呈现出来,你一定会惊叹:我这一天都干了些啥?简直像一只无头的苍蝇在乱转!

这些都是生活中很容易觉察到的真实的随机运动。

另有一些随机运动就不是很熟悉的,比如微观世界里的微小颗粒、分子或电子的运动,其轨迹就更是人所无法追逐、无法记录的。这些轨迹如此之多和如此之复杂,以至于让人类望而却步,丧失了追逐和记录的信心和热情。科学家们也很知趣,干脆就放弃对微观粒子轨迹记录的尝试,从理论上把这条路堵死,告诉人们别有那份妄想:你们记录那些轨迹有什么用啊?我们不能"吃"一个原子,也不能"穿"一个电子,我们总是与极大数量的微观粒子打交道,对我们有作用、有感觉的是大量粒子运动表现的某种平均!也就是它们运动的某个统计量。为此,物理学家们发明了统计物理和热力学,来描写这些平均量以及它们之间的关系,取得了巨大的成功。这样,就给了后来人以强烈的印象:不用去管微观粒子怎样运动,让上帝去操那份心吧,我只要用嘴尝一下水热不热就知道能不能喝,而不用追究是哪个分子烫了我的嘴。

不过,随着计算技术的进步,"模拟随机运动"的冲动却一再燃起。这一次,人们不是从实验上追踪粒子的轨迹,而是假定粒子作某种经典的运动,通过模拟计算来"仿真"粒子的轨迹,看看能否揭示出我们所不知道的什么信息,比如粒子具体是怎么运动的?大量粒子的运动在统计上有什么规律性?能否从基础的力学方程导出统计物理上的某些结论?本节的仿真研究就是按照这种思路的一个很成功的例子。下面再给读者展示两个用 Mathematica 研究的结果,即对布朗运动的模拟和对树叶运动的模拟,进一步帮助读者了解一些统计概念和运算方法,其结论也很有意思。

9.4 模拟布朗运动

9.4.1 爱因斯坦关系

读过中学的人都知道,英国植物学家布朗在 19 世纪就发现,像植物花粉这样的微小颗粒(尺寸在 μm 量级)在水或其他液体中能不停地运动,这些运动看起来没有什么规律性,属于"乱动"。起初有人用生命活动来解释这种现象,后来发现不对,尤其是经过物理学家们的努力,逐步认清了颗粒的运动可能与分子的运动有关。到了 20 世纪初的时候,科学家爱因斯坦从统计物理的角度认为:颗粒那么小,可能各个方向受分子撞击不平衡,导致"乱动",这一现象恰好可以证明分子的存在。他计算出了一种特殊情况下布朗粒子扩散的定量结果:**大量布朗粒子从原点出发,沿 x 轴向两端扩散,某一时刻这些粒子离开原点的位移平方的平均值与时间成正比。**

可以用图 9-11 形象地表示爱因斯坦研究的情况:在 $t=0$ 时刻,布朗颗粒(图中 ○)都集中在原点 O,然后去掉漏斗,粒子自由扩散,经过一段时间,有的粒子跑到 x_1 的位置,有的粒子跑到了 x_2 的位置,等等。如果定义粒子位移平方的平均值为

$$\overline{x^2} = \frac{1}{n} \sum_{j=1}^{n} x_j^2 \tag{9-9}$$

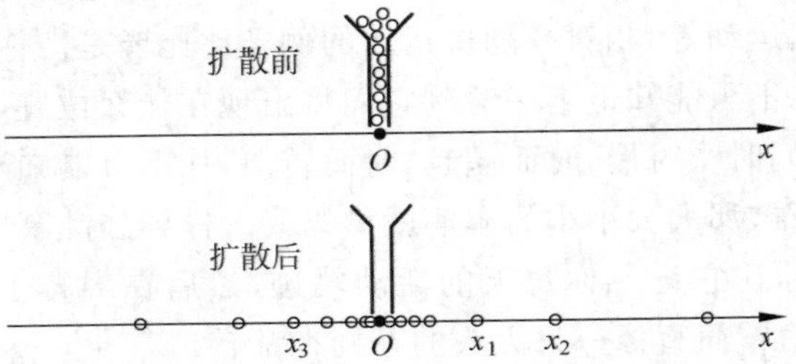

图 9-11 布朗粒子沿 x 轴的扩散运动

爱因斯坦证明：若布朗粒子是球状的并与周围环境建立了"热平衡"，即布朗粒子热运动的平均动能是

$$\overline{E_k} = \frac{1}{2} k_B T \tag{9-10}$$

则

$$\overline{x^2} = \frac{k_B T}{3\pi r\eta} \cdot t = \beta \cdot t \tag{9-11}$$

其中，k_B 是玻耳兹曼常数；T 是绝对温度；r 是布朗粒子的半径；η 是液体的黏滞系数；t 是考察的时间。公式(9-11)是一个重要结果，史称**爱因斯坦关系**，它第一次把可以用显微镜观察的粒子的位移作为统计量来看待，并找出了它随时间的变化规律。单个粒子的轨迹和位移是随机变化的，无法跟追和计算，但大量粒子的这种"乱动"却存在统计上的规律！这是人类对世界的物理描述从确定性迈向统计性的一个里程碑式的成果。这个结果后来被法国科学家佩兰从实验上证明了，实验自然也不好做，结果也不太精确，但佩兰的实验结果还是能肯定位移平方的平均值与时间成正比的结论。有兴趣的读者可以阅读这段历史。

9.4.2 模拟布朗运动

下面来研究如何用 Mathematica 模拟布朗粒子的运动，并从不同角度来验证公式(9-11)的正确性。

验证的首要问题是如何描写布朗粒子的运动。根据爱因斯坦和另一位科学家朗之万的研究，**布朗粒子所受的外力可以用一个随机变化的力和一个与速度方向相反的黏滞阻力来表示**，其运动方程可以表示如下

$$x''(t) = -\alpha \cdot x'(t) + f_r(t) \tag{9-12}$$

其中，$\alpha = 6\pi\eta r$，r 是粒子的半径，η 是黏滞系数；$f_r(t)$ 是随机力。这里，系数 α 和随机力 $f_r(t)$ 已经是除以质量的结果。不过，为了表达的方便，后面提到**"黏滞系数"**的时候，实际是指 α。

要知道布朗粒子怎么运动，就需要求解方程(9-12)。问题是：随机力 $f_r(t)$ 如何表示呢？在前面所有的课程中都没有遇到过在方程里包含随机力的情形，因为随机力就意味着无法表达，它混在一个表示确定性的方程里，显得那样格格不入。现在，有了 Mathematica，情况就有了转机。**可以用 Mathematica 产生随机数的功能，来模拟随机力；再利用它的插值函数功能，将一个取样上随机变化的力"连接"成连续变化的力**，这样，方程(9-12)就可以用函数 **NDSolve[ ]** 求解了。这当中繁杂的工作都让 Mathematica 替我们做了。

下面，先了解 Mathematica 产生随机数的功能。

在前面使用过函数 **RandomReal[ ]**，它能产生 $0\sim1$ 之间均匀分布的随机数。不过，布朗粒子受的随机力不是均匀分布的，而是可以用高斯分布来描写，用数学式来表示，就是

$$p(f)\mathrm{d}f = \frac{1}{\sqrt{2\pi}\sigma} \cdot e^{-f^2/2\sigma^2} \mathrm{d}f$$

其中，$p(f)\mathrm{d}f$ 表示随机力出现在区间 $f\sim f+\mathrm{d}f$ 内的几率，σ^2 是方差，力的均值为 0。如何用 Mathematica 来产生这种分布的力呢？Mathematica 的内置函数里有一个函数 **NormalDistribution[μ,σ]**，能产生平均值为 μ、方差为 σ^2 的高斯分布。只要取 μ 为 0 以及合适的方差就可以产生出需要的分布了。下面这个例子就能让读者学会调用该分布的方法，该程序产生均值为 0、方差为 1 的高斯分布，计算了平均值，画出了随机序列的分布。

```
In[1]:= dis = NormalDistribution[0, 1];
        T = Table[RandomReal[dis], {3000}];
        ListPlot[T, AxesStyle → Thickness[0.003]]
        Print["average = ", Mean[T]]
        Clear["Global`*"]
```

Out[3]=

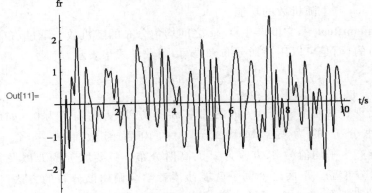

```
average = 0.00134887
```

程序中 average 表示 3000 个随机数的平均值,它与设定的值(0)比较接近了。Out[3]是序列分布的图示,可以看到,点子的分布是不均匀的,越靠近 0 点越密,正负数都有,而且对称,但绝对值超过 2 的点数很少,绝对值超过 3 的就几乎没有了。

有了产生随机分布的准备,就可以模拟随机力了。下面的程序先产生 m 个点的高斯分布序列,并让序列带上时间,间隔是 0.1s,然后对序列进行了插值,使用函数 **Interpolation[]**,观察了 0~10s 内随机力的"连续变化"图像,最后求解了含有随机力的运动方程,并画出了方程解的曲线,即粒子的位置随时间的变化,由此让我们领略粒子是如何作随机运动的。

```
In[6]:= dis = NormalDistribution[0, 1];
        m = 1000; δt = 0.1; time = (m - 1) δt; α = 0.7;
        fr = Table[RandomReal[dis], {m}];
        fr = Table[{δt (j - 1), fr[[j]]}, {j, m}];
        fr = Interpolation[fr];
        Plot[fr[t], {t, 0, 0.1 time}, AxesLabel → {"t/s", "fr"}]
        equ = {x''[t] + α x'[t] == fr[t], x[0] == 0, x'[0] == 0};
        s = NDSolve[equ, x, {t, 0, time}, MaxSteps → ∞];
        Plot[x[t] /. s, {t, 0, time}, AxesLabel → {"t/s", "x"}]
        Clear["Global`*"]
```

Out[11]=

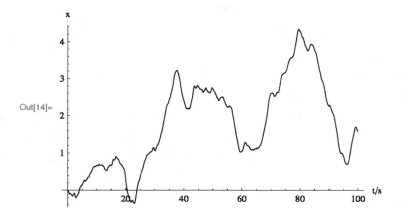

Out[11]就是所模拟的随机力变化的一段，可以看出，随机力非常类似于噪声，说明这样模拟是有点根据的；而 Out[14] 表示布朗粒子忽而向着 x 轴正方向运动，忽而又向着负方向运动。在 100s 时间内，粒子主要位于 x 轴正方向一边。注意：读者若运行该程序，所产生的结果与上面的肯定不一样，每次运行，结果都不一样，就是因为每次产生的随机序列都不一样。

为了检验以上设计思想的效果，下面写一个程序，模拟二维平面上一个布朗粒子的随机运动。这个程序要产生多个**时间抽样点**上布朗粒子的位置图，将这些位置图保存在变量 movie 里并存盘，文件格式是.gif，可以作为动画文件播放，就可以看到一个布朗粒子的随机运动了。

```
dis = NormalDistribution[0, 1];
m = 1000; δt = 0.1; time = (m - 1) δt; α = 0.5;
f1 = Table[RandomReal[dis], {m}];
f2 = Table[RandomReal[dis], {m}];
f1 = Table[{δt (i - 1), f1[[i]]}, {i, m}];
f2 = Table[{δt (i - 1), f2[[i]]}, {i, m}];
f1 = Interpolation[f1];
f2 = Interpolation[f2];
equs = {x''[t] + α x'[t] == f1[t], x[0] == 0, x'[0] == 0,
    y''[t] + α y'[t] == f2[t], y[0] == 0, y'[0] == 0};
s = NDSolve[equs, {x, y}, {t, 0, time}, MaxSteps → ∞];
n = 200; δt = time / (n - 1);
xs = Table[x[(i - 1) δt] /. s[[1]], {i, n}];
x1 = Min[xs]; x2 = Max[xs];
ys = Table[y[(i - 1) δt] /. s[[1]], {i, n}];
y1 = Min[ys]; y2 = Max[ys]; movie = {};
Do[
 g = ListPlot[{{xs[[i]], ys[[i]]}},
    PlotStyle → PointSize[0.02],
    PlotRange → {{x1, x2}, {y1, y2}}, Axes → False,
    Ticks → None, Frame → True];
 AppendTo[movie, g],
 {i, n}]
Export["e:/data/movie.gif", movie]
Clear["Global`*"]
```

对上面这段程序，说明以下几点。

（1）n 表示抽样点数，在时间 time 内对 $\{x(t), y(t)\}$ 进行均匀 n 次抽样，分别作抽样点的位置图,作为动画的每幅画面。

(2) f_1、f_2 先后代表 x、y 方向的随机序列、带时间的随机序列和随机力的时间插值函数,这样可以节约变量和内存;δt 先后的值也不同。

(3) 对抽样序列 xs 和 ys 分别求出了各自的数值范围 $\{x_1, x_2\}$ 和 $\{y_1, y_2\}$,作为作图的范围,通过固定这个范围,保证动画演示的时候不出现"晃动"。

看完了一个粒子的运动模拟,接着观察**多个**粒子从原点开始的扩散运动,这样更接近实际的扩散图像。下面的程序能完成这个模拟任务,程序里取粒子数 $p=20$,在解出全部粒子的位移函数之后,在时间上均匀选取了 $n=100$ 个抽样点来观察,画了 n 幅图,并且还将这些图作成了动画文件 movie-m.gif,可以独立播放。

```
dis = NormalDistribution[0, 1];
p = 20; m = 1000; δt = 0.1; time = (m - 1) δt; α = 0.5;
f1 = Table[RandomReal[dis], {i, p}, {j, m}];
f1 = Table[{δt (i - 1), f1[[j, i]]}, {j, p}, {i, m}];
f1 = Table[Interpolation[f1[[i]]], {i, p}];
f2 = Table[RandomReal[dis], {i, p}, {j, m}];
f2 = Table[{δt (i - 1), f2[[j, i]]}, {j, p}, {i, m}];
f2 = Table[Interpolation[f2[[i]]], {i, p}];
equs =
  Table[{x''[t] + α x'[t] == f1[[i]][t], x[0] == 0, x'[0] == 0,
    y''[t] + α y'[t] == f2[[i]][t], y[0] == 0, y'[0] == 0},
   {i, p}];
s = Table[NDSolve[equs[[i]], {x, y}, {t, 0, time},
    MaxSteps → ∞], {i, p}];
s = Flatten[s]; s = Partition[s, 2];
n = 100; δt = time / (n - 1);
movie = shot = {};
Do[
 sec = Table[{x[δt (i - 1)], y[δt (i - 1)]} /. s[[j]], {j, p}];
 AppendTo[shot, sec],
 {i, n}]
Do[
 g = ListPlot[shot[[i]], PlotStyle → PointSize[0.02],
   Frame → True, Axes → False,
   PlotRange → {{-15, 15}, {-15, 15}}];
 AppendTo[movie, g],
 {i, n}]
Export["e:/data/movie-m.gif", movie]
Clear["Global`*"]
```

对以上程序,说明几点。

(1) 语句

$$f_1 = \mathbf{Table}[\mathbf{RandomReal}[\mathrm{dis}], \{i, p\}, \{j, m\}];$$

产生 $p \times m$ 随机序列,$\{i, p\}$ 和 $\{j, m\}$ 的顺序不能颠倒。该句也可以写成

$$f_1 = \mathbf{RandomReal}[\mathrm{dis}, \{p\}, \{m\}];$$

对 f_2 也是如此。f_1 和 f_2 的最后结果分别储存了 x 方向和 y 方向 p 个位置的插值函数。

(2) 在构造方程组 equs 的时候,$f_1[[i]][t]$ 和 $f_2[[i]][t]$ 代表第 i 个粒子所受的随机力的两个分量。

（3）s 第一次的结果是形如

$$\{\{\{x\to\cdots,y\to\cdots\}\},\{\{x\to\cdots,y\to\cdots\}\},\cdots\}$$

的列表，表示方程组 equs 的数值解。为了方便应用，先用函数 **Flatten[]** 将其"压平"了，s 第二次的结果是

$$\{x\to\cdots,y\to\cdots,x\to\cdots,y\to\cdots,\cdots\},$$

为了能成对地使用它们，接着就对替换规则进行了两个一组的分组，此即 **Partition[]** 的作用，s 的最后结果是

$$\{\{x\to\cdots,y\to\cdots\},\{x\to\cdots,y\to\cdots\},\cdots\}$$

（4）第一个 **Do[]** 循环是在 0～time 内取 n 个抽样点上的粒子坐标，每个点上有 p 对坐标，它们起初存放在变量 sec 里，然后就加到变量 shot 里去了。第二个 **Do[]** 循环要产生依次 n 个抽样点上的粒子分布图，储存在变量 movie 里。作图的范围是根据运行的结果事后确定的。

9.5 布朗运动的统计特性——热平衡

9.5.1 模拟计算爱因斯坦关系

在 9.4 节中，通过运用对随机力的插值方法，直观地模拟了布朗运动。本节研究布朗运动的统计特征，包括位移的统计特征以及能量的统计特征。

我们取较大的黏滞系数，这时候，布朗粒子能很快地与环境分子达到热平衡。在此情况下，**随机力的振幅**就与黏滞系数有关系。根据统计物理中的**涨落-耗散定理**，服从正态分布的随机力，其相关函数是[①]

$$\overline{f_r(t)f_r(t+\tau)}=2D_p\delta(\tau) \tag{9-13}$$

其中，D_p 代表**随机力的强度**，它与扩散系数和温度有如下关系

$$D_p=\alpha\cdot k_B T \tag{9-14}$$

因此，在模拟中，**随机力的振幅应该与黏滞系数的平方根** $\sqrt{\alpha}$ 成正比，取随机序列的时候直接将黏滞系数的平方根与正态随机序列相乘。

下面，先给出计算黏滞系数 $a=0.5$ 时 $p=100$ 个布朗粒子位移平方的统计平均值的程序。布朗粒子的初始状态都是静止的。

```
In[16]:= dis = NormalDistribution[0, 1];
α = 0.5; p = 100; m = 1000; δt = 0.1; time = (m - 1) δt;
fr = Table[√α RandomReal[dis], {i, p}, {j, m}];
fr = Table[{δt (i - 1), fr[[j, i]]}, {j, p}, {i, m}];
fr = Table[Interpolation[fr[[i]]], {i, p}];
equs =
  Table[{x''[t] + α x'[t] == fr[[i]][t], x[0] == 0, x'[0] == 0},
   {i, p}];
s = Table[NDSolve[equs[[i]], x, {t, 0, time},
    MaxSteps → ∞], {i, p}];
s = Flatten[s];
n = 20; δt = time / (n - 1); data = {};
```

① 汪志诚. 热力学统计物理[M]. 3 版. 北京：高等教育出版社，2003.

```
Do[
 X = Table[x[δt (i - 1)] /. s[[j]], {j, p}];
 AppendTo[data, {δt (i - 1), (X.X) / p}],
 {i, n}]
fit = Fit[data, {1, t}, t]
g1 = Plot[fit, {t, 0, time}, PlotStyle → Thickness[0.003]];
g2 = ListPlot[data, PlotStyle → PointSize[0.02]];
Show[{g1, g2}, AxesLabel → {"t", "x²"}]
Clear["Global`*"]
```

Out[26]= 0.56205 + 0.199808 t

Out[29]=

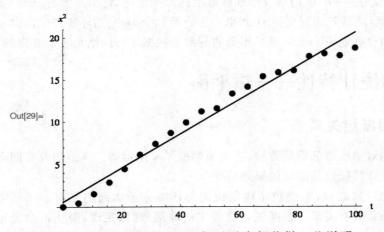

程序的前半部分在前面都见过,仅对后半部分做一些说明。

(1)变量 X 是某一时刻 p 个粒子的位置矢量,因此,$(X \cdot X)/p$ 就是按公式(9-9)对位移进行统计平均,其中,$X \cdot X$ 是完成位移平方相加的功能,亦即矢量的模平方。

(2)变量 data 存放的是数据 $\{t_i, \overline{x_i^2}\}$ 的列表,用函数 **Fit[]** 对该列表进行线性拟合,fit 的结果就是 Out[26],用该线性函数作图与 data 的数据图合在一起,就是 Out[29],可见二者大致吻合,因此,爱因斯坦关系(9-11)得到模拟证明。

为了进一步检验以上假设的一致性,按同样的方法计算了黏滞系数 α 从 $0.1\sim1.0$ 位移平方均值与时间关系的拟合系数 β,这些拟合系数应与黏滞系数 α 成反比,模拟计算证明了这一点,结果如图 9-12 所示。

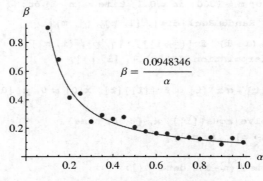

$$\beta = \frac{0.0948346}{\alpha}$$

图 9-12　拟合系数 β 与黏滞系数 α 的反比关系

9.5.2　布朗粒子的能量统计特性

有了计算位移平方均值的经验,就可以很容易地计算布朗粒子能量的统计平均值,观察该统计量的时间变化,直观地证明布朗粒子与环境的热平衡。所需要做的就是定义粒子的能量等于动能

$$E = x'^2 \tag{9-15}$$

略去了系数 1/2,它对我们的结论没有影响。这样一来,就可以直接把计算位移平方统计特性的程序复制过来,再把取样点的位移改为取样点处的速度即可。结果如图 9-13 所示。

从图 9-13 可以看出,平均能量开始有一个短暂的上升过程,之后,粒子的平均动能围绕一个定值作小幅度波动,说明粒子的平均动能在统计上已经达到稳定状态,这就是粒子与环境之间的热平衡,它代表的含义就是公式(9-10)。

概率论告诉我们,统计性规律必然伴随**"涨落和起伏"**,前面的一些结果已经证明了这一点。为了加深读者对涨落这个概念的印象,请把上面这个例子中参与统计的粒子数 n 从 500 改为 100,再运行程序,所得能量统计如图 9-14 所示,可见涨落更大了。这个特性可以推广到一切统计量,例如气体压力、一定体积内的分子数等,见 9.1 节的例 5。统计量的涨落性除了与粒子数有关,还与温度有关,温度越高,涨落越大。

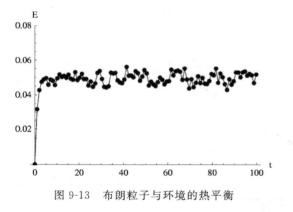

图 9-13　布朗粒子与环境的热平衡

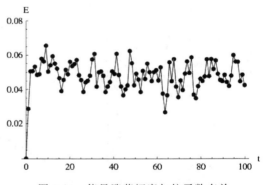

图 9-14　能量涨落幅度与粒子数有关

9.6　布朗运动的统计特性——过渡状态

有意思的是,如果减小黏滞系数,布朗粒子的能量平均值向热平衡过渡的过程就会拉长,从而可以容易观察到向热平衡过渡的细节。还是采用能量统计的那段程序,只是把黏滞系数 α 用 $0.2, 0.1, 0.05, 0.01$ 代入,粒子数改为 100,所得到的能量均值随时间的变化如图 9-15 所示。由这些图可见,**随着黏滞系数的减小,粒子平均能量达到平衡值的时间越来越长,过渡过程越来越明显**。由此可以推论,当黏滞系数很小时,布朗粒子与环境分子之间的热平衡过程可能很长,甚至可能达不到平衡。图 9-16 就是在黏滞系数为 0 而随机力不为 0 的(假设)情况下从模拟时间的 0s 算到 5000s 的统计结果,粒子的能量似乎一直在增加。由于作者使用的机器内存只有 1GB,不能算更长的时间了,读者若有条件,可以继续算下去,看看粒子的能量能否有个终点。

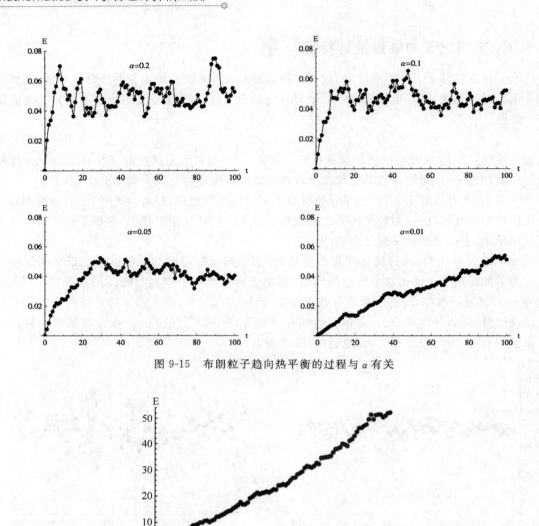

图 9-15 布朗粒子趋向热平衡的过程与 α 有关

图 9-16 $\alpha=0$ 时能量均值似乎能无限增长

在过渡状态,粒子位移平方的平均值与时间的关系也发生了变化,不再遵从公式(9-11)。首先,对于黏滞系数为 0 的情况,通过数值计算,很容易证明下式成立

$$\overline{x^2} = \gamma \cdot t^3 \tag{9-16}$$

即位移平方的均值与时间的立方成正比,因此,时间越长,扩散越快,其情形如图 9-17 所示。这一结果与公式(9-11)将有重大差别,这表示,在黏滞系数很小的情况下将出现扩散异常增强的现象。

其次,可以发现,黏滞系数 α 在 0.1 处是一个分界点,当 α 大于 0.1 时,公式(9-11)基本满足,而在 α 小于 0.1 时,就开始偏离公式(9-11),并逐步向"立方律"靠近。这些结果是第一次发现,有条件的读者可以琢磨如何实验验证,例如在低温流体里对黏滞性与扩散的关系进行观察。

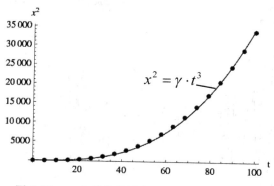

图 9-17　$\alpha=0$ 时位移平方的均值符合三次方律

9.7　模拟树叶的布朗运动

读者朋友,你除了倾听树叶在风中沙沙作响,还注意过它们在风中舞动的姿态吗? 你看它们左右摇晃,还绕轴扭转,似乎完全被风所摆布。不过,在这里不是要抒发感想,而是从物理的角度来考察一片树叶的命运轨迹,以及大量树叶在风的随机作用下的统计特征,揭示阻力对于树叶存在的作用。

树叶的结构如图 9-18 所示,它是由叶柄和叶片两个部分组成,在风的作用下,叶片可以绕着叶柄方向的轴脉转动(也叫扭动);叶片还可以随着叶柄一起上下(或左右)摆动。通常,叶片的扭动更明显,只有大风的情况下才可以见到树叶的摆动。不论是扭动还是摆动,它们暂且近似地用简谐运动来描写。我们就以扭动为例,设扭矩与扭转角成正比,则转角 θ 自由转动时遵循如下运动方程

$$J \cdot \theta''(t) = -\gamma \cdot \theta(t)$$

其中,J 是叶片的转动惯量;γ 是转矩系数。如果考虑风对叶片的随机作用力产生的随机力矩 $M_r(t)$ 和空气的黏滞力矩 $\eta\theta'(t)$,则叶片的运动方程可以写成

图 9-18　树叶

$$J \cdot \theta''(t) = -\gamma\theta(t) - \eta\theta'(t) + M_r(t)$$

上式又可以改造成如下的形式

$$\theta''(t) + \omega^2\theta(t) + \alpha\theta'(t) = f_r(t) \tag{9-17}$$

仍然假设随机力矩服从高斯分布。仿造前面研究布朗粒子运动的编程方法,写出求解树叶扭动的程序,看看转动的一般结果。

```
In[1]:= dis = NormalDistribution[0, 1];
     m = 1000; δt = 0.1; ω = 2; α = 0.5; time = (m - 1) δt;
     f = Table[Random[dis], {m}];
     f = Table[{δt (i - 1), f[[i]]}, {i, m}];
     f = Interpolation[f];
     equ = {θ''[t] + ω² θ[t] + α θ'[t] == f[t], θ[0] == 0, θ'[0] == 0};
     s = NDSolve[equ, θ, {t, 0, time}, MaxSteps → ∞];
     Plot[θ[t] /. s[[1]], {t, 0, time}, PlotPoints → 200,
```

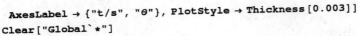

Out[8]=

在程序里,设树叶的初始状态是静止的。Out[8]就是运行一次所得到的转角 θ 与时间 t 的关系。从时间上看,树叶的扭动保持了基本的周期性;从转角幅度上看,大小有随机性,忽大忽小,但幅度没有太大的,也不会随时间有增大的趋势。这时候,树叶就是我们看到的那样:悠然晃荡着,永不停息。

接下来,考察多个相同的树叶的能量统计问题,即计算它们扭动的能量平均值,看看有什么规律。

首先要定义能量。树叶扭动时的能量包括转动动能和扭转势能,合起来的机械能表示为

$$E = \frac{1}{2}J\theta'(t)^2 + \frac{1}{2}\gamma\theta(t)^2$$

如果按照公式(9-17),需要除去 J 以及系数 $1/2$,则能量为

$$E = \theta'(t)^2 + \omega^2\theta(t)^2 \tag{9-18}$$

下面的程序把固有频率调整为 1Hz,黏滞系数取得适中,$\alpha = 0.2$;对 $p = 100$ 个树叶的能量求平均,树叶的初始状态都是静止的。

```
In[10]:= dis = NormalDistribution[0, 1];
        p = 100; m = 1000; δt = 0.1; time = (m - 1) δt;
        α = 0.2; ω = 2.0 π;
        fr = Table[RandomReal[dis], {p}, {m}];
        fr = Table[{δt (i - 1), fr[[j, i]]}, {j, p}, {i, m}];
        fr = Table[Interpolation[fr[[i]]], {i, p}];
        equ = Table[{θ''[t] + α θ'[t] + ω² θ[t] == fr[[i]][t],
            θ[0] == 0, θ'[0] == 0}, {i, p}];
        s = Table[NDSolve[equ[[i]], θ, {t, 0, time},
            MaxSteps → ∞], {i, p}];
        s = Flatten[s];
        n = 50; δt = time / (n - 1); energy = {};
        Do[
         θs = Table[θ[δt (i - 1)] /. s[[j]], {j, p}];
         ωs = Table[θ'[δt (i - 1)] /. s[[j]], {j, p}];
         AppendTo[energy,
           {δt (i - 1), Sum[ω² θs[[j]]² + ωs[[j]]², {j, p}] / p}],
         {i, n}]
        ListPlot[energy, PlotStyle → PointSize[0.02],
          PlotRange → All, AxesLabel → {"t", "E"}]
        Clear["Global`*"]
```

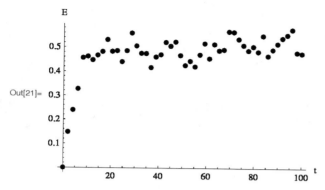

在程序里,对 time＝100s 的时间段进行了 50 个点的抽样,抽样所得的角度和角速度分别储存在变量 θs 和 ωs 中。Out[21]显示,叶子的平均能量逐步趋于某个值,表示树叶的能量最后要达到某个稳定值,这个过程被形象地展示。数据点的起伏来自于所统计叶子的数量少,以及固有的统计涨落,不可能绝对是同一个值。

在本例中,如果逐步减小黏滞系数 α,也能直观地观察到树叶能量的统计值趋于稳定的过程,与前面研究布朗粒子的过渡过程相似,例如,可以看到 α 在哪个临界点上才明显地开始了能量缓慢增长的过程,请读者自己修改参数进行验证。

但是,如果没有了黏滞作用,树叶还能悠然摇荡吗? 下面,令 α 为 0,把时间拉长到 500s,还是运行上面的程序,看看能量的统计结果如何呢? 如图 9-19 所示,能量增长似乎没有停下来的迹象。

另外,如果在以上程序中只进行角度平方的统计平均,结果更有启发性,请读者自己修改程序,这里只给出结果,如图 9-20 所示。

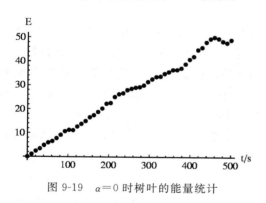

图 9-19　$\alpha=0$ 时树叶的能量统计

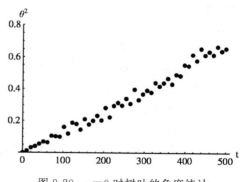

图 9-20　$\alpha=0$ 时树叶的角度统计

综合图 9-19 和本例的结果图 9-20,可以看到,在没有黏滞阻力的情况下,树叶的平均能量和平均转角是一直增大的,没有迹象表明会趋于稳定。这说明什么问题? 注意:这里最后的变量是转动的角度,如果角度任意地转下去,那不就将树叶给扭断了吗?! 由此,我们用简单的模型得出了一个重要的结论:

空气的黏滞阻力,是保证树叶不被风儿扭断,从而保证整棵树成活的基本要素。若没有这个条件,则一场大风刮来,所有的树叶都会脱落,无须等到秋天。这是多么可怕的后果!

第 10 章

实　　验

计算，不仅在物理学的理论研究中需要，在物理实验中也能发挥重大作用。在实验中，需要进行数据处理，包括数据的存储、计算、分析、作图；需要进行误差分析，包括系统误差的发现、随机误差影响的估计等，离开计算是不行的。有的实验做起来有困难，尤其是教学实验，因为需要现象明显，以加强教学效果，而条件暂时难以具备，这时候，通过计算来模拟实验就成了必要的手段。在本书最后一章里，将结合教学经验，在这些方面做一些探讨。

10.1　模拟机械波的干涉

现在，已经有不少软件可以作物理的动画，进行过程模拟。在前面进行光的衍射图形计算的时候，实际上做的就是衍射实验的模拟。本节将结合 Mathematica 的动画功能，模拟两个机械波源所发出波的干涉。

通常，物理教科书上对波的干涉都只讲同频率的两个波源所发出的波的干涉，其实，那只是一个特殊情况。**波的干涉是波的叠加性的一种表现，不论两个波源的频率如何，叠加都是存在的，因此，干涉也是存在的。**只不过干涉现象的观察手段受到限制，人们只能观察到"稳定的干涉现象"，而同频率的条件可以造成稳定的干涉。如果波源的频率不同，干涉现象就不是稳定的，那么，这时的干涉现象会是怎样的？当然，对此问题的回答可以从干涉的数学表达式上得到，但不够直观。下面，就以在平面上传播的波（如水波）为例，将干涉的数学表达式转化成动画，模拟一般的干涉现象，并观察其特征。

1. 波的叠加公式

设在水面上相距为 $2a$ 的两个地方分别放置半径均为 r_0 的两个柱体，它们各自受到垂直方向的余弦振动源的驱动，周期性地上下起伏，因而引起两个波动向周围传播，并在水面上互相叠加，形成干涉。波源的布置如图 10-1 所示。

模拟干涉成功的要点是合理设置波的表达式。设左右两个波源的振动圆频率分别为 ω_1 和 ω_2。平面上任一点的位置矢量

$$\boldsymbol{r} = \{x, y\}$$

两个波源的中心分别是 $\boldsymbol{p}_1 = \{-a, 0\}$ 和 $\boldsymbol{p}_2 = \{a, 0\}$。在区域

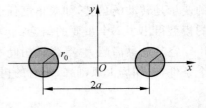

图 10-1　水面上两个柱形波源

$$|\boldsymbol{r}-\boldsymbol{p}_i|\leqslant r_0 \quad (i=1,2)$$

波的振幅为1,各点都作同相位的简谐振动,波的表达式为

$$\psi_i(\boldsymbol{r},t)=\cos(\omega t) \tag{10-1}$$

而在此区域以外,则按普通的同心圆方式发散传播。这时波的表达式为

$$\psi_i(\boldsymbol{r},t)=\frac{\cos\left[\omega\left(t-\dfrac{r_i'-r_0}{v_i}\right)\right]}{r_i'} \tag{10-2}$$

其中,$r_i'=|\boldsymbol{r}-\boldsymbol{p}_i|>r_0$;$v_i$是波速。在公式(10-2)中,已经考虑了波在传播中的相位延迟,以及传播中能量的守恒,波的衰减问题暂不考虑。

两列波叠加后的波幅表达式为

$$\varphi(\boldsymbol{r},t)=\psi_1(\boldsymbol{r},t)+\psi_2(\boldsymbol{r},t)$$

$$=\frac{\cos\left[\omega_1\left(t-\dfrac{|\boldsymbol{r}-\boldsymbol{p}_1|-r_0}{v_1}\right)\right]}{|\boldsymbol{r}-\boldsymbol{p}_1|}+\frac{\cos\left[\omega_2\left(t-\dfrac{|\boldsymbol{r}-\boldsymbol{p}_2|-r_0}{v_2}\right)\right]}{|\boldsymbol{r}-\boldsymbol{p}_2|} \tag{10-3}$$

在公式(10-3)里,已经设了两个波源的频率和波速可以不同。

2. 模拟相同频率波的干涉

在某一时刻 t,$\varphi(\boldsymbol{r},t)$是一个二变量的函数,用函数 **Plot3D**[ ]可以画出其联合分布,模拟水波的空间波形(如果观察光波的干涉,需要波幅的平方)。该函数里有些参数需要重新设置,以使波形更加逼真,其中,观察的**视角参数** ViewPoint 很关键,在 Mathematica 5.x 的情况下可以从菜单 Input/3D ViewPoint Selector⋯选择,在 Mathematica 7.x 中无此菜单,但参数 ViewPoint 依然可以使用。

下面的程序先画出了两个波源同频率、同相位、同波速振动的波的干涉图,在一个周期内画了 21 幅干涉图,程序的后面附了其中两幅图,让读者观察两个时刻干涉图的基本情况,可以看到存在干涉稳定的区域。在程序中,还将产生的每幅图存储在变量 animate 中,并在最后将其保存为 .gif 格式的文件,可以用 **ACDSee** 等软件播放,以显示动画效果,例如,可以更直观地看到波是如何被波源激发出来,每个区域又如何周期地波动,干涉相消的区域又是如何保持不动的。

```
r0 = 5.0; a = 15.0; v = 15.0; ω1 = 20.0; ω2 = 20.0;
P = {x, y}; p1 = {-a, 0}; p2 = {a, 0};
animate = {};
φ[t_, x_, y_] :=
    Which[Norm[p - p1] ≤ r0, Cos[ω1 t],
      Norm[p - p2] ≤ r0, Cos[ω2 t], True,
      Cos[ω1 (t - (Norm[p - p1] - r0) / v)] / Norm[p - p1] +
        Cos[ω2 (t - (Norm[p - p2] - r0) / v)] / Norm[p - p2]];
Do[
  g = Plot3D[φ[t, x, y], {x, -50, 50}, {y, -50, 50},
      PlotRange → 1, PlotPoints → 100,
      Mesh → False, Boxed → False,
      AxesEdge → None, ViewPoint → {2, 0, 10}];
  Print[g]; AppendTo[animate, g],
  {t, 0, 2 π / ω1, 2 π / ω1 / 20}]
Export["e:/data/animate1.gif", animate]
Clear["Global`*"]
```

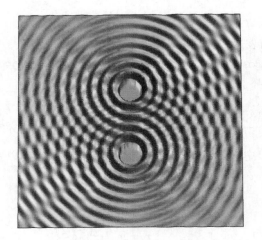

3. 模拟不同频率波的干涉

下面来模拟不同频率但波速相同的两列波的干涉。这一次，为了反衬波峰和波谷的差别，对波函数乘以一个大于 1 的数，例如 3。程序后面也附了两张不同时刻的干涉图，以观概貌。程序对输出图形进行了保存，作为动画播放，可以看到干涉区是不稳定的，尤其是干涉相消的区域会不断前进而"游走"，是最明显的现象。

```
r0 = 2.0; a = 15.0; v = 17.0; ω1 = 10.0; ω2 = 15.0;
p = {x, y}; p1 = {-a, 0}; p2 = {a, 0};
φ[t_, x_, y_] :=
  Which[Norm[p - p1] ≤ r0, Cos[ω1 t],
    Norm[p - p2] ≤ r0, Cos[ω2 t], True,
    Cos[ω1 (t - (Norm[p - p1] - r0) / v)] / Norm[p - p1] +
     Cos[ω2 (t - (Norm[p - p2] - r0) / v)] / Norm[p - p2]];
animate = {};
Do[
 g = Plot3D[3 φ[t, x, y], {x, -70, 70}, {y, -70, 70},
    PlotRange → {-1, 1}, PlotPoints → 100,
    Mesh → False, Boxed → False,
    AxesEdge → None, ViewPoint → {2, 0, 10}];
 Print[g]; AppendTo[animate, g],
 {t, 0, 3 × 2 π / ω1, 2 π / ω1 / 10}]
Export["e:/data/animate2.gif", animate]
Clear["Global`*"]
```

对以上的模拟说明以下两点。

（1）除了可以画 3D 图形之外，还可以画波动的密度图，也能展示干涉的情况，但效果稍差一点，读者可以一试。

（2）由于水波离开波源之后振幅以距离的反比关系在减弱，所以，在一个波源的背后，来自另一个波源的波就会比较弱一些，干涉现象就不明显了，基本上是一个波源发出的波在同心地扩散，由此推之，只有在连接两波源的垂线方向（即图中水平方向），或者两个波源之间的距离与波长相差不多，干涉现象才比较明显。

10.2　测量波导管中微波的波长

在大学物理的微波技术实验中，微波波长和频率的测量是一个常规的项目。该实验在测量方法和数据处理上有一些特点，值得在此介绍。

在微波设备里，微波通常是在波导管内从一个地方传播到另一个地方，这里谈的微波波长就是微波在波导管里的波长。波长的测量稍微麻烦一点，不像频率的测量，因为有直读式频率计，例如 PX16 频率计，根据谐振原理，容易直接测出微波频率 f。但是，读者不可乱套公式，不能根据

$$\lambda = c/f \quad （c\ 是真空光速）$$

来计算波长，因为微波在波导管里的速度不等于真空光速，波导管可以理解为一种特别的介质，因此，波长的测量是独立量的测量。

实验上测量波导管里微波的波长通常使用**测量线**，例如 TC26 测量线，它的外形如图 10-2 所示，它的主要结构是宽面中间带有狭缝的矩阵波导管以及插入狭缝的探针，探针连接着有整流作用的探头，探头可以用 Q9 插线连接灵敏检流计，通过驱动轮推动探头移动，以观测沿着狭缝长度方向的微波强度分布，探头的位置 x 可以在标尺上读出来。在测量线的一端垂直安装金属反射板，微波在此被反射回去，与入射波叠加，形成**驻波**。因此，在测量线上可以观测到稳定分布的驻波，而驻波的分布信息中就包含微波的波长，称为**波导波长**，用 λ 表示。

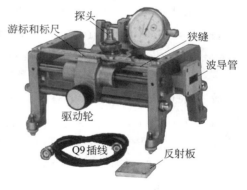

图 10-2　TC26 测量线的外形和组成

整个测量系统的组成如图 10-3 所示，微波经由速调管或者固体微波源产生，导入波导管，可以在波导管上安装直读式频率计测量微波频率，也可以安装测量线测量微波波长，其中探头（或检波器）检测的微波强度用灵敏检流计 AC15/4 的电流值表示，因为在弱信号情况下，探头是按"平方律检波"的，检波电流正比于电场强度的平方（即微波强度）。检流计的电流分辨率为 $2.7\times10^{-3}\ \mu A/mm$，在实验中，置"分流器"为"$\times1$ 档"，电流的分度接近上述值，但是，我让学生实际记录的是检流计光标标尺上的格数，后面采用的强度数据就是这样来的。

下面，先从理论上分析波导管内微波的分布情况，然后再研究如何测量微波波长的问题。

不计微波的短距离衰减，入射到反射板的微波电场 ϕ_1 和反射回来的微波电场 ϕ_2 都可以用余弦函数表示：

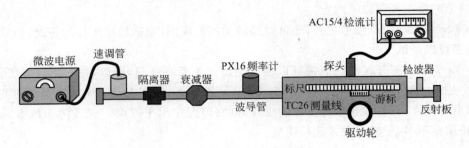

图 10-3　微波参数测试系统

$$\phi_1(x,t) = a_1\cos(\omega t - kx + \varphi_1), \qquad \phi_2(x,t) = a_2\cos(\omega t + kx + \varphi_2)$$

其中,k 是波矢量,$k = 2\pi/\lambda$; φ_1 和 φ_2 是初始相位; a_1、a_2 是波振幅。

两列波叠加,叠加波的表示可以用作图法求得,也可以用 Mathematica 解析地推导,过程如下。

先将叠加波展开。

In[1]:= **a1 Cos[ω t – k x + φ1] + a2 Cos[ω t + k x + φ2] // TrigExpand**

Out[1]= a1 Cos[k x] Cos[φ1] Cos[t ω] + a2 Cos[k x] Cos[φ2] Cos[t ω] +

　　　a1 Cos[t ω] Sin[k x] Sin[φ1] – a2 Cos[t ω] Sin[k x] Sin[φ2] +

　　　a1 Cos[φ1] Sin[k x] Sin[t ω] – a2 Cos[φ2] Sin[k x] Sin[t ω] –

　　　a1 Cos[k x] Sin[φ1] Sin[t ω] – a2 Cos[k x] Sin[φ2] Sin[t ω]

再将上述式子按时间函数项进行整理。

In[2]:= **Collect[%, {Cos[ω t], Sin[ω t]}, Simplify]**

Out[2]= (a1 Cos[k x – φ1] + a2 Cos[k x + φ2]) Cos[t ω] +

　　　(a1 Sin[k x – φ1] – a2 Sin[k x + φ2]) Sin[t ω]

最后,将时间函数项前面的系数平方相加,就得到微波的强度。

In[3]:= **(a1 Cos[k x – φ1] + a2 Cos[k x + φ2])^2 +**

　　　(a1 Sin[k x – φ1] – a2 Sin[k x + φ2])^2 // TrigExpand // TrigReduce

Out[3]= a1^2 + a2^2 + 2 a1 a2 Cos[2 k x – φ1 + φ2]

Out[3]是叠加波强度的表达式,它是 x 的周期函数,其周期为

$$\lambda_s = 2\pi/(2k) = \lambda/2 \tag{10-4}$$

这就是驻波沿着波导管方向的分布周期,它是可以用测量线测量的,因而可以计算波导管内行波的波长 λ

$$\lambda = 2\lambda_s$$

至此,微波波长的测量似乎得到了解决。

下面,先根据 Out[3]模拟一下驻波的分布,看看它有哪些特点,以便为实验提供参考。程序如下。

In[4]:= **k = 2; {a1, a2} = RandomReal[{0.6, 1}, 2]**

　　　{φ1, φ2} = RandomReal[{-π, π}, 2]

　　　f[x_] := a1^2 + a2^2 + 2 a1 a2 Cos[2 k x – φ1 + φ2]

```
Plot[f[x], {x, 0, 10}, PlotRange → All,
 AxesLabel -> {"x", "P"}, AxesOrigin -> {0, 0}]
Clear["Global`*"]
```

Out[4]= {0.966719887, 0.6559374844}

Out[5]= {-1.273738121, 3.101507918}

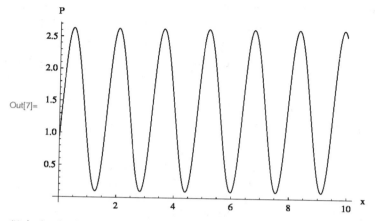

Out[7]=

程序中,任意设定了一个波矢量 k,(在一定范围内)任给入射波和反射波的振幅 a_1 和 a_2,以及任给二者的初始相位 φ_1 和 φ_2,叠加波的强度分布曲线见 Out[7],它沿着 x 方向呈现周期性分布,但波谷的强度不是 0,因而这样的波不是纯驻波,而是**混合波**,既有驻波强度稳定分布的特点,又有一定的能流沿着 x 方向传输。这主要是由于两列波的振幅不同造成的,而在实际波导管中,入射波和反射波的振幅的确不同,反射是有损失的,所以,波导管内的微波是混合波,它反映在混合波的相位中,因为叠加波的完整表示是

$$\phi(x,t) = \phi_1(x,t) + \phi_2(x,t) = \sqrt{P(x)}\cos[\omega t - \psi(x)] \tag{10-5}$$

其中

$$P(x) = a_1^2 + a_2^2 + 2a_1 a_2 \cos(2kx - \varphi_1 + \varphi_2)$$

$$\psi(x) = \arctan\frac{a_1\sin(kx - \varphi_1) - a_2\sin(kx + \varphi_2)}{a_1\cos(kx - \varphi_1) + a_2\cos(kx + \varphi_2)}$$

可见,相因子 $\omega t - \psi(x)$ 不仅与时间 t 有关,也与位置 x 有关,这正是行波的特征。但混合波的强度可以完整地用 $P(x)$ 描写,只是在 $P(x)$ 的一个周期内各点的振动不是同步的,与纯驻波不同。

根据强度分布测量微波波长,一般实验教科书上都是仿照 Out[7] 的分布曲线,测量出相邻两个谷点的距离,或者相邻两个峰点的距离,作为混合波的波长 λ_s。但是,因为谷点和峰点不是绝对的尖锐,一般是曲线比较平坦的地方,其坐标的测量就存在一定的误差。尽管可以设想种种改进的办法,但都不太理想;用多个周期的混合波长测量值做平均,效果也不好,因为测量线的有效长度有限,一般至多有 4 个混合波的波长。

针对这种情况,我指导学生们的做法是:不再仅关注峰点和谷点,而是关注所有位置的混合波强度值,逐点测量出 $x \sim P(x)$ 的关系,得到一系列数据 (x_i, P_i),用这些数据拟合 $P(x)$ 的公式,从中求出 λ,绕过了 λ_s,事实证明,这样做可以带来很多好处。

(1) 拟合不仅可以求出 λ,还可以求出入射波和反射波的振幅 a_1、a_2,以及 $\varphi_1 - \varphi_2$,可以了解更多的微波信息。

（2）通过拟合，可以充分了解微波强度是否很好地按照 $P(x)$ 公式分布，对上述分析给出更全面的验证。

（3）因为能够测量到很多个数据点，这使得拟合公式充分利用数据偶然误差分布的特点，使拟合曲线从它们中间通过，相当于对偶然误差做了平滑处理，因而所测量到的波长等物理量更准确。

最后一点才是促使我们采取上述测量方法的根本动因，我和学生们是在分析了传统测量方法的各种问题之后才最终选择了这一方法，不是测量完了去计算误差，而是用误差分析去指导选择合理的测量方法。这个例子包含的道理是普遍的，对学生是一个很好的训练。

下面给出测量数据，画出微波强度随探头位置变化的数据分布图，从中得出一些大概的结论。数据存放在 data 中，数据的结构是

$$\{\{x_1, P_1\}, \{x_2, P_2\}, \cdots\}$$

x_i 的单位是 cm；P_i 为任意单位。程序如下。

```
In[9]:=  data =
    {{4.82, 12.0}, {4.96, 21.0}, {5.11, 32.0}, {5.28, 43.0},
     {5.57, 54.0}, {5.85, 47.0}, {6.00, 38.0}, {6.15, 27.0},
     {6.29, 17.0}, {6.68, 3.0}, {6.99, 13.0}, {7.15, 24.0},
     {7.37, 39.0}, {7.55, 49.0}, {7.79, 53.0}, {8.05, 44.0},
     {8.25, 31.0}, {8.37, 22.0}, {8.57, 10.0}, {8.75, 3.0},
     {9.16, 14.0}, {9.32, 26.0}, {9.43, 34.0}, {9.56, 44.0},
     {9.75, 55.0}, {10.09, 49.0}, {10.27, 40.0}, {10.46, 26.0},
     {10.59, 17.0}, {10.77, 9.0}, {10.99, 3.5}, {11.29, 12.5},
     {11.44, 22.0}, {11.58, 33.0}, {11.73, 44.0}, {11.93, 54.0},
     {12.29, 50.0}, {12.42, 41.5}, {12.58, 30.0}, {12.73, 19.0},
     {12.89, 10.0}, {13.15, 3.5}, {13.47, 13.0}, {13.6, 22.0},
     {13.79, 35.0}, {13.95, 46.0}, {14.15, 55.0}, {14.4, 51.5}};
ListLinePlot[data, PlotStyle → PointSize[0.015],
  AxesLabel -> {"x/cm", "P"}, Mesh → Full]
Clear["Global`*"]
```

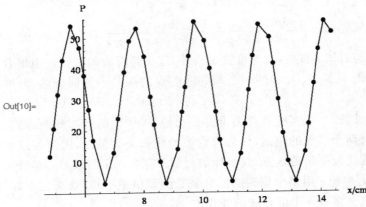

Out[10]给出的是沿着波导管长度方向微波强度的分布图，从该图大概能看出强度是周期性分布的，谷点强度不是零，大概是 3 左右，强度的最大值大概是 54 左右，而强度分布周期大概是 2cm 多一点，由此可以推论：波导波长会比 4cm 多一点。

下面研究用测量数据拟合强度 $P(x)$ 公式里参数的问题，为了简单起见，将 $P(x)$ 公式重写如下：

$$P(x) = a\cos\left(\frac{4\pi}{\lambda}x + \varphi\right) + b \tag{10-6}$$

其中，$a = 2a_1a_2$；$b = a_1^2 + a_2^2$；$\varphi = \varphi_2 - \varphi_1$。

在拟合运算之前，估算一下公式(10-6)中的一些参数是有用的。根据 Out[10]，可以得出
$$4 < \lambda < 5, \quad b + a \approx 54, \quad b - a \approx 3$$
于是，
$$a \approx 25.5, \quad b \approx 28.5$$

下面尝试着做第一次拟合，看看有什么问题。拟合所用的函数是 **FindFit[]**，它在前面使用过多次了。以上估算的数据，作为拟合时的参考条件。拟合程序如下。

```
In[12]:= data =
    {{4.82, 12.0}, {4.96, 21.0}, {5.11, 32.0}, {5.28, 43.0},
     {5.57, 54.0}, {5.85, 47.0}, {6.00, 38.0}, {6.15, 27.0},
     {6.29, 17.0}, {6.68, 3.0}, {6.99, 13.0}, {7.15, 24.0},
     {7.37, 39.0}, {7.55, 49.0}, {7.79, 53.0}, {8.05, 44.0},
     {8.25, 31.0}, {8.37, 22.0}, {8.57, 10.0}, {8.75, 3.0},
     {9.16, 14.0}, {9.32, 26.0}, {9.43, 34.0}, {9.56, 44.0},
     {9.75, 55.0}, {10.09, 49.0}, {10.27, 40.0}, {10.46, 26.0},
     {10.59, 17.0}, {10.77, 9.0}, {10.99, 3.5}, {11.29, 12.5},
     {11.44, 22.0}, {11.58, 33.0}, {11.73, 44.0}, {11.93, 54.0},
     {12.29, 50.0}, {12.42, 41.5}, {12.58, 30.0}, {12.73, 19.0},
     {12.89, 10.0}, {13.15, 3.5}, {13.47, 13.0}, {13.6, 22.0},
     {13.79, 35.0}, {13.95, 46.0}, {14.15, 55.0}, {14.4, 51.5}};
g1 = ListPlot[data, PlotStyle → PointSize[0.015]];
s = FindFit[data, {a Cos[4 π x / λ + φ] + b,
    20 < a && a < 30 && a < b && b < 35 && λ > 0}, {a, b, λ, φ}, x]
g2 = Plot[a Cos[4 π x / λ + φ] + b /. s, {x, 4.5, 14.5}];
Show[g1, g2, PlotRange → All, AxesOrigin -> {4.5, 0},
 AxesLabel -> {"x/cm", "P"}]
Clear["Global`*"]
Out[14]= {a → 20., b → 29.767, λ → 3.28206, φ → 1171.71}
```

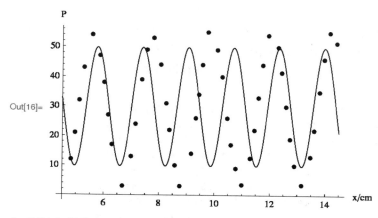

先看拟合曲线 Out[16]，它明显与测量数据点不吻合，所以，拟合参数 Out[14] 是不可用的。查看程序中 **FindFit[]** 中参数的限制条件，a 和 b 的设置应该是合理的，只是 λ 的设置范围太宽。下面将 λ 范围限制得很小，看看拟合效果。

```
In[18]:= data =
    {{4.82, 12.0}, {4.96, 21.0}, {5.11, 32.0}, {5.28, 43.0},
     {5.57, 54.0}, {5.85, 47.0}, {6.00, 38.0}, {6.15, 27.0},
     {6.29, 17.0}, {6.68, 3.0}, {6.99, 13.0}, {7.15, 24.0},
     {7.37, 39.0}, {7.55, 49.0}, {7.79, 53.0}, {8.05, 44.0},
     {8.25, 31.0}, {8.37, 22.0}, {8.57, 10.0}, {8.75, 3.0},
     {9.16, 14.0}, {9.32, 26.0}, {9.43, 34.0}, {9.56, 44.0},
     {9.75, 55.0}, {10.09, 49.0}, {10.27, 40.0}, {10.46, 26.0},
     {10.59, 17.0}, {10.77, 9.0}, {10.99, 3.5}, {11.29, 12.5},
     {11.44, 22.0}, {11.58, 33.0}, {11.73, 44.0}, {11.93, 54.0},
     {12.29, 50.0}, {12.42, 41.5}, {12.58, 30.0}, {12.73, 19.0},
     {12.89, 10.0}, {13.15, 3.5}, {13.47, 13.0}, {13.6, 22.0},
     {13.79, 35.0}, {13.95, 46.0}, {14.15, 55.0}, {14.4, 51.5}};
g1 = ListPlot[data, PlotStyle → PointSize[0.015]];
s = FindFit[data, {a Cos[4 π x / λ + φ] + b,
     20 < a && a < 30 && a < b && b < 35 && 4 < λ && λ < 5}, {a, b, λ, φ}, x]
g2 = Plot[a Cos[4 π x / λ + φ] + b /. s, {x, 4.5, 14.5}];
Show[g1, g2, PlotRange → All, AxesOrigin -> {4.5, 0},
 AxesLabel -> {"x/cm", "P"}]
Clear["Global`*"]
```

Out[20]= {a → 23.9663, b → 33.2973, λ → 4.30425, φ → 11 299.6}

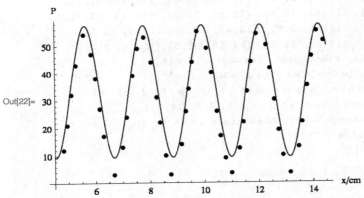

Out[22]=

从 Out[22]看出,这次拟合效果有所改进,因为拟合曲线的周期与数据的周期基本一致了,只是拟合曲线的峰点和谷点与实验数据差距较大,拟合参数 Out[20]仍不能接受。

下面将 λ 的范围适当放宽一些,从 4~5 改为 0~5,再看拟合效果。

```
In[24]:= data =
    {{4.82, 12.0}, {4.96, 21.0}, {5.11, 32.0}, {5.28, 43.0},
     {5.57, 54.0}, {5.85, 47.0}, {6.00, 38.0}, {6.15, 27.0},
     {6.29, 17.0}, {6.68, 3.0}, {6.99, 13.0}, {7.15, 24.0},
     {7.37, 39.0}, {7.55, 49.0}, {7.79, 53.0}, {8.05, 44.0},
     {8.25, 31.0}, {8.37, 22.0}, {8.57, 10.0}, {8.75, 3.0},
     {9.16, 14.0}, {9.32, 26.0}, {9.43, 34.0}, {9.56, 44.0},
     {9.75, 55.0}, {10.09, 49.0}, {10.27, 40.0}, {10.46, 26.0},
     {10.59, 17.0}, {10.77, 9.0}, {10.99, 3.5}, {11.29, 12.5},
     {11.44, 22.0}, {11.58, 33.0}, {11.73, 44.0}, {11.93, 54.0},
     {12.29, 50.0}, {12.42, 41.5}, {12.58, 30.0}, {12.73, 19.0},
     {12.89, 10.0}, {13.15, 3.5}, {13.47, 13.0}, {13.6, 22.0},
     {13.79, 35.0}, {13.95, 46.0}, {14.15, 55.0}, {14.4, 51.5}};
```

```
g1 = ListPlot[data, PlotStyle → PointSize[0.015]];
s = FindFit[data, {a Cos[4 π x / λ + φ] + b,
    20 < a && a < 30 && a < b && b < 35 && 0 < λ && λ < 5}, {a, b, λ, φ}, x]
g2 = Plot[a Cos[4 π x / λ + φ] + b /. s, {x, 4.5, 14.5}];
Show[g1, g2, PlotRange → All, AxesOrigin -> {4.5, 0},
 AxesLabel -> {"x/cm", "P"}]
Clear["Global`*"]
```

Out[26]= {a → 24.5534, b → 28.7582, λ → 4.2173, φ → -17 873.8}

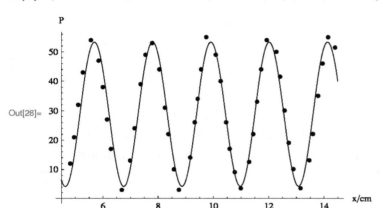

Out[28]=

从 Out[28] 可见,这次拟合又有所改进,拟合曲线的周期和强度的峰值与谷值都与测量数据接近了,但是,如果仔细观察二者的吻合情况,还是有点不能放心,因为数据与曲线似乎各自走自己的道,数据是在贴着曲线一侧的边缘上升或下降,曲线并没有从数据中间通过。所以 Out[26] 仍然不是最理想的拟合参数值。

最后,要拿出"杀手锏"了,给 **FindFit[]** 加一个参数 Method→NMinimize 以搜寻能使残差在全局都是最小值的参数值,结果如下。

```
In[30]:= data =
    {{4.82, 12.0}, {4.96, 21.0}, {5.11, 32.0}, {5.28, 43.0},
     {5.57, 54.0}, {5.85, 47.0}, {6.00, 38.0}, {6.15, 27.0},
     {6.29, 17.0}, {6.68, 3.0}, {6.99, 13.0}, {7.15, 24.0},
     {7.37, 39.0}, {7.55, 49.0}, {7.79, 53.0}, {8.05, 44.0},
     {8.25, 31.0}, {8.37, 22.0}, {8.57, 10.0}, {8.75, 3.0},
     {9.16, 14.0}, {9.32, 26.0}, {9.43, 34.0}, {9.56, 44.0},
     {9.75, 55.0}, {10.09, 49.0}, {10.27, 40.0}, {10.46, 26.0},
     {10.59, 17.0}, {10.77, 9.0}, {10.99, 3.5}, {11.29, 12.5},
     {11.44, 22.0}, {11.58, 33.0}, {11.73, 44.0}, {11.93, 54.0},
     {12.29, 50.0}, {12.42, 41.5}, {12.58, 30.0}, {12.73, 19.0},
     {12.89, 10.0}, {13.15, 3.5}, {13.47, 13.0}, {13.6, 22.0},
     {13.79, 35.0}, {13.95, 46.0}, {14.15, 55.0}, {14.4, 51.5}};
g1 = ListPlot[data, PlotStyle → PointSize[0.015]];
s = FindFit[data, {a Cos[4 π x / λ + φ] + b,
    a > 20 && a < 30 && b > a && b < 35 && λ > 0}, {a, b, λ, φ}, x,
    Method → NMinimize]
g2 = Plot[a Cos[4 π x / λ + φ] + b /. s, {x, 4.5, 14.5}];
Show[g1, g2, PlotRange → All, AxesOrigin -> {4.5, 0},
 AxesLabel -> {"x/cm", "P"}]
Clear["Global`*"]
```

Out[32]= $\{a \to 25.7366,\ b \to 28.4722,\ \lambda \to 4.31337,\ \varphi \to 2.56096\}$

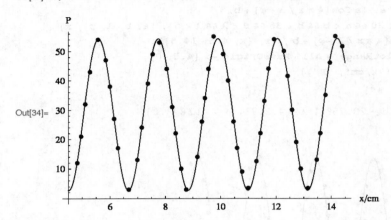

Out[34]直观地告诉我们,这次拟合曲线已经去掉了前面拟合所有的毛病,非常准确地通过绝大部分数据点,Out[32]所给出的参数值是最终的值。可以看到,a、b 和 λ 的值都在前面估计的范围内,相位差 φ 的值也在 $-\pi \sim \pi$ 的范围内,一切预示着结果是完美的。

最后,再求出 a_1 和 a_2 的值,并算出 a_2/a_1,看看一次反射使电场的损失有多大,这可能与一些先验的想象不一致。程序如下。

```
In[36]:= Solve[{a1^2 + a2^2 == 28.4722, 2 a1 a2 == 25.7366}, {a1, a2}];
        data = {a1, a2} /. %
        Select[data, #[[1]] ≥ #[[2]] && #[[2]] > 0 &]
        %[[1, 2]] / %[[1, 1]]
        Clear["Global`*"]
```

Out[37]= $\{\{-4.50831,\ -2.85435\},\ \{-2.85435,\ -4.50831\},$

$\{2.85435,\ 4.50831\},\ \{4.50831,\ 2.85435\}\}$

Out[38]= $\{\{4.50831,\ 2.85435\}\}$

Out[39]= 0.63313

Out[39]是 a_2/a_1 的值,说明振幅反射率只有 63.3%,反射板并没有如理想的那样接近 100%反射微波,这是因为反射板前面还有检波器,它的吸收和反射也起作用。

继续讨论 Out[34]的含义,它说明,在波导管内,微波虽然以混合波的形式存在,但其强度分布能很好地符合公式(10-6),它是一个综合结果,具体检验了探头的"平方律检波"关系也是对的,因为信号很弱,检波电流只有几个~几十个 nA。Out[34]还显示,强度信号的谷点和峰点的位置不容易测量准确,这些位置的数据对曲线的偏离最明显。因此,传统的通过测量谷点和峰点的位置来计算波导波长的方法,必定存在很大的误差,而我们采取的上述方法才是可靠的,个别非关键数据点的误差不影响大局。

在上述实验中还用频率计测出了微波的频率 $f=9.586\text{GHz}$,这个数据与测量出的微波波长 λ 应该有个关系。事实上,对于 BJ100 矩形波导,其截面尺寸是

$$w \times h = 2.268\text{cm} \times 1.016\text{cm}$$

而根据微波的有关理论,从这样的波导内传播的微波如果发射到真空中去,其波长会变成 λ_1,而

$$\lambda_1 = \frac{\lambda}{\sqrt{1 + \left(\frac{\lambda}{2w}\right)^2}}$$

另据真空中波长与频率的关系，可以根据频率 f 计算 λ_2

$$\lambda_2 = \frac{c}{f}$$

现在，可以利用拟合所得的 λ 和频率测量值 f，计算这两个真空波长，看看结果是否吻合。计算中，要注意数据的有效位数，因为拟合中使用的强度数据只有三位有效数字，因此，λ 只有三位有效数字，但在中间计算中可以取多一位。物理常数比测量数据位数多取一位即可。对比计算的程序如下。

```
In[41]:= λ = 4.313; w = 2.286;
        Print["λv1=", SetPrecision[λ / Sqrt[1 + (λ / (2 w))^2], 3], "cm"]
        f = 9.586×10^9; c = 2.9999×10^8;
        Print["λv2=", SetPrecision[c / f×100, 4], "cm"]
        Clear["Global`*"]
```

$\lambda_{v1} = 3.14\text{cm}$

$\lambda_{v2} = 3.129\text{cm}$

从三位有效数字来看，两个结果很接近，只在最后一位约相差 1，考虑到频率的测量也有误差，这个结果应该是不错的。

10.3　数据拟合与实验误差

在物理实验中，对测量到的数据往往要检验它是否符合某个公式，以验证物理规律；或者事先肯定它符合某个公式，然后求公式里的某些参数。完成这个工作的过程叫做**曲线拟合**。

现在的数学软件能进行曲线拟合的很多了，实验者往往拿过一个来就用，输入数据，得到拟合公式或拟合曲线，就心安理得了。初级的学员或研究人员更是如此。在下面的分析中，读者会看到改变这种状态的必要性。

一般来说，进行曲线拟合的数学原理差别不大，最常用的是"**最小平方拟合**"，这在前面已经介绍过。本节要说的是：**无论什么拟合原理，都是近似方法，所得结果也是存在误差的**，这些误差有时不明显，若不特意计算或后续使用发现不了。另一些时候，**几个关键测量数据存在的误差，会使拟合得到严重不正确的结果**。误差有各种来源，比如偶然误差、系统误差、拟合误差和舍入误差等，不仅包括"客观的"部分，还有主观部分。

误差分析涉及的方面很多，但最终的目的是为了提高实验测量精度，离开提高测量精度谈误差，意义不大。下面以三个实验分析为例，阐述有关的思想。

10.3.1　测量灵敏电流计内电阻和电流常数

1. 实验原理

在微弱电流检测中常使用灵敏电流计（又称检流计），如国产 AC15/4 就是灵敏性高达 10^{-9}A 的检流计，在大学实验室中经常见到它。这种检流计是光标式的，流过其偏转线圈的电流 I_g 与光标偏转的弧线长度 n 成正比，比例系数称为**电流计常数**，用 K_g 表示。用公式表示这

种关系即为

$$I_g = K_g \cdot n \qquad (10\text{-}7)$$

检流计的偏转线圈有**内电阻** R_g，它对检流计的转动状态有显著的影响。在大学物理实验中要测量 K_g 和 R_g。所设计的电路如图 10-4 所示，G 表示检流计，R_a 是阻值已知的标准电阻，R 是可变电阻箱，微安表 μA 测量的是总电流 I。在采取了扣除检流计内部产生的温差电动势的措施以后，对于电路的并联部分，有

$$(I - I_g)R_a = I_g(R_g + R) \qquad (10\text{-}8)$$

将式(10-7)代入式(10-8)，得

$$I = bn \qquad (10\text{-}9)$$

其中，系数 b 的表示是

$$b = \frac{K_g(R_g + R_a + R)}{R_a} \qquad (10\text{-}10)$$

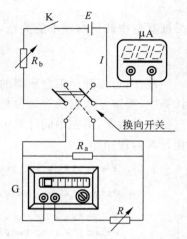

图 10-4　测量 K_g 和 R_g 的电路

公式(10-9)表示，总电流与光标偏转距离成正比。因此，测量不同总电流下光标的偏转距离，通过线性拟合，可以求得系数 b。

因为 b 中包含电流计常数和内电阻，也包含电阻 R，因此，单独一个 b 的值无法求得内电阻和电流计常数。为此，需要在不同的 R 取值下进行测量，例如在两个 R 值下测量，拟合得到两个系数 b_1 和 b_2，理论上，它们应该满足

$$b_1 = \frac{K_g(R_g + R_a + R_1)}{R_a} \quad 和 \quad b_2 = \frac{K_g(R_g + R_a + R_2)}{R_a}$$

由此解出

$$K_g = \frac{R_a \Delta b}{\Delta R} \qquad (10\text{-}11)$$

$$R_g = \frac{b_1 R_a}{K_g} - R_1 - R_a \qquad (10\text{-}12)$$

其中，$\Delta b = b_1 - b_2$；$\Delta R = R_1 - R_2$。

2. 实验数据拟合

AC15/4 的标称内电阻为 30Ω，标称电流计常数为 3.0×10^{-9} A/mm。根据上述原理，选取了多个不同的电阻 R 进行了测量，所测数据如表 10-1 所示。

表 10-1　测量检流计的内电阻和电流计常数($R_a = 1\Omega$)

R/Ω		$n/\mathrm{mm}, I/\mu A$					
100	n	10.0	16.3	23.0	31.1	39.1	50.9
	I	3.9	6.5	9.0	12.3	15.3	19.9
200	n	6.0	11.0	17.9	25.4	34.7	48.8
	I	4.3	7.8	12.5	17.8	24.2	33.8
300	n	5.0	11.5	22.7	30.9	40.0	52.7
	I	4.9	11.5	22.6	30.8	39.7	52.4

续表

R/Ω	$n/\mathrm{mm}, I/\mu\mathrm{A}$						
400	n	5.0	12.2	20.8	29.0	40.0	52.0
	I	6.7	16.0	27.1	37.7	51.9	67.6
500	n	5.0	13.0	21.0	32.0	44.0	55.0
	I	8.0	20.9	33.6	51.2	70.3	87.6
600	n	5.0	13.0	22.0	32.0	44.0	51.0
	I	9.5	24.9	41.9	60.9	83.4	96.5
700	n	10.0	20.0	30.0	40.0	50.0	60.0
	I	22.1	44.3	66.0	88.0	109.8	131.7
800	n	10.0	20.0	30.0	40.0	50.0	60.0
	I	25.0	50.1	74.9	99.7	124.5	149.3
900	n	6.0	14.3	22.3	33.2	44.1	56.7
	I	16.7	40.3	62.6	93.9	123.7	158.1

我们对表 10-1 中的 I 和 n 数据进行线性拟合,得出不同电阻 R 下的系数 b。程序如下。

```
In[1]:- in[1] = {10.0, 3.9, 16.3, 6.5, 23.0, 9.0, 31.1,
           12.3, 39.1, 15.3, 50.9, 19.9};
        in[2] = {6.0, 4.3, 11.0, 7.8, 17.9, 12.5, 25.4,
           17.8, 34.7, 24.2, 48.8, 33.8};
        in[3] = {5.0, 4.9, 11.5, 11.5, 22.7, 22.6, 30.9,
           30.8, 40.0, 39.7, 52.7, 52.4};
        in[4] = {5.0, 6.7, 12.2, 16.0, 20.8, 27.1, 29.0,
           37.7, 40.0, 51.9, 52.0, 67.6};
        in[5] = {5.0, 8.0, 13.0, 20.9, 21.0, 33.6, 32.0,
           51.2, 44.0, 70.3, 55.0, 87.6};
        in[6] = {5.0, 9.5, 13.0, 24.9, 22.0, 41.9, 32.0,
           60.9, 44.0, 83.4, 51.0, 96.5};
        in[7] = {10.0, 22.1, 20.0, 44.3, 30.0, 66.0,
           40.0, 88.0, 50.0, 109.8, 60.0, 131.7};
        in[8] = {10.0, 25.0, 20.0, 50.1, 30.0, 74.9,
           40.0, 99.7, 50.0, 124.5, 60.0, 149.3};
        in[9] = {6.0, 16.7, 14.3, 40.3, 22.3, 62.6,
           33.2, 93.9, 44.1, 123.7, 56.7, 158.1};
        fig = {};
        Do[in[i] = Partition[in[i], 2];
         g1 = ListPlot[in[i],
            PlotStyle → PointSize[0.02]];
         fit = Fit[in[i], {1, n}, n];
         Print["R = ", i * 100, ":", " I = ", fit];
         g2 = Plot[fit, {n, 0, 65},
            PlotStyle → Thickness[0.003]];
```

```
 g = Show[{g1, g2}]; AppendTo[fig, g];
 in[i] =., {i, 9}]
Show[fig, PlotRange → {0, 200},
 AxesLabel → {"n/mm", "I/μA"}, AxesOrigin -> {0, 0}]
Clear["Global`*"]
```

R = 100: I = 0.0685893 + 0.390191 n

R = 200: I = 0.199596 + 0.689864 n

R = 300: I = 0.00811634 + 0.994173 n

R = 400: I = 0.18774 + 1.2948 n

R = 500: I = 0.14963 + 1.59237 n

R = 600: I = 0.240189 + 1.89017 n

R = 700: I = 0.333333 + 2.19 n

R = 800: I = 0.3 + 2.48429 n

R = 900: I = 0.364733 + 2.79225 n

Out[12]=

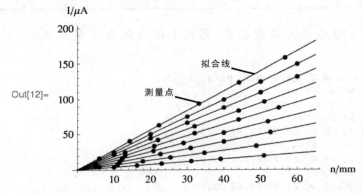

程序的前一部分用变量 in[1]~in[9] 存放每个电阻 R 下的电流和光标偏转距离的数据，格式是 $\{n_1, I_1, n_2, I_2, \cdots\}$。在 **Do[]** 循环中进行了**线性拟合**（使用函数 **Fit[]**），输出拟合关系，并作了拟合前后的点图和拟合直线图；最后将所有图画在一张图上，见 Out[12]。可以看到，测量数据较好地符合线性关系。可是，从输出的拟合关系来看，这些拟合函数的**截距**都不为 0（理论上应该为 0），它们是拟合运算出来的，是拟合误差的直观表现。这立刻使我们想到：拟合线的**斜率**可能也是有误差的。

3. 误差的发现与原因分析

因为电阻 R、电流 I 和光标偏转的距离 n 的测量值都只有三位有效数字，因此一个自然的**想法是**：拟合函数的斜率 b 也取三位有效数字，然后利用它们计算 K_g 和 R_g。电阻 R_1、R_2 的取法没有限定，可取 100~900Ω 当中的任意两个来计算。**首先取相邻的两个电阻对应的数据进行计算**，程序如下。

```
In[14]:=  t = {100, 0.390, 200, 0.689, 300, 0.994, 400, 1.29,
           500, 1.59, 600, 1.89, 700, 2.19, 800, 2.48, 900,
           2.79};
          t = Partition[t, 2]; Ra = 1; l = Length[t];
          const = {{"Kg", "Rg"}};
          Do[deltb = t[[j, 2]] - t[[j - 1, 2]];

           deltR = t[[j, 1]] - t[[j - 1, 1]]; kg = Ra * deltb / deltR;

           Rg = (t[[j - 1, 2]] * Ra) / kg - t[[j - 1, 1]] - Ra;

           AppendTo[const, {kg, Rg}], {j, 2, l}]
          SetPrecision[const, 3] // TableForm
          Clear["Global`*"]
```

```
Out[18]//TableForm=
          Kg          Rg
          0.00299     29.4
          0.00305     24.9
          0.00296     34.8
          0.00300     29.0
          0.00300     29.0
          0.00300     29.0
          0.00290     54.2
          0.00310     -1.00
```

程序中,表 t 存放的是电阻 R 与对应的拟合斜率 b 的数据,取自前一个程序输出的拟合公式表,格式是 $\{R_1, b_1, \cdots\}$,均是三位有效数字。**Do[]** 循环是按公式(10-11)和公式(10-12)计算 8 组 $\{K_g, R_g\}$ 的数据,最后显示的有效位数也是三位,由函数 **SetPrecision[]** 来设定。从 $\mathrm{Out}[18]$ 所列的计算数据可见, K_g 的数值分布在 $2.90 \times 10^{-3} \sim 3.10 \times 10^{-3} \mu \mathrm{A/mm}$ 之间,似乎比较接近标称的 $3.0 \times 10^{-9} \mathrm{A/mm}$。然而,反观 R_g 的计算值,多数分布在 $24.9 \sim 54.2 \Omega$ 之间,跳动性或者说离散性很大,尤其是最后一组, R_g 竟然是 -1Ω! 这与标称的 30Ω 差距太大了。这是怎么回事呢?

要弄清这个奇怪的现象,还需要费一番工夫,但肯定是一个重大发现。

仔细研究公式(10-11)和公式(10-12)后发现, R_g 敏感地依赖于 K_g 的值,所以, R_g 的离散性来自于 K_g 的离散性。而 K_g 的离散性来自最小二乘法的**拟合误差**和**舍入误差**。下面将证明这一点。

首先证明,本例中 R_g 敏感地依赖于 K_g 的值。为此,按公式(10-12),利用拟合得到的各个电阻 R 下的 b 值,画出 K_g 在 $2.90 \times 10^{-3} \sim 3.10 \times 10^{-3} \mu \mathrm{A/mm}$ 之间 R_g 的变化曲线,程序如下。

```
In[20]:=  b = {0.3902, 0.6899, 0.9942, 1.295, 1.592, 1.890,
           2.190, 2.484};
          Rg = Table[b[[i]] / Kg - i * 100, {i, 8}];
          Plot[Evaluate[Rg], {Kg, 0.0029, 0.0031},
           AxesLabel → {"Kg/μA/mm", "Rg/Ω"}]
          Clear["Global`*"]
```

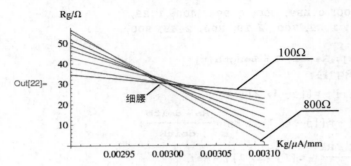

从 Out[22]可以看出,对应每个电阻 R 下的 R_g 曲线,变化都是很明显的,电阻 R 越大,变化越明显,对于 $R=800\,\Omega$ 的曲线,$K_g=3.10\times10^{-3}\,\mu A/mm$ 时,R_g 的值已经接近于 0,K_g 再增大一点,R_g 就变成负的。所以,电阻 R_g 的计算值出现负的也就不奇怪了。

Out[22]上还有一个值得注意的地方,即图中"细腰"指示的地方,各条曲线汇集,分散度最小,这个地方的 R_g 接近于 $30\,\Omega$,K_g 很接近 $3.00\times10^{-3}\,\mu A/mm$。因此,如果所计算出的 K_g 接近这个地方,则计算出的 R_g 就比较合理了。

其次,我们来分析 K_g 误差的来源。设公式(10-9)的实际斜率用 b_0 表示,拟合所得斜率用 b 表示,二者之差用 δ 表示。在不同的 R 下测出的 b 分别用 $b_1,b_2,\cdots,b_m$ 表示,对应客观的 b 用 $b_{01},b_{02},\cdots,b_{0m}$ 表示,误差用 $\delta_1,\delta_2,\cdots,\delta_m$ 来表示,那么,根据公式(10-11)得

$$K_g=\frac{b_i-b_j}{R_i-R_j}=\frac{b_{0i}-b_{0j}}{\Delta R}+\frac{\delta_i-\delta_j}{\Delta R} \tag{10-13}$$

公式(10-13)的第一项表示实际的 K_{g0},第二项是误差,它是 K_g 离散性的来源。一般来讲,δ_i 和 δ_j 可正可负,数值是未知的,但当二者反符号时可引起 K_g 较大的误差,同符号时误差可能小一些。不过,在我们所取的 b 值中还包含按有效数字取舍的"**舍入误差**",这就与测量和拟合无关了。

最后,K_g 的误差还与 ΔR 有关,根据式(10-13),当 ΔR 较大时误差就小,反之误差就大。注意到这一点,对找到合理的实验条件至关重要。

我们先来考察"舍入误差"影响的存在,办法是:在拟合得到的各个斜率 b 中多保留一位数字(4 位),重新进行计算,看看结果有什么不同?

```
In[24]:= t = {100, 0.3902, 200, 0.6899, 300, 0.9942, 400,
    1.295, 500, 1.592, 600, 1.890, 700, 2.190, 800,
    2.484, 900, 2.792};
t = Partition[t, 2]; Ra = 1; l = Length[t];
const = {{"Kg", "Rg"}};
Do[deltb = t[[j, 2]] - t[[j - 1, 2]];

  deltR = t[[j, 1]] - t[[j - 1, 1]]; kg = Ra * deltb / deltR ;

  Rg = t[[j - 1, 2]] * Ra / kg - t[[j - 1, 1]] - Ra;

  AppendTo[const, {kg, Rg}], {j, 2, l}]
SetPrecision[const, 3] // TableForm
Clear["Global`*"]
```

```
Out[28]//TableForm=
        Kg              Rg
        0.00300         29.2
        0.00304         25.7
        0.00301         29.5
        0.00297         35.0
        0.00298         33.2
        0.00300         29.0
        0.00294         43.9
        0.00308         5.49
```

从 Out[28]可见，K_g和R_g的计算值都有所改善：

K_g的分布变为$2.94\times10^{-3}\sim3.08\times10^{-3}\,\mu\text{A/mm}$，

R_g的分布变为$25.7\sim43.9\Omega$，原来的-1Ω变成了5.49Ω。

这个事实证明：**如果按有效数字规则对中间变量进行取舍，则一定导致舍入误差，并对后续计算造成影响。**正确的做法是只在计算的最后进行有效数字的取舍。不过，本次计算的舍入误差虽然减小了，可拟合误差的影响还是存在。

其次，考察公式(10-13)中ΔR对误差的影响。这次将b值多保留一位，以减小舍入误差；同时取ΔR值较大的值进行计算，其组合如表10-2所示。

表 10-2　$\Delta R=R_2-R_1$值较大的组合序列

组合序列	1	2	3	4	5	6	7	8	9	10	11	12	13	14
$R_1/100\Omega$	1	2	1	2	3	1	2	3	4	1	2	3	4	5
$R_2/100\Omega$	6	6	7	7	7	8	8	8	9	9	9	9	9	9

计算程序如下。

```
In[30]:= t = {100, 0.3902, 600, 1.890, 200, 0.6899, 600,
        1.890, 100, 0.3902, 700, 2.190, 200, 0.6899,
        700, 2.190, 300, 0.9942, 700, 2.190, 100, 0.3902,
        800, 2.484, 200, 0.6899, 800, 2.484, 300, 0.9942,
        800, 2.484, 400, 1.295, 800, 2.484, 100, 0.3902,
        900, 2.792, 200, 0.6899, 900, 2.792, 300, 0.9942,
        900, 2.792, 400, 1.295, 900, 2.792, 500, 1.592,
        900, 2.792};
t = Partition[t, 4]; len = Length[t]; Ra = 1;
const = {{"Kg", "Rg"}};
Do[δb = t[[j, 4]] - t[[j, 2]]; δR = t[[j, 3]] - t[[j, 1]];
    Kg = (Ra * δb)/δR; Rg = (t[[j, 2]] * Ra)/Kg - t[[j, 1]] - Ra;
    AppendTo[const, {Kg, Rg}], {j, 1, len}]
SetPrecision[const, 3] // TableForm
Clear["Global`*"]
```

```
Out[34]//TableForm=
    Kg          Rg
    0.00300     29.1
    0.00300     28.9
    0.00300     29.1
    0.00300     29.0
    0.00299     31.6
    0.00299     29.5
    0.00299     29.7
    0.00298     32.7
    0.00297     34.7
    0.00300     29.0
    0.00300     28.7
    0.00300     30.8
    0.00299     31.5
    0.00300     29.7
```

从 Out[34]来看,改进明显:K_g的分布变为$2.97×10^{-3}\sim3.00×10^{-3}\,\mu\text{A/mm}$(这正是Out[22]那个细腰的地方);$R_g$的分布变为$28.7\sim34.7\Omega$,在 14 个组合中,有 7 个值在$29.1\sim29.7\Omega$,有两个值为$28.7\sim28.9\Omega$,有 4 个为$30.8\sim32.7\Omega$,只有一个是$34.7\Omega$。这些电阻的平均值为$30.3\Omega$,比较接近标称值了。如果扣除偏差较大的$34.7\Omega$再平均,则结果是$29.9\Omega$。可见,**采用较大的 ΔR 能抑制拟合误差的影响**。

现在,我们来总结一下"战果"。图 10-5 表示 K_g 的"压缩"过程,图 10-6 表示 R_g 的"压缩"过程。考虑了各种误差来源后的处理效果一目了然。

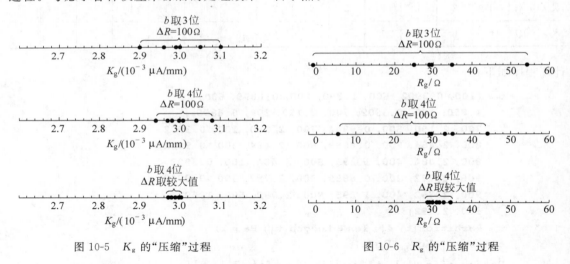

图 10-5 K_g 的"压缩"过程　　　　图 10-6 R_g 的"压缩"过程

通过本例的计算典型地证明了:曲线拟合的误差是客观存在的,按有效数字运算造成的舍入误差也是存在的,研究者需设计某种方法才能发现它们。就本例来说,如果仅拟合得到了各个 b 的值,并不能发现误差的存在,或者即使怀疑有误差,也不知道误差有多大。当我们拿 b 的拟合值来计算电流计常数和内阻时,问题就暴露了。这个例子可能比较特殊,因为恰恰赶上内阻 R_g 对 K_g 的值很敏感。但这个模型的价值却是普遍的,好比牛顿通过月亮这个孤立模型的计算来证明万有引力存在一样。本例证明:若恰当地设计实验条件和计算方法,拟合误差和舍入误差的影响是可以减小的。这正是误差分析和误差教学的最终目的。

有人说,实验误差的分析是一件令人头疼的事情,对于多数测量需要来讲,使用者没有分析的精力和习惯,只能寄希望于实验仪器的精确,只要仪器精度高,测量误差自然就减小了。

不过,一套仪器设计得再精确,也需要与实验条件相符合,如果实验条件或者测量对象变了,仪器的精度高未必能测量到好的结果。高精度的仪器价格也贵,实验上往往还要使用大量低精度的仪器,系统的组合就未必能呈现出高的精度。这时候,误差依旧是影响的重要因素。学习误差分析的方法,尤其是要记住,**数据不会自己告诉你误差的存在**,**误差的发现离不开深入缜密的计算**,养成通过计算来发现误差的习惯,是做出高水平实验测量的前提。同样一组数据,从不同的角度去"拷问"它,它就能回答不同的问题,给出不同的理解。所以,实验者不能光卖力地调试仪器和记录数据,还要具备计算功底和理论功底,这一点,首先是实验教师要具备,否则是无法指导出高水平学生实验的。要让学生具体地知道,实验不是光拧一拧旋钮、扳一扳开关、记录几个数就完了,数据能反映什么问题?数据存在多大的误差?应该帮助学生搞清楚。

10.3.2 测量音叉振动曲线

利用双光栅振动法来测量微小振动的振幅,在技术上已经成熟,应用很广泛,该实验已经进入了大学物理实验。借助于这个实验,下面将进一步阐述**敏感数据对于曲线拟合的显著影响**。

1. 实验原理与测量

图 10-7 是该实验的原理图。激光器发出的激光被静止光栅衍射,接着又被随音叉振动的动光栅所衍射,光电池接收到来自不同衍射级次的光的叠加信号,将光强信号转化为电流信号,经低频检波,所获得的信号可表示为

$$i(t) = I_0 + i_0 \cos\left[2\pi\left(\frac{A}{d}\sin\Omega t\right) + \phi\right] \tag{10-14}$$

式中,A 为音叉振幅;d 为光栅常数;Ω 为音叉振动的圆频率;ϕ 为初相位。

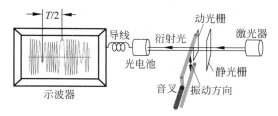

图 10-7 双光栅振动法测量音叉振动曲线的原理图

从示波器屏幕上数出在音叉振动的半个周期($T/2$)内的检波信号所出现的周期数 N(一般为非整数),按下式计算音叉振幅

$$A = \frac{Nd}{2} \tag{10-15}$$

音叉在驱动信号作用下稳定地振动,驱动力的功率要稳定,驱动频率等于光栅振动的频率 f。音叉还有"固有圆频率"ω_0。同时,音叉在空气阻力和内部阻尼力的作用下有能量的耗散,可以用一个有阻尼的受迫振动来描写音叉的振动,理论上,音叉的振幅可用下式表示:

$$A(f) = A(\omega) = \frac{f_m}{\sqrt{(\omega_0^2 - \omega^2)^2 + b^2\omega^2}} \tag{10-16}$$

其中,f_m 是与驱动力的振幅和音叉质量有关的常数,b 与阻尼系数有关,$\omega = 2\pi f$。驱动频率 f 由数字频率计指示,通常是几百 Hz,精确到 0.1Hz。实验中要测量 $\{f_i, A_i\}$ 这样的数据点,以便描绘振动曲线,即 ω-A 曲线。在假定数据符合公式(10-16)的情况下,可以通过非线性拟合来得到公式里的未知参数 f_m、b 和 ω_0。这由函数 **FindFit[]** 来完成。

下面,先给出某一次实验的测量数据和拟合结果,以便读者对该实验有更具体的印象,其中振幅的单位是 μm,频率的单位是 Hz。

```
In[1]:= t = {504.6, 0.5173, 505.6, 0.8836, 506.2, 2.435,
        506.3, 3.462, 506.4, 5.236, 506.5, 9.615, 506.6,
        5.493, 506.7, 3.822, 506.8, 2.554, 506.9, 2.308,
        507.0, 1.816, 507.8, 0.6205, 508.8, 0.3803};
    t = Partition[t, 2]; len = Length[t];
    t = Table[{2 π * t[[i, 1]], t[[i, 2]]}, {i, len}];
    g1 = ListPlot[t, PlotStyle → PointSize[0.02]];
```

$$\text{fit} = \text{FindFit}\left[t, \frac{fm}{\sqrt{\left(\omega0^2 - \omega^2\right)^2 + b^2\,\omega^2}},\right.$$

$$\left.\{\{fm, 1900\}, \{\omega0, 3187\}, \{b, 0.01\}\}, \omega\right]$$

$$\text{FindMaximum}\left[\frac{fm}{\sqrt{\left(\omega0^2 - \omega^2\right)^2 + b^2\,\omega^2}} \text{ /. fit}, \{\omega, 2\,\pi * 506.5\}\right]$$

$$g2 = \text{Plot}\left[\frac{fm}{\sqrt{\left(\omega0^2 - \omega^2\right)^2 + b^2\,\omega^2}} \text{ /. fit},\right.$$

$$\left.\{\omega, 2\,\pi * 504, 2\,\pi * 509\}, \text{PlotRange} \to \text{All}\right];$$

```
    Show[{g1, g2}, PlotRange → {{2 π * 504, 2 π * 509}, {0, 12}},
     AxesLabel → {"ω", "A"}, AxesOrigin → {2 π * 504, 0}]
    Clear["Global`*"]
```

Out[5]= $\{fm \to 29\,483.4, \omega0 \to 3182.47, b \to 0.980457\}$

Out[6]= $\{9.44897, \{\omega \to 3182.47\}\}$

Out[8]=

拟合参数见 Out[5],拟合曲线已绘出,从 Out[8]可见,数据和拟合曲线符合得还不错,这证明公式(10-16)能够描写音叉的振动。程序还计算了曲线的峰值频率(使用了求局部极大值的函数 **FindMaximum[]**,结果见 Out[6]),以便与固有频率对照,可见两者符合得很好。

2. 数字表末位闪动的影响

下面是在另一台同型号的仪器上所测量的数据和拟合结果,处理程序与上面那个程序一样,故省略,只保留数据和拟合结果。

In[10]:= **t** = {505.3, 4.51, 505.6, 6.275, 506, 10.75, 506.3, 16.92, 506.4, 34.26, 506.6, 63.93, 506.8, 27.105, 507.0, 18.045, 507.2, 10.425, 507.5, 7.68, 508, 4.65, 508.6, 3.75};

Out[14]= {fm → 262 991., ω0 → 3182.96, b → 1.27331}

Out[14]= {fm → 262 991., ω0 → 3182.96, b → 1.27331}

Out[15]= {64.8897, {ω → 3182.96}}

Out[17]=

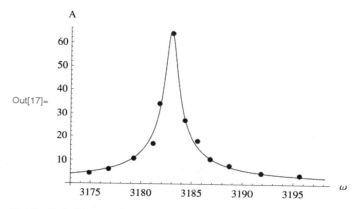

这里,我们就以此次测量的数据为例来研究这样的问题:

因为频率计的最后一位是闪动的,会在相邻的两个(或者多个)数字之间跳来跳去,实验者可能随机取其中的一个作为当时的频率,如果出现这种情况,会对结果造成多大的影响?

不难搞明白的是,频率的这种误差只在峰值附近才会造成严重影响。我们对上述最靠近峰值的频率数据人为地改动 **0.1Hz**,看看结果有什么不同?下面是将 506.6Hz 改为 506.5Hz 后的拟合结果。

Out[23]= {fm → 246 505., ω0 → 3182.97, b → 0.544054}

Out[24]= {142.348, {ω → 3182.97}}

Out[26]=

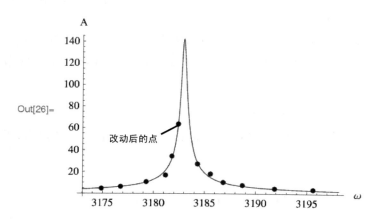

改动后的点

比较 Out[14]和 Out[23]可见,仅将一个点的频率减小了 0.1Hz,f_m 和 b 的拟合数值差别就很明显了,尽管拟合曲线与数据的符合程度看起来也不错,甚至固有频率的拟合值也几乎没有变,可是,这时的峰值振幅却大了一倍多,影响就太大了。

　　下面是将峰值附近测量点的频率增大 0.1Hz 的拟合结果,这一次差的就更离谱了,读者一看结果就明白。这些情况,在学生实验中经常出现。

Out[32]= $\{fm \to 250\,522.,\ \omega0 \to 3183.06,\ b \to 9.27212 \times 10^{-8}\}$

Out[33]= $\{8.4883 \times 10^8,\ \{\omega \to 3183.06\}\}$

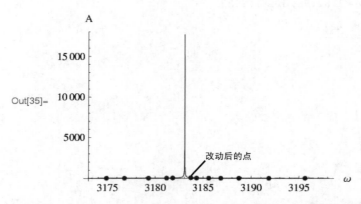

　　这些结果给我们一个明确的信号:**不要小看了测量数据的最后一位数字**,它似乎不起眼,有人觉得它反正不准确,有点误差是正常的,因此就漫不经心地去读它。若是在关键点上出现一点测量误差,拟合结果就会大为不同!

10.3.3　密立根油滴实验

　　误差分析的另一个问题是**要估计误差对实验结果的影响**。有一种估计是"圈定"偶然误差的范围,然后计算这个误差对所测物理量平均值的比值,看"**相对误差**",若相对误差小,就说实验结果比较精确。但是,**这种估计在一些情况下是没有意义的**。在这里以大学物理实验中的"密立根油滴实验"为例,来简单地说明这个问题。

1.　实验原理

　　油滴实验的目的是验证油滴所带电荷的不连续性或者量子性。该实验的原理不复杂,它依靠前后相继的两个过程(参考图 10-8)。

　　过程(a):给两个水平放置的平行电极板加上适当电压,某个带电油滴(电量为 q)会受到向上的电场力与向下的重力而平衡,油滴就悬停在空中不动,通过显微镜可以看见它。这时有平衡关系

$$mg = q\,\frac{V}{d} \tag{10-17}$$

　　过程(b):电极上不加电压,油滴自由下落,速度逐步增大,同时会受到空气的阻力,阻力大小可表示为

$$f_r = 6\pi r \eta v$$

当重力与阻力平衡时,油滴匀速运动,达到新的平衡关系:

$$mg = 6\pi r \eta v \tag{10-18}$$

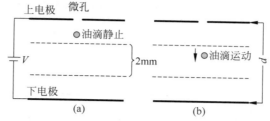

图 10-8 油滴实验的两个过程

(a) 平衡静止；(b) 匀速下落

其中，r 为油滴半径；η 为空气黏滞系数；v 为油滴速度；m 为油滴质量；g 为重力加速度。

为了能正确测量到电量 q，还需要以下三个补充条件。

（1）需要测量油滴匀速下落的速度：通过测量它匀速下落 2mm 的距离所用时间 t 来计算

$$v = \frac{2 \times 10^{-3}}{t} \qquad (10\text{-}19)$$

t 由计时装置来测量。

（2）空气黏滞系数的修正公式

$$\eta = \frac{\eta_0}{1 + \dfrac{b}{P \cdot r}} \qquad (10\text{-}20)$$

其中，η_0 为宏观黏滞系数；$b = 8.23 \times 10^{-3}\,\text{Pa} \cdot \text{m}$；$P$ 为大气压。

（3）油滴质量与半径的关系

$$m = \frac{4}{3}\pi r^3 \rho \qquad (10\text{-}21)$$

其中，ρ 是油滴的密度，它可根据油的种类事先给出。

有了式（10-17）～式（10-21）这些关系，就可以求出电荷 q。测量在常温常压下进行，然后把其中的常数都合并了，最后的结果是

$$q = \frac{1.43 \times 10^{-14}}{\left[t(1 + 0.02\sqrt{t})\right]^{3/2} V}(\text{C}) \qquad (10\text{-}22)$$

只要测量出平衡电压和匀速下落 2mm 用的时间，就可以根据公式（10-22）算出油滴所带的电荷。剩下的问题就是选择不同的油滴，分别测量它们的电荷，然后比较，看看这些电荷是连续分布还是不连续分布，**如果显示电荷的分组性，那就是不连续，电荷的量子性也就证明了**。事实证明，这套原理确实可以发现电荷的量子性，这是密立根对科学的重大贡献，他在世界的"实体结构"——原子性——刚刚被科学界所确认之后，又在带电性上确认了微观世界的量子性。

2. 有效数字分析与实验条件确定

然而，作为初学者，要利用这套原理和装置来验证电荷量子性，还不是很容易（密立根前后用了近 10 年才给出肯定的答案），原因是不懂得误差分析，不知道要估计误差的影响。

在油滴实验中，要测量的量有两个：平衡电压 V 和下落时间 t，它们的测量值都是三位有效数字，因此，电荷 q 也只能保留三位有效数字。在实验的电压范围内，能测量到的电荷量（以 $10^{-19}\,\text{C}$ 为单位）一般可以表示成

$$a.bc \,\text{、} ab.c \ \text{和}\ abc$$

三种形式，其中 a、b、c 是 0～9 的数字（但 a 非 0！），而 c 是包含舍入误差在内的不精确数字，它的波动范围的合理估计值应该是 10，由它导致的**电荷数误差**估算如表 10-3 所示。

表 10-3　不同电荷量情况下的电荷数误差估计

电荷测值 q	电荷估计误差	电荷误差数
$a.bc$	≈ 0.1	≈ 0.06
$ab.c$	≈ 1	≈ 0.6
abc	≈ 10	≈ 6

在估算中,已经认定基本电荷是 1.60,故电荷误差数＝电荷估计误差/1.60。这是便于说明概念,不是初学者应该事先接受的。

表 10-3 告诉我们,在电荷的测量值能表示为 $a.bc$ 的情况下,电荷误差数不超过 0.06,如果把这些电荷放在一起比较,它们的倍数关系应该比较容易看出来;在电荷的测量值能表示为 $ab.c$ 的情况下,电荷误差数有的接近 0.6,已经超过半个基本电荷的误差了,这样大的误差开始模糊电荷 q 将归于哪个分组;在电荷的测量值能表示为 abc 的情况下,电荷误差数高达 6,完全不能确定一个油滴上带有几个电荷,测量无效! 这就是简单的有效数字和误差估计所能告诉我们的惊人结论。这个结论告诉我们:**要验证电荷量子性,不是随便选择哪个油滴都可以的,只有选择带电量小的油滴才有可能!** 否则,即使油滴带电量子化,你也验证不了。而要找带电量小的油滴,根据公式(10-22),**应该找那些平衡电压大、下落 2mm 用的时间长的油滴**。这就指出了正确的实验方向。至于何谓平衡电压大、何谓下落时间长,这都要根据测量经验来确定,不能从理论上确定,因为不知道基本电荷的值。

图 10-9 是一次测量的结果,纵轴表示电荷量,横轴代表下落时间,也可以用油滴的序号作为水平坐标,结果是一样的,都不影响油滴所带的电量。该图要分为上下两个部分来看,对于下面小电荷的情况,它们的分组性很明显,一组的电荷点紧密地围绕一条水平线附近,不同组所围绕的水平线间距是相等的,它们的差值即是**基本电荷**;对于上面电量大的电荷点(即图中用弧线圈起来的部分),它们的分组性开始模糊,表示绝对误差大起来,电荷数误差超过 0.5 就不知道电荷该归于哪个组了,这些数据若用来说明电荷量子性就很勉强,尤其是测量的数据点少的时候更是如此,而一般学生实验因受时间限制,所测量的油滴个数为 10～20,加上经验不足,如果没有参照地乱选,使得电荷有大有小,数据点画在图上,就像随手撒了一把沙子一样,胡乱分布,学生将得不到量子性的印象和结论,效果不好。

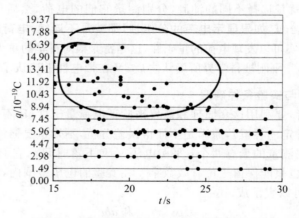

图 10-9　小电荷的分组性与大电荷的连续性

如果根据图 10-9 中的数据来计算基本电荷,结果将是 $1.49×10^{-19}$ C,这与公认值 $1.60×10^{-19}$ C 差距不小(约 7%),这是仪器设计上的系统误差造成的,具体研究证明是分划板上的标尺尺度不准确造成的,但不影响电荷量子性的结论。这几年,教学仪器的生产和使用状况很不令人满意:厂家是多了,市场是繁荣了,可价格也上去了;教师也清闲了:有大路货可买,摆上桌子就用,用坏了再买。这让高校的实验教学水平裹足不前。学校必须设计针对自己教学目的和特色的实验设备,实验教学不能附属而必须独立。中国教学仪器的设计和制造还不单纯是质量问题,更有方向性问题,就是要针对可持续发展来设计实验项目和仪器,这是亟须引起实验教学界重视的大问题。

作为大学物理的一个经典实验,油滴实验除了验证电荷量子化的作用,还能测量油滴的挥发速度,以及观察紫外线的电离作用(光电效应)。不过,作者在给学生指导这个实验的时候,还特别引导学生关注空气对油滴的阻力作用,没有阻力,这个实验没有办法做。许多学生是通过讲解才开始注意空气阻力的,这对于大学高年级的学生来讲,不是一件荣耀的事,因为直到这时才开始艰难地纠正从中学就形成的一个**思维习惯:空气阻力是可以忽略不计的!** 当作者讲到迎风行走的困难、跑步比赛速度的极限、跳伞人员的飘落、雨滴的拍打、陨石的坠落,以及各种建筑物、枪炮、火箭的设计,无不与空气阻力有关,学生们如梦初醒,由衷地爆发出掌声的时候,作者深切地感觉到我们的物理教育出了毛病:脱离实际!为了考试就可以不讲真实,而是反复练习那几个干巴巴的模型。作者是把油滴实验作为道具来看的,用它来给学生进行"空气扫盲"。当学生们明白了:如果没有空气阻力,即使一场大风卷起的尘土也能将所有的生命砸死,更不要说那天外的袭击——作者就感到无限的欣慰,他们对于自身与环境的关系开始有了认识。

附 录 ◆A◆

编程与调试

　　一些读者可能没有编写过程序,甚至没有接触过程序;另有一些读者编程经验不多,编程有困难。不会编程,就不能够自己解决物理计算问题,也就谈不上**"通过计算而理解物理"**。所以,不突破编程这一关,本书希望的学习方式和学习效果就难以实现。为此,这里谈一点编程和调试的问题,希望能对读者有所帮助。

　　编程是什么? 就是把一个问题的解题思路用程序加以实现,是解题思想的"程序版本"。

　　编程解决问题,把解决问题的**逻辑性**提高到了新的高度。编程是最讲逻辑性的,也就是说,要明确解题步骤谁在前谁在后、满足条件怎么办不满足条件又怎么办,整个程序是环环相扣的(这也就是"程序"的含义)。我们在纸上做演算的时候,可以根据自己的习惯和记忆,跨越一步或几步,但是在程序里就不行,必须让程序一步接一步地按基本数学演算步骤进行。所以,熟悉数学的演算细节对编程是非常重要的。当学习了 Mathematica 以后,一些数学过程可能被压缩,但仍然需要编程者熟悉压缩后的解题细节与步骤,并结合 Mathematica 的简化功能,恰当地选择函数与设计编程顺序。

　　程序的编写不是一蹴而就的,往往要经过反复调试才能最后成功。

　　程序调试,既可以在程序运行前,也可以在运行一遍之后,发现了错误或者缺陷的情况下进行。有的错误在 Mathematica 运行时给出提示,读者可以看出错误的类型和错在什么地方,但有时给的提示太复杂,看起来难以明白。

　　程序调试的原因来自多方面。例如,程序的逻辑思路是错的,给不出正确的结果,需要调试。有时候,程序里的参数设置不合适,也给不出合理的结果,比如电子的运动很快,在极短时间内就跨越了实验室的尺度,而程序却设置了很长的求解时间,自然解不对;或者在作图的时候参数设置不合适,没有给出满意的结果,想看到的地方没有看到,例如曲线点数过少,细节没有画出,等等。在编程中,把一些符号输入错了,自然也不能给出正确结果,也需要调试,这方面错的就更常见、更是五花八门。比如本书中的程序,任何一个都可以搞出一些输入错误,读者自己运行一下看看? 在程序里可以使用空格代替输入乘号 *,如果忘了空格,自然不正确;再比如方程里总是用双等号==,若不小心写成了=,就出大错了。

　　不同单元之间的变量也会互相干扰,这往往也是麻烦的制造者。作者有一次讲课,在前面写了几个程序,分别阐明不同的问题,但是,由于忘了及时将用到的变量清除,在后面写一个程序并运行后,总是出现错误,即使根据错误的表现和提示,也没有查清错在何处。由于确信程序没有错误,就把那段程序复制了一份,将 Mathematica 退出,然后重新启动,再将程序粘贴,运行,结果正确。这时作者才忽然明白,原来在程序里使用了一个在前面曾赋过值的变量,而这个变量只需要它是一个没有值的符号。建议在程序的开头或者结尾,最好清除所有变量。

有一种错误,不需要运行就能看出来,就是当括号使用不成对时,Mathematica 就将它感觉到的不配对的那一半括号用蓝色标出。最好一次输入一对括号,防止遗漏。这方面,Mathematica 7.x 就有很大改进。

在一个长的表达式里,为了看出其中一部分的开头与结尾,可以将光标移到需要检查段落的某个位置,然后按组合键 Shift+Ctrl+B,相关的段落就涂黑了。

对于一个复杂的程序,如果出现了错误,可以分段调试,即把一段程序复制粘贴到一个新单元里,单独运行,看看它能否运行正常,得出的结果是否合理,或者查看运行时间的快慢,以查明耗时的部分出现在哪里。

一些函数,例如 **FindRoot[]**、**FindMinimum[]** 等,为了得到正确的结果,需要提供初始值,这时候,可以先对所涉及的函数作图观察其变化情况,找出近似值,不会偏离正确值太远。充分利用 Mathematica 的作图能力为程序调试提供参考,是编程者要养成的另一个重要的习惯。

在程序调试期间可能发现系统给出了一些提示,分析这些提示有助于判断问题所在;但有时候,一些提示是由于系统检查太严格所致,并不是严重的问题,可以关闭这些提示,办法是使用函数 **Off[]**。如果希望整个程序运行期间不给出提示,可以使用函数 **Quiet[]**。

另外,特别重要的是,可以在程序里多用 **Print[]** 和 **Date[]** 函数来输出中间结果以及程序运行时间的信息,以帮助掌握程序运行的情况。若程序当中出现某些不希望的结果时就让程序停止运行,可以使用函数 **Abort[]**,以及配对使用函数 **Catch[]**-**Throw[]**,具体使用方法详见帮助系统。

监视程序的运行过程,可以了解程序的工作是否按预想的那样进行,以及了解程序的结果是怎样达到的。这方面,Mathematica 为我们准备了一些手段,要充分加以利用。这些手段包括如下函数。

Monitor[expr,mon]:在临时单元中显示需要监视的表达式 mon 的变化。

Reap[expr]-**Sow**[mon]:配对使用,收集需要监视的表达式 mon 的内容,形成列表,随后进行分析处理。

以及某些函数带有的参数 StepMonitor 和 EvaluationMonitor,可以利用它们作一些中间计算,有助于反映更复杂的关系和变化。

下面举一些例子,帮助读者理解它们的作用。

例1:演示 Catch-Throw 配合,在程序走向错误时停止运行

求函数 $f(x)=e^x+1/x^2$ 的极小值,使用函数 **FindMinimum[]**,程序如下。

```
In[1]:= f[x_] := Exp[x] + 1 / x^2;
    Plot[f[x], {x, 0.1, 3}, AxesLabel -> {"x", "f(x)"}]
    Catch[FindMinimum[f[x], {x, 1},
      EvaluationMonitor :> If[x ≤ 0, Throw["Negative x"]]]]
    Catch[FindMinimum[f[x], {x, 10},
      EvaluationMonitor :> If[x ≤ 0, Throw["Negative x!"]]]]
    Clear["Global`*"]
```

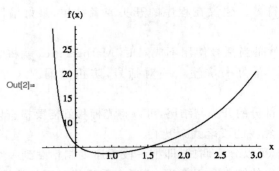

Out[3]= {3.690603336, {x → 0.925478929}}

Out[4]= Negative x!

　　Out[2]是 $f(x)$ 的曲线,显示 x 在 1 附近有极小值,程序的目的就是寻找这个极小值,其他的极值不考虑。为了防止 **FindMinimum**$[f(x),\{x,x_0\}]$因为初值 x_0 选取不当而导致不收敛的情况,使用了 **Catch-Throw** 组合,这是借用了 **FindMinimum**[]可以使用参数 EvaluationMonitor,通过延迟替换,用函数 **If**[]判断求解迭代过程中是否出现了负的 x,若出现了,就停止迭代,并给出信息"Negative x!"。程序两次使用了 **FindMinimum**[],第一次的初值 x_0 取 1,结果是 Out[3],给出正确的解,并且没有出现 x 为负的情况;第二次 x_0 取 10,这次没有给出解,而是打出了信息 Out[4],这是程序发现了 x 为负的情况而终止运行的表示。

　　例 2:演示表达式求根过程因为初值不同而出现迭代次数的差异。程序如下。

```
In[6]:= evals[sv_?NumberQ] :=
   Block[{c = 0}, FindRoot[Cos[x], {x, sv},
      EvaluationMonitor :> c++]; c]
Plot[evals[sv], {sv, 0, π}, PlotPoints → 100,
   AxesLabel -> {"x₀", "steps"}]
Clear["Global`*"]
```

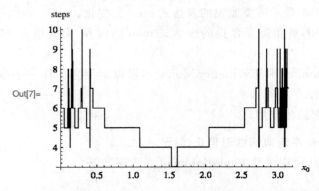

　　程序定义了函数 evals[sv],是用 **Block**[]定义的,目的是统计 **FindRoot**$[\cos x,\{x,sv\}]$求根过程中对应初值 sv 的迭代次数,并且以 sv 为变量,画出了 $0\sim\pi$ 之间统计次数的曲线,见 Out[7],因为函数只取整数,所以是阶梯状的曲线。迭代次数的统计是在 **FindRoot** 中使用了参数 EvaluationMonitor。因为 $\cos x$ 在 $x=\pi/2$ 的地方有根,所以在此附近给予初值迭代次数最少,在此两边,迭代次数是近似对称分布的。

例 3：演示 Plot 作图时怎样采点。程序如下。

```
In[9]:= f[x_] := Exp[-x^2];
       Plot[f[x], {x, -5, 5}, Mesh → Full]
       Plot[f[x], {x, -5, 5}, Mesh → All]
       % // InputForm;
       Clear["Global`*"]
```

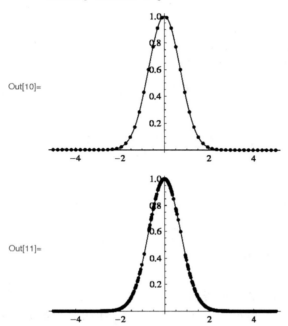

Out[10]=

Out[11]=

当读者使用 Mathematica 一段时间之后，可能发出这样的疑问：

函数 **Plot**$[f(x),\{x,x_1,x_2\}]$ 是怎样画出曲线的？

答案是：它取若干个点 x_i，计算出对应的 $f(x_i)$，用折线将这些点 $\{x_i,f(x_i)\}$ 连接起来，就成曲线了。因此，为了让曲线看上去光滑连续，就需要很多的点，而且这些点的分布还要合理。这些工作，Mathematica 在内部有一套规则去完成。作为用户，怎么知道它选取了哪些作图点呢？

在 Mathematica 的帮助系统里有如下两段话给出了答案：

Plot initially evaluates f at a number of equally spaced sample points specified by PlotPoints. Then it uses an adaptive algorithm to choose additional sample points, subdividing a given interval at most MaxRecursion times.

You should realize that with the finite number of sample points used, it is possible for Plot to miss features in your function. To check your results, you should try increasing the settings for PlotPoints and MaxRecursion.

第一段话是说：开始的时候，**Plot** 用由参数 PlotPoints 所指定的点数来均匀分割作图区间并计算各个点的函数值，然后用**自适应算法**插入另外的点，相邻两点之间最多再插入的点数由参数 MaxRecursion 决定。根据观察，PlotPoints 的默认值是 50，查看的办法就是在 **Plot**[] 中加参数 Mesh→Full，它显示原始的采样点，见 Out[10] 上的圆点。如果还想看全部采样点，就加参数 Mesh→All，见 Out[11] 上的圆点。

第二段话的意思是：如果仅采用默认的采样点数，有时候函数的某些特征画不出来，就需要增大参数 PlotPoints 和 MaxRecursion 的值,具体多少合适,需要试验。

下面再写一段程序,它由 **Reap-Sow** 组合来收集作图的点,并标记这些点出现的次序,当作图完成后,用光标指向一个点,显示一个整数,就是该点出现的次序。**Sow** 收集的内容被 **Reap** 组成一个列表 evals,而 **Block** 执行的结果是画出 $f(x)$ 的曲线 plot。

```
In[14]:= f[x_] := Exp[-x^2];
      {plot, evals} =
        Reap[
          Block[{e = 0}, Plot[f[x], {x, -5, 5},
            PlotRange → All, EvaluationMonitor :>
              Sow[Tooltip[Point[{x, f[x]}], ++e]]]]];
      Show[plot, Graphics[evals]]
      Clear["Global`*"]
```

Out[16]=

例 4:比较 NDSolve[] 用不同算法求解微分方程的异同

前面大量使用过函数 **NDSolve[]** 来求解微分方程,当时并没有用参数 Method 来指定什么算法,由其自主决定。其实,不同算法还是有所差异的。下面比较 **NDSolve[]** 使用 Extrapolation 算法和 Adams 算法的不同。

先看使用 Extrapolation 算法的程序和结果。

```
In[18]:= {sol, evals} =
      Reap[
        NDSolve[{x''[t] + Sin[x[t]] == 0, x[0] == 1, x'[0] == 0},
          x, {t, 0, 10}, EvaluationMonitor :> Sow[{t, x[t]}],
          Method → "Extrapolation"]];
      Show[
        Plot[Evaluate[x[t] /. sol[[1]]], {t, 0, 10}],
        ListPlot[evals], PlotRange → All, AxesLabel -> {"t", "x"}]
      Clear["Global`*"]
```

Out[19]=

本例计算的是"数学摆"的振动曲线,这个模型在第 3 章中求解过,这里特别指定 **NDSolve[]** 使用 Extrapolation(外延)算法,并由 **Reap-Sow** 组合收集所计算出的每一个点 $\{t, x(t)\}$,用这些点作图,与内插计算之后的 $x(t)$ 曲线比较,见 Out[19],可见它算出了曲线之外一些不合理的点,好在插值运算并没有采纳这些点。

下面将算法改为 Adams 方法,情况有所改观,程序和结果如下。

```
In[21]:= {sol, evals} =
    Reap[NDSolve[{x''[t] + Sin[x[t]] == 0, x[0] == 1, x'[0] == 0},
      x, {t, 0, 10},
      EvaluationMonitor :> Sow[{t, x[t]}], Method -> "Adams"]];
  Show[
   Plot[Evaluate[x[t] /. sol[[1]]], {t, 0, 10}],
   ListPlot[evals], PlotRange -> All, AxesLabel -> {"t", "x"}]
  Clear["Global`*"]
```

Out[22]=

从 Out[22] 已经看不出在曲线之外的点了,表明计算稳定地向前推进。从 Out[22] 还能看出,所计算出的点并不是均匀分布的,在曲线将要转折的地方,计算点就密集,而在近乎直线变化的地方,点就稀疏。由此自然想到的一个问题是:

NDSolve[] 究竟算出了哪些点? 能否具体知道? 办法是有的,请看下面的程序。

```
In[24]:= s = NDSolve[{θ''[t] + Sin[θ[t]] == 0, θ[0] == 1, θ'[0] == 0},
      θ, {t, 0, 10}];
  θ = θ /. s[[1]];
  ip = θ["Coordinates"][[1]];
  points = Transpose[{ip, θ[ip]}];
  ListPlot[points]
  Clear["Global`*"]
```

Out[28]=

Out[28]与 Out[22]是同样内容的图,区别是 Out[28]只画出了由 **NDSolve[]**自动选取的方法算出的点图,而这些点是由程序的第三、四逻辑行取出来的,其中变量 ip 给出的是计算时采取的分立时刻 t_i,请读者将逻辑行第三行后面的分号去掉,就能看见这些时刻了。

例5:演示 FindRoot[]如何工作

函数 **FindRoot[]**用于求解代数方程的近似解,只要所给的初始值合适,它就能以很高的精度找到方程的解,那么,它是如何找到的呢? 在帮助系统里有对 **FindRoot[]**在什么情况下使用何种算法的介绍,但不够具体。下面写两段程序来演示该函数是如何工作的。

FindRoot[]要经过若干"步"(step)找到方程的解,下面的程序就是收集这些步。

```
In[30]:= f[x_, y_] := {x - 1, 10 (y - Cos[2 x] + 1)};
    {res, {stxy}} = Reap[FindRoot[f[x, y], {{x, -1}, {y, -1}},
        StepMonitor :> Sow[{x, y}]]];
    Print["result=", res]
    Print["step= ", Prepend[stxy, {"x", "y"}] // TableForm]
    ListLinePlot[stxy, PlotRange -> {{-1.0, 1.2}, {-2.0, 1}},
     AxesLabel -> {"x", "y"}, Mesh → Full]
    Clear["Global`*"]
```

result={x → 1., y → -1.416146837}

x	y
-0.8	-0.6778957129
-0.62	-0.3531795968
-0.458	-0.07894799282
-0.3122	0.1211355269
-0.18098	0.2435785806
-0.062882	0.2963800521
0.0434062	0.292616299
0.13906558	0.2463900992
0.225159022	0.1706326344
0.3499057622	0.01851890124
0.5885565637	-0.3819790475
1.	-1.376345614
1.	-1.416146837

step=

Out[34]=

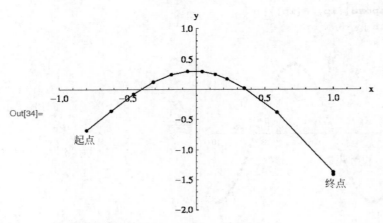

本示例求解的是一个简单的二元方程组,由 **Reap-Sow** 组合来收集每一步的 $\{x, y\}$,最后找到方程组的解,见输出 result。求解过程中每一步达到的 $\{x, y\}$ 值见输出 step,可见它是稳

步地趋向方程组的解，Out[34]画出了求解的轨迹。

　　然而，实际的求解过程要比上述各"步"显示的还要复杂，**FindRoot[]** 的计算包含着探索试错的过程，下面的程序能生动地演示这一点，算是程序调试深挖细节的代表。

```
In[36]:= f[x_, y_] := {x - 1, 10 (y - Cos[2 x] + 1)};
      {res, {exy}} = Reap[FindRoot[f[x, y], {{x, -1}, {y, -1}},
            EvaluationMonitor :> Sow[{x, y}]]];
      Print["result=", res]
      Print["evaluation= ", Prepend[exy, {"x", "y"}] // TableForm]
      {res, {stxy}} = Reap[FindRoot[f[x, y], {{x, -1}, {y, -1}},
            StepMonitor :> Sow[{x, y}]]];
      ListLinePlot[exy, Mesh -> Full, AxesLabel -> {"x", "y"},
       Epilog -> {{PointSize[0.02], Red, Map[Point, stxy]},
          {Green, Map[Point, exy]}}, PlotStyle -> Black,
       PlotRange -> {{-1.2, 1.2}, {-2.5, 3}}]
      n = Length[exy];
      k = Table[(exy[[i, 2]] - exy[[i - 1, 2]])/(exy[[i, 1]] - exy[[i - 1, 1]]), {i, 2, n}];
      Print["k= ", Partition[k, 2] // TableForm]
      Clear["Global`*"]
```

result={x → 1., y → -1.416146837}

	x	y
	-1.	-1.
	1.	2.221042871
	-0.8	-0.6778957129
	1.	2.569265449
	-0.62	-0.3531795968
	1.	2.389136443
	-0.458	-0.07894799282
	1.	1.921887205
	-0.3122	0.1211355269
	1.	1.345566064
	-0.18098	0.2435785806
evaluation=	1.	0.7715932957
	-0.062882	0.2963800521
	1.	0.2587425207
	0.0434062	0.292616299
	1.	-0.1696456983
	0.13906558	0.2463900992
	1.	-0.5111845489
	0.225159022	0.1706326344
	1.	-0.7741932877
	0.3499057622	0.01851890124
	1.	-1.072453377
	0.5885565637	-0.3819790475
	1.	-1.376345614
	1.	-1.416146837

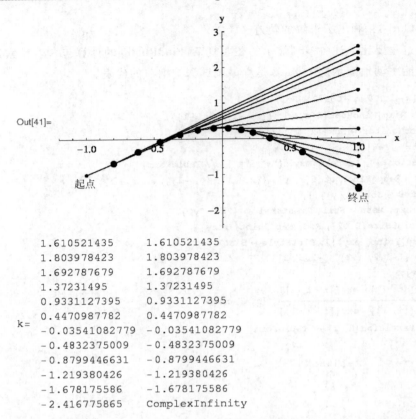

	1.610521435	1.610521435
	1.803978423	1.803978423
	1.692787679	1.692787679
	1.37231495	1.37231495
	0.9331127395	0.9331127395
	0.4470987782	0.4470987782
k=	-0.03541082779	-0.03541082779
	-0.4832375009	-0.4832375009
	-0.8799446631	-0.8799446631
	-1.219380426	-1.219380426
	-1.678175586	-1.678175586
	-2.416775865	ComplexInfinity

在输出结果中,evaluation 表示每次所计算的$\{x,y\}$,它包含前面各"步"的$\{x,y\}$,但显然还要更多,那么,这些多出来的点是一些什么点呢? Out[41]显示了所有点的走向,其中小点表示每次计算出的$\{x,y\}$,而大点表示每"步"记录的$\{x,y\}$,它们有一部分重合,另一部分不重合,不重合的点对应的 x 都是 1。图形显示,一旦由大点到达这些不重合的点,则立刻原路返回,而就在返回的路径上找到了另一个大点作为下一"步"记录的点。这样一直找下去,直到找到满足精度要求的解。程序中,k 是"走出去"和"返回来"直线的斜率,它们相同,证明是按原路返回的。

Mathematica的补充介绍

Mathematica 的功能一方面表现在编程环境上,包括菜单命令和一些辅助功能;另一方面表现在其丰富和强大的函数功能上,只有对这两者都有一定的了解,才能编写出正确的程序,才能使之成为方便有用的工具。为了帮助读者深入学习 Mathematica,本附录中对这两个方面再做一些介绍。

B.1 若干函数介绍

B.1.1 绘图函数

绝大部分编程都要用到绘图函数,对绘图函数的掌握程度决定着编程的水平。绘图函数有多个,这里集中介绍它们的一些性质。

1. 显示控制

所有的绘图函数都可能遇到图形该不该显示,或者有没有必要显示的问题。控制显示与否的做法很简单,就是函数之后不带任何符号,图形就显示;若函数之后有分号或者逗号,该图形就不显示。

以理想单摆问题为例,如果要比较不同初始条件对单摆振幅的影响,可以设计如下的循环程序:起初单摆位于最低点,通过给予不同的初始角速度,求解微分方程,画出每种情况下的振荡曲线。对于初学者,可能会写出下面的程序。

```
equ = {θ''[t] + Sin[θ[t]] = 0, θ[0] = 0, θ'[0] = ω0};
Do[
 s = NDSolve[equ, θ, {t, 0, 10}];
 Plot[θ[t] /. s[[1]], {t, 0, 10}, PlotRange → π / 2],
 {ω0, 0, 1, 0.1}]
Clear[equ, s]
```

从逻辑思路上看,这个程序没有错,但如果运行一下,会发现没有图形显示,原因出在 **Plot**[]之后有逗号。为了让图形显示,可以借助 **Print**[]函数,即令一个变量 g 表示 **Plot**[]的输出,然后用 **Print**[g]显示该图形,因为 **Print**[]显示内容不受控制。

```
equ = {θ''[t] + Sin[θ[t]] = 0, θ[0] = 0, θ'[0] = ω0};
Do[
 s = NDSolve[equ, θ, {t, 0, 10}];
 g = Plot[θ[t] /. s[[1]], {t, 0, 10}, PlotRange → π / 2];
 Print[g], {ω0, 0, 1, 0.1}]
Clear[equ, s, g]
```

运行该程序将显示多幅图,若要将所有图形放到一张图上显示,就要将各个图形先储存在一个变量 figure 里,使用追加函数 **AppendTo[]**,然后用 **Show[]** 显示。

```
In[1]:= figure = {};
      equ = {θ''[t] + Sin[θ[t]] = 0, θ[0] = 0, θ'[0] = ω0};
      Do[
       s = NDSolve[equ, θ, {t, 0, 10}];
       g = Plot[θ[t] /. s[[1]], {t, 0, 10}, PlotRange → π / 2,
         PlotStyle → Thickness[0.004]];
       AppendTo[figure, g], {ω0, 0, 1, 0.1}]
      Show[figure, AxesStyle → Thickness[0.003]]
      Clear[equ, s, g, figure]
```

Out[4]=

2. 区别不同的曲线

若一张图上要显示多条曲线,最好能将各个曲线区别一下,比如用粗细、颜色、虚实等加以区别;对于数据点的作图,还可以使用图形标记符号来区别。例如对于上面的程序输出,各条曲线颜色、粗细一样,除非编程者自己知道,否则无法区分。下面的程序用了粗细控制选项来区分各条曲线,初始角速度大的就粗。当然也可以用颜色来标记,不过,当曲线较多时,曲线和颜色的对应关系并非一目了然。

```
In[1]:= figure = {};
      equ = {θ''[t] + Sin[θ[t]] = 0, θ[0] = 0, θ'[0] = ω0};
      Do[
       s = NDSolve[equ, θ, {t, 0, 10}];
       g = Plot[θ[t] /. s[[1]], {t, 0, 10}, PlotRange → π / 2,
         PlotStyle → Thickness[0.003 + 0.003 × ω0]];
       AppendTo[figure, g], {ω0, 0, 1, 0.1}]
      Show[figure, AxesStyle → Thickness[0.003]]
      Clear[equ, s, g, figure]
```

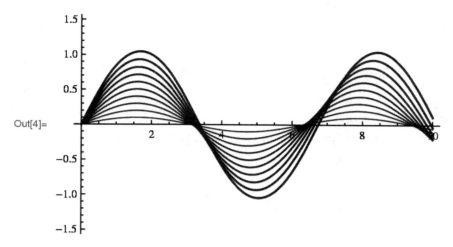

数据作图函数 **ListPlot**[ ]既可以作单独一组数据的图,也可以作几组数据的图。这就需要加以区分。作图选项 PlotStyle→PointSize[⋯]可以控制作图点的大小,用点子大小区分,点的形状都一样;也可以用选项 PlotMarkers 来自动控制各组数据点的形状。以下这个例子来自联机帮助。

```
In[1]:= ListPlot[Table[n^(1/p), {p, 4}, {n, 10}],
        PlotMarkers → Automatic, AxesOrigin -> {0, 0},
        AxesStyle → Thickness[0.003]]
```

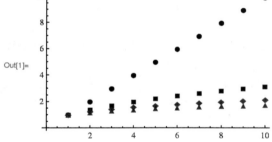

在使用了选项 PlotMarkers→Automatic 之后,4 组数据不仅用了不同形状的图形标记表示,而且颜色也不同。Mathematica 内部规定图形标记出现的顺序,读者通过练习熟悉哪种形状表示哪个序号的数据,比如首组数据总是圆点。

3. 图形元素

根据函数画曲线,根据数据作图,我们已经学了不少。Mathematica 还提供了画常见图形的专门方法,即使用"图形元素(Object)"来方便地画这些图形,例如圆、椭圆、扇形、点、线、矩形、文字、立体的球、立方体等,它们有专门的表达形式,例如

Text[expr,$\{x,y\}$] 表示将表达式 expr 以$\{x,y\}$为中心显示;

Line[$\{p_1,p_2,\cdots,p_n\}$] 表示从点 p_1 到 p_n 画一条折线;等等。

图形元素的使用有两种形式,一种是用函数 **Graphics**[$\{g_1,g_2,\cdots\}$]显示图形元素,另一种方式是在作图函数中使用选项 Epilog,将图形元素添加到画面上。需要指出的是,图形元素也包括根据函数画出的曲线。

4. 图形指示

图形元素的性质可以通过图形指示(Directive)来设置,图形指示规定图形元素的大小、粗

细、颜色、虚实等。例如

Red 表示红色；

Hue[h] 表示由 h 指定颜色；

PointSize[s] 表示所画点的大小；

Dashing[$\{r_1, r_2\}$] 表示画虚线；

FontSize→n 表示字体大小；等等。

在显示图形元素的表达式中，图形指示需要放在图形元素的前面才能起作用。

以下程序显示了图形指示和图形元素的作用。

```
In[1]:= Plot[{Sin[x], Cos[x]}, {x, 0, 2 π}, PlotStyle →
        {{Red, Dashing[{0.01, 0.03}], Thickness[0.004]},
        Black}, AxesStyle → Thick, AspectRatio → 0.4]
```

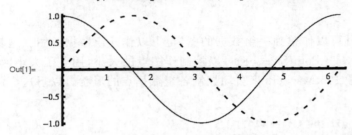

程序要画两个函数的曲线，在 PlotStyle 中需要对它们分别进行设置，设置的方式是

$$\text{PlotStyle} \rightarrow \{d_1, d_2\}$$

其中，d_1 规定了 sin 函数曲线用红色的虚线显示，线的粗细由 Thickness[] 指定；d_2 仅规定了 cos 函数曲线的颜色为黑色，曲线是连续的，粗细按默认。此外，AxesStyle 还指定了坐标轴的粗细为 Thick，表示默认的"较粗"。可见，在图形显示的时候，图形指示用的是多么频繁。

下列程序要画一个单位圆与一条直线相交的图，使用了画圆的图形元素 Circle[]，并指定圆用粗线画出，放在 **Graphics**[] 中显示，但因为后面有分号，并不立即显示，而是放到最后用 **Show**[] 函数来显示。

```
In[1]:= g1 = Graphics[{Thick, Circle[]}];
        g2 = Plot[2 x - 1, {x, -1.5, 1.5},
            PlotStyle → Thickness[0.004]];
        Show[{g1, g2}, Axes → True, AspectRatio → Automatic,
         AxesStyle → Thickness[0.003], PlotRange → 1.5]
```

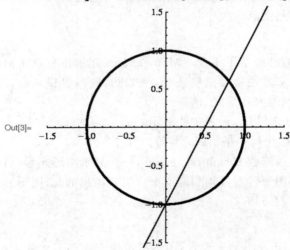

　　下面的参数作图显示的是阻尼单摆的相图，使用了更多的选项，尤其要注意，为了在图形上添加说明文字，使用了选项 Epilog，它要将曲线的相关参数显示在图上，便于读者理解图形的含义。由于 Text[] 只能显示一项内容，就使用了字符串连接运算符号 <> 和把数值量转换为字符串的函数 **ToString[]**，二者共同作用的效果是要在 $\{0.04, 0.15\}$ 这个位置显示 $\eta = 0.3$。

```
In[1]:= g = 9.8; L = 1.5; Ω = √(g / L) ; η = 0.3;
        v0 = 0.2; ω0 = v0 / L; time = 15;
        s = NDSolve[{θ''[t] + Ω^2 Sin[θ[t]] + η θ'[t] == 0,
            θ[0] == 0, θ'[0] == ω0}, θ, {t, 0, time}];
        θ = θ /. s[[1]];
        ParametricPlot[{θ[t], θ'[t]}, {t, 0, time},
         PlotRange → All, Ticks → None,
         AxesLabel → {"θ", "θ'"}, AspectRatio → 1,
         PlotStyle → {Thickness[0.003], Black},
         Epilog → Text["η = " <> ToString[η], {0.04, 0.12}],
         BaseStyle -> {FontSize → 12}]
        Clear["Global`*"]
```

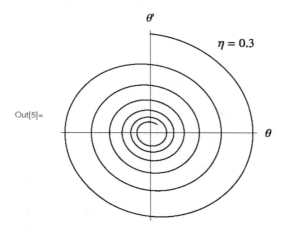

Out[5]=

5. 画隐函数曲线

　　对于函数关系比较复杂的曲线，由于难以明确解出 $y = f(x)$ 的形式，画这样的曲线就有困难。Mathemtica 为此准备了专门的函数来解决这个问题，这就是 **ContourPlot[]**。

　　ContourPlot[] 函数的基本功能是画"表达式的等高线"，它也可以延伸画方程的曲线。该函数有众多的选项，控制着函数功能的发挥。其中，对于物理计算来讲，比较重要的有 Contours、ContourLabels、PlotPoints、PlotRange、ContourShading、ContourStyle 等。在下面这些程序中依次演示这些功能。

```
In[1]:= g1 = ContourPlot[Sin[x] Sin[y], {x, -3, 3}, {y, -3, 3}];
        g2 = ContourPlot[Sin[x] Sin[y], {x, -3, 3}, {y, -3, 3},
            ContourShading → None, ContourStyle → Thick];
        Show[GraphicsArray[{g1, g2}]]
```

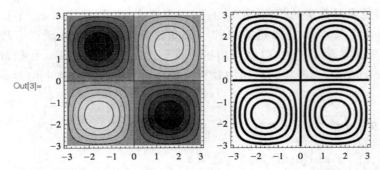

在以上程序中，使用了 ContourStyle→Thick，表示等高线较粗。第一个 **ContourPlot**[]使用默认值，图形上用颜色深浅表示相应的等高值，深颜色的地方等高值小，越亮的地方，等高值越大。在第二个 **ContourPlot**[]中使用了 ContourShading→None，只画等高线，中间的等高值不用颜色表示。

```
In[4]:= g1 = ContourPlot[Cos[x]^2 + Cos[y]^2 - 1 / 2, {x, -π, π},
          {y, -π, π}, ContourLabels → True, Contours → 5];
        g2 = ContourPlot[Cos[x]^2 + Cos[y]^2 - 1 / 2 == 0, {x, -π, π},
          {y, -π, π}, ContourLabels → True];
        Show[GraphicsArray[{g1, g2}]]
```

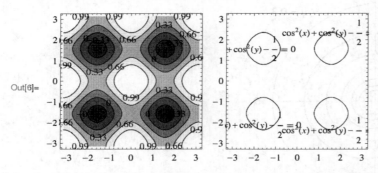

以上程序使用 ContourLabels→True 来标记等高线的值，在表达式是方程的情况下，标记的是方程本身。Contours→5 表示只画 5 条等高线，如果是 Contours→$\{h_1, h_2, \cdots\}$ 表示只画指定等高值 h_i 的等高线。

```
In[7]:= s = Table[ContourPlot[Sin[x + y^2] == 0, {x, -3, 3},
          {y, -2, 2}, Mesh → None, MaxRecursion → 0,
          PlotPoints → pp, Axes → True], {pp, {5, 10, 15, 20}}];
        s = Partition[s, 2]; Show[GraphicsArray[s]]
```

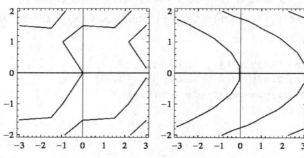

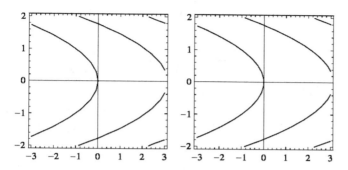

在以上程序中,要改变选项 PlotPoints 的值以显示对作图效果的影响,因为该选项的值表示每边作图的基本点数。为了加强效果,还使用了另外两个选项作为辅助。总共作了 4 幅图,可见,作图点越少,等高线越粗糙,反之,就越光滑。如果该选项设置不合适,例如设置过小,可能画出的曲线不正确,影响编程者对函数性质的判断;反之,若设置过大,可能要算很长时间才能给出图形。一般是先不设置该选项的值,用默认值画图,然后将选项值改小一些,看看图形有没有变化,如果没有变化,说明默认值是合适的,如果有变化,就需要试验大一些的值,直到图形没有变化为止。

B.1.2　数值积分函数

本书不少地方都用到了数值积分函数 **NIntegrate**[],使用该函数的目的是为了得到尽可能准确的积分结果。对于简单的非奇异被积函数,该函数的积分精度一般是足够高的;然而,对于变化太快的函数,或者快速振荡的函数,或者存在奇异点的函数,使用该函数就要小心了,不然,所得结果就是错误的。鉴于积分运算是一种重要的运算,下面给予一些介绍。

1. 被积函数快速振荡

对这样的函数积分,需要两个参数的值来控制,即 MaxRecursion 和 MinRecursion,表示在已经划分出的积分点之间进一步递归细分的最大和最小迭代的次数,也就是进一步划分积分点的数目。具体要使用多大的参数,需要试验确定。一般是先使用默认值,得到积分结果;然后改变上述两个选项,尤其是前者的值,再积分,看看结果有没有变化,如果有变化,就多次改变其值,直到没有变化为止。但这样做有一个后果,就是积分时间将随 MaxRecursion 的增加,增长得很快。需要在精度和速度之间权衡,在保证有足够准确性的情况,有适当的计算速度。将联机帮助上的例子改造一下,用于说明这个问题。

```
In[1]:= Off[NIntegrate::"slwcon", NIntegrate::"ncvb"]
    Do[
     g = NIntegrate[1 / Sqrt[Sin[x]], {x, 0, 10},
       MaxRecursion → i]; Print["i = ", i, ",  g = ", g],
     {i, 2, 60, 5}]
    i = 2,   g = 14.9402 - 8.55009 i
    i = 7,   g = 10.1251 - 6.7483 i
    i = 12,  g = 10.4677 - 6.75039 i
    i = 17,  g = 10.4834 - 6.77007 i
```

```
i = 22,   g = 10.4869 - 6.76906 i

i = 27,   g = 10.4881 - 6.76922 i

i = 32,   g = 10.4882 - 6.76946 i

i = 37,   g = 10.4882 - 6.76947 i

i = 42,   g = 10.4882 - 6.76946 i

i = 47,   g = 10.4882 - 6.76947 i

i = 52,   g = 10.4882 - 6.76947 i

i = 57,   g = 10.4882 - 6.76947 i
```

程序对被积函数反复积分,所使用的 MaxRecursion 值依次增加,观察积分结果,一开始有明显变化,当超过 40 以后,基本上就不再变化,说明 MaxRecursion 的值需取 40 以上。问题出在被积函数的分母会多次出现零点和振荡,因此,在这些点附近,函数变化很快,需要增加迭代的次数才能有足够的积分精度。程序还使用了关闭积分过程中信息提示的函数 Off[],读者可以借机学习它的使用,以便使输出界面干净整洁。若去掉该函数,看看结果如何?

2. 被积函数有奇异点

如果能经过分析发现被积函数的奇异点,可以在积分范围内指出这些点,这样,积分的时候就对这些点附近加密积分,也可以得到足够的准确度,其格式是

$$\mathbf{NIntegrate}\big[f,\{x,x_{\min},x_1,x_2,x_{\max}\}\big]$$

其中,x_i 是奇异点。还是以上面的积分为例,在 $0 \sim 10$ 范围内,sine 函数有 $0,\pi,2\pi,3\pi$ 等奇异点,我们把这些奇异点在积分范围部分都指出来,看看积分结果是怎样的?

```
In[1]:= NIntegrate[1 / Sqrt[Sin[x]],
    {x, 0, π, 2 π, 3 π, 10}]

Out[1]= 10.4882 - 6.76947 i
```

将本次积分的结果与前面的结果对照,可见是一致的,不需要迭代参数也行。

3. 使用精度选项

在被积函数内所有参数都是精确值的情况下,可使用 WorkingPrecision,以提高结果的精度位数。然而,它对于提高结果的准确性没有太多帮助,远不如 MaxRecursion 有效。读者可以运行以下程序,观察 WorkingPrecision 的使用是否有效。

```
Off[NIntegrate::"slwcon", NIntegrate::"ncvb"]
Do[g = NIntegrate[1 / Sqrt[Sin[x]],
    {x, 0, 10}, WorkingPrecision → i];
 Print["i = ", i, ",  g = ", g],
 {i, 20, 60, 10}]
```

B.1.3 求微分方程数值解的函数

在本书中,大量使用了求微分方程数值解的函数 **NDSolve[]**,鉴于该函数的特殊重要性,Mathematica 在联机帮助中也给予了详尽的阐述。该函数可以求解微分方程、微分方程组以及偏微分方程(组),既可以使用初始条件,也可以使用边界条件,情况相当复杂。在这里仅就方程的编辑技术和提高解算的准确性做一些补充。

1. 编辑复杂的方程（组）

在求解微分方程（组）的时候，现在有一种倾向，是把方程写成所谓的"标准化形式"，即

$$y_1' = f_1(y_1, y_2)$$
$$y_2' = f_2(y_1, y_2)$$

等号左边的微分都是一阶的，右边没有微分出现。写成标准化形式的基本步骤是：若原方程是二阶的微分方程，通过引进一个新变量，把它变成二元的一阶微分方程组。以单摆为例，原方程是

$$\theta''(t) = -\Omega^2 \sin[\theta(t)]$$

设

$$y_1 = \theta, \quad y_2 = y_1'$$

则

$$y_1'(t) = y_2(t), \quad y_2'(t) = -\Omega^2 \sin[y_1(t)]$$

这样，方程就转化为标准的一阶微分方程组。

NDSolve[] 中"标准化形式"的微分方程组有一种新的写法，即仿照原数学方程组的样子，**写成二维形式**，例如二维列表的形式或者矩阵形式，列表的每一行分为两项，第一项写一阶的方程，第二项写对应的初始条件。例如下式就是单摆微分方程的写法。

```
NDSolve[   y1'[t] = y2[t]        y1[0] = 0
           y2'[t] = -Ω² Sin[y1[t]]  y2[0] = ω0 ,
 {y1, y2}, {t, 0, 10}]
```

实现这种写法的步骤是：将光标定位在 **NDSolve[]** 括号中，使用菜单命令
Insert/Table/Matrix/New...
产生 $n \times 2$ 的列表，第一列写一阶方程，第二列写对应的初始条件。在函数列表部分，可以使用行矩阵，也可以使用列矩阵。

2. 选择性地保留微分方程组的解

对于非常大的微分方程组，有时候并不需要保留所有的求解结果，可以有选择地保留一些编程者关心的结果。联机帮助里有一个例子，可以形象地说明这一功能，要点是使用选项 DependentVariables 指定所有的独立函数，然后选出要保留的函数进行求解。

```
In[1]:= n = 100; vars = Table[xᵢ[t], {i, n}];
        equs = Table[j = Mod[i, n] + 1;
           {xᵢ'[t] = 1 / (xᵢ[t] + xⱼ[t])², xᵢ[0] = 1 / i},
           {i, n}];
        s = NDSolve[equs, {x₁, x₃}, {t, 0, 10},
           DependentVariables → vars];
        Plot[{x₁[t], x₃[t]} /. s[[1]], {t, 0, 10},
         PlotStyle → {Thickness[0.004], Black},
         AxesStyle → Thickness[0.003],
         AspectRatio → 0.3]
        Clear[n, vars, equs, s]
```

这是一个由 $n=100$ 个函数组成的耦合方程组,程序保留了函数 $x_1(t)$ 和 $x_3(t)$ 的求解结果,并画出了它们随 t 变化的曲线。读者可以改变 n 的值,以及改变要保留的函数,观察运行结果有什么变化。

3. 提高求解的准确性

NDSolve[]求解微分方程有一大特点,就是编程者不需要指定在自变量的哪些点上求解,求解的位置由系统自己确定。这是一个优点,但也可能隐含缺陷,就是在一些情况下导致求解结果的准确性降低。Mathematica 为此采取了一些补救措施,即设置选项 MaxStepFraction、MaxStepSize 和 StartingStepSize 的值来控制求解的步幅,使求解位置密集度适中,可能的话,尽量密集一些。其中,MaxStepFraction 是控制最大步幅相对于求解区间的比例;MaxStepSize 是控制求解步幅的绝对大小;StartingStepSize 是控制开始一步的大小。

在步幅合适的情况下,为了进一步减小计算误差,可以设置选项 WorkingPrecision,前面已经证明,此时很有效,代价是求解时间要延长。

一般情况下,先不要设置这些选项,按默认值求解;然后改变这些选项的值,进行对比,看看哪个选项设置得不合适,直到结果不再变化为止。

B.2 若干菜单功能

Mathematica 的菜单功能随着版本的不同而不同,下面针对 7.0 版的菜单做一些介绍,主要为满足物理计算的需要,与此关系不大的菜单项就不介绍了。

B.2.1 File 菜单

该菜单有一些常规的文件操作命令,这里只介绍 Save Selection As…选项,它将已选择的内容,例如单元或其中一部分内容,以需要的格式文件存储起来。**本书为保持 Mathematica 风格,将所有程序和输出结果都制作成了 EPS 格式的文件存储起来,就是通过该选项命令进行的。**当选择了该选项之后,就弹出"另存为"对话框,输入文件名,展开"保存类型"下拉列表,从中选择需要的类型,如图 B-1 所示,然后存到某个文件夹下。

图 B-1 "另存为"对话框

B. 2. 2　Edit 菜单

这里有文件的常规编辑命令，只介绍最后一个选项 Preferences，用于设置个人对编辑环境的偏好。例如，可以设置菜单和对话框的语种，设置最近开打的文件列表长度，设置标尺单位，设置单元组打开/关闭标志，以及出错报警方式，数字分节的位数，默认显示精度，乘号的表示，语法颜色，等等。如图 B-2 所示就是 Preferences 对话框，它由多个选项卡组成，每个选项卡里都有若干选项，读者可以逐个试一下，如果效果不满意，可以单击左下角的 Reset to Defaults 按钮，恢复默认值。

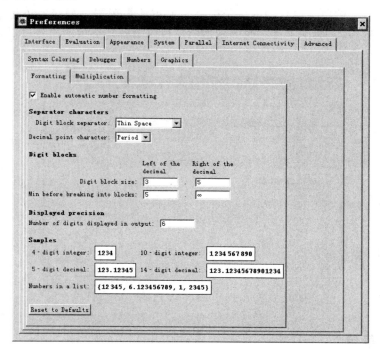

图 B-2　Preferences 对话框

B. 2. 3　Insert 菜单

Insert 菜单如图 B-3 所示。通过该菜单，可以插入符号、颜色、对象、文件路径、分页符等。例如，在用 **Import**[ ]函数导入数据的时候，就可以将光标定位在中括号中，然后选择 File Path...，找到文件，打开即可。

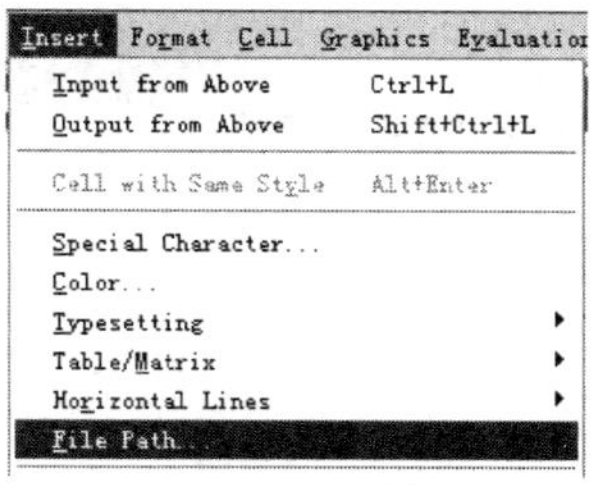

图 B-3　Insert 菜单

B.2.4 Format 菜单

Format 菜单由若干栏组成,第一栏的 Style 选项用于设置笔记本单元的属性,例如 Title、Section、Text、Input 等;第二栏的 Stylesheet 选项还有一些子项,用来设置笔记本的风格,例如可以使用 Creative\NatureColor 选项来设置笔记本,使其有层次感;第三栏的选项用于字体编辑,例如设置字体、外观、颜色、大小等。另外,第一栏中的 Option Inspector(参数查看)通过工具栏来启动更方便。通过 Option Inspector,可以对笔记本文件进行更多的设置。Option Inspector 的窗口如图 B-4 所示,它的顶部有两个下拉选项,左边下拉选项决定影响的范围,右边下拉选项决定底部的两个窗口的内容是按类别显示还是按字母顺序显示。Lookup 框内可以输入要查找的选项,一般用不到。底部右边的窗口内的各个选项的内容可以改变,被改变的选项前会出现一个叉号。

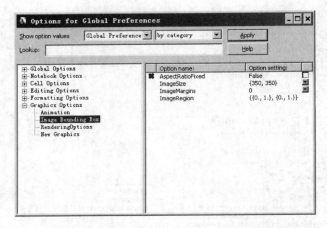

图 B-4　Options for Global Preferences 窗口

B.2.5 Cell 菜单

Cell 菜单如图 B-5 所示。通过该菜单,可以学习单元分解、组合与合并的一些命令。例如,将选中的几个单元合并成一个单元,使用组合键 Shift+Ctrl+M;将几个单元组合一个复合单元,使用命令键 Shift+Ctrl+G;若要再将复合单元拆开,则使用命令键 Shift+Ctrl+U;若要将一个完整的单元强制拆开成不同的单元,则使用命令键 Shift+Ctrl+D。该菜单中的另一个选项 Cell Properties→Initialization Cell 可以指定某个单元作为初始化单元,当笔记本文件打开后,该单元自动运行,为后续单元的运算提供一些变量、常数或者包文件的支持。

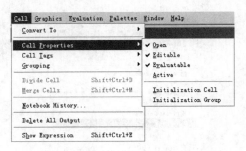

图 B-5　Cell 菜单

B.2.6　Graphics 菜单

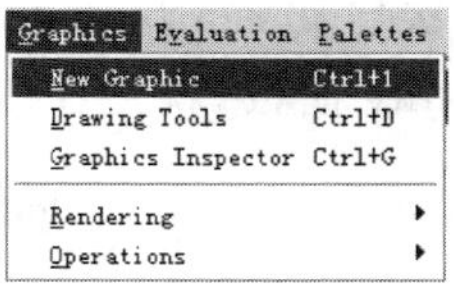

图 B-6　Graphics 菜单

该菜单主要提供了画图的一些工具和命令,如图 B-6 所示。其中,New Graphic 选项用于启动画布,之下是画图工具和修饰工具。第二栏是重画命令和对不同的图形元素层次的调整,等等。

B.2.7　Evaluation 菜单

该菜单提供了程序调试和运行的一些命令,如图 B-7 所示。前两栏提供运行命令,包括就地计算、单元运行、初始化单元和整个笔记本的运行;第五栏是运行控制,包括暂停和中断命令,快捷键分别是"Alt＋,"和"Alt＋.";第四栏是调试程序的命令,包括暂停、继续、单步、结束等。这些调试非常细致,但很少有人这样做,一般还是按照附录 A 所介绍的方法调试:程序在编制完成以后,先运行看看,如果一次成功,那是最好;如果出现问题,可以根据问题的表现,大致确定问题出在什么地方,然后仔细研究那一部分在语法上、逻辑上、参数使用上可能存在的问题,试着改变它们,再运行,再看效果,如此反复。

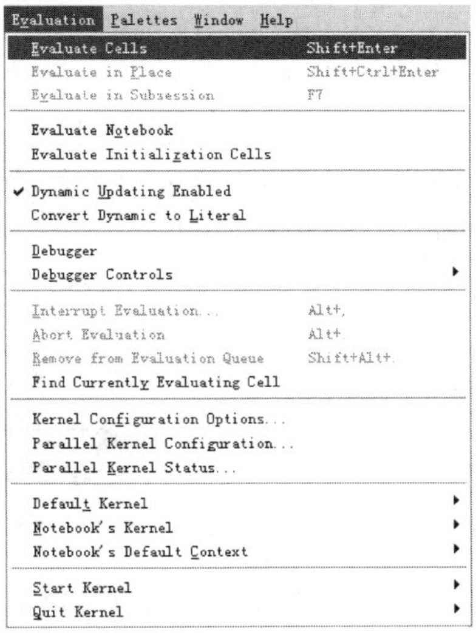

图 B-7　Evaluation 菜单

B.2.8　Palettes 菜单

这是模板菜单,如图 B-8 所示。第一栏的三个模板提供了各种所需要的符号和函数,单击其中的一个,就将它输入到了程序里。读者可以分别打开这些模板,逐个练习。第二栏是制作幻灯笔记本的模板,对于需要讲课、做报告的人,需要它。第三栏是颜色模板和饼图模板,需要调色或者需要输出饼图的人,可能需要它们。最后一栏的 Generate Palettes from Selection 选项于制作自己的模板,如果读者觉得系统提供的模板不方便使用,就可以先通过选项 Insert→Table/Matrix→New...建立一个空表,然后在其中填上自己设计的内容,将它们全部选中,单击 Generate Palettes from Selection 选项,出现一个单独的窗口,单击右上角的×,在关闭窗口时输入保存的文件名和路径,例如在 7.0 版里,保存的路径是

…Wolfram Research/Mathematica/7.0/SystemFiles/FrontEnd/Palettes

在下次启动 Mathematica 的时候,自己制作的模板就可以出现在这个菜单里了,例如第五栏出现的 my 模板,就是作者制作的。不过,读者不要轻易制作模板,否则,可能去不掉,成为垃圾项。

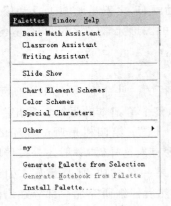

图 B-8　Palettes 菜单

B.2.9　Window 菜单

该菜单里包含窗口排列和切换的常规操作,如图 B-9 所示。其中第一栏是专有的,从这里可以启动工具栏和标尺,还可以将笔记本显示内容进行放大和缩小的操作。标尺的一个作用是在对程序输出图形进行缩放的时候,能有个参考尺度。

B.2.10　Help 菜单

这里包含进入联机帮助的选项和命令,以及一些网上资源,如图 B-10 所示的截图。

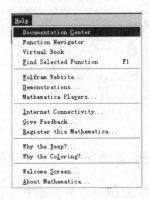

图 B-9　Window 菜单　　　　　　图 B-10　Help 菜单